成 / 人 / 高 / 等 / 教 / 育 / 药 / 学 / 专 / 业 / 教 / 材

总主编 / 陈金宝 刘 强

生物技术制药

BIOTECHNOLOGICAL PHARMACEUTICS

—— 主 编 ——

房 月

—— 副主编 ——

杜 强 周立娜

上海科学技术出版社

图书在版编目（CIP）数据

　　生物技术制药 / 陈金宝，刘强总主编 ；房月主编.
-- 上海 ：上海科学技术出版社，2021.6
　　成人高等教育药学专业教材
　　ISBN 978-7-5478-4727-5

　　Ⅰ．①生… Ⅱ．①陈… ②刘… ③房… Ⅲ．①生物制
品－生产工艺－成人高等教育－教材 Ⅳ．①TQ464

　　中国版本图书馆CIP数据核字(2021)第069414号

获取《成人高等教育医学专业教材·考前模拟试卷》指南

扫描封面二维码→点击第一条"考前模拟试卷使用指南"，了解使用方法→刮开封底涂层，获取购物码→点击第二条"考前模拟试卷"PDF 文件，立即购买→选择"使用购物码支付"→输入购物码并使用→立即查看后成功获取。

生物技术制药

总主编　陈金宝　刘　强

主　编　房　月

上海世纪出版(集团)有限公司　出版、发行
上 海 科 学 技 术 出 版 社
（上海钦州南路 71 号　邮政编码 200235　www.sstp.cn）
常熟市兴达印刷有限公司印刷

开本 787×1092　1/16　印张 16.75
字数：450 千字
2021 年 6 月第 1 版　2021 年 6 月第 1 次印刷
ISBN 978 - 7 - 5478 - 4727 - 5/R·1992
定价：50.00 元

本书如有缺页、错装或坏损等严重质量问题，
请向工厂联系调换

编 委 会

主　编

　　房　月

副主编

　　杜　强　周立娜

编　委　（以姓氏笔画为序）

　　王　慧　刘　涛　杜　强　肖庆桓

　　陈　思　周立娜　房　月

前 言

　　成人高等教育医学系列教材出版发行已经多年,该系列教材编排新颖,内容完备,版式紧凑,注重实践,深受学生和教师好评,在全国成人医学高等教育中发挥了巨大作用。为了适应发展需要,紧跟学科发展动向,提升教材质量水平,更好地把握 21 世纪成人高等教育医学内容和课程体系的改革方向,使本系列教材更夯实能力基础、激发创新思维、培养合格的医学应用型人才,故决定扩展部分品种。

　　本系列教材将继续明确坚持"系统全面、关注发展、科学合理、结合专业、注重实用、助教助学"的编写原则。每章仍由三大部分组成:第一部分是导学,告知学生本章需要掌握的内容和重点、难点,以方便教师教学和学生有目的地学习相关内容;第二部分是具体教学内容,力求体现科学性、适用性和易读性的特点;第三部分是复习题,便于学生课后复习,其中选择题和判断题的参考答案附于书后。

　　本系列教材分为成人高等教育基础医学教材和成人高等教育护理学专业教材、成人高等教育药学专业教材,使用对象主要为护理学专业及药学专业的高起本、高起专和专升本三个层次的学生。其中,对高起本和专升本层次的学习要求相同,对高起专层次的学习要求在每章导学部分予以说明。本套教材中的一些基础课程也适用于其他相关医学专业。

　　除了教材,我们还将通过中国医科大学网络教育平台(http://des.cmu.edu.cn)提供与教材配套的教学大纲、网络课件、电子教案、教学资源、网上练习、模拟测试等,为学生自主学习提供多种资源,建造一个立体化的学习环境。

　　为了方便学生复习迎考,本套教材的每门学科都免费赠送 5 套考前模拟试卷,并配有正确答案。学生只要用手机微信扫描封面的二维码,输入封底刮开涂层的购物码即可获取。学生可以做到随时随地练习,反复实战操练,掌握做题技巧及命题规律,轻松过关。

　　本系列教材扩展品种的编写得到了以中国医科大学为主,包括沈阳药科大学、天津中医药大学、辽宁中医药大学、辽宁省肿瘤医院等单位专家的鼎力支持与合作,对于他们为此次编写工作做出的巨大贡献,谨致深切的谢意。

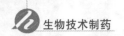

　　由于编写工作任务繁重、工程巨大,在教材中难免存在一些不足,恳请广大教师、学生惠予指正,使本套教材更臻完善,成为科学性更强、教学效果更好、更符合现代成人高等教育要求的精品教材。

陈金宝　刘　强

2021 年 1 月

编 写 说 明

生物技术制药课程是药学专业必修的专业课程,为适应生物技术药物发展的需要,本教材将"生物技术"与"药物"有机结合,并着重探讨现代生物技术在医药领域的科学发展前沿与实际应用。

本教材共分为13章,涵盖现代生物技术几大领域,如基因工程、细胞工程、酶工程、发酵工程及抗体工程中最主要的基本理论体系和技术方法,以及疫苗、基因治疗、多肽类药物、治疗性抗体药物等生物技术药物的分类、特点及应用。

针对成人高等教育药学专业的特点,本教材具有以下特色:①按"生物制药技术"和"生物技术药物"的顺序编排,便于全面了解生物技术制药的全貌与最新进展;②注重基础理论知识与相关实例的结合,培养学生理论联系实际的能力,加深学生对知识的理解;③每章均由导学、正文以及复习题组成,重点、难点明确,便于学生复习与自主学习;④加入图片、表格等对知识点进行拓展,使教材更生动。

本教材实行主编负责制,按照专业特点分工编写,书稿完成后由主编进行审定。第一章、第二章由房月编写,第三章、第四章由周立娜编写,第五章、第十四章由刘涛编写,第六章、第十章由杜强编写,第七章、第九章由王慧编写,第八章、第十一章由肖庆桓编写,第十二章、第十三章由陈思编写。

由于时间紧迫及编者水平有限,教材中可能存在不妥之处,恳请广大读者批评指正,以便及时修订完善。

《生物技术制药》编委会

2021 年 1 月

目 录

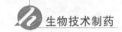

第一章

绪　论

导　学

内容及要求

本章主要介绍了生物技术及生物技术制药的基本概念及研究内容,生物技术制药的研究特点,药物分类及发展趋势。

1. 要求掌握生物技术、生物技术制药、生物技术药物的概念。

2. 熟悉生物技术制药的特点、生物技术药物的分类、生物技术药物的特性。

3. 了解生物技术的发展与应用、生物技术制药的内涵、生物技术药物的制备过程与发展前景。

重点、难点

重点是生物技术以及生物技术制药的概念,生物技术制药的特点。难点是生物技术药物的特性。

第一节　生物技术

一、生物技术的概念和内容

生物技术(biotechnology)是以现代生命科学理论为基础,应用生命科学研究成果,结合化学、物理学、数学和信息学等学科的科学原理,采用先进的科学技术手段,按照预先设计,在不同水平上定向地改造生物遗传性状或加工生物原料,为人类提供有用的新产品(或达到某种目的)的综合性的科学技术体系。

生物技术也称为生物工程,主要包括基因工程、细胞工程、酶工程、发酵工程。其中,基因工程是现代生物工程的核心和基础。随着生物技术和生命科学的发展以及与其他生命科学学科的相互渗透,生物技术的内容不断深入与扩展,相继产生了蛋白质工程、基因治疗、细胞治疗、抗体工程等分支技术。在生命科学与技术体系中,生物技术是一门承上启下的学科或专业,拓展和延伸了生物科学,成为基础理论成果转化为具有应用价值的技术和产品的枢纽与桥梁。

1. **基因工程(genetic engineering)**　基因工程或称遗传工程、基因重组技术,就是将不同生物的

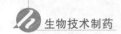

基因在体外剪切组合,并和载体(如质粒载体、噬菌体载体、病毒载体)的 DNA 连接,形成重组 DNA,然后将其导入宿主细胞内进行扩增和表达,以获得所需要的蛋白质。基因工程药物是医药生物技术应用最成功的领域,目前已有近百种基因工程药物和疫苗研制成功并上市。其中,促红细胞生成素(EPO)、重组胰岛素、生长激素、干扰素等药品年销售额高达数亿美元甚至数十亿美元。

2. 细胞工程(cell engineering)　细胞工程是生物技术的基础。细胞工程是指以细胞为单位,在体外条件下研究基因导入、染色体导入、细胞核移植、细胞融合、细胞大规模培养等技术,目的是改良生物品种、创造新物种、获得具有优良性状的工程细胞用于药用代谢产物的生产。细胞培养不受季节、地理位置等限制,因此可以利用细胞生物反应器大量生产有效药用成分。

3. 酶工程(enzyme engineering)　酶工程是生物技术的条件。酶工程是以酶或者含酶细胞作为生物催化剂完成重要的化学和生化反应,发现新的酶或对酶进行分子修饰以改善酶的特性,包括酶的分离纯化、酶的固定化、新型生物传感器等。将酶工程应用于药物的生产,取得了举世瞩目的成就。应用各种酶生产药品,为减少化学合成的步骤或跨越化学合成无法完成的反应提供了重要的手段。

4. 发酵工程(fermentation engineering)　发酵工程是生物技术的支柱,也是生物技术获得最终产品的手段。发酵工程是利用微生物(或细胞)的特定性状,通过现代工程技术手段在生物反应器中生产药用物质的一种技术,是微生物学、细胞生物学、生物化学和化学工程学的有机结合。无论是传统的发酵产品,还是现代基因工程的生物技术产品,都需要通过发酵生产来获得。医用抗生素在临床用药中用量巨大,大多数抗生素为发酵产品,半合成抗生素的母核也是发酵产物。日益兴起的重组蛋白均需要通过发酵工程才能获得商业化的产品。

二、生物技术发展简史

生物技术的发展过程按其技术特征可分为三个阶段:传统生物技术阶段、近代生物技术阶段和现代生物技术阶段。

(一)传统生物技术阶段

这一阶段是指 19 世纪末到 20 世纪 30 年代前,以发酵产品为主干的工业微生物技术体系。这一时期的生物技术主要是通过微生物的初级发酵来生产食品,其应用仅仅局限在化学工程和微生物工程的领域,通过对粗材料进行加工、发酵和转化来生产纯化人们需要的产品,如乳酸、酒精、面包酵母、柠檬酸和蛋白酶等。

(二)近代生物技术阶段

1673 年,Antonie van Leeuwenhoek 发明了显微镜,使人类发现了自然界有微生物的存在。微生物学奠基人 Louis Pasteur 揭开了发酵现象的奥秘,他认为"一切发酵过程都是微生物作用的结果,微生物是引起化学变化的作用者"。他利用发酵是生命过程的理论,找到了啤酒和葡萄酒酸败的本质,又在解决问题的过程中创建了巴斯德灭菌法。

1928 年,英国科学家 Fleming 发现了青霉素;英国科学家 Howard Walter Florey 则进行了菌种选育,提高发酵水平,建立并完善了青霉素的提纯方法和大规模生产的微生物发酵技术;德国科学家 Ernst Boris Chain 进行了青霉素的药效试验,由此开创了以青霉素为代表的抗生素时代。随后,链霉素、金霉素、红霉素等抗生素也相继问世,兴起了抗生素工业,促使工业微生物的生产进入了一个新阶段。

(三)现代生物技术阶段

现代生物技术以 20 世纪 70 年代 DNA 重组技术的建立为标志,以世界上第一家生物技术公司——Gene-Tech 的诞生(1976 年)为纪元。此后,越来越多的科学家投身于分子生物学研究领域,并取得了许多重大的进展。至此,以基因工程为核心的技术革命带动了现代发酵工程、酶工程、细胞工程以及蛋白质工程的发展,形成了具有划时代意义和战略价值的现代生物技术。现代生物工程发展史上的重大事件见表1-1-1。

表1-1-1 现代生物工程发展史上的重大事件

年 份	重大事件
1928 年	A. Fleming 发现青霉素
1943 年	青霉素大规模工业化生产
1944 年	Avery 等用实验证明 DNA 是遗传物质
1953 年	J. D. Watson 和 F. H. C. Crick 发现 DNA 双螺旋结构
1961—1966 年	破译遗传密码
1970 年	分离出第一个 II 类限制性内切酶
1972 年	DNA 体外重组技术建立
1975 年	G. J. F. Kohler 和 C. Milstein 建立杂交瘤技术
1976 年	DNA 测序技术诞生
1978 年	第一次生产出基因工程胰岛素
1980 年	美国最高法院裁定基因工程产品可获专利 第一家生物技术类公司在 NASDAQ 上市
1981 年	第一只转基因动物(老鼠)诞生
1982 年	DNA 重组技术生产的家畜疫苗首次在欧洲上市
1983 年	人工染色体首次成功合成
1985 年	基因指纹技术首次作为证据亮相法庭
1986 年	第一个转基因作物获批准田间试验 第一个 DNA 重组人体疫苗(乙肝疫苗)研制成功
1988 年	PCR 技术问世
1989 年	转基因抗虫棉花获批准田间试验
1990 年	美国批准第一个体细胞基因治疗试验 人类基因组计划正式启动 第一个转基因动物(鲑鱼)获批准养殖
1993 年	生物工程产业组织(BIO)成立
1994 年	转基因保鲜番茄在美国上市
1997 年	英国培养出第一只克隆羊"多莉"
1998 年	人体胚胎干细胞系建立
2000 年	人类基因组工作框架图完成
2001 年	重要粮食作物——水稻基因图在中国完成
2003 年	人类基因组测序工作完成

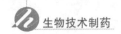

三、现代生物技术的应用

伴随着生命科学的新突破,现代生物技术已经广泛地应用于工业、农牧业、医药、环保等众多领域,产生了巨大的经济和社会效益。医药卫生领域是现代生物技术应用得最广泛、成绩最显著、发展最迅速、潜力也最大的一个领域,主要应用于疾病预防、疾病诊断以及疾病治疗等方面。

(一)疾病预防

利用疫苗对人体进行主动免疫是预防传染性疾病的最有效手段之一。注射或口服疫苗可以激活体内的免疫系统,产生专门针对病原体的特异性抗体。

(二)疾病诊断

生物技术的开发应用,提供了许多新的诊断技术,特别是单克隆抗体诊断试剂和 DNA 诊断技术的应用,使许多疾病特别是恶性肿瘤、传染病在早期就能得到准确诊断。

(三)疾病治疗

生物技术在疾病治疗方面,主要包括提供治疗药物、基因治疗和器官移植等。利用基因工程能大量生产一些来源稀少、价格昂贵的药物,减轻患者的负担;基因治疗是一种应用基因工程技术和分子遗传学原理对人类疾病进行治疗的新疗法;器官移植技术向异种移植方向发展,即利用现代生物技术,将人的基因转移到另一个物种上,再将此物种的器官取出来置入人体,代替生病的“零件”。另外,还可以利用克隆技术,制造出完全适合于人体的器官,来替代人体“病危”的器官。

目前,有 60% 以上的生物技术成果集中应用于医药产业,用以开发特色新药或对传统医药进行改良,由此引起了医药产业的重大变革,生物制药领域也得到迅速发展。

第二节　生物技术制药

一、生物技术制药

生物技术制药(biotechnological pharmaceutics)是指利用基因工程、细胞工程、酶工程、发酵工程等现代生物技术研究、开发和生产用于临床预防、治疗和诊断的药物。用传统的化学技术制药,具有要求条件高(如高温、高压、加化学催化剂等)、效率低、环境污染大、危险性大等缺点。与之相对,用生物学方法则要温和得多。用生物技术方法研制药物是 21 世纪最新的领域之一。生物技术制药研究内容主要包括生物制药技术的研究和生物技术药物的研究两个方面。

(一)生物制药技术的研究

注重技术的研究、开发和应用。通过将生物技术的各项技术与其他相关学科进行交叉融合,不断改进和完善目前已有的生物技术(如基因工程、细胞工程等),并创造和发展出新型生物技术(如抗体工程、基因芯片等)。抗体工程就是利用基因工程、蛋白质工程技术和单克隆抗体技术结合产生的;基因芯片则是利用生物化学、分子生物学以及微电子、微机械、计算机和统计学等多学科交叉融合建立的新型技术,可用于大规模、高通量地研究基因在各种生理及病理状态下的多态性及其表达变化,进而揭示基因的功能及其相互作用与调控关系。此外,融合了多技术的大规模生物反应器的出现促进了生物技术产品规模化和产业化,推动了生物技术药物的研发和生产。现代生物技术的发展使传统制药工业也得到创新、改造和发展。

(二)利用生物技术研究、开发和生产药物

注重技术的利用,即利用生物技术研究、开发和生产药物。基因工程技术可以大量制备一些大

分子的生理活性物质、天然存在量小、其他途径难以获得或提取成本过高的药物,使得这些生理活性物质可以规模化生产,以满足临床的实际需要。蛋白质工程技术在设计新的药物或改变蛋白质(酶)的性质以及改造天然蛋白质(酶)存在的一些缺点方面发挥着重要作用,可以通过定点突变技术改变关键氨基酸残基,从而改变蛋白质(酶)的特性使产物稳定性更好且活性更高,获得更为优质的药物。利用 DNA 重组技术将目的蛋白的基因与特定肽段编码基因重组,获得融合基因可以使表达的融合蛋白具有长效化特性,延长蛋白质的半衰期,如免疫球蛋白 Fc-融合蛋白等。

二、生物技术制药的特点

1. **高技术** 生物技术制药的高技术性主要体现在其高知识层次的人才和高新的技术手段。生物技术制药是一个知识密集、技术含量高、多学科相互渗透的新兴产业。

2. **高投入** 生物技术制药是一个投入巨大的产业,主要由于新产品的研发及相应仪器设备的配置方面均需高额的投入。目前国际上研发一个新的生物药物的平均费用为 1 亿～3 亿美元,并随着新药研发难度的增加而增加。

3. **长周期** 生物药物从开始研究、开发到最终转化为产品要经过很多环节(图 1-2-1):实验室研究阶段、临床前研究阶段、临床试验阶段到最终的规模化生产阶段,每一个环节都有严格复杂的审批程序,而且产品推广和市场开发较难,一般开发一种新药需要 8～10 年,甚至更长时间。

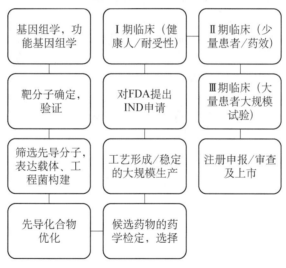

图 1-2-1 生物技术药物研发流程

4. **高风险** 生物医药产品的研究、开发有着较大的不确定风险。新药的投资从生物筛选、临床前实验、制剂处方及稳定性实验,直到用于人体的临床试验以及注册上市等一系列步骤,耗资巨大。任何一个环节失败都将导致前功尽弃,并且某些药物具有"两重性",可能会在使用过程中出现严重的不良反应而需要重新评价。一般来说,一个生物技术药物的成功率仅有 5％～10％,却伴随着巨大的时间和物质成本。

5. **高收益** 生物技术可以大量且低成本地生产长期以来在疾病诊断、预防和治疗中有着重要价值的药品,如激素、调节蛋白、神经多肽等,以满足患者的临床治疗需求,具有巨大的社会经济效益。生物技术药物的利润回报率极高。

生物技术应用于制药工业不仅可大量且低成本地生产防治人类重大疾病及疑难病的新型药物,而且将引起制药工业技术的重大变革。

三、生物技术制药发展简史及发展趋势

1953 年,Watson、Crick 提出 DNA 双螺旋结构,从分子水平认识了遗传物质基因的本质,开创了现代生物技术时代。随后建立了 DNA 重组技术、单克隆抗体技术、PCR 技术。重组人胰岛素的上市开启了现代生物技术制药蓬勃发展的新时代,经历了三个十年的黄金时代。

第一个十年,从 20 世纪 70 年代中期至 80 年代中期——生物时代,包括重组 DNA、DNA 合成、蛋白质合成、DNA 和蛋白质微量测序等技术,推动了生物技术制药的迅猛发展,随后相继出现了重组蛋白和单克隆抗体等一系列新型药物。1982 年,第一个生物技术药物——重组人胰岛素获得 FDA 批准并投放市场,标志着现代生物技术医药产业的兴起。

第二个十年,从 20 世纪 80 年代中期至 90 年代中期——技术平台时代,建立了高通量筛选、组合化学、胚胎干细胞技术等技术平台。开发了反义核酸药物、基因治疗等创时代的新治疗模式。很多生物技术及平台被用于探索性药物的研究。开发的产品有胰岛素、血红蛋白生成素、人生长激素、干扰素、细胞集落刺激因子等产品。

第三个十年,从 20 世纪 90 年代中期到 2006 年——基因组时代,包括基因组技术、高通量测序、基因芯片、生物信息、生物能源、生物光电、生物传感器、蛋白组学和功能基因组学等新技术相继出现。更多的技术被应用于制药工业,大大扩展了药物研发的思路和策略。

2006 年至今被称为后基因组时代,技术的发展包括功能基因、功能蛋白的发现、功能蛋白的改造、人源化单克隆抗体的制备、抗体工程、基因工程疫苗、基因治疗、RNA 干扰技术、干细胞治疗、组织工程、细胞治疗、免疫治疗等。生物技术制药成为 21 世纪发展前景最诱人的产业之一,被形容为"是软件之外另一个改变世界的工作"。生物技术药物在制药企业所占的份额及全球生物技术药物年销售额呈逐年上升的趋势。

从全球制药研发的整体趋势来看,生物制药逐年增长,增幅远超过小分子化学药。目前,生物制药主要集中在抗肿瘤药物等的研究开发。制药大公司近年纷纷布局生物药研发管线,研发投入已经初见成效,处于临床阶段的生物药和化学药数量接近 1∶1。生物制药领域发展势头迅猛,2017 年获批上市的生物药数量再创历史新高。我国制药公司研发投入总量增长迅速,生物初创公司如雨后春笋,已逐渐成为引领创新的不可小觑的生力军,有望推动我国在未来跻身世界制药强国。

第三节 生物技术药物

生物技术药物(biotechnological drug)是指应用 DNA 重组技术、单克隆抗体技术或其他生物新技术,借助某些动物、植物、微生物生产的医药产品,与直接从生物体、生物组织及其他成分中提取的生物制品不同。我国自 1986 年实施"863"计划以来,生物技术药物的研究、开发和产业化获得了飞速发展。

一、生物技术药物分类

生物技术药物可以根据来源进行分类,也可根据生化特性、作用类型及用途分类。

(一) 根据其来源分类

1. 动物来源 许多生物技术药物来源于动物脏器,动物来源的生物技术药物占较大比重。

2. 植物来源 我国药用植物资源极为丰富。近年来,越来越重视对植物中的蛋白质、多糖、脂类等生物大分子的研究和利用,出现了许多新的生物药物资源。

3. 微生物来源 应用微生物发酵生产生物技术药物是一个重要途径,具有资源丰富、可开发潜力大、易于培养、繁殖快、产量高、成本低等一系列优点。

4. 海洋生物来源 海洋生物资源具有广阔的开发利用前景,从海洋生物体内获取的有功效的代谢产物可发展海洋药物、海洋生物保健品等。

(二)根据生化特性分类

1. 核酸及其降解物和衍生物类药物 如阿糖胞苷、辅酶 A、三磷酸腺苷、齐多夫定等。

2. 氨基酸类药物 氨基酸类药物可分为个别氨基酸制剂(如蛋氨酸、谷氨酸、天冬氨酸等)和复方氨基酸制剂(如水解蛋白注射液、复方氨基酸注射液等)。

3. 多肽类药物 多肽在生物体内浓度低,但活性很强,在调节生理功能时发挥非常重要的作用,如胰岛素、降钙素、胸腺素(胸腺肽)、催产素等。

4. 蛋白质类药物 蛋白质类药物分为单纯蛋白质类与结合蛋白质类。单纯蛋白质类药物有人血清蛋白、生长激素、神经生长因子、促红细胞生成素、肿瘤坏死因子等。结合蛋白质类药物主要包括糖蛋白、胆蛋白、色蛋白等,促黄体激素、卵泡刺激素、人绒毛膜促性腺激素(HCG)、干扰素等均为糖蛋白。

5. 多糖类药物 多糖类药物来源有动物、植物、微生物等,在抗凝血、降血脂、抗肿瘤、抗病毒、增强免疫功能和抗衰老方面具有较强的药理作用,如肝素、胎盘脂多糖、壳多糖(几丁质)、透明质酸等。

6. 脂类药物 脂类药物包括许多非水溶性的、能溶于有机溶剂的小分子生理活性物质,如磷脂类(脑磷脂、卵磷脂等)、多价不饱和脂肪酸和前列腺素、胆酸类(去氧胆酸)、固醇类(胆固醇、β-谷固醇等)和卟啉类(胆红素、原卟啉等)。

(三)根据作用类型分类

1. 细胞因子类药物 如白细胞介素、干扰素、生长因子、肿瘤坏死因子等。
2. 激素类药物 如人胰岛素、人生长激素等。
3. 酶与辅酶类药物 如胰蛋白酶、胃蛋白酶、凝血酶、尿激酶、L-天冬氨酸酶、辅酶Ⅰ(NAD)、辅酶 Q_{10} 等。
4. 单克隆抗体药物 如阿伦珠单抗、曲妥珠单抗、利妥昔单抗等。
5. 疫苗 如甲肝疫苗、狂犬病疫苗、流感疫苗、卡介苗等。
6. 反义核酸药物 如福米韦生等。
7. RNA 干扰(RNAi)药物 如 Onpattro 等。
8. 基因治疗药物 如重组人 p53 腺病毒注射液等。

(四)根据用途分类

1. 作为治疗药物 生物技术药物对目前一些严重危害人类健康的疾病如恶性肿瘤、糖尿病、心血管疾病、免疫性疾病等都发挥着很好的治疗作用。

(1)用于肿瘤治疗的药物:白介素-2、细胞集落刺激因子等。
(2)用于内分泌疾病治疗的药物:胰岛素、生长素。
(3)用于心血管系统疾病治疗的药物:血管舒缓素、弹性蛋白酶等。
(4)用于血液和造血系统疾病治疗的药物:尿激酶、凝血酶、凝血因子Ⅷ和Ⅸ、组织纤溶酶原激活剂、促红细胞生成素等。
(5)用于抗病毒的药物:干扰素等。

2. 作为预防药物 我国医疗卫生工作的一项重要方针是以预防为主,许多疾病,尤其是传染病的预防比治疗更为重要。

主要的预防药物有菌苗、疫苗、类毒素等,其中最主要的是疫苗。目前用于人类疾病预防的疫苗有 20 多种,如乙肝疫苗、甲肝疫苗、伤寒疫苗、卡介苗等。

7

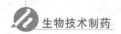

3. 作为诊断药物 生物技术药物用作诊断试剂是其最突出又独特的临床用途,绝大部分临床诊断试剂都来自生物技术药物。常见的诊断试剂包括以下几种。

（1）免疫诊断试剂:如乙肝表面抗原血凝制剂、乙脑抗原和链球菌溶血素、流感病毒诊断血清、甲胎蛋白诊断血清等。

（2）酶联免疫诊断试剂:如乙肝病毒表面抗原诊断试剂盒、艾滋病诊断试剂盒等。

（3）器官功能诊断药物:如磷酸组胺、促甲状腺素释放激素、促性腺激素释放激素等。

（4）放射性核素诊断药物:如碘(^{131}I)化血清白蛋白等。

（5）诊断用单克隆抗体:如结核菌素纯蛋白衍生物、卡介苗纯蛋白衍生物。

（6）诊断用 DNA 芯片:如用于遗传病和癌症诊断的基因芯片等。

二、生物技术药物的特性

生物技术药物的实质是利用现代生物技术制备其他方法难以获得的大分子生物活性物质,如多肽、蛋白质、核酸及其衍生物等,与小分子化学药物相比,在结构、理化性质、药理作用等方面都具有其特殊性。

（一）分子量大、结构复杂

生物技术来源的药物大多是应用基因工程技术修饰活的生物体,使其产生蛋白质或多肽类产物,或依据靶基因化学合成与之互补的寡核苷酸。蛋白质和核酸均是生物大分子,相对分子量(M_r)通常为几千、几万甚至几十万;并且蛋白质的结构复杂,除一级结构外还有二级、三级结构,有些由两个以上亚基组成的蛋白质还具有四级结构。

（二）成分复杂、稳定性差

生物技术药物大多是蛋白质的混合物,不能像化学药品一样对其成分进行精确的定量、定性分析,也不能简单地用其终产品进行鉴定。同时生物技术药物的组成结构复杂,有严格的空间构象和特定的活性中心来支持其特定的生理功能,一旦被破坏,就会导致失活。多肽、蛋白质类药物易受温度、光照、pH、空气氧化、化学试剂、机械力等外界因素的影响而变性或降解失活,还易被蛋白酶降解,核酸类药物易被核酸酶降解而失活。

（三）药理活性高、作用机制明确

生物技术药物是指将生物体内原先存在的生理活性物质以生物技术分离出来或经过生物技术进行优化改造,并通过大肠埃希菌、酵母菌等宿主系统进行大量表达获得的活性更高的产品。因此,具有高效的药理活性并且体内调节机制比较清楚。

（四）使用安全、毒性低

生物技术药物多是人类天然存在的蛋白质或多肽,进入机体后易被机体吸收、利用和参与机体代谢与调节,用量极少就会产生显著的效应,相对来说毒性较低、不良反应较小、安全性较高。

（五）药理作用多效性和网络性效应

许多生物技术药物具有多种功能、发挥多种药理作用是由于其可以同时作用于多种细胞或组织,并且在人体内相互诱生与调节,彼此协同作用或拮抗,形成网络性效应,具有多种功能,发挥多种药理作用。

（六）具有种属特异性、产生免疫原性

许多生物技术药物由于药物自身、药物作用受体以及代谢酶的基因序列存在着种属差异,导致药理学活性与动物种属及组织特异性有关。同源性差别较大的物种之间会出现对药物不敏感或无药理学活性的现象。许多来源于人的生物技术药物在动物中具有免疫原性,在动物体内重复给予这

类药物将产生抗体;有些重组蛋白质类药物在结构及构型上与人类天然蛋白质存在个别差异,因此也会导致人源性蛋白在人体中产生血清抗体。

(七)体内半衰期短

很多多肽类、蛋白质类、核酸类药物易被体内相应的蛋白酶、核酸酶降解,降解迅速且降解的部位广泛,因而体内半衰期短。

(八)受体效应

许多生物技术药物是通过与特异性受体结合,进而通过信号传导机制而发挥药理作用,受体分布具有动物种属特异性和组织特异性,因此,药物在体内的分布具有组织特异性和药效反应快的特点。

由于生物技术药物的生产系统复杂,它们的同源性、批次间一致性及安全性的变化要大于化学产品。因此,生产过程的检测、GMP步骤的要求和质量控制的要求就更为重要和严格。

三、生物技术药物的制备

(一)生物技术药物的一般生产过程

生物技术药物的生产是一项十分复杂的系统工程,可分为上游和下游两个阶段。上游阶段的操作主要是在实验室完成,是指构建稳定且高效表达的工程细胞或工程菌,主要包括目的基因的分离、工程菌的构建与筛选;下游阶段是将实验室成果产业化与商品化,是指将工程细胞或工程菌大规模培养(发酵),一直到产品分离纯化、制剂和质量控制等一系列工艺过程。

生物技术药物的生产全过程包括:克隆目的基因,构建DNA重组体并转入宿主细胞,构建工程菌,工程菌发酵,分离纯化外源基因表达产物,制剂、成品检定等。

(二)生物技术药物质量控制

与化学药和中药不同,生物技术药物的质量控制不仅是最终产品的质量控制,而是全程的质量控制。

1. 制造过程的控制

(1)原材料的质量控制:原材料的质量控制主要是对基因表达载体以及细菌、酵母、哺乳动物细胞和昆虫细胞等宿主系统的检查,以确保编码药品的DNA序列的正确性,重组微生物来自单一克隆,所用质粒纯度高而且稳定,最终保证产品质量的安全性和一致性。

(2)培养过程的质量控制:基因工程产品的生产采用种子批(SEED LOT)系统。培养过程中应测定被表达基因的完整性及宿主细胞长期培养后的基因型特征;依宿主细胞、载体的稳定性和产品的恒定性,规定持续培养时间,并定期对细胞系统和产品进行评价。

(3)纯化工艺过程的质量控制:纯化方法的设计应尽量去除污染病毒、核酸、宿主细胞杂质蛋白质、糖类及其他杂质以及纯化过程带入的有害物质。纯化工艺的每一步均应测定纯度,计算提纯倍数、收获率等。

2. 最终产品的质量控制 纯化的最终产品要根据纯化工艺过程,产品的理化性质、生物学性质、用途等来确定质量控制项目,一般包括以下几方面:理化性质鉴定、生物学活性(比活性)、纯度、杂质检测以及安全试验。

(1)理化性质鉴定:主要包括特异性鉴别、相对分子质量测定、等电点测定、肽图分析、氨基酸组成分析、氨基酸末端序列分析、吸收光谱分析等。

(2)生物学活性测定:主要包括鉴别试验、效价测定、特异比活性测定、热源质试验、病毒污染检查、无菌试验、抗原性物质检查以及异常毒性试验等。

(3)杂质检测:主要包括外源DNA测定、残余宿主细胞蛋白测定、残余鼠源型IgG含量、残余小牛血清、内毒素测定、生产和纯化过程中加入的其他物质。

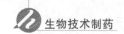

(4) 安全性试验：主要包括无菌试验、热原试验、安全试验、水分测定等。

四、生物技术药物的发展前景

目前，医药市场销售额最高的生物技术药物有六大类：肿瘤治疗用抗体、anti－TNFα治疗性抗体、EPO类、胰岛素类、β干扰素类和凝血因子类。2012年全球最畅销处方药销售额前20名中，有8个是生物技术药物(前10名中，有6个)；2014年销售额前20名中，有7个是生物技术药物；2016年销售额前20名中，有近半数的生物技术药物；2017年全球药物销售额前20名中，生物技术药物已然成为主力军，2017年全球药物销售额前20名见表1－3－1。纵观全球医药市场，生物药物的发展趋势包括：一是采用蛋白质工程技术、PEG技术、蛋白融合技术等对蛋白质进行修饰和改造，成为近年来生物技术药物发展的新趋势；二是以基因工程疫苗为代表的新型疫苗不断出现；三是重组疫苗成为未来疫苗发展的趋势。

表1－3－1　2017年全球药物销售额前20名

排名	商品名	通用名	适应证	产品销售额（亿美元）	公司
1	Humira	阿达木单抗	自身免疫性疾病	184.27	艾伯维
2	Revlimid	来那度胺	多发性骨髓瘤	81.87	新基
3	MabThera，Rituxan	利妥昔单抗	白血病等	78.89	罗氏
4	Enbrel	依那西普	自身免疫性疾病	78.85	辉瑞、安进
5	Remicade	英夫利昔单抗	自身免疫性疾病	77.57	默沙东、强生、三菱田边
6	Herceptin	曲妥珠单抗	乳腺癌	74.88	罗氏
7	Eliquis	阿哌沙班	抗凝血	73.95	辉瑞、百时美施贵宝
8	Avastin	贝伐单抗	肺癌、肾细胞癌等	71.41	罗氏
9	Eylea	阿柏西普	年龄相关黄斑变性	59.29	再生元、拜耳
10	Opdivo	Nivolumab	黑色素瘤，非小细胞肺癌等	57.69	百时美施贵宝、ono
11	Prenar13	肺炎球菌疫苗	肺炎球菌疫苗	56.01	辉瑞
12	Xarelto	利伐沙班	抗凝血	53.5～55.5	强生、拜耳
13	Lynica	普瑞巴林	神经痛	50.65	辉瑞
14	Neulasta	聚乙二醇非格司亭	中性粒细胞减少症	45.34	安进
15	Lmbmvica	依布替尼	白血病等	44.66	强生、艾伯维
16	Lantus	甘精胰岛素	糖尿病	44.46	赛诺菲
17	Harvoni	Ledipasvir/Sofosbuvir	HCV	43.70	吉利德
18	Seretide，Advair	丙酸氟替卡松/沙美特罗	哮喘	43.67	葛兰素史克
19	Tecfidera	富马酸二甲酯	多发性硬化症	42.14	百健
20	Stelara	乌司奴单抗	自身免疫性疾病	40.11	强生

从世界生物医药产业发展趋势来看,目前正处于生物医药技术大规模产业化的开始阶段,预计 2020 年将进入快速发展期,并逐步成为世界经济的主导产业。

有数据显示,全球研制中的生物技术药物超过 2 200 种,其中 1 700 余种进入临床试验阶段。生物技术药品数量的迅速增加表明,21 世纪世界医药的产业化正逐步进入投资收获期,全球生物医药产业快速增长。20 世纪 90 年代以来,全球生物药品销售额以年均 30% 以上的速度增长,大大高于全球医药行业年均不到 10% 的增长速度。生物医药产业正快速地由最具发展潜力的高技术产业向高技术支柱产业发展。

我国生物技术药物起步稍晚,与欧美发达国家相比,其规模、技术水平、产值和效益等方面还存在一定差距,但相对于化学药,差距相对小些。据中国健康产业蓝皮书统计,2016 年中国市场上生物药的销售额为 1 298 亿元,占国内药品市场总量 9.0%,而发达国家的生物药占比达 25%。有数据显示,2015—2016 年,中国生物医药研发投入 14.12 亿欧元,排名全球第八,但远低于美国和欧盟。我国生物制药产业仍存在诸多不足,如研发力量短缺、研发投入不足、自主创新能力薄弱等。针对我国生物制药产业存在的问题,国家制定了一系列相关政策,为发展我国生物医药技术及产品指明了相关研究方向,明确了生物技术药物的研发重点,相关政策的出台必将推动我国生物制药产业迅速发展。

复 习 题

【A 型题】

下列选项中,不属于生物技术制药的特点的选项为: ( )

A. 高技术   B. 高投入   C. 长周期   D. 低风险   E. 高收益

【填空题】

1. 生物技术的四大工程分别为_____、_____、_____、_____。
2. 生物技术的发展过程按其技术特征可分为三个阶段:_____、_____和_____。
3. 生物技术药物根据用途分类为_____、_____、_____。

【名词解释】

1. 生物技术   2. 生物技术药物   3. 生物技术制药

【简答题】

1. 简述生物技术制药的特点。
2. 简述生物技术药物的分类并举例。
3. 简述生物技术药物的特性。

第二章

基因工程制药

导 学

内容及要求

本章主要介绍基因工程的基本概念、原理及应用基因工程生产药物所需的工具和生产过程。

1. 要求掌握基因工程制药的基本步骤,目的基因的制备方法,目的基因与载体DNA片段的连接,重组体的导入,转化子筛选和重组DNA鉴定的原理和技术。

2. 熟悉基因工程所用载体、酶的概念及应用,基因工程制药的基本概念及其优点,质粒、噬菌体、病毒等载体的基本特征,重组蛋白表达生成后表达产物的鉴定、安全性评价、稳定性考察等。

3. 了解酵母表达系统,昆虫细胞表达系统,国内外基因工程制药发展情况及趋势。

重点、难点

重点是目的基因的制备方法,从基因组或组织中获得目的DNA片段(包括聚合酶链式反应和逆转录聚合酶链式反应)方法,DNA的体外重组,重组菌的鉴定和筛选。难点是如何通过建立基因文库和cDNA文库寻找和确定目的基因。

第一节 概 述

基因工程又叫遗传工程(genetic engineering),是指在基因水平上采用与工程设计十分类似的方法,按照人们的需要进行设计,创建出某种具有新性状的生物新品系,并且使这种新性状能稳定地遗传给后代。简要来说,基因工程就是将将一种或多种生物体(供体)的基因与载体在体外进行拼接重组后,导入另一种生物体中(宿主细胞),使之按照人们的意愿稳定遗传并且表达出新性状。因此,供体、宿主细胞和载体并称为基因工程的三大要素。对于宿主细胞来说,来自供体的基因称为外源基因。基因工程在生物制药领域的主要应用是基因工程制药。基因工程制药是指人们按照一定的医学目标,将特定的外源基因导入宿主细胞,由宿主细胞经过大规模培养后产生特定蛋白质类药物的一种制药方法。不同宿主系统的基因工程各有特点,它们在农业、工业、医学和环境等方面均发挥重要的作用。

一、基因工程制药的概念

基因工程技术(genetic engineering technology)又称为 DNA 重组技术(DNA recombination technology),是指将外源基因插入载体(如质粒载体、病毒载体、噬菌体载体),重组后导入新的宿主细胞,构建工程菌(或细胞),并使目的基因在工程菌(或细胞)内进行稳定的复制和表达的技术。

基因工程制药(genetic engineering pharmaceutics)是指利用基因重组技术将外源基因导入宿主细胞进行大规模培养,以获得蛋白质、酶、激素、疫苗、单克隆抗体和细胞生长因子等多种类别药物的过程。20 世纪 70 年代初,研究人员将哺乳动物的基因转入细菌体内,基因工程技术开始逐步建立,使得基因工程制药迅猛发展。自 1982 年第一个基因工程药物——重组人胰岛素的问世以来,逐渐有更多的基因工程药物研制成功。迄今为止,已有 30 多种基因工程药物投入市场,在为医药领域带来巨大变革的同时,也带来了巨大的经济效益。尽管我国基因工程制药的研究和开发起步较晚且基础较差,但是我国正不断向制药强国看齐并已取得显著成果。

基因工程药物是以基因组学研究中发现的功能性基因或基因产物为起始材料,通过生物学、分子生物学、生物化学、生物工程等相应技术而制成,并以相应的分析技术控制中间产物和成品质量的一种生物活性物质产品,临床上可用于某些疾病的诊断、治疗或预防。基因工程药物种类繁多,包括多肽类、蛋白质类、酶类、激素类、疫苗类、单克隆抗体类和细胞生长因子类等。

基因工程药物的生产涉及基因工程技术的产业化和应用,由上游技术和下游技术两大部分组成(图 2-1-1)。其中,上游技术主要是指外源基因重组、克隆后的构建与表达(狭义的基因工程);而下游技术主要是指含有重组外源基因的生物细胞(基因工程菌或细胞)的大规模培养以及外源基因表达产物的分离纯化和产品质量控制等。

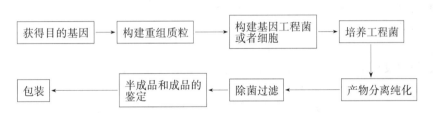

图 2-1-1　制备基因工程药物的一般程序

广义的基因工程是一个高度统一的整体。上游技术必须以简化下游技术的工艺和装备为指导思想;而下游技术则是上游基因工程蓝图的体现和保证,这是基因工程产业化的基本原则。

二、基因工程制药的基本原理

基因工程作为现代生物技术的核心技术,其最终目的是使外源目的基因能稳定高效地表达,这就要求研究者必须仔细研究基因工程涉及的一系列相关原理。

(1)由于载体 DNA 在宿主细胞中可以独立于染色体 DNA 自主复制,因此可将外源基因与载体分子重组,通过载体分子的扩增来增加外源基因在宿主细胞中的转录水平,借此提高其表达水平。

(2)筛选、修饰和重组启动子、增强子、操纵子和终止子等基因转录调控元件,并将这些元件与外源基因精准拼接,通过增加外源基因的转录来提高其表达水平。

(3)选择、修饰和重组核糖体位点及密码子等 mRNA 翻译调控元件,强化宿主细胞中蛋白质的生物合成过程。

(4)基因工程菌(或细胞)是现代生物工程中的生物反应器,在强化并维持其最佳生产效能的基础上,从工程菌(或细胞)大规模培养工程和工艺的角度出发,合理控制微型生物反应器增殖速率,是

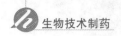

提高外源基因表达目的产物产量的关键步骤。

第二节　基因工程的常用工具

一个完整的基因工程是将目的基因进行分离、重组、转移并且实现目的基因在宿主细胞中稳定复制、转录、翻译表达的全过程。因此,要实现基因工程至少满足四个主要条件:工具酶、目的基因(具体见本章第三节)、载体、宿主细胞。

一、工具酶

基因工程的基本技术是人工针对目的基因在体外进行切、接、组合等操作。目的基因是一段具有特定功能的 DNA 分子,要把含有不同功能的 DNA 分子片段准确地切出来,需要各种限制性核酸内切酶(restriction endonuclease);要把不同片段连接起来,需要 DNA 连接酶(DNA ligase);要合成基因或者合成基因中的某个片段,需要 DNA 聚合酶(DNA polymerase)等。因此,酶是基因工程中不可缺少的工具,基因工程中所用的酶统称为工具酶。工具酶根据用途可以分为:限制性核酸内切酶、DNA 连接酶、DNA 聚合酶、末端转移酶、T4 多核苷酸激酶、碱性磷酸酶、核酸外切酶等。

(一)限制性核酸内切酶

限制性核酸内切酶主要是从原核生物中分离纯化而来的,是一类能够识别双链 DNA 分子中的某种特定核苷酸序列,且由此切割 DNA 双链结构的核酸内切酶。限制性核酸内切酶在基因的分离、DNA 结构分析、载体的改造与构建以及体外重组与鉴定中均发挥重要作用。

根据限制性核酸内切酶的限制和修饰活性、分子量大小、酶蛋白结构、切割位点以及限制作用所需的辅助因子不同等特点,目前鉴定出多种不同类型的限制性核酸内切酶,主要包括Ⅰ型酶、Ⅱ型酶、Ⅲ型酶。其中Ⅰ型酶种类较少,Ⅲ型酶种类更少。与Ⅰ型酶一样,Ⅲ型酶识别和切割的位点不一致,在基因操作中没有什么实际用途。Ⅱ型酶所占比例最大,其对底物的专一性强且酶蛋白不具有甲基化作用,能够识别特异性旋转对称序列并且可以在识别序列内部或附近进行特异性切割。Ⅱ型酶切割后的基因可形成一定长度和顺序的分离的 DNA 片段,因此,Ⅱ型酶在 DNA 操作中起非常重要的作用,在基因克隆中被广泛应用。

(二)DNA 连接酶

DNA 连接酶(DNA ligase)是一种借助 ATP 或 NAD$^+$ 水解提供的能量催化双链 DNA 的 5′磷酸基团连接另一 DNA 双链的 3′-OH 生成磷酸二酯键,最终将不同来源的 DNA 分子的末端连接,形成重组 DNA 分子的酶。

根据来源不同,DNA 连接酶可分成三类:大肠埃希菌 DNA 连接酶、T4 噬菌体 DNA 编码的 T4 DNA 连接酶(T4 DNA ligase)、热稳定 DNA 连接酶(thermo stable DNA ligase)。

基因工程中常用的 DNA 连接酶主要是大肠埃希菌 DNA 连接酶和 T4 DNA 连接酶。大肠埃希菌 DNA 连接酶以 NAD$^+$ 作为辅助因子,只能连接具有突出末端的双链 DNA 分子。而 T4 DNA 连接酶需 ATP 作辅助因子,可连接 DNA - DNA、DNA - RNA、RNA - RNA 和双链 DNA 的黏性末端或者平末端。

(三)DNA 聚合酶

DNA 聚合酶(DNA polymerase)是以 DNA 为复制模板,在具备引物、dNTP 的情况下,将 DNA 由 5′端向 3′端复制,催化 DNA 复制并修复 DNA 分子损伤的一类酶。

基因工程中常用的 DNA 聚合酶包括大肠埃希菌 DNA 聚合酶Ⅰ、大肠埃希菌聚合酶Ⅰ大片段

(Klenow 聚合酶)、T4 噬菌体 DNA 聚合酶、T7 噬菌体聚合酶及经修饰的 T7 噬菌体聚合酶、耐热 DNA 聚合酶(Taq DNA 聚合酶和 pfu DNA 聚合酶)、逆转录酶(依赖于 RNA 的 DNA 聚合酶)等。

Taq DNA 聚合酶是从水生栖热菌(Thermus Aquaticus)中分离出的具有热稳定性的 DNA 聚合酶。该酶基因全长 2 496 个碱基,编码 832 个氨基酸,分子量为 94 kDa。Taq DNA 聚合酶对于聚合酶链式反应(polymerase chain reaction, PCR)的应用具有里程碑的意义。由于聚合酶链式反应循环一般包括变性(95 ℃左右)、退火(50 ℃左右)、延伸(70 ℃左右)等高温过程,多数酶在高温时即刻变性失活,而 Taq DNA 聚合酶可以耐受 90 ℃以上的高温却不失活,所以在聚合酶链式反应过程中不需要在每个循环重新添加酶,使聚合酶链式反应技术变得非常简捷。

(四) 末端转移酶

末端转移酶可以在没有模板存在的条件下催化 DNA 分子发生聚合,在单链或者双链的 DNA 分子的 3'-OH 末端加上互补的同聚物尾巴。在基因工程中,末端转移酶的主要用途是给外源 DNA 片段和载体分子分别加上互补的同聚物尾巴,利于重组。除此之外,该酶还可以标记 DNA 片段的 3'-末端,并按照模板合成多聚脱氧核苷酸同聚物。

(五) T4 多核苷酸激酶

T4 多核苷酸激酶是从 T4 噬菌体感染的大肠埃希菌细胞中分离出来的。该酶有两种活性:一种是催化 γ-磷酸从 ATP 分子转移给 DNA 或 RNA 分子的 5'-OH 末端,常用来标记核苷酸分子的 5'-末端,或是使寡核苷酸磷酸化。另外一种是催化 5'-P 交换,但是活性较低。

(六) 碱性磷酸酶

碱性磷酸酶能够催化单链或双链 DNA 分子脱掉 5'-P 基团,将 5'-P 转换成 5'-OH 末端。在 DNA 体外重组中,为了防止线性载体分子发生自我连接,需要从这些 DNA 片段上除去 5'-P 基团。因此,碱性磷酸酶在基因工程中常用于防止载体分子发生自我连接。

(七) 核酸外切酶

核酸外切酶是一类从多核苷酸链的一端依次催化降解核苷酸的酶。按作用底物的差异,可分为单链的核酸外切酶和双链的核酸外切酶。在基因工程中,核酸外切酶主要有两种用途:一是将双链 DNA 转变成单链 DNA,二是降解双链 DNA 的 5'突出末端。

二、载体

(一) 载体概述

载体(vector)的设计和应用是基因工程的一个重要环节。基因克隆过程中往往需要借助特殊的工具才能使外源基因分子进入宿主细胞中并进行复制和表达,这种携带外源基因进入宿主细胞进行复制和表达的工具称为载体。

一般来说,理想的基因工程载体需满足以下要求:①能够在宿主细胞中稳定存在且能进行大量复制,并且对受体细胞无害,不影响受体细胞正常的生命活动。②在 DNA 复制的非功能区具有多种限制酶的单一识别位点,能被多种限制酶识别并插入外源基因片段。③含有复制起始位点,能够独立进行基因的扩增。④有一定的标记基因便于筛选。⑤分子大小合适,方便操作。为了满足以上要求,通常选择生物体天然存在的质粒、噬菌体或病毒 DNA 作为载体母本,对其进行必要的修饰和改造,构建出具有多种作用的载体分子。

载体按功能可分为克隆载体和表达载体。克隆载体是最简单的载体,主要用来克隆和扩增 DNA 片段,目前主要有质粒载体、噬菌体载体、病毒载体、人工染色体。表达载体除具有克隆载体的基本元件外,还具有转录、翻译所必需的 DNA 元件,如启动子和终止子。

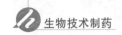

（二）常用载体

1. **质粒载体**　质粒是染色体外能独立自主复制并遗传的环状双链 DNA 分子。质粒的大小不定,一般为 1~5 kb,每个质粒都有一段 DNA 复制起始位点的序列用来帮助质粒在宿主细胞中进行自主复制。不同质粒在细胞内的复制量是不一样的,因此质粒又可分为高拷贝的松弛型质粒和低拷贝的严紧型质粒。

2. **λ 噬菌体**　λ 噬菌体是一种双链 DNA 病毒,基因大小为 50 kb,其宿主为 *E. coli*。λ 噬菌体颗粒中的 DNA 为线状双链,其两端带有 12 个碱基的互补单链末端。DNA 进入宿主后,在宿主细胞 DNA 连接酶和促旋酶的作用下通过黏性末端的碱基互补配对形成环状 DNA 分子,作为感染早期的转录模板。

3. **病毒载体**　腺病毒是无包膜的线性双链 DNA 病毒,在自然界广泛分布。腺病毒是由 252 个壳粒组成的廿面体,每个壳粒的直径为 7~9 nm。其病毒壳体由 3 种主要的蛋白质:六邻体(Ⅱ)、五邻体基底(Ⅲ)和纤突(Ⅳ)以及多种其他的辅蛋白Ⅵ、Ⅷ、Ⅸ、Ⅲa 和 Iva2 组成。其基因组大小为 36 kb,两端各有一个反向末端重复区(ITR),在 ITR 内侧为病毒包装信号。

4. **人工染色体**　人工染色体是指人工构建的含有天然染色体基本功能单位的载体结构。天然染色体基本单位包括:①复制起始位点:用来保证染色体的复制。②着丝粒:用来保证染色体的分离。③端粒:用来封闭的染色体末端,防止黏附到其他断裂端,保证了染色体的稳定存在。

三、宿主系统

基因工程发展到今天,从原核细胞到真核细胞,从简单的真核细胞如酵母菌到高等的动物、植物细胞都可以作为基因工程的宿主细胞。重组基因的高效表达与所用宿主细胞关系密切,选择适当的宿主细胞是重组基因高效表达的前提。

原核生物细胞作为宿主细胞具有容易快速摄取外界 DNA、繁殖快、基因组简单、便于培养和基因操作等优点,被普遍用作构建 cDNA 文库和基因组文库的文库菌体以及生产目的基因的工程菌(或细胞)、克隆载体的宿主。

所谓表达系统是由目的基因、表达载体与宿主细胞组成的完整体系。目前基因工程的表达系统有原核与真核两大类,因此宿主系统主要有原核细胞和真核细胞两种。原核表达系统以大肠埃希菌表达系统较常用,而真核表达系统常用的有酵母表达系统、哺乳动物细胞表达系统及昆虫细胞表达系统。

（一）大肠埃希菌表达体系

大肠埃希菌表达系统是基因工程采用最多的表达系统,早期基因工程药物生产多由大肠埃希菌表达系统来实现。目前已经实现商品化的数十种基因工程产品,大部分是由重组大肠埃希菌生产的。

大肠埃希菌表达的外源基因必须具备以下条件:①外源基因的编码区不能含有非编码序列。由于大肠埃希菌原核表达载体不具备识别内含子、外显子的能力,因此,真核细胞的基因在原核细胞中表达时,一般使用由 mRNA 逆转录的 cDNA,而不能直接使用从染色体剪切下来的基因片段。②表达的外源片段要位于大肠埃希菌启动子的下游,接受启动子的控制,由大肠埃希菌 DNA 聚合酶识别启动子进而开始转录。③转录出的 mRNA 中要有能与 16s 核糖体 RNA 3′端相互补的 SD 序列,这样才能有效地翻译成蛋白质。④翻译产物必须稳定,不易被细胞内修饰酶快速降解。

大肠埃希菌作为原核生物,因其表达翻译及翻译后加工系统与真核生物不同,所以在表达真核生物蛋白时具有一定的缺陷,如大肠埃希菌缺乏对真核生物蛋白质的折叠与修饰等功能,因此表达的真核生物蛋白质经常没有活性,并且大肠埃希菌的细胞质内含有种类繁多的内毒素,而微量内毒素可导致人体的热原反应。上述的缺陷在一定程度上限制了真核生物基因在大肠埃希菌表达系统中进行大规模表达。

（二）酵母表达系统

酵母表达体系是非常重要的真核表达体系。由于酵母细胞基因组小,增殖一代所需的时间仅需几个小时,且具有易于培养、无毒性等优点,因此,酵母细胞是比较合适的细胞工程菌(或细胞)。

酵母表达系统作为表达高等真核生物蛋白的宿主具有很多优点:①作为单细胞生物,能够像细菌一样在廉价的培养基上生长,能方便地对外源基因进行操作。②具有真核生物对翻译蛋白的加工修饰过程。③可将异源蛋白质基因与 N 末端信号肽融合。④可使用高表达基因的强启动子。⑤能够移去起始甲硫氨酸,避免了作为药物使用可能引起的免疫反应问题。

(三)昆虫和昆虫细胞表达体系

昆虫或者昆虫细胞可以作为基因工程中的目的基因的表达体系,以棒状病毒的多角体基因作为基础构建其表达载体。昆虫及昆虫细胞来源广,具有操作简单、安全、经济等特点,是一种很有发展前景的真核表达系统,目前已有几十种外源基因在昆虫表达系统中获得了成功的表达。

(四)哺乳动物细胞表达载体

利用哺乳动物细胞表达体系可表达外源基因所编码的复杂蛋白。该体系的优越性在于它表达的高等真核蛋白可被正确修饰,这种修饰包括二硫键的精确形成、糖基化和磷酸化等,这些翻译后的加工是原核系统所不具备的。利用该体系不仅可以进行基因工程的产品生产外,还可以对蛋白质的结构功能以及有关基因表达调控等方面进行深入研究。

第三节　目的基因的表达克隆

基因工程技术是将重组的外源基因插入载体,拼接后转入新的宿主细胞中,构成基因工程菌(或细胞),实现遗传物质的重新组合,并使目的基因在工程菌(或细胞)内进行复制和表达的技术,该技术通常包含以下几个步骤,见图 2-3-1。

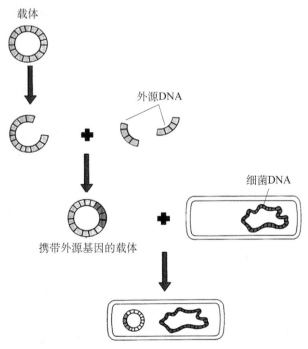

图 2-3-1　DNA 重组过程示意图

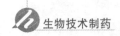

(1) 从供体细胞中分离出基因组 DNA(简称分),用限制性核酸内切酶分别将外源基因(包含目的基因)和载体分子切开(简称切)。

(2) 用 DNA 连接酶将含有外源基因的 DNA 片段连接到载体分子上,形成 DNA 重组分子(简称连)。

(3) 将人工重组的 DNA 分子导入使其能够正常复制的宿主细胞中(简称转)。

(4) 快速培养转化细胞,以扩增重组 DNA 分子或者使其整合到宿主细胞的基因组中(简称增)。

(5) 筛选(简称筛)和鉴定检验转化细胞,获得使外源基因高效稳定表达的基因工程菌(或细胞)(简称验)。

由此可见,分、切、连、转、增、筛、验是基因工程的主要操作过程。

一、目的基因的获取

实现外源基因的表达,就是利用基因工程技术或称 DNA 重组技术,将外源基因与特定的表达载体重组,并运用相应的技术将重组 DNA 导入特定的宿主细胞中。目的基因制备方法主要包括化学合成法、聚合酶链式反应法、基因文库法和 cDNA 文库法。

(一) 化学合成法

化学合成法是指以 5′ 或 3′-脱氧核苷酸或 5′-磷酸基寡核苷酸片段为原料,采用化学合成的方法将原料核苷酸逐渐缩合成目的基因的片段。随着核酸的化学合成技术不断完善,DNA 的人工合成已能够在 DNA 合成仪上自动化完成,化学合成基因变得更经济、容易和准确。DNA 合成仪不仅可以提供克隆的连接子、测序引物、杂交探针等寡核苷酸片段,有些已知序列的基因也完全可以在化学人工合成后直接克隆,或者分段成各片段,随后再连接组装成完整的基因进行克隆。目前在核酸的合成方面,最为常用的是固相合成法。化学合成基因对获取利用其他技术方法不易分离的基因尤为重要。

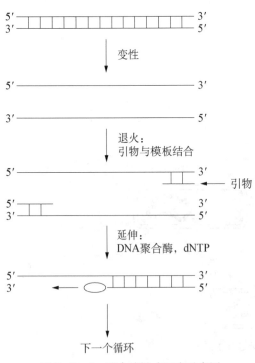

图 2-3-2　聚合酶链式反应示意图

(二) 聚合酶链式反应法

聚合酶链式反应(polymerase chain reaction, PCR)是根据生物体内 DNA 复制原理在 DNA 聚合酶催化和 dNTP 参与下,引物依赖 DNA 模板而特异性的扩增 DNA。在含有 DNA 模板、引物、DNA 聚合酶以及 dNTP 的缓冲溶液中,通过以下三个循环步骤扩增 DNA:①变性(denaturation):双链 DNA 模板加热变性,解离成单链模板。②退火(annealing):降低温度,引物与单链模板结合。③延伸(extension):温度调整至 DNA 聚合酶最合适温度,DNA 聚合酶催化 dNTP 加至引物 3′-OH,引物由 5′-3′方向延伸,最终与单链模板形成双链 DNA,并开始下一个变性、退火、延伸循环。聚合酶链式反应的基本原理如图 2-3-2 所示。

聚合酶链式反应可以在体外特异性地扩增目的基因片段,并可以在设计引物时引入合适的酶切位点和标签结构等,是目前实验室制备目的基因最常用的方法。值得注意的是,聚合酶链式反应体外扩增常引入突变,为了保证目的基因片段序列的正确性,一般建议使用高保真的 pfu DNA 聚合酶和相对保守的聚合酶链式反应扩增条件。同时,凡经过聚合酶链式反应扩增制备的目的基因片段,在实现克隆后必须进行测序分析,验证其扩增序列是否正确。

(三) 基因文库法

基因文库(gene library)是指某一个特定生物全部基因组的克隆信息集合,包括所有外显子和内含子序列。基因文库法的构建首先利用物理方法或者酶化学法将细胞染色体 DNA 切割成基因水平的许多片段,然后将这些片段混合物随机重组连入适当的载体,转化后在宿主细胞中扩增,再用适当的方法筛选出需要的基因(图 2 - 3 - 3)。

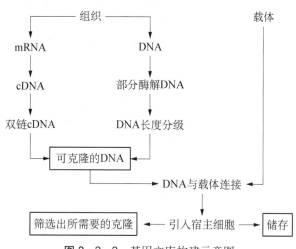

图 2 - 3 - 3 基因文库构建示意图

基因文库法的特点是绕过了直接分离基因的难关,采用基因工程技术分离目的基因,该方法分离的基因要求有简便的筛选鉴定方法。用上述方法制备的克隆数多到足以把某种生物的全部基因包含在内,所有克隆 DNA 片段的集合即为该生物的基因文库。完整的基因文库应该含有该生物染色体基因组 DNA 的全部序列。

(四) cDNA 文库法

cDNA 文库法是指提取生物体总 mRNA,并以 mRNA 为模板,在逆转录酶催化下合成 cDNA 的一条链,再在 DNA 聚合酶的作用下合成双链 cDNA,将全部 cDNA 克隆至适当的载体后导入宿主细胞而构建成 cDNA 文库。

通过此方法可以构建 cDNA 文库,然后通过分子杂交等方法从 cDNA 文库中选出含有目的基因的菌株,这样获得的目的基因只有基因编码区,想要获得的目的基因进行表达还需外加启动子和终止子等调控转录元件。因此,构建一个完整的 cDNA 文库的关键是提取 mRNA 时,必须尽可能完整,并且不能有 DNA 污染。另外,由于在生物体中,某种基因转录的 mRNA 在不同的组织和不同发育时期的细胞内含量是不一样的,这就使 mRNA 含量越高的基因越容易得到。

构建 cDNA 文库的基本步骤包括 mRNA 的分离纯化、双链 cDNA 的体外合成、双链 cDNA 的克隆和 cDNA 重组克隆的筛选。基因表达检测技术和 mRNA 高效分离方法现已非常成熟,大多数真核生物 mRNA $3'$-末端含有多聚腺苷酸(poly A)尾巴,利用 poly A 和亲和层析柱上寡聚脱氧胸嘧啶(oligo-dT)共价结合的性质将细胞总 mRNA 进行分离。以 mRNA 为模板,在 4 种 dNTP 参与下,逆转录酶催化 cDNA 第一链的合成,形成 DNA - RNA 的杂合双链。以 cDNA 第一链为模板,DNA 聚合酶催化 cDNA 第二链的合成。根据引物的处理方法不同可衍生出多种制备方法,包括自身合成法、置换合成法、引物合成法等。合成的双链 cDNA 与载体分子连接,形成重组子后转化大肠埃希菌,通过重组克隆的筛选以获得所期望的重组子。

二、目的基因与载体重组

在得到目的基因并且选择了合适的载体之后,需要将基因片段与载体加以连接,目前连接的方法有以下几种。

(一)同种限制性核酸内切酶产物之间的连接(黏性末端连接法)

黏性末端连接是指具有相同黏性末端的两个双链 DNA 分子在 DNA 连接酶的作用下,连接成为一个杂合双链 DNA(图 2-3-4)。黏性末端可由能识别回文序列的内切酶产生,或是用末端转移酶制备。凡是识别回文序列的内切酶切割 DNA 产生的末端都是黏性末端,只有用同一种限制性核酸内切酶产生的相同黏性末端才能通过末端单链的碱基配对并在 DNA 连接酶的作用下进行连接。

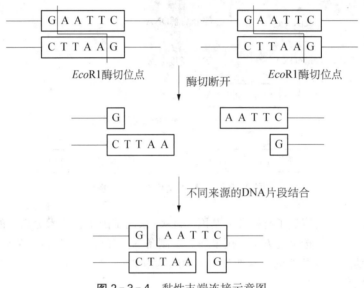

图 2-3-4　黏性末端连接示意图

同一种限制性核酸内切酶酶切产物之间的末端是互补的,因此可以是正向的连接,也可以是反向的连接。为了防止载体自身的环化,常常对载体进行去磷酸化处理。两种限制性核酸内切酶酶切处理的载体与目的基因的连接是定向的,因此也叫作定向连接。

(二)产生相同末端结构的不同限制性酶切产物之间的连接

在载体和目的基因连接中存在同尾酶现象,即两种不同限制性核酸内切酶的识别序列不同,但是其切割产生的黏性末端相同。用同尾酶切割得到的载体与目的基因之间也可以连接,但连接后由于切口两端得到的序列不同,原来的两种酶切位点均丧失,致使其无法再次被切开。

(三)不同末端结构的片段之间的连接

具有不同末端结构的 DNA 片段之间不能直接连接,但是可以对其进行适当的加工修饰后再进行连接。加工修饰的方法有:①借助人工合成的连接子(linear)进行连接:连接子为人工合成的双链寡核苷酸片段,借助连接子可以使末端不相互补的片段之间进行连接。②核苷酸 S_1 削平法:可以用核苷酸 S_1 将载体不同片段的黏性末端削平,然后进行平端连接。③应用 E. coli DNA 连接酶大片段(klenow):它可以将目的基因和载体的黏性末端补平,然后再连接。这种方法不适用于 3' 突出的黏性末端。④同聚物加尾:同聚物加尾法是利用末端转移酶在载体及外源双链 DNA 的 3' 端各加上一段寡聚核苷酸序列,得到人工黏性末端。

(四) 平末端的 DNA 连接

具有 3′-羟基和 5′-磷酰基齐平末端的 DNA 片段在 T4 DNA 连接酶作用下形成共价结合的过程称为平接法。平接法是 DNA 重组实验中最简单的重组方法,任何具有齐平末端的外源基因片段及载体之间均可进行重组,这种方法在基因工程中用途较大,尤其对于不具有交错切割限制性酶切位点的外源性 DNA 片段的重组具有重要意义。

三、重组基因导入宿主细胞的方法

体外重组 DNA 分子只有导入宿主细胞才能显示其生命力,同时需要进行特殊的保护,否则会随着时间推移而逐渐降解。体外重组后的 DNA,必须通过一定的方式导入宿主细胞中进行复制并表达出所要研究的目的蛋白产物,这样重组 DNA 分子的意义才得以实现。目前比较常用的导入方法有以下几种。

(一) 转化

转化(transform)是指 DNA 被宿主细胞吸收而导致基因转移的现象。外源性 DNA 通过转化作用进入宿主细胞时,宿主细胞必须为感受态细胞(competent cell),即处于易于摄取各种外源 DNA 分子的生理状态。转化的范围既可以是原核细胞,也可涉及真核细胞(如酵母、植物)。

由于转入的基因对宿主细胞来说是外源基因,宿主细胞自身的限制-修饰系统会对其进行识别及破坏,导致重组 DNA 的转化率较低,一般低于 0.1%。因此,一般优先选择无限制性核酸内切酶活性及修饰酶活性的菌株作为宿主细胞,其次选择有修饰酶活性而无限制酶活性的菌株作为宿主细胞。除了选择适当的宿主细胞,制备高纯度的环状重组 DNA 和高活性的感受态细胞并优化转化条件,也是利于提高转化率的方法。

(二) 转导

自然界中,通过噬菌体的感染作用将一个细胞的遗传信息传递到另一个细胞的过程称为转导(transduction),即以噬菌体颗粒为媒介,把外源 DNA 导入宿主细胞的过程。如果采用噬菌体直接感染宿主细胞的方法,则转导效率较低。因此,在基因工程中,在体外将重组 DNA 包装成完整的具有感染作用的重组噬菌体颗粒后,通过转导途径将其导入宿主细胞,可获得较高的转导效率。

(三) 转染

转染(transfection)是将外源 DNA 分子导入真核细胞的过程,是原核细胞中转化的同义词。由于哺乳动物细胞表达系统较原核表达系统的表达产物更接近于天然蛋白质结构,且稳定性和重复性较好等优点,哺乳动物表达系统在基因工程制药中的应用越来越广泛。目前已发展了一系列能将外源 DNA 分子高效导入哺乳动物细胞的方法,每种转染方法均有其各自的优缺点,实际操作中需要根据宿主细胞的特征以及实验目的选择适合的转染方法,主要有以下几种。

1. 磷酸钙或 DEAE-葡聚糖介导法 磷酸钙介导法的基本原理是利用 DNA 与磷酸钙可形成能附着在哺乳动物细胞表面的复合物,并通过吞噬作用将其复合物摄入细胞内,从而实现外源基因的导入。该方法既可用于瞬时表达基因,也可用于基因的稳定表达。DEAE-葡聚糖介导法仅适合于瞬时转染,该方法的作用机制目前尚不十分清楚,可能是其与 DNA 结合从而抑制核酸酶的作用有关,也可能与细胞结合后促进 DNA 的被摄入有关。

2. 脂质体介导法 脂质体介导法是哺乳动物细胞转基因研究中常用的方法之一。其基本原理是将 DNA 与脂质体以一定的比例混合,使 DNA 被双层膜脂包围,然后通过细胞的吞噬或融合作用将 DNA 导入细胞内,脂质双层可以保护 DNA 免受 DNA 酶降解,并且脂质体还具有毒性低、包装容量大、操作简单等诸多优点。采用这种方法可获得较高的转染效率,不但可以转染其他化学方法不易转染的细胞系,还能转染不同长度的 DNA、RNA 以及蛋白质。脂质体介导法既可以对基因进行瞬时表达,也可用于基因的稳定表达。细胞与脂质体混合后共孵育,可适当加入 PEG 或甘油以进一步提高转染效率。脂质体包装的 DNA 在 4 ℃条件下可以长期保存。

3. 原生质体融合法　原生质体融合是指通过人为的方法,遗传性状不同的两个细胞的原生质体进行融合,借以获得兼有双亲遗传性状的稳定重组子的过程。原核细胞有细胞壁,无法直接与真核细胞进行融合。如果利用溶菌酶等将原核细胞破壁后得到的球状原生质体,在聚乙二醇的作用下,使其与哺乳动物细胞融合,可将原核细胞中扩增的原生质体导入真核细胞中。该方法转染效率较低,现已很少使用。

4. 电穿孔法　电穿孔法是将核酸、蛋白质及其他分子等高效导入细胞的一种技术。其基本的工作原理是通过高强度的电场作用,瞬时提高细胞膜的通透性,从而吸收周围介质中的外源分子,达到将核酸等外源分子导入细胞内的目的。目前电穿孔法因其简便、高效被广泛运用,它不仅可以用于细菌的转化,也可以用于动物细胞的转染。电穿孔法转染的 DNA 既可以是线性的(主要用于稳定表达),也可以是环状的(主要用于瞬时表达)。电穿孔法对设备的要求较高,相对成本也较高,需根据不同细胞类型优化实验条件。

5. 显微注射技术　显微操作技术是指在高倍倒置显微镜下,利用显微操作器,将重组 DNA 通过显微注射器直接注入细胞中。显微注射技术多用于工程改造或转基因动物的胚胎细胞。显微注射所采用的细胞一般是单层贴壁细胞,由于是将重组 DNA 直接注射入单个的细胞,因此条件易于掌握,但需一定的操作技巧,如果操作得当,可以达到相当高的转染效率。

6. 基因枪法　基因枪法是由美国 Cornell 大学生物化学系 John. C. Sanford 等教授于 1983 年研究成功。主要适用于单子叶植物。此方法是将 DNA 包裹在金属金或钨的微粒中,然后用基因枪将包被 DNA 的微粒直接转移到原位组织、细胞乃至细胞器中,这种方法在基因治疗中被广泛应用。

7. 病毒感染法　具有外源基因的逆转录病毒或 DNA 病毒在包装细胞内可形成完整的病毒颗粒,将其纯化后用于感染哺乳动物细胞,实现外源基因的有效转移。

四、重组基因导入宿主细胞后的筛选方法

宿主细胞经转化、转导或转染处理后,成功获得的目的基因并能有效表达的宿主细胞仅仅是少部分,因此,我们必须从大量的菌落和细胞中,筛选出含有重组 DNA 的重组菌落或细胞。到目前为止,已建立起许多根据重组体各种不同特征的筛选方法,总的来说,可以分为三大类,即根据重组 DNA 遗传表型改变的筛选方法、分析重组 DNA 结构特征的筛选方法和分析重组 DNA 表达产物的鉴定方法。

(一) 根据重组 DNA 遗传表型改变的筛选方法

由于外源基因插入载体 DNA 中的特异功能区域,导致其特定遗传表型丧失或者改变,这种变化往往可以用直接的方式表现出来。

1. 抗药性筛选　抗药性筛选是利用阳性转化菌携带载体上组装的抗药性选择标记进行筛选的方法。常用的抗生素筛选剂包括以下几种:氨苄青霉素(Ampicillin, Ap 或 Amp)、氯霉素(Chloramphenicol, Cm 或 Cmp)、卡那霉素(Kanamycin, Kn 或 Kan)、四环素(Tetracycline, Tc 或 Tet)、链霉素(Streptomycin, Sm 或 Str)。重组质粒 DNA 携带特定的抗药性基因,转化后赋予宿主细胞在含有相应抗生素的培养基上正常生长的特性,而不含此载体 DNA 的宿主细胞不能存活。在质粒载体中,可使用单抗药性标记,也可使用双抗药性标记。

2. 插入失活和插入表达筛选法　质粒载体中具有双抗药性标记时,还可以采用插入失活筛选法。插入失活筛选法是检测克隆载体携带有外源基因的常用方法。外源基因片段插入位于筛选标记基因的多克隆位点后,会造成标记基因失活,表现出转化子相应的抗生素抗性消失或转化子颜色

改变,通过这些可以初步鉴定出转化子是重组 DNA 或非重组 DNA。

与插入失活相反,插入表达法是外源目的基因插入特定载体后,能激活用于筛选操作的标记基因的表达,由此进行转化子的筛选。设计载体时,在筛选标记基因前面连接一段具有抑制作用的负调控序列,插入外源基因将使该负调控序列失活,其下游的筛选标记基因才能表达。

3. 利用显色反应进行筛选　显色反应筛选法(又称蓝白斑筛选法)是指在平板上或膜上通过颜色变化可以直接筛选出重组克隆,该方法不仅方便而且灵敏。在某些载体如 M13 噬菌体载体、pUC、pGEM 等质粒载体均携带编码 β-半乳糖苷酶 α 肽的 Lac Z' 基因序列,而宿主细胞为 Lac Z ΔM15 的突变株,不能合成 β-半乳糖苷酶的 α 肽。当将上述载体的转化菌(或细胞)培养在含有 X-gal 和 IPTG 平板中,由于基因内互补作用,产生有生物活性的 β-半乳糖苷酶把培养基中的无色 X-gal 分解成半乳糖和呈蓝色的 5-溴-4 氯-靛蓝,使菌落呈蓝色(图 2-3-5)。

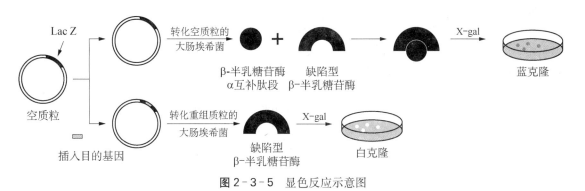

图 2-3-5　显色反应示意图

4. 利用报告基因进行筛选　对于那些不宜用克隆载体选择标记筛选含有目的基因的宿主细胞,往往在含有目的基因的 DNA 片段与克隆载体之前,先将目的基因上游或者下游连接一个报告基因,这样的重组 DNA 导入宿主细胞后,根据报告基因的表达产物筛选目的基因。常用的报告基因有 GUS(葡萄糖苷酸酶)和 LUC(荧光素酶)基因等。报告基因的表达产物易被检测,宿主细胞本身不产生这种内源性产物,因此,通过快速检测报告基因的表达产物,进而"报告"外源基因是否重组到载体中,判断外源基因是否成功导入宿主细胞中,或者在宿主细胞中是否表达。

(二)根据重组 DNA 结构特征的筛选法

1. 快速裂解菌落比较重组 DNA 的大小　根据外源 DNA 片段插入重组质粒后与原有载体 DNA 之间大小的差异来区分重组子和非重组子。

2. 限制性核酸内切酶分析　挑取转化菌的单菌落培养后,提取质粒 DNA,用限制性核酸内切酶酶切,进行 DNA 凝胶电泳,比较条带大小。这一方法可进一步筛选鉴定重组子,并能判断外源 DNA 片段的分子量大小。将重组 DNA 分子限制酶切位点图谱与空载体酶切位点图谱进行对比,根据各种酶切后获得的 DNA 片段的大小及变化,即可推测有无外源 DNA 的插入,并确定出各插入片段的相对位置。

3. 印迹杂交法　含有外源基因的重组 DNA 在一定条件下,能和外源基因互补的 DNA 探针进行杂交,用于杂交的探针必须对目的基因具有高度特异性,并且探针要用同位素或生物素进行标记,根据重组 DNA 表现出所带标记的信号特征,与非重组 DNA 进行区别鉴定。印迹杂交法可分为以下几种。

(1) 原位杂交法(in situ hybridization):原位杂交可以分为克隆和噬斑原位杂交。其基本过程是将转化后得到的菌落原位转移至硝酸纤维素滤膜或尼龙膜上,得到一个与平板菌落或噬斑分布完全一致的复制品,再进行菌落的裂解、DNA 变性和中和后,应用同位素标记的探针与其进行杂交,杂交

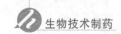
后洗涤除去多余的探针,将滤膜干燥并进行放射自显影,最后将胶片与原平板上菌落或噬斑的位置进行对比,就可以得到杂交阳性的菌落或噬斑。此方法适用于大规模的筛选工作,是从基因文库中挑选所需要的重组 DNA 的首选方法。

(2) 点杂交法(dot hybridization)和 Southern 杂交法:点杂交法的基本操作与菌落杂交的操作类似,是将现成的转化子 DNA 直接点在硝酸纤维素膜上进行。Southern 杂交法是将重组 DNA 用限制性核酸内切酶消化后,经凝胶电泳分离,然后将 DNA 转移至硝酸纤维素膜上,变性中和后,与同位素标记的相关探针进行杂交。点杂交法与 Southern 杂交法的不同之处在于被检测的 DNA 不需要经限制核酸内切酶降解,也无须琼脂糖凝胶电泳分离,而是直接点在杂交膜上变性固定,而后进行杂交和信号显示。Southern 杂交法可以作为进一步鉴定重组 DNA 准确性的方法。

(3) Northern 印迹法(Northern blotting)通过上述方法对目的基因的鉴定和筛选,证实含目的基因的 DNA 片段已经随着克隆载体进入宿主细胞,以不同方式进行复制。检验目的基因能否在宿主细胞中进行有效的转录,通常应用 RNA 印迹法(Northern blotting)。转录的 RNA 在一定条件下可以同转录该种 RNA 的模板 DNA 链进行杂交,根据这一特性制备目的基因 DNA 探针,转录后与含有目的基因的宿主细胞产生的总 RNA 杂交,若出现明显的杂交信号,可以判定进入宿主细胞的目的基因可以转录出相应的 RNA。

(4) 聚合酶链式反应法:利用合适的引物,以从初筛出来的阳性克隆中提取的质粒为模板进行聚合酶链式反应,通过对聚合酶链式反应产物的电泳分析来判断目的基因是否重组入载体中。对于单酶切后克隆的重组 DNA 还可以鉴定其外源基因的插入方向。

(三)重组 DNA 表达产物的鉴定

经过初步筛选获得阳性克隆的重组菌,最后必须进一步鉴定其产物的功能和活性。鉴定方法一般有蛋白质免疫印迹法、酶联免疫吸附剂测定法、蛋白质活性筛选等。

1. 蛋白质免疫印迹法　蛋白质印迹法即 Western blotting,它是分子生物学、生物化学和免疫遗传学中最常用的一种鉴定及半定量蛋白质的实验方法。其基本原理是通过特异性抗体对凝胶电泳处理过的细胞或生物组织样品进行着色,通过分析着色的位置和着色深度获得特定蛋白质在所分析的细胞或组织中表达情况的信息。

2. 酶联免疫吸附剂测定　ELISA 法是酶联免疫吸附剂测定法(enzyme-linked immunosorbent assay)的简称,目前已被广泛用于生物学和医学科学的许多领域的一种免疫酶技术。ELISA 法的基本原理是采用抗原与抗体的特异反应将待测物与酶连接,然后通过酶与底物产生颜色反应,用于定量测定。

3. 蛋白质活性筛选　DNA 杂交和免疫检测对于多数基因和基因产物都是有效的。如果筛选的目的蛋白是一种酶,也可以根据酶对底物的反应进行检测蛋白质的活性,用以鉴定重组细胞的蛋白产物。

五、基因工程菌(或细胞)的发酵及稳定性

(一)基因工程菌(或细胞)的发酵

1. 工程菌(或细胞)的选择　用于发酵的工程菌(或细胞)需要具备的条件有:①能用一般基因重组技术获得。②有高产潜力。③能以工业原料为培养基。④生产工艺能采用一般工业生产经验。⑤能产生和分泌蛋白质。⑥具有无致病性、无毒性、能安全生产并符合国家卫生部门有关规定。

2. 发酵罐的设计　发酵罐的设计要符合生物反应与化学工程需要。实验室多用小型罐,罐身附有传感器,能够搜集各种参数。设计前应取得五种生物数据:培养细胞系的特性、细胞生长率、发酵罐消毒方法、发酵条件以及后处理效果。

3. 发酵培养基的组成　培养基与菌种关系密切。培养基的作用有：①提供化学元素。②提供特殊营养源。③提供能源。④控制代谢。

4. 工艺最佳化与参数监测控制

（1）工艺最佳化须知：工艺最佳化是指最快周期、最高产量、最好质量、最低消耗、最大安全性、最周全的废物处理效果、最优化的速度及最低失败率等的综合指标。工艺工程最佳化需要对不同的菌种做大量试验，取得重复性较好的数据后，模拟发酵代谢曲线，预测最大值。只有对菌种生物特性与发酵工艺了如指掌，才能设计出更加合理的最佳工艺条件，也更易实现。

（2）参数监测控制：生物反应中，有 4 种参数需要检测与控制：①主要参数：pH、温度、溶氧、二氧化碳。②生物量：浑浊度、细胞组分、总氮量及菌丝干重。③碳源：糖、有机酸、乙醇、淀粉、脂质。④产品。

发酵过程全部给定参数，并根据需要进行调整，必要时改变温度或添加营养物质，发生意外时负责鸣警或自动终止反应等，所有过程均由全自动控制系统实施控制。

5. 计算机的应用　以计算机兼容传感器，检测生物反应各项参数，重复率达 100%。检测方法根据参数性质来确定。温度可用热电耦测量，各种元素可用离子敏感电极测定，还原电位可用氧化还原电极测定，热平衡可用热量计测定，全部数据均可贮存在计算机内，经对比和计算，择优用于生产，并且在出现问题时自动予以调整。计算机记录与控制全部生产过程的数据，使工艺最佳化，产品产量与质量不断提高，原材料与能源消耗不断下降，成本不断下降。经计算机计算，确定对控制微生物生长最重要的因素，模拟出一个高质、高产、低成本生产工艺最佳化的控制微生物数学公式。

（二）质粒不稳定产生的原因

基因工程菌（或细胞）在传代过程中经常出现质粒不稳定的现象，分为分裂不稳定和结构不稳定两种。分裂不稳定比较常见，是指工程菌分裂时出现一定比例不含质粒子代菌的现象；结构不稳定是指外源基因从质粒上丢失或碱基重排、缺失而导致工程菌（或细胞）性能的改变。由质粒不稳定导致的质粒丢失菌与含有质粒的菌种之间生产速率不一致，进而在继续培养中逐渐取代含质粒的工程菌（或细胞）成为优势菌群，减少基因表达产物的产率，导致基因工程菌（或细胞）在生产过程中出现产量不稳定的情况。基因工程菌（或细胞）产业化应用的最大障碍在于工程菌（或细胞）的这种遗传不稳定性，因此加强基因工程菌（或细胞）的复制很有必要。

结构不稳定性是由转化作用和重组作用所引起的质粒 DNA 的重排或缺失；分离的不稳定性是细胞分裂过程中发生的不平均分配，从而造成质粒的缺陷型分配，以致质粒的丢失。引起上述质粒不稳定的原因主要是宿主细胞新陈代谢负荷的加重，大量外源蛋白的形成对宿主细胞造成的损害等，然而失去制造外源蛋白能力的细胞一般生长较表达目的蛋白的菌株快，从而替代有生产能力的菌株，这是导致基因工程菌（或细胞）的不稳定性的主要原因。为了抑制基因丢失的菌株的生长，一般在培养中适当加入选择因子，如抗生素。

此外，宿主细胞的遗传特性、重组质粒的组成和工程菌生长繁殖的环境条件等也是影响质粒稳定性的因素。

第四节　表达产物的分离提纯

重组蛋白质药物的分离纯化是基因工程制备蛋白质药物的重要步骤。依据重组蛋白质的性质选择合适的分离提纯方法，是能以合理的效率、速度、收率和纯度从工程菌（或细胞）的全部组分特别是杂蛋白质中分离纯化重组蛋白质的关键。

利用基因重组技术得到的重组蛋白质药物具有产物浓度低、环境组分复杂（含有细胞、细胞碎

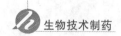

片、蛋白质、核酸、脂类、糖类和无机盐等)、性质不稳定、在分离的过程中容易失活(如 pH 和温度的影响、蛋白水解酶的作用)等特点。因此,在重组蛋白质的分离与纯化过程中,应尽量减少纯化工序,缩短分离纯化时间,避免目标产物与环境的接触。在某些表达系统中,不可避免的表达后的修饰加大了重组蛋白质的分离及纯化的难度。

一、建立分离纯化工艺需了解的各种因素

设计分离纯化工艺需要遵循以下几个基本原则。

(1) 不同蛋白质的理化性质有很大的区别,这是能从复杂的混合物中纯化出目的蛋白的依据,应尽可能地利用蛋白质的不同物理化学性质选择适当的分离纯化技术,而不是利用相同的技术进行多次纯化。

(2) 每一步纯化步骤应充分利用目的蛋白和杂质成分之间物理化学性质的差异,在分离纯化的初始阶段要尽可能地了解目的蛋白的特性,并要了解所存在杂质成分的性质,以便于寻找去除杂质成分的方法。

(3) 在纯化的早期阶段要尽量减少处理的体积,方便后续的纯化过程。

(4) 在纯化的后期阶段,处理的量和杂质的量都已减少,这时再使用成本较高的纯化方法,更有利于昂贵纯化材料的重复使用。

二、分离纯化的基本过程

基因工程药物的分离纯化一般不应超过 5 个步骤,包括细胞破碎、固液分离、浓缩与初步纯化、高度纯化直至得到纯品以及成品加工。其一般流程如图 2-4-1。

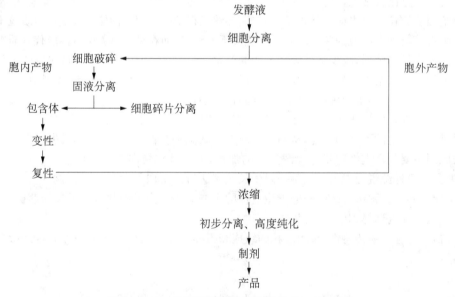

图 2-4-1 基因工程药物分离纯化的一般流程

三、常用的细胞破碎、产物分离及纯化技术

细胞破碎的方法有很多,可按照是否外加作用力分为机械法和非机械法,也可以按照所用方法属性分为物理法、化学法和生物法三大类。常用的物理法为均浆法、珠磨法和超声法;化学法有渗透冲击法和增溶法;生物法主要是酶溶法。各种方法均有其各自的优缺点。如果单一方法不能达到预

期效果,则可将不同方法组合应用。

分离细胞碎片比较困难,可以用离心、膜过滤或双水相分配的方法,使细胞碎片分配在一起(通常为下相)而分离,同时也起部分纯化作用。常用的方法有:①离心法:对于胞外分泌表达的重组蛋白质,直接将其发酵液进行离心,即可达到固液分离,取其上清液即可;对于胞内表达产物,则经离心后取其沉淀,再进行下一步的分离纯化过程。②沉淀法:蛋白沉淀法主要是利用蛋白质在不同条件下溶解度不同,降低某一种蛋白质的溶解度,使其在短时间内形成蛋白质聚合体,再用低速离心的方法将其分离。沉淀法主要有等电点法和盐析法。

基因重组蛋白质的纯化常采用色谱法,常用的方法有:①离子交换色谱:利用蛋白质等电点的差异来达到分离纯化的目的。②凝胶过滤色谱:根据生物大分子的大小分离纯化目的蛋白。③反相色谱:基于蛋白质和亲和配体间差异性相互作用,是最为高效的一种纯化方法。④疏水色谱:基于蛋白质表面的疏水区和介质配体间相互作用的一种纯化方法。具体参见表2-4-1。

表2-4-1 基因工程药物生产过程中常用的分离方法

方 法	目 的
离心/过滤	去除细胞、细胞碎片、颗粒性杂质(病毒)
阴离子交换层析	去除杂质蛋白质、脂质、DNA和病毒等
40 nm微孔滤膜过滤	进一步去除病毒
阳离子交换层析	去除牛血清蛋白或转铁蛋白质等
超滤	去除沉淀物及病毒
疏水层析	去除残余的杂质蛋白质
凝胶过滤	与多聚物分离
0.22 μm微孔滤膜过滤	除菌

四、非蛋白质类杂质的去除

(一) DNA 的去除

DNA在pH 4.0以上呈阴离子,可用阴离子交换剂吸附除去,但目的蛋白质pH应在6.0以上。如蛋白质为强酸性,则可改变条件使其吸附在阳离子交换剂上,而不让DNA吸附上去。利用亲和层析吸附蛋白质,而DNA不被吸附,也可达到分离DNA的目的。疏水层析对分离DNA也有效,在高盐溶液中,蛋白质会与疏水相结合,而其他的杂质则没有此种性质,利用此种性质,可以进行分离。

(二) 热原质的去除

热原质主要是大肠埃希菌产生的细菌内毒素,在细菌生长或细胞溶解时释放出来,其化学成分是革兰阴性细菌细胞壁的组分——脂多糖,其性质相当稳定,即使经高压灭菌也不会失活,因此注射用药必须保证无热质原。

从蛋白质溶液中去除内毒素是比较困难的,最好的方法是防止产生热原质,整个生产过程均需在无菌条件下进行。所有层析介质在使用前都需要先除去热原质,在2~8℃下进行操作,洗脱液需经无菌处理,流出的蛋白质液体也应经过无菌处理,即通过0.2 μm微滤膜除菌,并在2~8℃下保存。

传统的去除热原质的方法不适用于蛋白质生产。相对分子质量小的多肽或蛋白质中的热原质

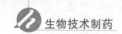

可以用超滤或反渗透的方法去除,但这些方法对大分子蛋白质无效。由于脂多糖是阴离子物质,可用阴离子交换层析法去除,此时应调节 pH 使蛋白质不被吸附。脂多糖中的脂质是疏水性的,因此,也可以用疏水层析法去除。此外,还可以用亲和层析法去除。

(三)病毒的去除

通常患者的免疫能力较低,易受病毒感染,因此,必须检查所有成品中是否含有病毒。病毒的最大来源是宿主细胞。一般可以通过色谱分离方法将病毒除去,必要时也可以用紫外线照射使病毒失活或者通过过滤法将病毒除去。

复 习 题

【填空题】

1. 基因工程制药的生产分为_____和_____两个阶段。
2. 基因工程中载体分为_____、_____两种类型。
3. 目前使用最广泛的宿主细胞是_____、_____、_____。
4. 基因工程操作的四要素包括_____、_____、_____、_____。
5. DNA 化学合成酶的用途是_____、_____、_____。
6. 目的基因获取的方法是_____、_____、_____。

【名词解释】

1. 基因表达　　2. 载体　　3. 质粒的分裂不稳定　　4. 质粒的结构不稳定

【简答题】

1. 试述基因工程制药的主要步骤。
2. 最佳的基因表达体系有哪些特点?
3. 基因表达的微生物宿主细胞分为两大类,分别是哪两大类? 举例说明。
4. 人工合成基因的限制有哪些?
5. 影响目的基因在大肠埃希菌中表达的因素有哪些?
6. 提高质粒 DNA 稳定性的方法有哪些?
7. 基因工程菌的分离纯化的一般步骤包括哪些?
8. 常用的细胞破碎方法有哪些?
9. 从哪些方面可对生物工程药物进行质量控制?

第三章

动物细胞工程制药

导学

内容及要求

本章主要介绍动物细胞工程制药的概念,动物细胞的培养、生产、生物反应器种类、药物的质量控制及未来动物细胞工程制药的发展前景和存在问题。

1. 掌握动物细胞工程制药所使用的细胞种类、培养条件和培养方法等。
2. 熟悉动物细胞的基本特征、动物细胞制药的基本过程、生物反应器种类。
3. 了解动物细胞工程发展史、动物细胞工程制药发展方向和存在的问题。

难点、重点

重点是动物细胞制药的基本过程、所使用的细胞种类、培养条件和培养方法等。难点是生物反应器种类。

第一节 概 述

细胞是生物有机体基本的结构和功能单位(非细胞形态的病毒除外)。简单的低等生物由单细胞组成,复杂的高等生物则由各种执行特定功能的细胞群体组成。

一、细胞的特点

细胞体积微小,只有在显微镜下才能观察到。1665年,英国科学家 R. Hooke 用自制的光学显微镜观察软木塞的薄切片,发现许多蜂窝状的小室,将其命名为"cell",实际上他看到的是死亡的植物细胞残存的细胞壁。真正首次观察到活细胞的是荷兰生物学家 A. Van Leeuwenhoek。1838年和1839年德国的植物学家 Schleiden、动物学家 Schwann,在各自观察了动、植物组织后的报告中把细胞作为一切动、植物体的基本结构单位,从而创立了著名的细胞学说。恩格斯把该学说列为19世纪自然科学的三大发现之一。

细胞结构复杂,根据细胞结构的不同,细胞可划分为原核细胞和真核细胞两大类。原核细胞结构比较简单,由细胞壁、细胞膜、细胞质和核区组成;核区仅含有一条不与蛋白质结合的环状裸露DNA,没有核膜和核仁,但具有核的功能;细胞质中只有核糖体,没有其他类型的细胞器;分裂方式

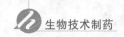

是无丝分裂。与原核细胞相比，真核细胞结构复杂，有成形的细胞核，细胞核中 DNA 与组蛋白等蛋白质共同组成染色体结构，在核内可看到核仁；细胞质中有多种具有不同功能的细胞器，如中心体、内质网、高尔基体、线粒体和溶酶体等；分裂方式是有丝分裂。

细胞形状多种多样，在显微镜下可见球形、椭圆形、立方形、扁平形、梭形和多角形等多种细胞形态。

细胞功能各不相同，上皮细胞具有保护、吸收、分泌、排泄、呼吸等作用，肌肉细胞具有收缩功能，神经细胞则可接受和传导各种刺激等。

二、细胞培养

人们为了获得大量细胞以进行细胞形态结构、化学组成和功能机制的研究，逐渐发展建立了细胞培养技术。细胞培养是指在无菌条件下，从机体取出组织或细胞，模拟体内生存环境，在无菌、适当温度和酸碱度以及一定营养条件下，使细胞或组织在培养器皿中生长繁殖并维持其结构和功能的一种技术。

细胞培养技术至今已有一百多年的历史。1885 年，德国学者 W. Roux 用生理盐水在体外培养鸡胚神经板组织，使之在体外存活了数天，被认为是细胞培养技术的萌芽。1907 年，R. Harrison在无菌条件下用淋巴液作为培养基，培养蛙胚神经组织使其存活数周，并观察到神经细胞突起的生长过程，由此创建了盖片覆盖凹窝玻璃悬滴培养法，并整理出一套合理的无菌操作技术，标志着细胞培养技术的诞生。1923 年，A. Carrel 设计了卡氏培养瓶培养鸡胚的心肌组织，通过换液和传代持续培养了 34 年，证明动物细胞有可能在体外无限地生长。1951 年，G. Gey 建立了第一个上皮型人连续细胞系——Hela 细胞系。1955 年，W. Earle 发明了第一个被广泛使用的细胞培养用人工合成培养基。1957 年，Dulbecco 实验室采用胰蛋白酶消化处理组织形成单个细胞悬液，并用液体培养的方法获得了单层细胞，开创了真正意义上的动物细胞培养技术。20 世纪 60 年代以后，动物细胞大规模培养技术开始起步，并逐步发展。80 年代以后，随着基因工程和其他细胞工程技术的发展，细胞培养技术已成为生物制药、转基因技术及其他许多技术的基础，在现代生物技术中发挥着重要的作用。

三、细胞工程

细胞工程是以细胞作为研究对象，应用细胞生物学、分子生物学、工程学等理论和技术，按照人们的意志设计改造细胞的某些遗传性状，达到改良生物品种或创造新品种的目的，或使细胞增加或获得产生某种特定产物的能力，在离体条件下进行大规模培养、增殖，并提取出对人类有用的产品的综合科学技术体系。

细胞工程的研究内容包括细胞大规模培养的理论和技术，细胞融合的理论和技术，真核基因重组的理论和技术，细胞器特别是细胞核移植的理论和技术，染色体改造的理论和技术，转基因动、植物的理论和技术，以及有关产物提取纯化的理论和技术等。

根据研究对象，可以把细胞工程分为植物细胞工程和动物细胞工程。

目前，细胞工程已经发展成为一门独立的、成熟的科学技术体系，在生命科学、生物工程、医药和农牧业等领域有着广泛的应用。

四、细胞工程制药

细胞工程制药是细胞工程技术在制药工业方面的应用，是基于离体活细胞在体外人工条件下的生长、增殖过程，利用细胞的大规模培养技术，生产具有重要医用价值的药品或生物制品。动物细胞工程制药主要用于生产适合真核细胞表达的各类疫苗、干扰素、激素、酶、生长因子、单克隆抗体等。植物细胞工程制药主要用于大规模生产源于植物的具有药用价值的萜类、黄酮类和生物碱等。

1949 年,J. Enders 及其同事用哺乳动物原代培养细胞生产灭活脊髓灰质炎病毒疫苗,标志着细胞工程技术开始应用于制药行业。1986 年,美国食品药品监督管理局(food and drug administration, FDA)批准了世界上第一个来源于重组哺乳动物细胞的治疗性蛋白药物——人组织纤溶酶原激活剂(human tissue plasminogen activator,tPA),标志着哺乳动物细胞作为治疗性重组工程细胞得到 FDA 认可。1988 年之后,对临床诊断、治疗和预防有着重要作用的重组人促红细胞生成素、重组人干扰素等采用转化动物细胞生产的一大批产品陆续上市,标志着动物细胞制药新兴产业的形成。目前全球前 20 个最有价值的医药产品中,至少有一半以上属于细胞工程药物。

随着基因工程技术的发展,人们逐渐认识到分子量大、结构复杂、糖基化程度高或二硫键数目多的活性蛋白质,只能用具有内质网和高尔基体的哺乳动物细胞生产,这些药品或生物制品的生产是微生物细胞、植物细胞培养所无法取代的。以重组蛋白质药物、治疗性抗体、生物技术疫苗、基因药物及基因治疗、细胞及干细胞治疗等为代表的动物细胞工程药物成为新药研发的新宠。动物细胞培养表达的药物也已经成为当今生物医药产业发展的主流,投放市场及临床试验中的重组蛋白有 70% 来自哺乳动物细胞培养,且该比例仍在不断上升。已上市的动物细胞工程药物主要用于癌症、人类免疫缺陷病毒性疾病、心血管疾病、糖尿病、贫血、自身免疫性疾病、基因缺陷病症和遗传疾病等的治疗上,这些利用细胞工程生产的药物突破了化学技术难以逾越的瓶颈,为许多"绝症"患者带来希望,因而成为医药市场上的重磅炸药。

动物细胞工程制药具有高投入、高风险、高收益的产业特性,技术依赖、知识密集、产品多样等特点突出,是国内外医药制造业中发展最快、活力最强、技术含量最高的领域。它主要由上游工程(包括细胞遗传操作和细胞保藏)和下游工程(包括细胞培养、生物产品的分离纯化、质量检验和包装等)两部分构成。上游工程主要在实验室进行,下游工程主要在工厂的生产车间开展。主要技术包括细胞融合技术、细胞器特别是细胞核移植技术、染色体改造技术、转基因动植物技术和细胞大量培养技术等方面。

第二节　动物细胞

一、动物细胞概述

(一)动物细胞的特点

1. **动物细胞结构复杂**　与原核细胞相比,动物细胞除具有细胞膜、细胞质和细胞核外,在细胞质内还有多种具有特殊功能、有膜围绕形成不同形状的细胞器,如内质网、高尔基复合体、线粒体和溶酶体等结构,这些结构使细胞内不同的生理、生化反应过程能彼此独立、互不干扰地在特定的区域内进行和完成,并有效地增大了细胞内有限空间的表面积,从而极大地提高了细胞整体的代谢水平和功能效率。

2. **动物细胞形态和功能多样**　为了更好地适应环境,动物的细胞发生了分化,细胞分化是个体发育过程中细胞在结构和功能上发生差异的过程。这些分化的细胞分工明确,细胞的形态也有相应的改变,如肌细胞呈纺锤形,可起到收缩舒张作用;神经细胞的轴突往往很长,树突则多而短,且多分支,这样的形态结构与其接受和传递刺激有关;红细胞呈圆盘状,与外界的接触面积相对较大,有利于与周围环境交换气体和在血管内流动;上皮细胞常常为不规则的立方形,相互紧密排列覆于器官或组织表面,从而起到保护作用。

(二)培养的动物细胞的特点

1. **动物细胞离体培养时形态经常发生变化**　根据培养动物细胞形态的变化,通常将体外培养

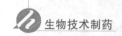

的动物细胞分为 3 类:贴壁依赖型细胞,简称为贴壁细胞;贴壁非依赖型细胞,简称悬浮细胞;以及兼性贴壁细胞。

(1) 贴壁细胞(anchorage-dependent cell):这类细胞必须贴附某一固相支持物上才能生长、增殖。根据细胞在贴附表面生长时形态的不同,主要分为上皮细胞和成纤维样细胞两种类型:①上皮细胞(epithelium)呈扁平不规则多角形,中央有细胞核,彼此间紧密相连,形成单层细胞。上皮细胞主要来源于外胚层和内皮层细胞,如消化道上皮、肝、胰和肺泡上皮细胞等。②成纤维样细胞(fibroblast-like cell type)呈梭形或不规则三角形,中央有细胞核,胞质向外伸出 2～3 个长短不同的细胞突起。成纤维样细胞主要来源于中胚层细胞,如心肌、平滑肌、血管内皮细胞和成纤维细胞等。体外培养细胞的形态不是绝对的,有时会随着培养条件的改变而变化。

(2) 悬浮细胞(suspend cell):这类细胞在体外培养时不需要贴附在支持物上,而是悬浮在培养液中生长,细胞多呈圆形。如血液白细胞、淋巴细胞、白血病细胞和某些肿瘤细胞等。

(3) 兼性贴壁细胞:这类细胞在体外培养时并不严格地依赖于支持物的贴附,在一定条件下,它也可以悬浮生长,如 CHO 细胞、小鼠 L929 细胞等。

2. 动物细胞分裂周期　与原核生物和单细胞真核生物相比,动物细胞生长缓慢,分裂周期较长(一般为 12～48 小时)。即使同一种属,不同部位的细胞在体外培养时分裂周期也不尽相同。分裂周期还受培养条件(如温度、pH、培养基成分等)的影响。

3. 某些贴附型细胞的生长存在接触抑制(contact inhibition)现象　一般情况下,正常的细胞不停地活动或移动,但当两个细胞由于移动而相互靠近发生接触时,细胞停止移动。这种由细胞接触而抑制细胞运动的现象称为接触抑制。由于接触抑制的特征,正常细胞呈单层生长,但肿瘤细胞无接触抑制,导致细胞继续移动和增殖,使细胞发生堆积。贴壁细胞在体外培养时,生长的最大密度主要取决于贴附物的表面积。

4. 培养的正常二倍体细胞的生长寿命有限　当细胞离体,体外培养开始,即为原代培养(primary culture),经传代培养后,细胞成为有限细胞系(finite cell line)。这时即使培养条件很理想,大多数细胞也只能存活有限的时间。若干次传代培养后细胞将逐渐死亡,该时间的长短取决于细胞来源的种族和年龄,如原代细胞一般繁殖 50 代左右即退化死亡;同样是成纤维细胞,取自鸡胚的可传代培养 30 代,取自小鼠的只能传代培养 8 代。培养的动物细胞的生长寿命也受培养基内细胞因子的影响,如培养基内表皮生长因子的存在可使上皮细胞的寿命从原来的 50 代增加至 150 代。细胞经自然或人为的因素处理后可转化为异倍体获得持久性增殖能力,这样的细胞群体称为无限细胞系(infinite 或 immortal cell)或连续细胞系(continuous cell line),更适合工业化生产的需要。

5. 培养的动物细胞对周围环境敏感　与微生物、植物细胞等不同,动物细胞在细胞膜外没有细胞壁,仅由一层很薄的黏多糖蛋白保护。细胞膜是由双层脂质分子镶嵌某些蛋白质分子构成的膜,能影响脂质和蛋白质的各种物理化学因素(如渗透压、pH、离子浓度、剪切力、微量元素等)都会影响动物细胞的存活,因此动物细胞的培养难度非常大。

6. 培养的动物细胞对氧气的需要量少　动物细胞在体内生存条件下,对氧气的需求一般低于空气中氧饱和值的 60%(组织中的氧分压为 0.7～4 kPa,即 5～30 mmHg),体外培养时细胞对氧的消耗为 0.006～0.3 μmol/(10^6 细胞·h)或 2.4 mg/(10^6 细胞·d)。采用方瓶和转瓶培养时,只需保持瓶内液体量不超过总容积的 30%,即可保证细胞有足够的氧,无须专门通气。

7. 动物细胞对培养基的要求高　体外培养的动物细胞,其生长繁殖不仅需要葡萄糖(碳源)、12 种必需的氨基酸(氮源)、8 种以上的维生素、多种无机盐和微量元素,还需要多种细胞生长因子和贴壁因子等才能生长。这种比较苛刻的营养要求还随细胞种类的不同而不同。

8. 动物细胞对蛋白质的合成和修饰与微生物不同　核糖体是动物细胞蛋白质合成的场所,分为游离核糖体和糙面内质网上的结合核糖体。前者合成细胞质基质内的蛋白质,后者合成分泌性蛋白或膜整合蛋白,它们多数为糖蛋白。这些寡糖链,有的在内质网中加接,有的在高尔基复合体内加接。蛋白质的糖基化与细胞识别、表面受体、胞内消化和外排分泌物等细胞生理功能密切相关。原核生物由于缺少糙面内质网结构,无法对蛋白质进行糖基化和其他的翻译后修饰,因此活性需要糖基化修饰的某些蛋白质或多肽类药物和生物制品不能用原核细胞表达,如红细胞生成素。

综上所述,与采用原核细胞相比,采用动物细胞作为宿主细胞生产药品和生物制品,有其不可避免的缺点,如培养条件要求高、成本高、产量低等,但也有其优越的一面,即产品多为胞外分泌物,收集纯化方便;存在较完善的翻译后修饰,特别是糖基化修饰,产品与天然产物基本一致,更适合临床使用。随着对动物细胞培养基和生物反应器的研究开发,以及动物细胞使用范围在人造器官和基因治疗等方面的扩大,动物细胞工程制药必将占据制药工业的主导地位。

二、生产用动物细胞

根据来源,目前生物制药领域生产用的动物细胞有 5 种,即原代细胞、二倍体细胞系、转化细胞系、融合细胞系和基因工程细胞系。但早期的生物制品法规曾规定,只有从正常组织分离的原代细胞才能用来生产生物制品,如鸡胚细胞、胚肾细胞等。后来放宽至只要是二倍体细胞,即可用于生产,如 WI-38、MRC-5、2BS 等细胞。但绝对禁止使用转化细胞,原因是人们担心转化细胞的核酸会影响到人的正常染色体而致癌。随着科学的发展,特别是分子生物学和基因工程技术的大量实践证明转化细胞并不可怕,相反,由于转化细胞可以无限地传代,给工业化大生产创造了条件。1986年,采用从淋巴瘤患者分离的传代细胞 Namalwa 细胞生产的干扰素被批准用于临床;其后,用猴肾传代细胞 Vero 细胞生产的狂犬病疫苗和脊髓灰质炎疫苗也被批准大量用于人群;1987 年,用杂交瘤细胞生产的 OKT3 单克隆抗体也被批准用于免疫排异反应;1988 年后,一大批用异倍体传代细胞生产的重组基因产品,如重组人组织型纤溶酶原激活物(tPA)、重组人促红细胞生成素(EPO)、重组人凝血因子Ⅷ等如雨后春笋般,先后在多个国家陆续批准上市,转化细胞系因其具有可无限增殖、低营养需求等优点,已成为现今重组蛋白品首选的宿主细胞。

1. **原代细胞** 原代细胞是直接取自动物组织、器官,经过剪切、消化而获得的细胞悬液。用原代细胞生产药品和生物制品需要大量的动物组织,费时费力。过去生产上用得最多的原代细胞有鸡胚细胞、原代兔肾细胞、血液淋巴细胞等。目前有些产品仍采用原代细胞进行生产。

2. **二倍体细胞系** 原代细胞经过传代、筛选和克隆,从多种细胞成分的组织中挑选并纯化出具有一定特征的细胞系,称为二倍体细胞系。该细胞系具有如下特点:①仍具备"2n"核型。②有明显的贴壁依赖和接触抑制特性。③具有有限增殖能力,一般从动物胚胎组织中获取的二倍体细胞系,可连续传 50 代左右。④无致瘤性。曾广泛用于生产的二倍体细胞系有 WI-38、MRC-5 和2BS 等。

3. **转化细胞系** 正常细胞经自然的或人为的因素处理后,可转化为低分化、具有无限增殖能力的一种细胞系,即转化细胞系。该细胞系常因染色体断裂而成为异倍体,并失去正常细胞的特点,具有无限的生命力,而且倍增时间常常较短,对培养条件和生长因子的要求较低,适合用于大规模工业化生产。转化细胞系也可以直接从肿瘤细胞建立,如 CHO、BHK-21、Vero、Namalwa 等。

4. **融合细胞系** 融合细胞系是指两个或两个以上的细胞合并成一个细胞的过程。细胞融合不仅可使不同的动物细胞相互融合,也可使动物细胞和植物细胞或微生物细胞融合,从而培养出一系列有其特性的杂种细胞和新的物种。通常情况下,完整的细胞膜可阻止细胞发生融合,但在特殊诱导物的作用下,可通过使细胞膜发生一定的改变而诱导两个或多个细胞发生融合。常用的诱导细胞融合的方式包括:利用诱导物如灭活的仙台病毒和聚乙二醇,以及高压电场来诱导细胞融合。

5. **基因工程细胞系** 通过基因重组技术,将编码蛋白质的基因在分子水平上进行设计、改造和重组,再转移到新的宿主细胞系统内进行复制、翻译、修饰和折叠。这种通过基因重组技术构建的细

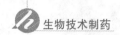

胞系,称为基因工程细胞系。基因工程细胞系是目前采用最多的、最有发展前景的生产用动物细胞。

无论是以上哪种动物细胞系用于生产,动物细胞都应具有清晰的来源和传代历史,并进行全面的检查以排除外源因子(如细菌、真菌、病毒和支原体等)的污染。

三、基因工程细胞系的构建

基因工程细胞系的构建一般包括真核表达载体的构建、表达载体的转染、工程细胞株的筛选和扩增等过程。用于构建的宿主细胞有 CHO、Vero、Sf‐9、BHK‐21 等。

(一)真核表达载体

目前常用的真核表达载体有两类,即病毒载体和质粒载体。

1. 病毒载体 病毒载体是以病毒颗粒的方式,通过病毒包膜蛋白与宿主细胞膜相互作用将外源基因携带入细胞。病毒载体有腺病毒、反转录病毒、杆状病毒和慢病毒等。腺病毒是目前应用最广泛的病毒,缺点是不能整合到宿主细胞的基因组上,容易丢失,并且某些腺病毒的抗原易引起免疫反应;反转录病毒目前也较常用,这类病毒可将外源基因导入细胞内并整合到宿主染色体上;慢病毒是以 HIV‐1 为基础改造而来的反转录病毒,能将目的基因整合到宿主的染色体上,从而稳定表达,且有很高的感染效率,对分裂细胞和非分裂细胞均有感染能力。上述三种病毒目前多被用于基因治疗,而杆状病毒载体——昆虫细胞系统已被成功地用于 300 多种外源基因的高效表达。

2. 质粒载体 通常是穿梭质粒载体,即载体在细菌和哺乳动物细胞内都能扩增。穿梭质粒包括:①允许载体在细菌细胞内扩增的质粒序列,如质粒在细菌细胞内的复制起始位点和抗生素选择标记。②能使外源基因转录表达的调控元件。在 5′端转录启动需要有启动子,目前常见的哺乳动物细胞启动子有 CMV 启动子、SV40 启动子、RSV 启动子和 LTR 启动子等。CMV 启动子可广泛地与谷氨酰胺合成酶(GS)系统和二氧叶酸还原酶(DHFR)系统联合使用,用于 CHO、NSO 和 Per. C6 等细胞。SV40 启动子更多用于筛选基因,如 neo 和 $dhfr$。为提高启动子效率,也有很多杂合启动子应用于哺乳动物细胞表达系统中。穿梭质粒中还包含以下调控元件:5′非翻译区的 Kozak 序列;在一些强启动子中包含有增强子序列;在编码区适当位置引入内含子;核基质结合区;内部核糖体进入位点;以及在 3′非翻译区的终止序列和 polyA 序列等。③能筛选出外源基因已整合到宿主细胞染色体的选择标记。选择标记一般有两类,一类仅适用于密切相关的突变细胞株,如采用 $hgprt$、tk、$aprt$ 等标记基因,它们只用于 $gprt^-$、tk^-、$aprt^-$ 等基因缺失的细胞株。另一类是显性作用基因,如 neo 基因,它能使新霉素(氨基糖苷类抗生素)磷酸化而失活,从而使原来对新霉素敏感的哺乳动物细胞,一旦获得含该基因的载体后,就能在含新霉素的培养基中存活。④选择性增加拷贝数的扩增系统。基因扩增是外源基因在哺乳动物细胞内高效稳定表达的一种特殊方式。最常用的是编码 DHFR 的基因和编码 GS 的基因。氨甲蝶呤(MTX)是动物细胞中核酸代谢关键酶 DHFR 的特异性抑制剂,细胞培养物经 MTX 处理后,绝大多数细胞死亡,极少数幸存下来的抗性细胞中,$dhfr$ 基因均得以扩增。抗性细胞正是通过增加相关基因的拷贝数、提高关键代谢酶的表达水平从而抵消了 MTX 的抑制效应。更重要的是,扩增的区域远远大于 $dhfr$ 基因本身,即与 $dhfr$ 基因相邻的外源基因同时被扩增。GS 能解除甲硫氨酸亚砜(MSX)对动物细胞的毒害作用。将带有 GS 编码基因的载体转入培养的哺乳动物细胞中,由于只有多拷贝的 GS 编码基因才能抵抗 MSX 的毒性作用,所以转染时不需要使用 GS 缺陷型的宿主细胞,且在正常的 MSX 浓度下就能筛选到含有高拷贝外源基因的转染细胞,这使得 GS‐MSX 系统比 DHFFR‐MTX 系统更优越。类似的基因扩增系统还有腺苷脱氨酶基因(ADA)等。

(二)细胞转染

外源 DNA 掺入真核细胞的过程称为转染,质粒载体通过转染进入宿主细胞。常用的转染方法主要有四种:磷酸钙共沉淀法、电穿孔法、脂质体介导法和病毒介导法。①磷酸钙共沉淀法:该方法因试剂易取得,价格便宜而被广泛使用。转染时,先将 DNA 和氯化钙混合,然后缓慢加入 PBS 中形成 DNA-磷酸钙沉淀,把含有沉淀的混悬液加到培养的细胞中,细胞通过内吞作用摄入 DNA。磷酸钙还可通过抑制血清中和细胞内的核酸酶活性而保护外源 DNA 免受降解。②电穿孔法:是借助电穿孔仪产生的高压脉冲电场,使细胞膜出现瞬时可逆性的小孔,外源 DNA 沿着这些小孔进入细胞的方法。电穿孔法转化效率较高,但进入宿主细胞的 DNA 拷贝数较低。③脂质体介导法:脂质体是一种人造的脂质小泡,外周是脂双层,内部是水腔。脂质体转染是利用脂质膜包裹 DNA 或者带负电荷的 DNA 自动结合到带正电荷的脂质体上,形成 DNA-阳离子脂质体复合物,吸附到带负电荷的细胞膜表面,经过内吞作用进入宿主细胞。脂质体介导法也可用于基因治疗。④病毒介导法:是利用包装了外源基因的病毒感染细胞的方法使外源基因进入细胞。病毒介导法的前期准备较复杂,而且病毒核酸可能对于细胞有较大影响,需要慎重选择病毒载体。此外,国际上推出了一些阳离子聚合物基因转染技术,因其适用宿主范围广、操作简便、对细胞毒性小、转染效率高而受到研究者的青睐。

(三)基因工程细胞的筛选和扩增

外源基因转染导入宿主细胞后,需要经过一系列的筛选和扩增,才能获得稳定且高效表达目的蛋白的基因工程细胞系。

利用表达载体上的选择性标记,将外源基因稳定整合入宿主染色体的细胞挑选出来的过程称为筛选。表达载体上的选择标记有能赋予 MTX 抗性的 $dhfr$ 基因、能赋予抗霉酚酸抗性的 gpf 基因、能赋予 G-418 抗性的 neo 基因、能赋予潮霉素抗性的 $hymo$ 基因和 $zeocin$ 抗性标记等。单纯疱疹病毒的胸苷激酶、次黄嘌呤-鸟嘌呤磷酸核糖转移酶和腺嘌呤磷酸核糖转移酶可分别用于 tk^-、$hgprt^-$ 或 $aprt^-$ 细胞的筛选。

为提高外源基因在细胞中的拷贝数,还需对筛选出来的单克隆细胞的基因进行扩增。扩增是利用真核表达质粒上携带的扩增基因实现的,DHFR 系统是比较常用的基因扩增系统。在培养基中加入对细胞有毒的 MTX 后,$dhfr$ 基因会立即扩增来防止细胞凋亡,其附近几千 bp 的 DNA 也会随之扩增,因此在构建表达载体时,常将目的基因放置在 $dhfr$ 基因附近。通过逐步提高培养基中 MTX 的浓度,可以逐步提高 DHFR 和外部基因的表达量。其他常用的扩增系统还包括 CS 和 ADA 系统等。

需要注意的是,在筛选和扩增过程中,应获得单细胞克隆。细胞单克隆化的方法包括有限稀释法、流式细胞仪法(FACS)和自动筛选法等。需根据目的蛋白的表达水平、克隆细胞的生长能力和产品的特性等来选择最优的单克隆细胞系。这些单克隆细胞还需进行连续的传代培养和反复冻融,淘汰掉不稳定的细胞系,选择表达量高、稳定性好、产品特性优的克隆作为工程细胞用于生产。

四、动物细胞库的建立

除原代细胞外,无论是二倍体细胞、转化细胞,还是融合细胞或基因工程细胞,一旦建系成功后都需建立细胞库加以保存。《中国药典》2010 年版规定,细胞库按原始细胞库(primary cell hank, PCB)、主细胞库(master cell bank, MCB)和工作细胞库(working cell bank, WCB)三级管理。

在特定条件下,将一定数量、成分均一的细胞悬液,定量均匀分装于安瓿,于液氮或-130 ℃以下冻存,即为原始细胞库。原始细胞库内的细胞是由一个原始细胞群体发展而来的传代稳定的细胞群体,或是经过克隆化培养而形成的均一细胞群体,这些细胞通过检定证明适用于药品或生物制品的生产与检定。

原始细胞库建立标准应包括:①细胞系(株)的历史资料:来源的种属、年龄、性别、健康状况、细胞分离方法、细胞体外培养过程及条件等。②该细胞的特性:细胞形态,细胞生长特性(如倍增时间

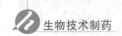

和分种比等)、种源特性(如核型、同工酶、细胞抗原及特异的标记染色体等)。用于生产的基因工程细胞还需有载体构建的相关信息(包括载体稳定性)、基因拷贝数、表达产物的信息(如性质和产量)等。③细胞系(株)的鉴定:污染情况,即各种有害因子的检查(如细菌、真菌、支原体和各种病毒等)、纯度等。

将原始细胞库的细胞通过一定方式进行传代增殖后均匀混合成一批,定量分装,保存于液氮或−130 ℃以下,经全面检定合格后,即为主细胞库。

工作细胞库由主细胞库细胞传代扩增制成。主细胞库的细胞经传代增殖,达到一定代次后合并,制成一批均质细胞悬液,定量分装于安瓿或适宜的细胞冻存管,保存于液氮或−130 ℃以下备用,即为工作细胞库。

生产企业的工作细胞库必须限定为一个细胞代次。冻存时,细胞的传代水平须确保细胞复苏后传代增殖的细胞数量能满足生产一批制品。复苏后细胞的传代水平应不超过批准用于生产的最高限定代次。每种细胞库均应分别建立台账,记录放置位置、容器编号、分装及冻存数量、取用记录等。

细胞库的建立和保管是进行药品生产的基础,必须高度重视。为确保其安全,除制定一系列严格的管理制度外,最好将细胞库分两处保存,以防发生液氮泄漏、着火等事故,导致细胞全部丢失。

第三节　动物细胞培养

一、动物细胞培养的条件

动物细胞膜外缺乏细胞壁的保护,膜上的脂质和蛋白质容易受到各种理化因素(如渗透压、pH、离子浓度、剪切力、微量元素等)的影响;动物细胞对营养的要求比较苛刻,细胞种类不同,对营养的要求也不尽相同。因此,为了使细胞在体外培养成功,一些基本条件必须得到保证。

(一)无菌操作

无菌(sterile)是动物细胞培养技术的主要要求,这是由于细胞培养基中含有丰富的营养物质,很容易受到杂菌污染,进而产生各种不良后果:①营养物质和产物会因杂菌消耗损失,造成产率下降。②杂菌产生的某些代谢产物,或被杂菌污染后的培养基某些理化性质的改变,使产物的提取变得困难,造成收率下降或使产品质量下降。③污染的杂菌大量繁殖,会改变培养基的 pH,从而抑制细胞生长,抑制产物的生物合成,或分解产物而造成产率下降。无菌操作是通过独立的无菌操作区以及对设备和器皿进行合理的清洗、消毒和灭菌防止外来微生物的污染,是动物细胞培养成功与否的关键之一。操作者必须具有很强的无菌观念,严格按无菌规程进行操作。

1. 无菌环境　无菌操作区应设定于实验室的专用位置,该区域相对固定、独立,严格与细菌、真菌、酵母、病毒等微生物实验操作区划分开来,以防止交叉污染,同时应尽量防止灰尘、气流等因素的干扰。在无菌操作区内放置超净台,它可形成局部高清洁度空气环境,是动物细胞培养的必需设备之一。细胞培养的无菌操作就是在超净台内完成的。

2. 清洗和灭菌　细胞培养工作中清洗和灭菌的目的是去除任何影响细胞生长的有害因子,防止外来微生物的污染,是细胞工程中必须注意的关键问题。

动物细胞易受外界各种因子的损伤,器皿上残留的物质和油迹也会影响细胞的贴壁,因此细胞工程实验对器皿的清洗有较高的要求。根据实验应用的器皿材质不同,将清洗类型分为 5 种,分别为玻璃器皿、塑料橡胶器皿、金属器皿、滤器和其他物品。玻璃器皿的清洗主要分为浸泡、刷洗和酸洗三步。其中,酸洗液常由浓硫酸、重铬酸钾和蒸馏水配制,腐蚀性极强,操作人员必须穿着全套防护服并戴防酸橡皮手套和护目镜。塑料器皿在清洗时除常规浸泡刷洗外,还需用 3% HCl 或 2%

NaOH 溶液浸泡过夜。金属器械常涂有防锈油,需先去除表面油脂后再用热洗衣粉或 1‰ NaHCO₃ 煮沸。滤器与其他物品的清洗方法在此不再赘述。所有器皿清洗后需用流水和纯化水充分冲洗,必要时可用注射用水冲洗。

所有培养用的器皿和液体都必须进行严格的灭菌或除菌处理。常用的灭菌方法包括干热和湿热灭菌;常用的除菌方法是使用 $0.22\ \mu m$ 的微孔滤膜进行无菌过滤。

动物细胞培养基成分复杂,其中的生长因子等组分对温度敏感,多采用微孔滤膜过滤的方法除菌。为保证细胞培养的良好效果,也可以选择无菌、无内毒素的一次性培养器皿,这类器皿通常采用聚丙烯或聚苯乙烯等材质,经 γ 射线照射后密封保存。使用前拆封即可,免除了清洗和灭菌过程。

实验室动物细胞培养时,抗生素或抗真菌剂加入细胞培养基中一般用于以下目的:①预防污染。②发生杂菌污染时的一种挽救手段。③诱导表达重组蛋白。④保持转染细胞的选择性压力。但抗生素对许多细胞有毒性,并且掩盖支原体、细菌污染,还可以干扰敏感细胞的代谢,因此常规的动物细胞培养时,一般不推荐使用抗生素或抗真菌剂预防杂菌污染。如果必须使用抗生素,每 100 ml 的细胞培养基可以加入 0.5~1 ml 青霉素链霉素溶液,使青霉素终浓度为 50~100 U/ml,链霉素终浓度为 50~100 μg/ml;庆大霉素的使用终浓度为 50~100 μg/ml;抗真菌的两性霉素 B 使用终浓度 2.5 μg/ml。以上浓度适用于含血清培养基,对于无血清培养基,抗生素浓度需至少减少 50%。

在药品生产涉及的细胞培养中,应尽可能避免使用抗生素。《中国药典》2015 年版规定,在生产中不准使用青霉素或 β-内酰胺类抗生素,应尽可能避免使用抗生素,必须使用时,应选择安全性风险相对较低的抗生素,使用抗生素的种类不得超过 1 种,且产品的后续工艺应保证可有效去除制品中的抗生素,去除工艺应经验证。

3. 污染的检查和处理   尽管在无菌环境下操作,所使用的器皿和原料也进行了相应的灭菌和除菌处理,仍然难以避免在细胞培养过程中出现污染。动物细胞培养的污染主要有化学污染和微生物污染两种:①化学污染主要是器皿未处理干净,或者培养基中混入了对细胞有毒性或有刺激性的化学物质。这时细胞生长速度减慢,贴壁形态等特征发生显著改变。发生化学污染后的细胞应弃去,重新配制培养基和重新处理器皿。②微生物污染以细菌、真菌、支原体和病毒污染常见。发生微生物污染的细胞要灭活后弃之,并对环境和器皿进行消毒灭菌处理,检查污染物清除干净后方能重新使用。

(二)温度

动物细胞特别是哺乳动物细胞最佳培养温度为(37±0.5)℃。温度过高可引起细胞退变甚至死亡;温度过低会降低细胞代谢和生长的速度,影响产物的产量,但提高温度后,其生长速度和产物产量仍可恢复,因此在培养过程中,可利用降低温度的办法短时期地保存细胞。动物细胞通常置于 CO_2 培养箱中进行培养,通过夹套内水温控制培养箱内的温度。

(三)氧气

氧气是细胞赖以生存的必要条件之一。短时缺氧时,细胞可通过代谢不完全的糖酵解途径获取能量,但所获有限,而且会产生大量乳酸,使 pH 急剧下降,最终引起细胞的退变和死亡,因此细胞培养时必须给以足够的氧气。一般在采用方瓶和转瓶培养时,只要保持瓶内有足够的空间,即培养的液体量不超过总容积的 30%,通过液面的气体交换,就可保证细胞有足够的氧,无须专门通气;采用摇瓶培养悬浮细胞时,一般通过调整转速来满足细胞对氧的需要,通常 100~120 r/min 的转速能满足哺乳动物细胞对氧的需要。

(四)CO_2

CO_2 与培养基中的 $NaHCO_3$ 构成 $HCO_3^- - CO_3^{2-}$ 缓冲系统,调节培养基的 pH。通常当培养基

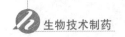

中 $NaHCO_3$ 为 $1.5\ g/L$ 时,使用 5% 的 CO_2。动物细胞在方瓶和转瓶中培养时,提供氧气与 CO_2 的是 CO_2 培养箱。

(五) pH

细胞内各种酶的活性、细胞壁的通透性以及许多蛋白质的功能都受到 pH 的影响。动物细胞培养的最适 pH 为 $7.2 \sim 7.4$,其中成纤维细胞的生长 pH 通常为 $7.4 \sim 7.7$,转化细胞的生长 pH 通常为 $7.0 \sim 7.4$。相对而言,原代培养细胞对 pH 变化的耐受力较无限培养细胞系要弱,动物细胞整体耐酸性要强于耐碱性。导致培养基 pH 在细胞培养过程中发生变化的主要原因是细胞生长代谢产生 CO_2 和乳酸,最终导致培养基 pH 降低。为了解决这一问题,通常在培养基内加入各种缓冲系统,最常用的是 Na_2HPO_4 - NaH_2PO_4、$NaHCO_3$ - CO_2 和 Tris-glycine 缓冲系统等。此外,采用开放式培养的方式,让代谢生成的 CO_2 可以快速逸出培养皿,也可解决这一问题。一般可通过生长曲线实验分析测定细胞生长的最适 pH。

(六) 渗透压

动物细胞由于缺乏细胞壁,外界环境渗透压的高低对细胞的存活有很大影响。但不同的细胞对渗透压波动的耐受性不同,如原代细胞较传代细胞敏感。对于大多数哺乳动物细胞而言,渗透压一般在 $260 \sim 320\ mOsm/kg$,其中 $290\ mOsm/kg$ 是人体细胞的理想渗透压。一般情况下,常采用加减 NaCl 的方法来调整培养液的渗透压。

(七) 水

营养物质溶于水时才易被细胞吸收,细胞的代谢产物在排泄时也需要溶于水,细胞内各种反应的进行也需要水,因此水质的好坏直接影响到培养的成功与否。体外培养的细胞对水质十分敏感,因此用于细胞培养的水需要经过特殊处理。处理水的方法主要有蒸馏、离子交换、电渗析、反渗透、中空纤维过滤等,实际工作中常将上述几种方法结合使用。水的存放时间不宜过长,一般不超过一周,最好现用现制。在用动物细胞生产各种药品时,培养细胞所用的水还需保证无热原。

(八) 营养要求

细胞培养液中的成分必须满足细胞进行糖代谢、脂代谢、蛋白质代谢和核酸代谢所需的各种物质,包括碳源、各种必需氨基酸和非必需氨基酸、维生素、激素、细胞因子和无机盐等,只有满足这些基本条件,细胞才能在体外正常生长和繁殖。

1. 碳源 碳源是细胞生长所必需的能量来源,葡萄糖和谷氨酰胺是主要的碳源,有的培养基以半乳糖、果糖等作为碳源。体外培养动物细胞时,几乎所有的培养液中都是以葡萄糖作为能源物质。当使用葡萄糖作为碳源时,需补充丙酮酸钠。培养中的细胞可以通过葡萄糖的有氧氧化与无氧酵解获取能量。此外,六碳糖也是合成某些氨基酸、脂肪、核酸的原料。

2. 氨基酸 氨基酸是细胞合成蛋白质、维持细胞生命不可缺少的物质。各种培养液中所含氨基酸的种类和数量不一,但都包含缬氨酸、亮氨酸、异亮氨酸、苏氨酸、赖氨酸、色氨酸、苯丙氨酸、甲硫氨酸、组氨酸、酪氨酸、精氨酸和胱氨酸,这 12 种氨基酸是所有细胞生长繁殖都需要的必需氨基酸。此外,动物细胞还需要谷氨酰胺作为碳源和能源,它所含的氮也是核酸中嘌呤和嘧啶合成的来源。

由于细胞只能利用 L 型氨基酸,故配制时必须采用 L 型同分异构体,没有时可用 DL 混合型代替,但用量要加倍。

3. 维生素 维生素是一类重要的维持细胞生命活动的低分子活性物质,以辅酶或辅基的形式对细胞代谢和生长起到调控作用。由于细胞自身不能合成或合成不足,细胞体外培养时必须从培养基中供给维生素。按照溶解性质的不同,维生素可分为脂溶性和水溶性两类:脂溶性维生素有维生素 A、维生素 D、维生素 E 和维生素 K 等;水溶性维生素有维生素 B_1(硫胺素)、维生素 B_2(核黄素)、烟酸、烟酰胺、吡多醇、吡多醛、偏多酸钙、生物素、叶酸、维生素 B_{12}（氰钴胺酸）等。脂溶性维生素通常可从血清中得到补充。

4. **生长因子和激素** 生长因子和激素对于维持细胞的功能、保持细胞性状具有十分重要的作用。如胰岛素能促进许多细胞利用葡萄糖和氨基酸而起到促生长作用;有些激素只对某一类细胞有明显促进作用,如氢化可的松可促进表皮细胞的生长,泌乳素有促进乳腺上皮细胞生长作用等。

5. **无机盐** 细胞生长所需的无机盐包括基本无机离子和微量元素,钠、钾、钙、镁等是基本无机离子,铁、锌、硒、铜、锰、钼、钒等是微量元素。无机盐的作用是保持细胞的渗透压,缓冲 pH 的变化,并参与细胞的代谢。一般合成培养基内都含有氯化钠、氯化钾、硫酸镁、氯化钙、磷酸氢二钠、碳酸氢钠等常见无机盐,另外,培养基内也常加入硫酸亚铁、硫酸铜、硫酸锌等,它们对细胞代谢有促进作用。

二、动物细胞培养基

动物细胞对培养基的要求较高,且细胞种系不同,对培养基的要求也有很大的差异,常常需要研究人员花费较多的精力和时间对个别的细胞系进行研究,以便配制满足这一细胞特殊需要的培养基。动物细胞制药成本之所以较高,培养基复杂而昂贵是其主要的原因之一。

从研究的发展历史看,动物细胞培养基可以分成四类:天然培养基、合成培养基、无血清培养基和化学限定性培养基,除此之外还包括浓缩的营养添加物。

(一) 天然培养基

天然培养基(natural medium)是指来自动物体液或者利用组织分离提取的一类培养基,如血浆、血清、淋巴液、羊水、腹水、鸡胚浸出液等。在细胞培养的早期阶段,人们多采用天然培养基进行体外细胞培养。天然培养基成分复杂且不稳定,来源有限,制作过程烦琐,不适于大规模培养和生产的需要,逐渐被后来的合成培养基所取代。

(二) 合成培养基

合成培养基(synthetic medium)是在充分解析天然培养基营养成分的基础上,经人工设计、配制而成的培养基,具有成分明确、组分稳定,可大量生产供应等优点。至今已设计出几十种不同成分的培养基,可满足各种培养条件下,各种体外动物细胞的培养需求。目前普遍用于培养动物细胞的合成培养基有 BME、MEM、DMEM、RPMI-1640 等。较难培养的原代细胞还可用 McCoy05A 及 HamF12 培养。

各种合成培养基的出现,给细胞培养提供了很大便利,但单纯采用合成培养基培养时,细胞常常不能很好地增殖,甚至不能贴壁,因此在使用时常需要加入一定量的动物血清,最常用的是添加5%~10%的小牛血清。在杂交瘤细胞的培养中,血清的需要量更高,质量要求也高,常需用到 10%~20%的胎牛血清。

(三) 无血清培养基

无血清培养基(serum free medium, SFM)是指培养基全部由已知组分配制而成,不含有血清,是一种特殊的合成培养基。区别于普通合成培养基的地方主要是:SFM 中在含有细胞所需营养和贴壁因子的基础上,添加了促进细胞生长的因子,从而确保细胞可以正常生长。该类培养基由于其组分明确,产品批次差异小,减少了由血清带来病毒、真菌和支原体等微生物污染的危险,减少过敏原,细胞产品易于检测分析和纯化,成本低廉,因此适合于制药生产。

无血清培养基都是在合成培养基内加入不同种类的添加剂所构成,添加剂大致有以下四类,分别为细胞外基质(ECM)、低分子营养成分、激素与生长因子和酶的抑制剂。其中,ECM 可帮助细胞附着和贴壁,低分子营养成分保证细胞的生长和代谢,激素与生长因子可促进细胞增殖,酶的抑制剂可保护细胞不受酶的损害。目前无血清培养基的研究方向主要分为培养基中不含有任何动物来源的添加组分和培养基中不含有不明确的添加组分。

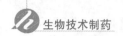

目前已有多种无血清培养基上市,是当今生物制药行业中应用最广泛的培养基,适用于杂交瘤细胞、CHO 细胞、Vero 细胞和 NSO 细胞等体外大规模培养。

(四)化学限定性培养基

化学限定性培养基(chemical defined medium,CDM)是指培养基中的所有成分都是明确的,不含有动物蛋白质,也不添加植物水解物,而是使用了一些已知结构与功能的小分子化合物,如短肽、植物激素等。

化学限定性培养基的开发对于细胞培养有巨大的推进作用:体系成分完全确定,避免了培养基品质波动;性能一致,改善细胞培养的重复性;降低外来物质污染的风险;简化了产品纯化与下游处理的过程,节省时间。目前化学限定性培养基已广泛地应用于 CHO、293 和杂交瘤等细胞的生长和表达。

(五)营养添加物

除了上述基础培养基,基于高密度培养的需要,在培养过程中常需要根据营养物的消耗情况进行特定的营养添加物的流加,这在一定程度上能缓解培养后期营养物匮乏的现象,并为代谢产物的表达提供充足的物质基础。常见的营养添加物包括葡萄糖浓缩液、谷氨酰胺浓缩液、脂质浓缩物、维生素组合、金属离子溶液等单一组分,还包括一些商业化的混合流加物,目前该类营养添加物已广泛应用于大规模连续培养、灌流培养以及流加培养。

三、动物细胞培养的方法

细胞培养的方法有多种分类:①根据细胞的种类,分为原代细胞培养和传代细胞培养。②根据培养基的不同,分为液体培养和固体培养。③根据培养细胞状态不同,分为贴壁培养和悬浮培养等。不管采用哪种方法,其基本技术大同小异。细胞工程制药中常用的基本技术包括细胞的分离、细胞计数、细胞传代、细胞的冻存和复苏等。

第四节 动物细胞的大规模培养技术

一、大规模细胞培养方法

动物细胞的大规模培养主要可分为悬浮培养、贴壁培养和贴壁悬浮培养。

(一)悬浮培养

悬浮培养(suspension culture)是细胞自由地悬浮于培养液内生长增殖的一种培养方式。它适用于悬浮细胞和兼性贴壁细胞的培养。一些贴壁生长的细胞,如 CHO 细胞可通过悬浮驯化使其适合悬浮培养。

大规模悬浮培养的优势在于:①传代时不需胰酶进行消化,使细胞免于传代时酶类等的化学及机械损伤。②种子细胞传代及制备简单、易操作。③可通过取样及时监测细胞在生物反应器内的生长情况。④反应器内的传质和传氧良好,培养条件均一,培养规模容易放大。不足之处在于,细胞体积较小,难以采用灌流培养,因此细胞密度低。近年来由于培养基配方的不断改进及生物反应器技术的发展,大规模动物细胞悬浮培养的细胞密度及表达量不断得以提高。目前在生产中悬浮培养的设备主要是搅拌罐式生物反应器和气升式生物反应器。

(二)贴壁培养

贴壁培养(anchorage-dependent culture)是细胞贴附在某种基质上进行生长繁殖的培养方法。

它适用于贴壁细胞和兼性贴壁细胞的培养。

贴壁培养的优势在于：①由于细胞依附于基质的表面，容易更换培养液进行灌流培养，从而提高单位体积内的细胞密度。②由于大多数细胞是贴壁细胞，所以该方法使用范围广。贴壁培养的不足在于：①操作比较烦琐，在传代或扩大培养时需要用酶将细胞从基质上消化下来，分离成单个细胞后再进行培养。②需要合适的贴附材料并提供足够的表面积。③不能有效监测培养过程中细胞的生长情况。④培养条件不均一，传质和传氧较差。生产中常采用转瓶或固定床式生物反应器进行培养。

(三)贴壁-悬浮培养

贴壁-悬浮培养(pseudo-suspension culture)又称假悬浮培养、固定化培养，是将悬浮培养和贴壁培养的优势互补形成的一种适合工业化大规模生产的培养方法。贴壁-悬浮培养包括微载体培养、包埋-微囊培养和结团培养等方法，实际生产中使用的主要是微载体培养。

微载体培养(microcarrier culture)是利用贴壁细胞能够贴附于带适量正电荷的微载体表面生长的特性，使细胞在微载体上附着，将细胞和微载体共同悬浮于培养容器中进行细胞培养的方法。理想的微载体需具备如下一些条件：①具有良好的生物相容性，无毒无害。②具有较好的黏附性，适于细胞附着、伸展和增殖。③颗粒均匀，孔径均一，具有较大的比表面积。④具有良好的传质性能，将其密度控制在 1.030~1.045 g/ml，使载体在低速搅拌下可悬浮，静止时又可很快沉降，便于换液和收获。⑤制造材料应是惰性的，不与培养基成分发生化学变化，也不会吸收培养基中的营养成分。⑥具有良好的光学透明性，方便观察细胞在载体上的生长情况。⑦具有良好的机械性能，避免在搅拌中互相摩擦而损伤细胞。⑧具有良好的热稳定性，便于采用高压蒸汽灭菌。⑨经简单的适当处理后，可反复多次使用。⑩原料充分，制作简便，价格低廉。常用微载体基质有葡聚糖、聚丙烯酰胺、交联明胶、聚苯乙烯和纤维素等。

1967 年，荷兰科学家 Van Wezel 首选葡聚糖 Sephadex A50 微小颗粒培养贴壁细胞成功，一定程度上解决了转瓶培养劳动强度大、占用空间大而提供表面积有限、细胞产率低、监控不便等不足。经过后人不断努力，到 20 世纪 80 年代，这种方法被正式用于生产，并出现了一批商品化微载体。近年来又开发出了多孔微球，它极大地增加了供细胞贴附的比表面积，同时还适用于悬浮细胞的培养。随着微载体培养技术的不断发展完善，商品化的微载体越来越多，并广泛用于培养 Vero、CHO 等动物细胞，生产各种疫苗和其他细胞工程产品。

二、大规模细胞培养的操作方式

在动物细胞的大规模培养生产中，需要根据细胞株的生长方式、产品的稳定性以及是否有利于下游的分离纯化等方面进行综合考虑，选择合适的生物反应器系统和与之相适应的操作方式，这些选择将决定产品的质量、产量、成本以及工艺稳定性等。常见的操作方式有分批式操作、补料-分批(流加)式操作和灌流式操作。

(一)分批式操作

分批式操作(batch culture)是采用机械搅拌式生物反应器，将细胞扩大培养后的种子液一次性转入生物反应器内进行的培养。在培养过程中不进行营养物的流加，随着细胞的生长，产物不断地进行累积，最后一次性收获细胞、产物以及培养液。其优点是操作简单、易于控制、培养周期短、污染风险低，常是"小试"研究手段，工艺可直接放大。其缺点是由于营养物质的消耗和代谢废物的累积，细胞生长经过稳定期后逐渐衰退死亡，因而产物的产量一般较低，放大规模有限。

(二)补料-分批(流加)式操作

补料-分批(流加)式操作(feeding culture)是在分批式操作的基础上，采用机械搅拌式生物反应器系统，培养悬浮细胞或以微载体培养贴壁细胞。初始接种的培养基体积一般为终体积的 30%~

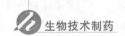

50%,在培养过程中,根据细胞对营养物质的消耗和需求,流加浓缩的营养添加物,使细胞持续生长繁殖至较高密度,目标产物达到较高水平。整个过程没有流出或回收,通常在细胞进入衰退期或衰退期后终止培养,回收、分离细胞和细胞碎片,浓缩、纯化目标产物。

补料-分批(流加)式操作是当前动物细胞培养工艺的主流操作方式,也是近年来动物细胞大规模培养研究的热点。其关键技术是基础培养基和流加浓缩的营养添加物。

流加的浓缩营养添加物主要包括葡萄糖、谷氨酰胺、氨基酸、维生素及其他成分;通常进行流加的时间是在对数生长后期,细胞进入衰退期之前;可以添加一次,也可添加多次,为了达到更高的细胞密度,往往需要添加多次;可进行脉冲式添加,也可以缓慢添加,为了尽可能地维持相对稳定的营养物质环境,采用较多的是缓慢添加。流加的总体原则是维持细胞生长相对稳定的培养环境,营养成分(葡萄糖和谷氨酰胺等)既不过剩致使生成大量对细胞有害的代谢副产物(乳酸和氨等),造成营养利用效率下降,也不缺乏导致细胞生长抑制或死亡。

(三)灌流式操作

灌流式操作(perfusion culture)是将细胞种子液和培养基一起加入反应器,在细胞增长和产物形成过程中,不断地补充新鲜培养基,同时采用细胞截留装置以相同流速不断地流出培养液,流出的培养液中不包含或很少包含培养细胞,生物反应器内细胞密度较高,产物回收率较高。细胞截留可通过膜、筛网或离心的方法实现。

灌流式操作方式是近年来动物细胞培养生产药品中最受推崇的。其优点是:细胞可处在较稳定的良好环境中,营养条件较好,有害代谢浓度较低;可极大地提高细胞密度,一般可达到 $10^7 \sim 10^8$/ml,从而提高了产品产量;产品在罐内停留时间缩短,可及时收集,低温下保存,有利于产品质量的提高。其缺点是:需要消耗大量的培养基,培养液中营养成分利用率低,下游处理的负担加重,增加了生产的成本;培养周期长,污染的概率增高;长期培养过程中细胞表达产品的稳定性也需要进行考虑。

第五节 动物细胞生物反应器

体外动物细胞培养技术在重组蛋白、治疗性单抗、诊断试剂以及疫苗等的生产中发挥着重要作用,该项技术大规模工业化和商品化的关键在于能否设计出合适的生物反应器(bioreactor)。

生物反应器为体外培养的动物细胞提供了一个可监测、控制的环境,满足其必须在低剪切力及良好的混合状态下,提供充足的氧气,从而使细胞生长和产物合成得以保障。理想的生物反应器应具备如下特点:①与培养基及细胞直接接触的材料对细胞必须无毒性。②具有良好的传质、传热和混合的性能。③对细胞的剪切力要低。④密封性能良好,避免微生物的污染。⑤对培养环境中多种物理化学参数能自动检测和调节控制,控制精确度高。⑥可长期连续运转。⑦容器内面光滑、无死角,以减少细胞或微生物的沉积。⑧拆装、连接和清洁方便,能耐高压蒸汽消毒,便于操作维修。

20世纪80年代,转瓶培养已被用于重组蛋白的生产,但生产规模有限;不锈钢搅拌式生物反应器是经典的哺乳动物细胞培养设备,广泛用于蛋白质药物生产;考虑到降低采购设备的一次性投入,一次性、可抛弃式生物反应器越来越多地被采用。到目前为止,动物细胞培养用生物反应器主要有转瓶培养器、搅拌式反应器、气升式反应器、填充床反应器、流化床反应器、固定床反应器、波浪袋反应器等。

按规模大小,生物反应器分为实验室规模、中试规模和生产规模三类。容积小于20 L的反应器为实验室规模,主要用于培养工艺的研究;20~100 L为中试规模,主要用于提供一定量的产品,供纯化、临床前的各种检测和临床试验,也包括进一步的工艺优化试验;大于100 L为生产规模,主要用于生产。这样的划分并不是绝对的,还需根据细胞的产量和临床用药剂量而定。

一、动物细胞生物反应器

1. **搅拌式生物反应器**　是借鉴微生物发酵罐的原理和结构,根据动物细胞的特点设计改造而成的一类应用较广的生物反应器。它靠搅拌桨提供液相搅拌动力,有较大的操作范围、良好的传质、传热和混合的性能,配备有连续监测培养物温度、pH、溶解氧、葡萄糖消耗的若干电极。其优点在于能培养各类动物细胞,培养工艺易于放大,产品质量稳定,非常适合工业化生产;缺点是搅拌所带来的剪切力对细胞有较大的损伤,不利于细胞的生长和产量的提高。

2. **气升式生物反应器**　早期气升式生物反应器主要用于微生物发酵,1979年首次进行了动物细胞培养并获得成功。其基本原理是气体混合物从反应器底部的喷入管进入中央导流管,使得中央导流管内的液体密度低于外部区域从而形成循环,产生的剪切力温和,对细胞损伤较小。常见的气升式生物反应器有三种:内循环气升式、外循环气升式、内外循环气升式。

3. **填充床生物反应器**　是在反应器中填充一定材质的填充物,供细胞贴壁生长。培养液通过循环灌注的方式提供,并可在循环过程中不断补充;细胞生长所需的氧可在反应器外通过循环的培养液携带,因而不会有气泡伤及细胞。这类反应器的剪切力小,适合细胞高密度生长。

4. **中空纤维反应器**　是开发较早且不断改进的一类特殊的填充床式反应器,它模拟机体内毛细血管系统,取得了较好的培养结果。由硅胶、聚砜或聚丙烯等材料构建的中空纤维管是表面有许多海绵状多孔结构的半透膜,细胞可以贴附生长,水分子、营养物质和气体可以透过,并可对具有一定相对分子量的物质进行截留。数百乃至数千根中空纤维管组成的管束是反应器的主体,纤维束外由外壳包裹,形成了中空内腔和中空外腔两部分,每部分各有其进出口。内腔用以灌流充以氧气的培养基,外腔用以培养细胞。

由于中空纤维反应器在分离和纯化分泌物时比较方便,因而在生产激素和单克隆抗体时经常采用。该反应器的优点是占用空间小,产品产量和质量高,生产成本低,既适用于贴壁细胞培养,也适用于悬浮细胞培养。不足之处在于不可以重复使用;不能耐受高压蒸汽灭菌,需要用环氧乙烷或者其他消毒剂杀菌;由于营养成分和代谢产物浓度梯度的存在,导致细胞分布不均匀,不能对反应器内的细胞进行定量,也限制了培养系统的放大。

5. **流化床生物反应器**　流化床生物反应器的基本原理是培养液在反应器内以一定的速度由下向上垂直循环流动,使密度较大的微载体流化,微载体在一定范围内悬浮旋转,从而保证了微载体内的细胞可获得充分的营养物质和氧,同时排出代谢产物,满足了细胞高密度培养的需要,可用于贴壁细胞的培养,也适用于悬浮细胞培养。其优点是剪切力低、传质性能好。

6. **固定床生物反应器**　其基本原理是细胞固定在多孔微载体的表面,培养液在反应器内的载体间循环,为细胞提供充分的营养物质和氧。其优势在于细胞固定在载体上,方便进行灌流培养,可满足细胞高密度培养的需求;对细胞的剪切伤害小。其劣势是反应器中营养物质和氧易形成轴向梯度,导致反应器内环境不均一,因此填充床的最大高度应尽量小,超过一定的水平后难以放大。固定床生物反应器已被广泛用于灌流培养动物细胞生产单抗及重组蛋白等。

7. **可抛式生物反应器**　除了上述传统的生物反应器外,近年来可抛式生物反应器也逐渐应用到药品研发及生产的不同阶段。

可抛式生物反应器的罐体通常都是由聚乙烯、聚丙烯等材料制成,这些反应器可以使用传统的标准电极或者一次性的电极在线监测 pH、温度和溶氧等参数。

可抛式生物反应器的优点是:使用灵活方便,操作简单;避免了批次间的交叉污染,无须验证;可快速投入使用,减少时间及固定资产的投入。其缺点是:罐体的机械性能差;运行成本较高。波浪袋式反应器是目前应用最广泛的可抛式生物反应器,最高培养体积可达到 600 L。

生物反应器是大规模细胞培养中最重要的设备,也是生物制药工艺中的关键设备,对产品的产

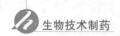

量和质量有直接影响。随着生物反应器相关技术及细胞工程的发展,必将有更新、更高效的生物反应器被开发和应用。

二、细胞生物反应器的监测控制系统

细胞培养过程中,随着细胞的生长增殖,目标产物不断合成并累积,营养物质不断消耗,代谢产物也逐渐累积,使细胞的培养环境一直处于动态变化中,当变化超出限定范围就会对细胞的生长以及产物的生成产生不利影响。因此,在动物细胞培养的过程中,需要对一些重要参数进行监测和控制,使整个培养系统保持在最佳状态,进而获得更多产品。

动物细胞大规模培养时,有些参数可直接在线经传感器检出,如温度、pH、搅拌速度、溶氧等;有些参数需要取样离线检测,如活细胞数、氨基酸、葡萄糖、乳酸和氨离子浓度分析等;有的则需在检测后计算才能获得,如细胞的群体倍增时间、细胞的比增长率、葡萄糖消耗率、乳酸产率、产品产率等。

温度、pH、溶氧和搅拌速度是动物细胞培养过程中监测控制的主要参数。温度、pH、溶氧等的传感器原位安装在反应器的相应接口上,可蒸汽灭菌。中试和生产规模的生物反应器还会配备在线监测液位、罐压力等参数的设备。

第六节　动物细胞产物的分离纯化和质量控制

一、动物细胞工程产物的纯化

(一) 细胞表达产物的特征

动物细胞产品,主要是指利用基因工程手段构建的工程细胞生产的蛋白质类产品,如组织型纤溶酶原激活物、促红细胞生成素等。动物细胞表达这些产物时具有产物浓度低、环境组分复杂(含有细胞、细胞碎片、培养基成分,特别是当采用有血清培养基时牛血清中的各种蛋白质成分等)、生物活性不稳定、在分离的过程中容易失活(如溶液的 pH、温度和离子强度的影响,蛋白水解酶的作用)等特点。因此在动物细胞产品的分离纯化过程中,要根据目的产物和各种杂质的理化性质差异,合理运用各种高选择性的纯化手段,尽量减少纯化工序,缩短分离纯化时间,使产物达到要求纯度。

动物细胞产品的分离纯化是成本高、难度大、又没有受到足够重视的工作,这是当前很多生物技术产品不能转化为商品的重要原因之一。

(二) 细胞表达产物的分离纯化方法

动物细胞表达产物大都是以分泌在细胞外、具有活性的形式出现在培养上清液中,一般不需要先破碎细胞,产物的分离纯化主要是采用各种层析和膜分离技术进行,如超滤、亲和层析、离子交换层析、疏水层析、凝胶过滤和高效液相层析等,这些技术在前述章节都有介绍,在此不再赘述。

二、动物细胞工程产品的质量控制

每个国家的药品监管部门都对动物细胞工程的产品质量制定了详尽的管控办法,主要包括生产过程的质量监控和最终产品的质量检验两大部分。

生产过程的质量监控包括:①对原材料的质量控制,主要是宿主细胞的特征、来源检查;生产用的基因序列考察;载体来源、功能的考察;载体导入宿主细胞的方法、载体在细胞内的状态、拷贝数及与宿主细胞结合的遗传稳定性等。②对培养过程的质量控制,主要是控制主细胞库和工作细胞库;检查培养过程中污染物的种类、特性;长期生产过程中,要检查被表达基因的分子完整性、宿主细胞的表型和遗传型特征是否稳定。③对纯化过程的质量控制,主要是要详细记录收获的培养物提取和纯化方法;要特别说明用于去除病毒、核酸污染物以及污染抗原的方法,除去不需要产物或者宿主细胞蛋白质、核酸、糖、病毒和其他杂质的方法;要对每一步分离纯化获得的中间体进行分析。

最终产品的质量检验,一般需要检测以下各项:分子量、等电点测定、紫外光谱、氨基酸组成分析、N-末端和C-末端氨基酸序列分析、肽图分析、纯度测定、宿主DNA、宿主蛋白等其他外源性杂质、效价测定、无菌、热源、毒性和安全试验,每批成品要进行一致性检查、鉴别、纯度、效价检测,从而保证产品质量。

第七节　细胞工程制药的前景和存在问题

利用动物细胞培养技术生产药品是当前生物技术制药的主流发展方向。自1980年后细胞工程技术进入了发展的黄金期,1986年,FDA批准了世界上第一个来源于重组哺乳动物细胞的治疗性蛋白药物——人组织纤溶酶原激活剂(human tissue plasminogen activator,tPA)上市,标志着哺乳动物细胞作为治疗性重组工程细胞得到FDA认可,随着细胞大规模培养技术的日趋完善,以及生物反应器的种类、规模及检测和控制手段的不断提高,动物细胞在医药工业领域中的应用已经非常普遍,在产品的种类、产量和经济效益方面都有非常大的提高。已上市细胞工程药物主要用于癌症、人类免疫缺陷病毒性疾病、心血管疾病、糖尿病、贫血、自身免疫性疾病、基因缺陷病和遗传病等疾病的治疗上,突破了化学技术难以逾越的瓶颈,为患者带来希望,因而生物工程制药已成为医药行业的新星,未来将会有更多的新产品出现。

目前细胞工程制药技术已经有了飞速的发展,但与大肠埃希菌表达系统相比,动物细胞的表达水平仍然较低,因此,动物细胞的高效表达,如高效表达工程细胞株的获得、培养工艺的改进等是目前细胞工程制药的热门研究领域。

一、采用高效的表达体系

CHO细胞表达的外源蛋白最接近天然构象,是目前动物细胞制药比较理想的宿主细胞,但存在表达量低、大规模培养困难、生产成本高等问题,通过各种方法改造CHO细胞,提高其表达量,使其适应无血清培养基,获得抗衰老凋亡的能力,是对现有宿主细胞进行改造提高表达水平的重要方法。

筛选新的高效表达细胞株或构建基因工程细胞也是研究的热点方向。如采用SV40早期启动子在Vero细胞中表达外源蛋白,用GS基因系统配合缺乏内源性谷氨酰胺合成酶的NSO细胞等,人们已经不再局限于采用CHO细胞。

二、改进翻译后修饰

细胞工程生产的药物多为重组蛋白质类,糖基化对药物活性往往具有关键作用。蛋白糖基化有两种方式,N-糖基化和O-糖基化。O-糖基化对蛋白质活性影响不大,而N-糖基化的不同对产品可产生较大影响。由于酵母细胞、植物系统以及昆虫系统和人类的糖基转移酶不同,导致以这些细胞表达的糖蛋白常和人类细胞产生的不同。CHO细胞由于缺少α-2,6-唾液酸转移酶,无法将唾液酸糖化,其表达蛋白的糖基化类型与人类蛋白也不尽相同。为此,使用糖基化工程,改变肽链结构、增加某些酶基因以及改进和控制某些培养基条件,达到正确实现糖基化的目的。如Fusseneger等于1999年报道在t-PA基因进行点突变,改变了一个氨基酸,增加一个糖基化位点,从而使t-PA在血浆中的清除率较原来的减少10多倍。此外,通过控制和改变细胞的培养环境对N-糖基化也能产生一定影响。

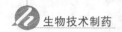

三、改进培养工艺

为降低成本,另一个重要途径是优化培养工艺,包括采用新型生物反应器和优化培养基。近年来,获得 FDA 批准的细胞表达产品中,占主流优势的是搅拌式生物反应器悬浮培养,采用流加或灌流工艺。悬浮细胞培养工艺的研究和应用,使大规模生产工艺的开发和优化真正成为了现实。与之相适应,开发了适应悬浮培养的无血清培养基和化学限定培养基。无血清悬浮培养避免了血清成分复杂、纯化困难、价格昂贵、有潜在污染的弊端,进一步降低了生产成本,提高了产品质量。

直接通气鼓泡强化了反应器传质能力和流体混合条件,可使培养液中细胞浓度达到 10^8 个/ml 以上的密度,并能有效消除液体剪切力和气泡对细胞的损伤作用,实现了放大过程中强化供氧混合与防止细胞破损的统一。

四、优化发酵过程控制

传统细胞培养过程能进行检测和控制的只有温度、pH、溶氧和搅拌转速等物理参数,无法对细胞生长生理状态和代谢活性相关的生理生化参数进行实时监测和控制。细胞培养过程精密控制的缺乏已经成为细胞工程制药发展的瓶颈。目前,已经建立起细胞耗氧速率(OUR)和细胞生长动力学、代谢动力学参数间的关系,利用计算机在线检测培养过程中 OUR 的变化,检测和控制培养过程中的细胞密度、细胞代谢活性、细胞生长速度、营养物代谢途径和目标产物表达等生理生化关键参数,从而为细胞大规模培养优化提供依据。此外,现阶段还出现了电介质谱,可以在线检测大孔微载体中的 rCHO 细胞在连续培养过程中的细胞总数,用细胞数目增加的数据控制营养物的添加。随着传感器和控制技术的发展,对发酵过程的监测和控制会更加精密高效。

五、保证产品质量和安全性

细胞工程药物的安全性监控应深入生产的各个环节,而不仅仅是最终产品的质量检测。对原材料的质量控制,如所使用的载体和重组基因序列的正确性,原材料的来源、杂质和污染物,生产过程中细胞不断传代是否会影响重组基因序列的正确性,生产过程是否发生污染,纯化效率是否发生变化,产品批间一致性和有效性等,均是该类药物质量监控的重点。

成品中的杂质去除是直接关系到产品质量和安全的关键步骤。杂质分为两大类:一类是来源于培养基或者提取过程的蛋白质和非蛋白质(脂类、消泡剂、抗生素)以及来源于宿主细胞的杂质(蛋白质和核酸);另一类是外源污染物,如病毒、病毒样颗粒、细菌、真菌、支原体等。由于任何产品都不可能达到 100% 纯度,故在成品中容许有一定量的杂质存在,如每一个剂量的重组蛋白质类药物中允许存在的 DNA 最高含量是 100 pg。目前,在清除杂质方面已经有一些新的方法,如为了验证清除病毒的能力,可以加入指示病毒监测纯化步骤清除这些病毒的能力,该试验是在模拟的缩小的规模上进行,但工艺参数首先必须尽量与实际生产情况一致。指示性病毒的选择很关键,应与可能污染的病毒密切相关,还要能高滴度生长和有简易、灵敏的检测方法,并且能涵盖不同病毒种类的各种理化特征。

近年来转基因动物的出现,有可能完全取代目前的细胞培养方法进行某些药品的生产,为药品生产提供了一条新的途径。2009 年,FDA 首次批准了转基因山羊奶中分离得到的抗血栓药——重组人抗凝血酶上市,标志着转基因动物制药进入产业化时代。随着转基因技术的发展,转基因产品将被更多的人认可和接受,转基因产品在治疗人类疑难病症方面也显示出了广阔的应用前景。

此外,动物细胞本身也是一种治疗手段,被称为"组织工程"而引起人们的重视。组织工程是通过对细胞的大量培养,并把细胞直接作为一种治疗手段用于临床,或用培养的细胞进一步加工构成组织或器官,用于临床治疗。如人造皮肤已经实现商品化,广泛用于烧伤患者,部分缓解了皮肤来源问题。人们对组织工程研究的未来充满期待,希望能培育出人体的所有器官。

总之,随着生命科学的发展和细胞工程技术研究的深入,动物细胞的培养和转基因动物在医药工业和临床治疗中发挥出越来越重要的作用。

复 习 题

【A型题】

1. 外源基因在动物细胞与大肠埃希菌中表达产物的主要区别是(　　)。
　　A. 糖基化　　　　　　B. 产量高　　　　　　C. 性质稳定　　　　　D. 疗效可靠
2. 目前重组蛋白生产领域最具代表性的动物工程细胞是(　　)。
　　A. NSO细胞　　　　　　　　　　　B. CHO细胞
　　C. PerC.6细胞　　　　　　　　　　D. Vero细胞
3. 细胞培养过程中,单纯使用合成培养基细胞的贴壁增殖效果常常不理想,通常需要加入一定量的(　　)。
　　A. 平衡盐溶液　　　B. 琼脂糖　　　　　　C. 动物血清　　　　　D. 甘露醇
4. 大规模细胞培养通常使用(　　)。
　　A. 天然培养基　　　B. 人工合成培养基　　C. 无血清培养基　　　D. 低血清培养基
5. 近年来动物细胞培养生产药品中主流的操作方式是(　　)。
　　A. 灌流式培养　　　B. 分批培养　　　　　C. 补料-分批式培养　D. 连续式培养
6. 细胞培养基中最常用的糖类是(　　)。
　　A. 乳糖　　　　　　B. 半乳糖　　　　　　C. 淀粉　　　　　　　D. 葡萄糖
7. 动物细胞培养最适宜温度为(　　)。
　　A. 0 ℃　　　　　　B. 4 ℃　　　　　　　C. 25 ℃　　　　　　　D. 37 ℃
8. 动物细胞培养最合适的pH为(　　)。
　　A. 6.5~6.8　　　　B. 6.8~7.0　　　　　C. 7.0~7.2　　　　　D. 7.2~7.4
9. 下列关于细胞冻存及复苏过程的描述不正确的是(　　)。
　　A. 冻存的细胞提前一天更换全部培养液
　　B. 细胞冻存的原则为快速冻存
　　C. 每只冻存管中以冷冻$(1~1.5)\times10^6$个细胞为宜
　　D. 冻存液中含有8%二甲基亚砜
10. 在动物细胞培养中生物反应器的搅拌速度一般控制在(　　)以下。
　　A. 20 r/min　　　　B. 40 r/min　　　　　C. 60 r/min　　　　　D. 100 r/min

【X型题】

1. 离体培养的动物细胞包括(　　)。
　　A. 贴壁细胞　　　　B. 兼性贴壁细胞　　　C. 悬浮细胞　　　　　D. 上皮细胞
2. 动物细胞培养基的分类中包括(　　)。
　　A. 天然培养基　　　B. 合成培养基　　　　C. 无血清培养基　　　D. 血清
3. 常用的动物细胞培养操作方式有(　　)。
　　A. 分批式操作　　　　　　　　　　B. 补料-分批操作
　　C. 灌流式操作　　　　　　　　　　D. 连续式操作

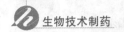

4. 常用的细胞融合方法有( )。

    A. 仙台病毒融合法   B. 聚乙二醇融合法

    C. 电融合法   D. 膜融合法

5. 将悬浮培养和贴壁培养相结合的大规模生产培养方法是( )。

    A. 微载体培养   B. 包埋培养

    C. 微囊培养   D. 结团培养

【填空题】

1. 1986 年,FDA 批准了世界上第一个来源于重组哺乳动物细胞的治疗性蛋白药物_____,标志着哺乳动物细胞作为治疗性重组工程细胞得到 FDA 认可。

2. 动物细胞工程制药具有_____、_____、_____的产业特性。

3. 根据培养动物细胞形态的变化,通常将体外培养的动物细胞分为_____、_____和_____ 3 类细胞。

4. 生产用动物细胞有 5 种,即_____、_____、_____、_____和_____。

5. 动物细胞常用的转染方法主要有_____、_____、_____和_____ 4 种。

【名词解释】

1. 细胞培养   **2.** 接触抑制

【简答题】

1. 简述用动物细胞作为宿主细胞生产药品的优缺点。

2. 动物细胞工程制药中用于生产的动物细胞有哪些类?

3. 为什么说转化细胞适合用于大规模工业化生产?

4. 动物细胞转染常用的方法有哪些?

5. 简述磷酸钙沉淀法转化细胞的原理。

6. 动物细胞培养过程中染菌会有什么后果?

第 四 章

酶 工 程 制 药

导 学

内容及要求

本章主要内容包括酶的概述、酶的分离纯化、酶和细胞的固定化以及酶工程的研究进展。

1. 要求掌握酶的分离纯化方法以及酶和细胞的固定化方法。
2. 熟悉固定化酶和细胞的应用、固定化酶和细胞反应器。
3. 了解酶工程的发展史及研究进展。

重点、难点

重点是分离纯化酶的过程,主要包括粗酶液的制备、酶的初步分离、酶的纯化、浓缩、干燥及结晶,以及用载体结合法、交联法和包埋法制备固定化酶。难点是采用不同方法进行酶纯化的原理和固定化酶制备过程中载体的选择。

第一节 概 述

酶工程(enzyme engineering)是酶学与工程学相互渗透结合并共同发展的一门新兴技术科学,即利用酶的催化作用,在一定的生物反应器中,将相应的原料转化成所需的产品。酶工程制药是酶工程的基本原理和方法技术在制药领域的应用。酶工程的名称是随着自然酶制剂在工业上大规模应用而产生的,它与基因工程、细胞工程和发酵工程共同称为现代生物技术的四大工程。

一、酶的发现

酶(enzyme)是生物体活细胞产生的具有催化活性和特定空间构象的蛋白质或 RNA,其本质是一类生物催化剂。4 000 多年前,人类就利用酶开始了酿酒、制醋等酿造活动;1684 年,Van Helment 将酿酒过程产生气体的物质称为酵素;1810 年,Planche 在植物的根中分离提取了一种能使愈创木酚变蓝的物质,被认为是最早的酶发现事件;1878 年,"酶"的概念被第一次提出;19 世纪初,Sumner 首次证明酶具有蛋白质性质;19 世纪中期,发现了大量的动物及植物来源的酶,并开始将其用于工业大规模生产;1982 年,Thomas Robert Cech 等研究人员首次发现某些 RNA 也具有催化活性,至此最终提出酶是一种具有生物催化功能的生物大分子。

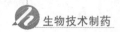

二、酶的分类与命名

1961 年,国际生物化学联合会酶学委员会根据酶所催化的反应类型和机制,把酶分为六大类:①氧化还原酶;②转移酶;③水解酶;④裂合酶;⑤异构酶;⑥合成酶。

根据酶的组成,可将酶分为单纯酶和结合酶。结合酶即酶蛋白与辅因子相结合的酶,又称全酶。辅因子分为辅酶、辅基和金属激活剂。

根据酶的结构,可将酶分为单体酶、寡聚酶和多酶复合物。单体酶仅有一条具有活性的多肽链,全部参与酶促反应。寡聚酶由多个亚基组成,单个亚基不具有催化活性,亚基之间以非共价键结合。多酶复合物是多个功能相关的酶镶嵌而成的复合物,这些酶催化将底物转化为产物的一系列顺序反应。

三、酶的作用特点

酶的本质是催化剂,其仅能改变反应速度而不能改变反应的性质、方向和平衡常数,并且酶在反应前后其本身的结构和性质不发生变化。但是,酶作为生物催化剂,与一般的无机催化剂或有机催化剂相比,具有活性稳定性差、催化效率高、高度特异性以及催化作用的可调节性等显著特点。

(一)活性稳定性差

由于大部分酶的主要成分是蛋白质,极易受到外界条件影响而失去催化活性,因此酶促反应对 pH、温度和压力都有较高的要求,一般都是在常温、常压、接近中性酸碱度的温和条件下进行反应。高温、高压、强酸、强碱、有机溶剂、紫外线、重金属盐、剧烈震荡等不利的物理或化学条件均容易使酶蛋白变性进而失去催化活性。

(二)极高的催化效率

在适宜的酶促反应条件下,酶的催化效率比一般催化剂高 $10^7 \sim 10^{13}$ 倍,其原因在于酶可以降低化学反应中过渡态所需的自由能,从而加速化学反应。

(三)高度的特异性

化学催化剂对底物的专一性较差,而酶对底物及催化的反应有严格的选择性,一种酶通常只催化一种或一类化学反应或特定的化学键。酶的专一性分为结构专一性和立体异构专一性,前者包括绝对专一性和相对专一性,后者包括旋光异构专一性和几何异构专一性。

(四)催化作用的可调节性

生物体内酶本身可不断地新陈代谢,其催化的反应也受到多方面的调控作用。酶自身生成可受到诱导和阻遏的调控;其催化反应的过程可受到酶原激活作用、激素作用、化学修饰或变构作用等调节。这些调控机制保证了体内各种化学反应可以有条不紊地进行。

四、酶活力测定的一般方法

酶活力(enzyme activity)是指酶在一定条件下,催化某一化学反应的能力,可用该反应的反应速率来表示,又称酶活性。国际生物化学学会酶学委员会在 1961 年提出采用统一的"国际单位"(U)来表示酶的活力,即在 25 ℃,底物浓度、温度、pH 以及离子强度采用最适条件时,每分钟内能转化 1 μmol 底物或催化 1 μmol 产物生成所需的酶量为 1 个酶活力单位。因此,同一种酶在采用的测定方法不同时,其活力单位也不同。为比较酶纯度的高低,提出了比活力(specific activity)的概念,即在 25 ℃,底物浓度、温度、pH 以及离子强度采用最适条件时,单位质量的酶所具有的酶活力单位数:酶的比活力=酶活力(单位)/mg(蛋白质或 RNA)。

酶活力与底物浓度、酶浓度、温度、pH、缓冲液的种类及浓度、激活剂和抑制剂的种类及浓度均密切相关。酶活力的测定方法包括：①终点法（终止法），也称化学反应法。将酶和底物混合后，反应一定时间，然后停止反应。定量测定底物的减少或产物的生成量。②动力学方法（连续法），将酶和底物混合后间隔一段时间，间断或连续测定酶反应过程中产物、底物或辅酶的变化量，如光密度的增加或减少，可以直接测定酶反应的初速度。在酶活力的测定过程除满足上述特定条件外，还需注意以下因素：①测定的酶反应速度必须是初速度。初速度指的是：底物消耗在 5% 以下，或产物形成量占总产量的 15% 以下时的速度。②底物及辅因子浓度必须远高于酶浓度（即过饱和）。③测定试剂中应不含有酶的激活剂和抑制剂等影响酶活力的因素。

五、酶工程研究的内容

酶工程是从应用的目的出发研究酶，应用酶的特异性催化功能，通过大规模工业生产将原料转化为有用的物质。酶工程的核心研究内容是如何生产高效、廉价的所需酶类，以及如何对酶进行改造从而提高其催化作用。

现代生物技术是世界七大高新技术之首，主要包括基因工程、细胞工程、酶工程和发酵工程。其中，酶工程中的主要核心——酶，既是其他三项工程的研究对象，也是它们在实践过程中的重要工具。酶工程的主要研究内容包括酶的生产、分离纯化、固定化技术、酶与固定化酶的生物反应器、酶与固定化酶在工业、农业、医药卫生、环保等领域的应用以及理论研究等。现今，国际上酶工程的研究热点主要包括非水介质中酶的催化、组合生物催化、酶法拆分、寻找酶生物转化合成新途径、极端条件下新酶种类的开发和发挥微生物酶在环境治理中的作用等方面。

六、酶的来源

酶工程所用的酶主要来源有三种：①从动、植物以及微生物组织中直接提取。②利用微生物发酵或动、植物细胞培养等方法获取。③通过人工合成获取。早期酶的生产多直接应用提取、分离、纯化技术从动植物体中分离得到，但是随着酶制剂的种类和数量的增多，分离提纯技术成本的增加，该方法的应用日渐减少。目前工业上酶的生产大多以微生物发酵为主，常用的产酶菌种主要包括大肠埃希菌、枯草杆菌、啤酒酵母、青霉、根霉、木霉、链霉菌等，其中以大肠埃希菌和枯草杆菌应用最为广泛。利用植物和动物细胞培养技术生产具有重要医用价值的酶也是医药生物技术产业的重要组成部分。人工合成酶由于其造价昂贵，较少应用于工业生产。

七、酶在医药领域的应用

（一）疾病治疗方面的应用

人体作为一种天然的生物反应器，其内在的各种物质和能量代谢相互联系。当体内某种酶缺乏或活力发生变化，均能导致疾病的发生。酶制剂在治疗过程中具有作用明确、专一性强、用量少、疗效好、不良反应小等优势。目前治疗性酶类药物主要分为助消化酶类药物、消炎酶类药物、抗肿瘤酶类药物、抗血栓酶类药物、凝血酶类药物和其他酶类药物六大类。

（二）疾病诊断方面的应用

诊断的准确性直接影响患者的治疗效果。健康人体内的部分酶的总量及活性维持在一定范围内，疾病发生时，与其相关的酶的总量和活性会随之发生变化，通过对这些酶进行检测即可对疾病进行快速、准确的诊断。常用来进行酶学诊断的方法主要有两方面：根据体内原有酶活力变化进行诊断；利用酶测定体内某些物质的含量变化进行诊断。前者如通过测定谷丙转氨酶活力对肝病、心肌梗死等进行诊断；后者如通过测定葡萄糖氧化酶产物进而测定葡萄糖含量，从而对糖尿病进行诊断等。

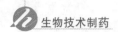

（三）分析检测方面的应用

利用酶催化作用的高度特异性和专一性，通过底物或产物的变化进行物质分析检测的方法统称为酶法检测或酶法分析，现已成为物质分析检测的重要手段之一。该方法必须具备两个基本条件，即酶的专一性较高；底物或产物的物质变化有可靠的检测方法。根据酶反应的不同，酶法检测分为单酶反应、多酶偶联反应和酶标免疫反应三类，其中单酶反应检测具有快捷、简单、灵敏、准确等优点，是酶法检测中最常用的技术。

（四）制药方面的应用

酶在制药方面的应用主要是将某些前体物质催化为有价值的药物，具有技术先进、工艺简单、能耗低、产品收率高、效益大、污染轻微、厂房设备投资小等优点（表4-1-1）。

表4-1-1　酶在制药方面的应用

酶 的 种 类	酶 的 用 途
氨苄青霉素合成酶系	生产氨苄青霉素酰胺
11-β-羟化酶	生产氢化可的松
无色杆菌蛋白酶	将猪胰岛素转变为人胰岛素
类固醇酯酶	生产睾丸激素
天冬氨酸酶	生产 L-Asp
氨甲酰磷酸激酶	生产 ATP
5′-磷酸二酯酶	生产各种核苷酸
多核苷酸磷酸化酶	生产聚肌胞苷酸、聚肌苷酸
酵母酶系	生产 ATP、FDP、间羟基胺及麻黄素中间体

第二节　酶的分离和纯化

酶工程的主要内容是酶的分离纯化。将细胞或其他酶原料中所需求的酶与杂质分离开的技术过程就是酶的分离纯化。提前设计优秀的分离纯化方案，明确所需求的酶的用途，掌握酶与主要杂质的性质和选择快速有效的检测方法是获得优质足量酶的前提。

目前工业用酶绝大多数来源于微生物，根据是否将酶分泌到细胞外，将生物细胞和微生物合成的酶分为胞外酶和胞内酶两种。除所需酶以外，生物细胞和微生物中还含有普通蛋白质和其他一些杂质，因此，需要对其进行分离纯化。分离纯化过程中，要控制好温度、pH等条件，以提高酶的分离纯化效果，防止酶的变性失活。分离纯化过程中，操作均应在 $0\sim4$ ℃低温下进行；去除微生物，除去污染源；采用合适的缓冲系统，防止提取过程中某些酸碱基团的解离造成的 pH 大幅变化；添加甘油、二甲亚砜等保护剂防止过冷、过热的影响，添加半胱氨酸、巯基乙醇等还原剂防止巯基的氧化；避免剧烈的搅拌和振荡；去除重金属离子防止氧化失活；监测和评价提纯过程，在分离纯化过程中不间断地测定酶的浓度和活力。分离纯化的效果一般用总活力（total activity）的回收率和比活力提高的倍数评价。酶的损失情况可以通过总活力的回收率反映；酶的纯化方法的有效程度可以通过一定条件下，每毫克蛋白所具有的酶活力单位（U/mg 蛋白质）的提高倍数，即比活力的提高倍数来评价。

分离纯化酶的过程主要包括：粗酶液的制备（细胞破碎和酶的提取）；酶的初步分离（离心分离、

过滤与膜分离、沉淀分离等);酶的纯化(透析、超滤分离、层析分离和电泳分离等);浓缩、干燥及结晶(冷冻干燥)。

一、粗酶液的制备

粗酶液是指经细胞破碎和抽提过程,得到的含有目的酶的无细胞抽提物。

(一) 细胞破碎

通过各种方法使细胞外层结构破坏的技术过程称为细胞破碎。

多种多样的酶,存在于生物体的不同部位,除了少部分存在于动、植物的体液中的酶和微生物的细胞外酶,大多数酶都是以胞内酶形式存在的。收集组织、细胞进行细胞或组织破碎,根据不同的细胞壁和细胞膜结构,采用不同的细胞破碎条件和方法,以达到提取胞内酶的目的。

机械破碎法、物理破碎法、化学破碎法、酶解法是四种常用的细胞破碎方法,实际使用时可以联合使用其中的几种方法来提高细胞破碎效果。表 4-2-1 为各种细胞破碎方法及原理。

表 4-2-1 细胞破碎方法

方法	原理	方法分类或所用试剂
机械破碎法	利用机械运动产生的剪切力,破碎组织、细胞	研磨法、匀浆法、捣碎法
物理破碎法	通过各种物理因素作用,破坏组织、细胞的外层结构,从而破碎细胞	温度差破碎法、渗透压突变法、超声波破碎法
化学破碎法	通过各种化学试剂作用于细胞膜,改变或破坏细胞膜结构,从而破碎细胞	添加甲苯、丙酮、氯仿等有机溶剂或 Triton X-100、Tween 等表面活性剂
酶解法	添加酶系或酶制剂催化破坏细胞外层结构,从而破碎细胞	溶菌酶、纤维素酶、蜗牛酶

(二) 酶的抽提

以适当的溶剂或溶液处理破碎的生物组织或细胞,使其中的酶充分溶解到溶剂或溶液中的过程称为酶的抽提(extraction)。抽提过程中应尽可能保护酶的活性,减少杂质的进入。抽提溶剂可根据目的酶的特点选择。常采用有机溶剂提取脂溶性酶,选取水溶液提取具有电解质性质的多数酶。

1. 低浓度盐提取 在低浓度的中性盐溶液中,酶蛋白表面可吸附某种离子,增加酶颗粒表面同性电荷使相互间排斥作用加强,同时增大与水分子间的作用,使酶蛋白的溶解度增加(盐溶),达到抽提目的。在酶蛋白的提取过程中低浓度 NaCl 溶液(0.05~0.2 mol/L)因对酶的稳定性好、溶解度大而最为常用。

2. 稀酸、稀碱提取 大多数酶是蛋白质,属于两性电解质,根据蛋白质在等电点(pI)时溶解度最小,远离 pI 时溶解度增加的原理,采用稀酸提取 pI 在碱性范围内的酶蛋白,稀碱提取 pI 在酸性范围内的酶蛋白。操作时要注意 pH 不能过高,以免影响酶的活性。

3. 低温有机溶剂提取 酶蛋白具有较多非极性基团或与脂质结合比较牢固的,可以用乙醇、丙酮、丁醇等有机溶剂在低温下搅拌提取。

二、酶的初步分离——沉淀分离

经过细胞破碎和抽提过程得到的粗酶液常采用一些沉淀技术进一步纯化。等电点沉淀、盐析、有机溶剂沉淀等是常用的沉淀分离方法。

(一) 等电点沉淀

酶是两性电解质,在等电点时,酶分子净电荷为零,分子间的静电斥力消除,分子可凝聚而沉淀

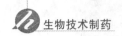

下来。将溶液 pH 调节到目的酶的等电点,可以使目的酶沉淀析出。未纯化过的酶由于等电点未知,在摸索条件的过程中,应根据不同 pH 条件下的沉淀和酶活性变化的分析,确定目的酶合适的沉淀 pH。

(二) 盐析法

盐溶液中蛋白质在不同的盐浓度下溶解度不同。盐溶(salting in)是指在低盐浓度的情况下,酶分子周围所带电荷增加,酶分子与溶剂分子间的相互作用增加,酶溶解度增加的现象。盐析(salting out)是指在盐浓度继续增大时,大量盐离子与酶竞争水分子,减弱酶的水化作用,相互聚集的酶分子沉淀下来的现象。在得到粗酶液后,通常采用硫酸铵、硫酸钠等盐溶液进行分级沉淀分离不同的酶,得到的酶沉淀一般采用透析、超滤、层析等方法去除其中所含的盐。此法不影响酶活性,条件温和,分离效果好,在分离沉淀技术中应用最为广泛。

(三) 有机溶剂沉淀

在有机溶剂中酶与其他杂质的溶解度不同,通过一定量某种有机溶剂的添加,使酶或杂质沉淀析出,进而分离酶和杂质的方法称为有机溶剂沉淀法。溶液的介电常数因为有机溶剂的加入而降低,使溶质分子间的静电引力增大而聚集沉淀;另外,溶质分子表面的水化层因为有机溶剂与水相互作用被破坏,溶解度降低而沉淀析出。乙醇、丙酮、异丙醇、甲醇等是常用的有机溶剂。使用过程中应尽可能在低温下操作,减少有机溶剂的用量,避免引起酶的失活。

采用高速或超速冷冻离心机将以沉淀形式析出的酶与含杂质的粗提液分离后,仍需进行进一步的纯化。

三、酶的纯化

酶蛋白一般依据酶蛋白分子大小、电荷性质、疏水作用、生物亲和作用的异同进行纯化处理。

(一) 透析和超滤

常采用透析和超滤纯化分子大小有差异的酶蛋白。

1. 透析　运用半透膜具有使小分子通过扩散达到膜外、大分子不能通过而被截留的特性对酶蛋白进行纯化。透析时,酶混合液装在透析膜内侧,外侧一般为水或缓冲液,小分子从膜内侧透出到外侧。必要时,可多次或连续更换膜外侧水或缓冲液。透析半透膜通常采用动物膜、火棉胶、羊皮纸或赛璐玢等制成透析袋、透析槽、透析管等形式使用。

2. 超滤　依据目标蛋白和杂质分子量的差异,选择超滤膜作为分离介质,在膜两侧压力差作用下,小于孔径的物质颗粒与溶剂一起透过膜孔流出,酶分子大于孔径被截留从而达到分离纯化的方法。具有操作条件温和、酶蛋白稳定不易变性、不引起相变、无须加热等优点。超滤膜材料常用的有多孔陶瓷膜、炭膜以及金属膜等无机膜和醋酸纤维素、硝酸纤维素、尼龙、丙烯腈等有机膜;根据形状又可分为平板膜、管式膜、中空纤维膜等。

(二) 离子交换层析

离子交换层析是以离子交换介质为固定相,利用离子交换剂上的可解离基团对流动相中各种离子的静电吸附能力不同,而使不同物质得以分离的层析方法。酶蛋白是两性电解质,在不同的介质中所带的电荷种类和密度不同,与离子交换剂的静电吸附能力也不相同,可根据静电吸附能力的强弱进行分离纯化。

离子交换介质按活性基团的性质不同,分为阳离子和阴离子交换介质两大类。实际应用中,酶具有两性性质,既可以用阳离子交换剂也可以用阴离子交换剂。以阴离子交换介质为例,装柱平衡后固定相基团带正电,与缓冲溶液中带负电荷的平衡离子结合;待分离酶蛋白液中带负电的酶蛋白与平衡离子可逆置换,结合到离子交换剂上,带正电和电中性的酶蛋白不能结合随流动相流出而被去除；然后选择含有与离子交换剂静电吸附能力较大的离子的洗脱液和合适的洗脱条件，把吸附在交换剂上的酶蛋白交换下来。洗脱液的流速也会影响分离效果，需要通过实验确定适宜的洗脱速度。

混合溶液中含有多种组分时，在洗脱的过程中，率先置换出来的酶蛋白与离子交换介质结合力弱，置换出与离子交换介质结合力强的酶蛋白需要较高的离子结合强度，各种酶蛋白按照与离子交换介质结合力从小到大的顺序先后洗出。

（三）疏水层析

疏水层析是作为固定相的疏水介质通过疏水作用与酶蛋白中疏水基团可逆结合来实现分离的一种技术。

水溶性酶蛋白的疏水侧链大多包埋在蛋白质内部，但含有多种疏水氨基酸的酶蛋白可在表面形成疏水区域，与疏水性固定相表面偶联的弱疏水性基团发生疏水性相互作用，被固定相吸附滞留。蛋白质局部变性暴露出疏水基团以及高盐环境都会引起疏水性吸附作用增强。酶蛋白可以按照疏水性由弱到强依次解吸附，一般通过降低流动相的离子强度即可洗脱，疏水性很强的酶蛋白可以通过向流动相中加入适当的有机溶剂降低极性解吸附，但是有机溶剂对蛋白酶活性有较大的影响。

疏水性固定相介质是由基质和与之偶联的弱疏水基团构成。常见的弱疏水基团类型有丁基、辛基、苯基、新戊基等。应用最广泛的疏水介质是琼脂糖凝胶，与苯基通过共价键结合，苯基作为疏水性配体与酶发生疏水作用。丁基琼脂糖也比较常用，具有制备工艺简单、机械强度高、通透性好、分离效果好、易于放大等优点。

（四）亲和层析

亲和层析是将配体共价结合到基质上，利用配体和对应的生物大分子的生物亲和作用，分离酶和杂质的分离纯化技术。待纯化的酶蛋白液通过亲和色谱柱时，与配体能特异性结合的酶蛋白留在柱内，其余组分则流出柱外。随后选择合适的洗脱液将酶从亲和层析柱上洗脱下来。亲和层析具有分辨力高，收率高的优点，并且快速简便，可以去除常规方法难以去除的杂质，是一种极为有效的纯化方法。

基质和配体的选择是亲和层析能否成功的重要因素。一般采用琼脂糖凝胶、葡聚糖凝胶（sephadex）、聚丙烯酰胺凝胶、多孔玻璃珠或纤维素作为基质或载体。配体则选用酶的底物、底物结构类似物、抑制剂、辅助因子、抗体等。当采用小分子作为配体时，由于空间位阻作用，不易与酶蛋白亲和，一般使载体与配体通过连接臂偶联。

（五）凝胶过滤层析

凝胶过滤层析又称分子排阻层析或分子筛层析，是以各种多孔凝胶为固定相，利用流动相中分子大小和形状的差异纯化酶蛋白的一种层析技术。凝胶层析柱中装有表面不带电荷的多孔状凝胶，当待纯化的酶蛋白液通过层析柱时，大分子物质不能进入凝胶微孔，分布于凝胶颗粒间隙中而流动较快，分子量小的物质能进入凝胶微孔内，会不断地进出一个个颗粒的微孔内外，向下流动速度慢。因此酶蛋白液中的各组分按照分子量的大小顺序，先后流出层析柱，从而达到分离的目的。

凝胶过滤层析的凝胶材料主要有葡聚糖、聚丙烯酰胺和琼脂糖等，其中葡聚糖凝胶应用最为广泛且型号较多。凝胶材料与交联剂聚合形成层析用微孔凝胶，交联剂越多，载体颗粒孔径越小。交联剂有环氧氯丙烷等。凝胶层析的操作一般包括装柱、平衡、上样、洗脱等过程。

凝胶过滤层析的优点在于操作简单、样品回收率高、无须再生处理即可重复使用、不破坏酶的生物活性等，广泛应用于相对分子量不同的各种物质的分离。

四、酶的浓缩、干燥与结晶

为了提高酶液中酶的浓度，采用的除去酶液中的部分水或者其他溶剂的措施称为酶的浓缩。提

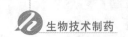

取液中酶的浓度一般很低,在进行浓缩后才能进行提纯。浓缩不仅可以提高酶液中酶的浓度,还能减少盐析剂、酸碱溶液和有机溶剂等提取剂的使用,减少产生的废液,减轻环境污染。常采用的浓缩方法有蒸发浓缩、反复冻融浓缩、聚乙二醇浓缩、超滤浓缩和氮吹仪浓缩等。

为了获得含水量较少的粉末状或颗粒状等固态酶,进一步除去酶液中的水或其他溶剂的过程称为酶的干燥。这也是提纯的最后一步操作,通过干燥获得的固态酶制剂便于酶的保存、运输和使用,具有重要的意义。真空干燥、喷雾干燥、冷冻干燥、气流干燥和吸附干燥是常用的干燥方法。为了防止酶的失活,应注意选择合适的干燥方式。

结晶是酶溶液中酶以结晶态析出的过程。变性的酶不能形成结晶,因而结晶不仅能将目的酶与杂蛋白分开,同时也是反映酶是否纯净的标志,为进一步研究提供了合适的样品。酶结晶常用的方法有盐析结晶法、有机溶剂结晶法、等电点结晶法、透析平衡结晶法和微量蒸发扩散法等。

第三节　酶和细胞的固定化

酶是一类由生物细胞产生的具有催化功能的生物催化剂,参与生物体内形形色色的化学反应,目前已经从自然界中发现 4 000 多种酶。与一般化学催化剂相比,酶作为生物催化剂具有催化效率高、专一性强、反应条件温和、活性可以调节控制等优势。这些优势大大促进了人们对酶的应用和酶技术的研究,且被广泛应用于食品及医药等领域。

虽然生物体内的许多生化反应都能够被酶催化,但其作为工业用催化剂还存在着一定缺陷,如稳定性差、分离纯化困难、回收困难、制备成本高等,为了解决这些问题,固定化酶技术应运而生。目前,固定化酶在现代酶工程和生物工程中占很重要的地位,它在理论和应用上也越来越受到生物化学、微生物学、医学、化学工程等领域的众多学者青睐。

一、固定化酶的制备

(一) 固定化酶

固定化酶(immobilized enzyme)是指被限制或固定于特定空间位置的酶,具体来说,是指应用物理或化学方法处理,使酶变成不易随水流失即运动受到限制,而又能连续地进行催化反应,反应后的酶可以回收重复使用。

与天然酶相比,固定化酶既具有生物催化剂的功能,又具有固相催化剂的功能。固定化酶具有下列优点:①可以在很长一段时间内重复使用,使用效率提高;②多数情况下,酶的稳定性提高;③反应终止后,酶、底物和产物的分离较简单,产物易于纯化;④反应条件可控制性强,容易实现反应的连续化和自动控制;⑤适合于多酶反应;⑥产品质量有保证,成本低。

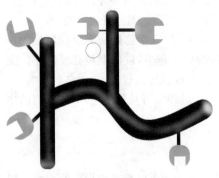

图 4-3-1　载体结合法

(二) 固定化酶的制备方法

酶的固定化是指利用载体等将酶限制或固定于特定的空间位置,使酶运动受到限制,但能发挥其催化作用。自 20 世纪 60 年代以来,科学家已经研究出上百种方法对酶和细胞进行固定化,但具体固定化方法要根据酶本身的特性和应用的目的来选择,大致可分为载体结合法、交联法和包埋法三类。

1. 载体结合法　是将酶结合于不溶性载体上的一种固定化方法(图 4-3-1)。根据结合形式的不同,可以分为物理吸附法、离子结合法和共价结合法三种形式。

(1) 物理吸附法：是利用范德华力、疏水作用、静电作用等非特异性物理吸附方法将酶固定在不溶性载体上的固定化方法。物理吸附法常用的吸附载体主要有无机类载体，如氧化铅、硅皂土、高岭土、微孔玻璃、二氧化钛等；天然高分子类载体，如淀粉、谷蛋白等；大孔型合成树脂类载体，如大孔树脂、丹宁作为配基的纤维素树脂等；此外还有具有疏水基的载体，如丁基或己基-葡聚糖凝胶。物理吸附法可以根据需要选用不同电荷和形状的载体，且不会破坏酶的活性中心和酶的高级结构，酶的活力损失较少，操作简单、条件温和，但是物理吸附法中给酶量、吸附时间、pH、表面积及酶的特性会影响载体对酶的吸附量。

(2) 离子结合法：酶通过离子键结合于具有离子交换基团的水不溶性载体或离子交换剂上。离子结合法的载体有阳离子交换剂如 Amberlite CG-50、IR-120 和 Dowex-50；阴离子交换剂如 DEAE-纤维素、DEAE-葡萄糖凝胶等。该法操作简单、处理条件温和、酶的高级结构和活性中心的氨基酸残基不易被破坏、酶的回收率较高等优点。但是酶和载体的结合力不强，缓冲液的种类和 pH 对两者结合的影响较大，在高离子强度条件下进行反应时，酶易从载体上脱落。

(3) 共价结合法：是使酶通过共价键结合于载体上的固定化方法，即使酶分子上非活性部位功能团与载体表面反应基团之间发生化学反应形成共价键的结合方法。一般先将载体有关基团活化，再与酶分子表面的某些基团如 α-氨基、ε-氨基、β-羧基、γ-羧基、巯基发生化学反应形成共价键。共价结合法的常用载体有淀粉、葡萄糖凝胶、琼脂糖凝胶、氨基酸共聚物、纤维素、胶原等。该法得到的固定化酶与载体结合牢固、稳定性好且使用时间较长。但是由于其反应条件剧烈，操作复杂，酶活性损失严重。

2. 交联法 是利用双功能或多功能试剂，使酶分子和交联试剂之间形成共价键而交联成网状结构的固定化方法（图 4-3-2）。常用的交联剂有戊二醛、双偶氮苯、异氰酸酯等，其中戊二醛应用最广泛。交联法采用剧烈的反应条件，氨基等一些酶蛋白中的功能基团可能参与反应，酶的活性中心或高级构象可能被破坏，使酶的活性损失严重。按照交联法的原理可以分为交联酶法、酶-辅助蛋白交联法、载体交联法、吸附交联法四种方法。

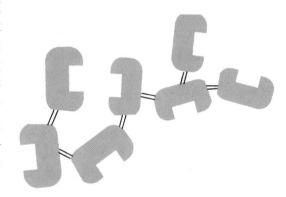

图 4-3-2 交联法

3. 包埋法 将酶与载体混合，借助引发剂进行聚合反应，通过物理作用将酶限定在载体的网格中，从而实现酶的固定化。包埋法一般不涉及酶蛋白的氨基酸残基参与反应，反应条件温和，对酶的破坏小，酶的回收率较高，但是该法不适用于大分子底物的催化。包埋法可分为网格型和微囊型两种。

(1) 网格型：将酶包埋在高分子凝胶细微网格中称为网格型（图 4-3-3）。常用的载体材料有聚丙烯酰胺、聚酰胺、聚乙烯醇等合成高分子化合物，以及淀粉、琼脂、明胶、胶原和海藻胶等天然高分子化合物。网格型包埋法是应用最多、最有效的固定化方法。

(2) 微囊型：将酶包埋在高分子聚合物制成的半透膜中，形成小球状的固定化酶，小球直径比网格型要小很多（图 4-3-4），有利于底物与产物的扩散，但是要求很高的反应条件，制备成本高。聚酰胺膜、火棉胶膜等是其常用的半透膜材料。制备方法有界面沉降法和界面聚合法两种。

图4-3-3 网格型包埋法

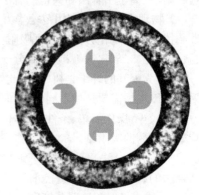

图4-3-4 微囊型包埋法

4. 新型酶固定化方法 新型酶固定化方法采用温和的反应条件,减少或避免酶活性的损失,提高了固定化率,如定点固定化法、无载体固定化法、联合固定化法和耦合固定化法等,解决了制备固定化酶过程中所遇到的酶回收率低、稳定性差、底物离催化活性中心远以及酶的固定化量低等问题。

二、固定化细胞的制备

(一) 固定化细胞

固定化细胞(immobilized cells)技术,就是利用物理或化学手段将具有一定生理功能的细胞限定在特定的空间,作为可重复使用的生物催化剂而加以利用的一门技术。固定化酶与固定化细胞技术共同组成了现代固定化生物催化剂技术。

固定化细胞是在固定化酶的基础上发展起来的,被称为第二代固定化酶。它既有细胞特性,又有固相催化功能,无须进行酶的提取、分离和纯化,节约了成本;固定化细胞中的酶处于天然细胞的环境中,有较高的稳定性;细胞内的多酶体系没有被破坏,能够完成多步催化反应;可以重复或长期使用;固定化后的胞内酶不易被污染等优势。但是固定化细胞也有其局限性,如分子量较大的底物会被细胞壁和细胞膜影响其渗透和扩散;多种酶的存在,会产生大量不需要的副产物;在一些不适合的条件下,固定化细胞会自溶,对最终产品产生影响。

细胞固定化的方法需要根据细胞种类、大小和特异性来选择,一般原则包括:控制固定化细胞的空隙度;载体要有稳定的网状结构;产生的固定化细胞适合反复连续使用;固定化过程中减少对细胞的损失和破坏。

(二) 固定化细胞的制备方法

制备固定化细胞的方法与固定化酶的制备方法相似,也包括吸附法、交联法、包埋法等。此外,还可以采用一些特殊的方法,如选择性热变性法,通过设置一定温度,使细胞膜蛋白变性而胞内酶不变性,从而将酶固定于细胞膜内。此法操作简单,可与其他固定化方法联合使用进行双重固定化,是固定化细胞的专用方法。

三、固定化酶(细胞)的性质和评价指标

(一) 固定化酶的性质

固定化是一种物理或化学修饰,对酶或细胞本身以及所处的环境都可能产生一定的影响,以致固定化酶所表现出来的性质与自然酶有所不同。

1. 酶活力的变化 多数情况下天然酶经过固定化后其活力下降,可能的原因有:①固定化过

中,酶与载体相互作用,使酶的活性中心或空间构象发生改变,导致酶与底物的结合能力或催化能力下降。②固定化后,酶分子空间自由度受到限制,影响了酶活性中心对底物的定位作用。③内扩散阻力使底物分子与活性中心的接近受阻。④使用包埋法制备固定化酶时,大分子底物不易透过网孔或膜孔与酶靠近。个别情况下,固定化后酶活力上升,可能是由于提高了酶的稳定性或偶联过程中酶得到了化学修饰。

2. 酶稳定性的变化　酶的稳定性是指酶对温度、pH、有机溶剂、蛋白酶抑制剂和变性剂的耐受程度。大多数情况下,酶经过固定化后稳定性提高了,主要表现为以下几点。

(1)贮存和操作稳定性提高:酶在固定化后,其使用和保存时间往往会显著延长,是最具实用价值的特点。固定化酶的稳定性用半衰期来表示。

(2)热稳定性提高:大多数酶是蛋白质,一般对热不稳定,但固定化酶的热稳定性大多比游离酶要高。最适温度的提高,使固定化酶的催化反应可以在较高温度下进行,反应速度加快,酶作用效率提高。

(3)蛋白酶、酶变性剂稳定性提高:酶固定化后,由于空间位阻效应使蛋白酶和酶变性剂不能接触到固定化酶颗粒,使其对蛋白酶和酶变性剂的耐受能力提高。

(4)有机溶剂稳定性提高:固定化酶对各种有机溶剂的稳定性有所提高,使有些酶反应在有机溶剂中进行成为可能。

3. 酶学特性的变化

(1)底物专一性:酶固定化后,由于空间位阻效应,引起固定化酶底物专一性的改变,对大分子底物的催化速度明显下降,而小分子底物受空间位阻效应影响较小或不受影响,反应速度与游离酶大致相同。

(2)最适温度:酶反应的最适温度是酶的热稳定性和催化反应速度的综合体现,酶经固定化后,热稳定性提高,导致最适温度也提高。

(3)最适 pH:酶固定化后,最适 pH 通常会发生变化,这与载体的带电性质和产物性质有关。带负电荷的载体会吸引溶液中的 H^+ 附着于载体表面,使固定化酶微环境的 pH 低于周围的外部溶液,外部溶液中的 pH 必须向碱性偏移才能抵消这种影响,使酶表现出最大活力。反之,带正电荷的载体使固定化酶的最适 pH 向酸偏移。中性载体一般不会引起固定化酶的最适 pH 偏移。

(4)米氏常数(Km):Km 值被用来表示酶和底物亲和力的大小。酶固定化后,Km 值一般有所增加,增大幅度视情况而定。

(5)最大反应速度:大多数酶固定化后,最大反应速度与天然酶相同或接近,但也可能因固定方法不同而有差异。

(二)固定化细胞的性质

固定化细胞与固定化酶相比,情况比较复杂。其中酶的性质,如稳定性、最适温度、最适 pH、Km 值的变化基本上与固定化酶相仿。但由于细胞内环境的相对恒定和细胞的"缓冲作用",细胞固定化后胞内酶的变化没有自然酶那样明显。此外,细胞结构和细胞膜的通透性也会对胞内酶的性质产生影响。

(三)固定化酶(细胞)的评价指标

1. 固定化酶(细胞)活力　是指固定化酶(细胞)催化某一特定化学反应的能力,活力大小是用单位时间内、单位体积中底物(产物)的减少量(增加量)来确定的,活力单位可以表示为 $\mu mol/(min \cdot mg)$。

固定化酶通常呈颗粒状,因此测定固定化酶活力需要在一般测定溶液酶活力方法的基础上进行改进,其活力可在填充床和悬浮搅拌这两种基本反应系统中进行测定,分为间歇测定法和连续测定法两种。

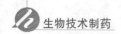

2. 偶联率及相对活力　影响酶固有性质的多种因素的综合效应及固定化处理引起的酶失活，可用偶联率或相对活力来表示。

偶联率 =（加入酶的总活力 − 上清液中酶活力）/ 加入酶的总活力 × 100%

活力回收率 = 固定化酶的总活力 / 加入酶的总活力 × 100%

相对活力 = 固定化酶的总活力 /（加入酶的总活力 − 上清液中未偶联酶的活力）× 100%

3. 固定化酶（细胞）的半衰期　指固定化酶（细胞）的活力下降为最初活力一半时所经历的连续时间，以 $t_{1/2}$ 表示。半衰期是衡量固定化酶（细胞）稳定性的指标，通常半衰期超过一个月的固定化酶（细胞）就具有工业应用价值。

四、固定化酶（细胞）反应器

固定化酶（细胞）反应器有多种类型。依据其结构的不同，可分为膜反应器、填充床式反应器、流化床反应器和喷射式反应器等。

（一）膜反应器

膜反应器（membrane reactor，MR）是指将酶的催化反应与半透膜的分离作用组合而成的反应器，可用于游离酶和固定化酶的催化反应。通过选择合适孔径的膜将生物大分子酶截留在反应器中，而小分子的底物和产物则通过半透膜不断进入和排出，达到催化与分离的效果。膜反应器有中空纤维型、螺旋型、平板型、管型等形状，较为常用的是中空纤维型膜反应器。膜反应器具有能够连续操作，极大限度地利用酶；能够改变和控制反应进程；反应器内可以进行两相反应；推动可逆反应向有利于产物生成的方向移动等优势。

（二）填充床式反应器

填充床式反应器（packed bed reactor，PBR）是将酶固定化后填充到柱式反应容器中制成的一种反应器，又称固定床反应器，是应用较为普遍的反应器，适用于固定化酶的催化反应。酶固定化后填充到柱式反应容器中，形成稳定的柱床，底物溶液以一定的方向恒速通过反应器，达到催化目的。填充床式反应器具有设备简单、物质输送速度高、反应速度快等优点。在实际应用过程中，可以在反应器中间用托板分隔来避免底层固定化酶颗粒由于压力而导致的变形或破碎。

（三）流化床反应器

流化床反应器（fluidized bed reactor，FBR）是一种适用于固定化酶的反应器，通过固定化酶颗粒不断在反应液中来回悬浮翻动来进行催化反应。流化床反应器具有可以用于催化黏度较大的反应，传质、传热性能好，不易堵塞等优点。但此反应器选用的固定化酶颗粒不能太大，且要有较高的强度。

（四）喷射式反应器

喷射式反应器（projectional reactor）是利用高压蒸汽的喷射作用实现酶与底物的混合，进行高温短时催化反应的一种反应器。主要由喷射器和维持罐组成，喷射式反应器的工作流程是先将酶和底物在喷射器中混合均匀，进行高温短时催化，再喷射到维持罐中继续催化。此反应器只适用于耐高温酶的反应，且多适用于游离酶的连续催化反应。

除了上述反应器，还有循环反应器、滴流床反应器、淤浆反应器、转盘反应器、气栓式流动反应器、筛板反应器、连续流动搅拌罐-超滤膜反应器以及其他各种不同类型反应器的结合等。

五、固定化酶（细胞）的应用

（一）固定化酶的应用

1. 用固定化酶生产各种药物　固定化氨基酰化酶是世界上第一种工业化生产的固定化酶，利用这种固定化酶生产 L-氨基酸,比游离酶生产成本降低 40% 左右。此外,还有青霉素酰化酶、氨苄西林酰化酶、谷氨酸脱羧酶等一系列固定化酶在药物工业生产中被大量应用。

2. 制备酶传感器　生物传感器主要由物质识别元件(如固定化的酶、细胞、组织、抗体等具有分子识别功能的生物活性物质)和信号转换器组成。信号转换器能将生化反应中产生的光或热等化学信号定量转换为电信号从而加以检测。

3. 固定化药物酶　近年来,不断有新的酶类药物问世,但酶类药物有它的局限性,如作为蛋白质,口服利用率很低,易被水解;容易导致免疫反应;难以对靶器官达到有效的治疗浓度等。通过将游离酶与适宜的载体进行固定化,可以减轻或解决这些问题。

(二)固定化细胞的应用

1. 用固定化微生物生产各种药物　固定化微生物不仅能像游离的微生物一样生长、繁殖、代谢,而且可以解决细胞连续利用的问题。但固定化微生物只适用于生产分泌到细胞外的产物,如酒精、氨基酸等。

2. 用固定化动物细胞生产药物　动物细胞大部分需要贴附在载体的表面才能正常生长。采用微载体对动物细胞进行吸附固定化,用于生产狂犬病疫苗、肝炎疫苗、胰岛素、干扰素等药物,具有广泛的应用前景。

第四节　酶工程研究进展

一、抗体酶

(一)抗体酶的概念和历史

抗体酶(abzyme)是指通过一系列化学与生物技术方法制备出的具有催化活性的抗体分子,其本质为免疫球蛋白,但在可变区被赋予了酶的属性,故又被称为催化抗体(catalytic antibody)。因此,抗体酶既具有相应的免疫活性,又具有酶的催化功能。早在 1946 年,Pauling 用过渡态理论阐明了酶催化的本质,即酶通过和底物特异性结合并稳定化学反应的过渡态,形成酶-底物复合物,从而降低了反应的活化能,加速了反应速率。1969 年,Jencks 进一步发展了过渡态理论,提出能与化学反应中过渡态结合的抗体可能具有催化反应进行的酶活性。1975 年,Kohler 和 Milstein 的单克隆抗体技术为抗体酶的出现打下了基础。1986 年,Schultz 和 Lerner 分别领导各自的研究小组,首次以过渡态类似物为半抗原,通过杂交瘤技术制备出具有催化功能的单克隆抗体——抗体酶。同年,美国的 Science 杂志发表了这一成果,并定义抗体酶是一类具有催化能力的免疫球蛋白。

(二)抗体酶的特性

1. 催化反应类型的多样性　天然酶的种类有限,而抗体分子的种类繁多,因此,可根据需要制备出多种抗体酶,制备成功的抗体酶能催化许多天然酶不能催化的反应,甚至可以使热力学上无法进行的反应得以进行。

2. 更高的专一性和稳定性　由于抗体酶具有抗体精细识别底物能力,且蛋白质性质较天然酶更稳定,作用更持久,因此抗体酶催化反应的高度专一性和稳定性可以达到甚至超过天然酶。

3. 高效的催化性　抗体酶催化反应的速度已接近于天然酶促反应的速度,比一般非催化反应快数百至数百万倍,但仍低于天然酶催化反应速度。

(三)抗体酶的制备方法

1. 诱导法　是动物免疫技术和杂交瘤技术有机结合而产生的一种方法。首先选择反应过渡态

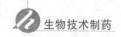

类似物(指用一个或几个其他基团取代过渡态的特定基团,获得与过渡态在空间结构和化学性质等方面相似的稳定的化合物)作为半抗原进行动物免疫,然后通过杂交瘤技术筛选和分离能产生单克隆抗体的杂交瘤细胞,并将其单克隆化,用单克隆化的杂交瘤细胞进行单克隆抗体的扩大生产,得到抗体酶。制备抗体酶的过程中,所用的半抗原大都是小分子,免疫原性很弱,可以通过增加分子量提高其免疫原性,在抗体与抗原结合的位置引入亲核催化基团、亲电基团、碱以及辅基等催化基团的方法,提高诱导所得抗体酶的催化效率,扩展抗体酶的应用范围。

2. 基因工程方法　通过定点突变来改变抗体酶结合部位的氨基酸对应的碱基序列,筛选出能在抗体酶结合部位发挥催化作用的氨基酸,从而改变抗体酶的催化效率。

(四) 抗体酶的应用

随着抗体酶制备方法的不断发展和催化反应范围的不断扩大,其应用前景巨大。在有机合成和医药领域中有以下几方面的应用。

1. 有机合成　迄今为止,科学家们开发出的抗体酶能催化所有六种类型的酶促反应和几十种类型的化学反应,可应用于天然酶不能催化的反应,包括酯水解、酰胺水解、底物异构化、酰基转移、Claisen 重排、消除反应、氧化还原、金属螯合、环肽形成等,还可以用于能量不利的反应和肽类或蛋白质药物氨基酸侧链的修饰。

2. 肿瘤治疗　利用抗体酶介导的前药治疗技术可用于肿瘤的治疗,静脉注射前药后,当药物扩散至肿瘤细胞的表面或附近,抗体酶就会将前药迅速水解释放出抗肿瘤药物,从而提高肿瘤细胞局部药物浓度,增强对肿瘤的杀伤力,达到提高肿瘤化疗效果的目的。

3. 戒毒　抗体酶可用于治疗可卡因成瘾,利用可卡因水解的过渡态类似物作为半抗原,诱导产生的单克隆抗体能催化可卡因水解,水解后的可卡因片段失去了激活体内受体的能力,达到戒毒目的。

4. 抗 HIV 病毒　Sudhir Paul 研究小组利用蛋白质工程方法制作出抗体酶,能水解 HIV 的 gp120 编码的 421～433 的一小段肽序列,有望阻断其与 T 淋巴细胞 CD4 分子的结合,从而避免其摧毁免疫防疫功能。

此外,抗体酶还可以用于化学反应机制阐明、生物传感器以及有机合成手性药物拆分等方面。虽然与天然酶相比,某些抗体酶存在专一性较低、反应选择性较差和催化效率不高等问题,但随着生物和化学技术的迅速发展、抗体酶制备技术的不断完善以及抗体酶结构和催化机制的阐明,抗体酶的研究将会有更大的突破,应用会更加广泛。

二、酶的化学修饰

酶作为生物催化剂,具有底物专一性强、催化效率高和反应条件温和等优点,但作为蛋白质在粗放的工业条件下,则表现出稳定性差、抗酸碱和有机溶剂能力差、抗原性强、分子量大、来源有限、成本高、作为药物在体内半衰期较短等缺点,为此常需要对酶进行适当的体外化学修饰。经过化学修饰的酶不仅可以克服上述应用中的缺点,还可以使酶产生新的催化能力并扩大其应用范围。

广义上说,凡涉及酶的共价键的形成或破坏的转变都可以看作是酶的化学修饰。狭义上说,是指在较温和的条件下,以可控制的方式使酶同化学试剂发生共价连接,从而引起单个氨基酸残基或功能基团发生共价的化学变化。通过修饰达到以下目的:①提高酶的生物活性;②增强酶的稳定性(对抗酸碱能力、热稳定性、延长体内半衰期等);③降低酶的免疫原性;④产生新的催化能力。酶的化学修饰分为以下几种:

(一) 酶的表面化学修饰

1. 化学固定化修饰　直接通过酶表面的酸或碱性氨基酸残基,将酶分子共价连接到惰性载体上,由于载体的引入,使酶所处的微环境发生变化,改变了酶的性质。如酶经过固定修饰后,最适 pH

发生改变,对于多个酶共同参与的反应,即使每个单一酶的最适 pH 不同,也可以在固定修饰后最适 pH 彼此趋近。

2. **小分子修饰** 利用小分子化合物对酶的活性部位或活性部位之外的侧链基团进行化学修饰以改变酶学性质。常用的小分子修饰试剂有甲基、乙基、醋酸酐、硬脂酸和氨基葡萄糖等。

3. **大分子修饰** 将一些可溶性大分子,如聚乙二醇(PEG)、聚丙烯酸、聚氨基酸、葡聚糖、环糊精、肝素、羧甲基纤维素以及具有生物活性的大分子物质等通过共价键连接在酶分子表面。

4. **交联修饰** 交联剂是具有两个活性反应基团的双功能试剂,可以在酶分子内相距较近的两个氨基酸残基之间,或酶与其他分子之间形成共价交联,使酶分子空间构象更稳定,从而提高酶分子的稳定性。通过增加酶分子表面的交联键数目提高酶稳定性的方法称为分子内交联,利用一些双功能或多功能试剂将不同的酶交联在一起形成杂化酶称为分子间交联。

5. **脂质体包埋修饰** 脂质体是天然脂类和(或)类固醇组成的微球体,酶分子可包埋在其内部。脂质体包埋法可以解决某些药用酶由于分子量大而不易进入细胞内,在体内半衰期短、免疫原性强等问题,如用脂质体包埋 SOD、溶菌酶等。

(二)酶分子的内部修饰

1. **非催化活性基团的修饰** 通过对非催化残基的修饰可以改变酶的动力学性质以及酶对特殊底物的亲和力,被修饰的氨基酸残基既可以是亲核的,如 Cys、Ser、Met、Lys;也可以是亲电的,如 Tyr、Trp;还可以是可氧化的,如 Trp、Met。

2. **催化活性基团的修饰** 又称为化学突变法,是通过选择性修饰将一种催化活性氨基酸的侧链转化为另一种氨基酸侧链的方法。

3. **酶蛋白主链的修饰** 主要靠酶法对酶蛋白的主链进行部分水解,从而改变酶的催化特性。

4. **肽链伸展后的修饰** 是对酶分子内部区域进行的修饰,酶蛋白先经过脲及盐酸胍处理,使肽链充分伸展,再对酶分子内部的疏水基团进行修饰,然后在适当的条件下重新折叠成具有催化活性的构象。

(三)与辅因子相关的修饰

对依赖辅因子的酶,可用两种方法进行修饰:将非共价结合的辅因子共价结合在酶分子上;引入新的或修饰过的具有更强反应的辅因子。

大量研究结果表明,适当的化学修饰剂可以快速、经济地改善酶的性质,甚至合成出具有新功能的酶,因此,酶的化学修饰有着广阔的应用前景。

三、酶的定点突变

酶的定点突变是指从基因水平上进行酶分子的改造,即采用定位诱变的方法对编码酶分子的基因进行核苷酸密码子的插入、删除或置换,有目的地改变其特定活性位点或基团,从而获得符合人类需要、具有新性状的酶,此过程又称理性分子设计。酶定点突变方法包括以下几种。

1. **寡核苷酸引物介导的定点突变** 该方法的原理是用含有突变碱基的寡核苷酸片段作引物,通过聚合酶的作用启动 DNA 分子复制,诱变合成少量完整的基因,然后通过体内扩增得到大量的突变基因。此法保真度高,但突变效率低、操作复杂、周期长。

2. **PCR 介导的定点突变** 该方法的原理是在 PCR 反应中所用的引物上含有所需要的突变位点,经 PCR 扩增得到含有突变位点的双链 DNA 片段。此法操作简单、突变成功率高,但后续工作复杂。

3. **盒式定点突变** 该法的原理是利用一段人工合成的含有基因突变序列的寡核苷酸片段,取代野生型基因中的相应序列,从而达到定点突变的目的。此法简单易行、突变效率高,但需要合成多

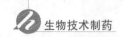

条引物,成本较高,且受到酶切位点的限制。

酶的定点突变具有突变的定向性、取代残基的可选择性、对高级结构的无(少)干扰性、检验手段的可靠性等特点,通过此法可逐一验证可能作为活性部位的氨基酸残基,并最终确定酶分子中参与底物结合或催化功能的氨基酸残基。此外,酶的定点突变可以提高酶的表达量和活性,还可以提高酶的稳定性。近些年来,酶的定点突变技术在解析酶的功能基团中发挥着重要作用。

四、酶的定向进化

天然酶的进化是一个基于自然选择的极其漫长的过程,受此启发,研究人员在实验室中模仿自然进化的关键步骤,在较短时间内完成自然进化过程,有效地改造酶蛋白,使之适于人类的需要。酶分子的改造分为理性设计与非理性设计两种,理性设计是指在充分了解酶的结构和功能等方面信息的基础上对酶分子进行的改造;非理性设计是指不需要准确知悉酶分子的相关信息,而通过随机突变、基团重组以及定向筛选等方法对其进行改造。非理性设计实用性较强,可以通过随机产生的突变改进酶的特性。酶分子的定向进化就属于非理性设计,不需要事先了解酶的结构、活性位点和催化机制等信息,只需人为的控制进化条件,模拟自然进化机制,在体外对酶进行改造并定向筛选出具有所需要性质的突变酶。天然酶在自然条件下虽已进化了很长时间,但生物体内的环境与实际应用环境不同,这为酶的定向进化提供了巨大的空间。

(一) 定向进化的策略

1. 易错 PCR　　是在 PCR 扩增目的基因时,通过使用保真度低的 Taq DNA 聚合酶或通过调整反应条件,如提高镁离子浓度、加入锰离子、改变体系中四种 dNTP 浓度,引起碱基以某一频率随机错配而引入突变,构建突变库,然后筛选出需要的突变体。其关键在于操作中对突变频率的控制,突变频率太高会导致有害突变占大多数,不易筛选到需要的突变体;突变频率太低会导致文库样品的多样性太少,也不易筛选到需要的突变体。

通常经过一次突变,人们很难获得想要的结果,由此发展出连续易错 PCR 策略。连续易错 PCR 是将一次 PCR 扩增得到的有用突变基因作为下一次 PCR 扩增的模板,连续反复地随机诱变,使每一次获得的小突变积累而产生重要的有益突变。

易错 PCR 属于无性进化,优点是操作方法简单、能产生有效突变,但不能满足进化在统计学上的复杂性,多适用于较小的基因片段突变,应用范围有限。

2. DNA 改组技术　　又称有性 PCR,是 DNA 分子的体外重组。具体过程如下:将从有益突变基因库中分离出来的 DNA 片段用脱氧核糖核酸酶 I 随机切割,得到的随机片段经过不加引物的多次 PCR 循环,随机片段之间互为模板和引物进行扩增,组成新的突变基因库。此方法将亲本基因库中已有的有益突变组合在一起,减少无益突变,积累有益突变,是一种加速酶分子进化的有效手段。

(二) 应用

酶作为生物催化剂已被广泛应用于工业、农业及医疗卫生等领域,但有些酶在体外无法保持其较高的稳定性、催化活性和底物专一性。定向进化技术的应用使酶分子的改造在向人们期望的方向发展,获得了许多满意的成果。它具有在短时间内提高酶分子的催化活力和稳定性,提高酶分子的底物专一性,增加对新底物催化活力的进化等作用。随着人们对蛋白质结构和功能等信息的进一步了解,酶分子的定向进化将取得更大的突破和进展,该技术的发展和应用也必将给人类社会带来巨大的经济和社会效益。

五、非水介质中酶的催化反应

(一) 非水介质酶催化反应的历史和概念

长期以来人们一直认为酶促反应只能发生在以水为介质的体系中,而在非水介质中,有机溶剂会引起酶分子的变性而失去催化活性。但在水溶液中,人工合成的很多酶溶解度较小且不稳定,而且容易发生水解、消旋化、聚合以及分解等副反应。早在 1966 年,Price 等发现胰凝乳蛋白酶与黄嘌呤氧化酶可在有机溶剂中保持催化活性,但当时并未引起重视;1977 年,Klibanov 等证实了 Price 的发现;随后 Martinek 等发现凝乳蛋白酶及过氧化物酶不仅可以在有机溶剂中保持活性,而且过氧化物酶在有机溶剂中的活性比在水溶液中要高得多;1980 年,Kul 等利用水溶液-有机溶剂系合成了肽;直到 1984 年,*Science* 杂志发表了 Klibanov 等在有机介质中进行酶催化反应的研究,并获得酯类、肽类、手性醇等多种有机化合物,才引起了酶学研究领域的广泛重视,并迅速形成了一个全新的分支,即非水酶学。

酶非水相催化是指酶在非水介质中进行的催化作用。非水介质主要包括有机溶剂介质、超临界流体介质、气相介质以及离子液介质等。其中有机介质中酶催化反应的研究已经取得了很多突破性进展,下文将对其进行介绍。

(二)有机介质中酶催化反应的特点

有机介质中的酶催化反应除了具有在水中反应的特点外,还具有下列优点。

(1)增加疏水性底物或(及)产物的溶解度。

(2)提高酶的热稳定性,增大 pH 的适应性。

(3)催化水中不能进行的反应,如脂肪酶的酯化、转酯及氨解等。

(4)促进热力学平衡向合成方向移动,如酯合成、肽合成等。

(5)防止由水介质引起的不良反应,测定某些水介质中不能测定的参数,避免微生物的污染。

(6)可以控制底物专一性。

(7)固定化酶制备方法简单。

(8)酶和产物易于回收,如易从低沸点的溶剂中分离纯化产物等。

(三)溶剂体系

常见的有机介质反应体系包括以下几种。

1. **微水介质体系**(非极性有机溶剂-酶悬浮体系) 由非极性有机溶剂和微量的水组成的反应体系,只保留酶分子周围的一层水分子膜,以保持酶的催化活性,酶的冻干粉或固定化酶的形式悬浮于有机相中。

2. **与水互溶的有机溶剂-水单相体系** 由极性较大的有机溶剂与水相互混溶形成的反应体系,酶、底物和产物都能溶解在此体系中。加入有机溶剂的目的是提高底物或产物的浓度,改变酶反应的动力学本质。

3. **与水不溶性有机溶剂-水组成的两相或多相体系** 由水和疏水性较强的有机溶剂组成的反应体系。游离酶、亲水性底物或产物溶解于水相,疏水性底物或产物溶解于有机相,催化反应在两相的界面进行。

4. **正胶束体系** 大量水溶液中含有少量与水不溶的有机溶剂,加入表面活性剂后形成水包油的微小液滴。表面活性剂的极性端朝外,非极性端朝内,有机溶剂被包在液滴内。反应时,酶在胶束外的水溶液中,疏水性底物或产物在胶束内,反应则在胶束两相界面中进行。

5. **反胶束体系** 大量与水不溶的有机溶剂中含有少量水,加入表面活性剂后形成油包水的微小液滴。水溶性底物进入反胶束内部与酶结合,疏水性底物在反胶束的表面活性剂区域或液滴中也有一定溶解度,产物可迅速扩散出反胶束进入有机相。

(四)有机介质对酶性质的影响

1. **稳定性** 许多酶在有机介质中的热稳定性比在水溶液中要好。此外,酶在有机溶剂中的半衰期会随着含水量的增加而迅速下降。

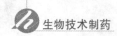

2. **活力** 有机介质对酶活力的影响与系统中水含量的多少有关,在最适浓度范围内,酶活力随有机介质浓度升高而增加,在最适浓度达到最大值,若浓度再升高则活力下降,一般酶活力与含水量呈钟形曲线关系。

3. **底物专一性** 某些有机介质可能使某些酶的分子结构特别是活性中心的构象发生变化,同时也会改变底物与酶之间的相互作用,从而使酶的底物专一性发生变化。

非水介质中酶的催化反应已经在医药、食品、化工、能源及环保等领域广泛应用。如手性药物的拆分:潜手性二醇的拆分、非甾体抗炎剂类药物的拆分、抗生素中间体的拆分等都在有机介质中进行;酚树脂的合成:辣根过氧化物酶在酚与双氧水混溶的介质中,催化生成酚类聚合物,减少了原始生产中的甲醛污染;生物柴油的生产:脂肪酶在有机介质中催化油脂与小分子醇类发生酯交换反应,生成小分子的酯类混合物,简化了原来的生产过程并减少了二次污染。总之,酶在非水介质中的应用变得越来越广泛,越来越重要。

复 习 题

【填空题】

1. 根据酶所催化的反应类型和机制,可以分为:_____、_____、_____、_____、_____、_____6类。

2. 凝胶层析的操作一般包括:_____、_____和_____等过程。

3. 酶分子的内部修饰包括:_____、_____、_____、_____4类。

【名词解释】

1. 抗体酶　　2. 亲和层析　　3. 酶非水相催化

【简答题】

1. 简述酶抽提过程中溶剂的选择原因。
2. 简述为什么要对酶进行化学修饰。
3. 简述有机介质中酶催化反应的特点。
4. 简述易错 PCR 对酶进行定向进化的操作过程。

第 五 章

发酵工程制药

导 学

内容及要求

本章内容主要包括发酵工程制药的常用菌种和其培养基及其选育保藏、发酵设备和方式及灭菌技术、发酵过程和影响因素及其控制,发酵产品的提取分离等。

1. 要求掌握菌种的选育及保藏方法、发酵制药的过程与工艺控制、发酵过程的影响因素等。
2. 熟悉培养基分类、发酵方式、灭菌技术、发酵设备要求等。
3. 了解发酵工程的概念、发酵工程的发展历程及主要研究内容。

重点、难点

重点是菌种的选育方法、发酵过程的影响因素。难点是发酵过程的影响因素及其控制。

第一节 概 述

一、发酵工程及发展

(一) 发酵工程的概念

发酵工程是生物技术药物的最主要生产手段,与细胞工程、酶工程、基因工程共同构成生物技术的四大支柱,是生物技术四大支柱的核心,从自然界中筛选的菌种、细胞工程和基因工程的研究结果都要通过发酵工程来实现。

发酵(fermentation)一词最初来自拉丁语"发泡"(fervere),是指酵母菌作用于麦芽汁或果汁产生二氧化碳(CO_2)的现象。后来,生物学家将利用微生物(细胞)在无氧或有氧条件下的生命活动来制备自身微生物菌体(细胞)或其代谢产物的过程称为发酵,发酵也是有机物的某种分解代谢释放能量的过程。

发酵工程(fermentation engineering)是指在生物反应器中,通过现代工程技术,利用微生物(细胞)的生长和代谢活动生产工业原料与工业产品并提供服务的一种技术系统。

发酵工程制药是指利用微生物(细胞)的生长代谢过程来生产药物的生物技术,即人工培养的微

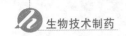

生物(细胞),在体内的特定酶系作用下,经过复杂的代谢作用和生物化学反应过程,最终合成目的药物,如抗生素、有机酸、氨基酸、辅酶、维生素、激素、酶抑制剂、单克隆抗体、各种细胞因子以及其他生理活性物质。

(二) 发酵工程的发展

为了更好地认识发酵工程的现状和未来,很有必要从其发展过程中与微生物学等其他学科的关系来回顾和了解其发展的重要阶段。

第一阶段,传统发酵时期。发酵技术应用于生产可以追溯到几千年以前。早在人类穴居时代,人类就发现采摘后的野果存放一段时间会有酒味,进入农业社会后,人类开始会用谷物酿酒;苏美尔人和古巴比伦人在公元前 6 000 年已开始啤酒发酵;古埃及人在公元前 4 000 年就开始用发酵的面团制作面包;古巴尔干人在公元前 25 世纪就开始制作酸奶;里海和黑海的附近地区公元前 6 000 年左右已开始进行葡萄种植和葡萄酒酿造;从我国考古发掘出来的器皿判断,我国酒的历史可以追溯到 5 000~6 000 年前;我国的酱油酿造开始于距今 3 000 多年的周朝,葡萄酒在距今 2 000 多年的汉武帝时期已经出现。发酵技术除用于酒、乳酪、酱油、醋等的制作外,约 3 500 年前商代就开始用秸秆、杂草及人畜粪便沤制堆肥;3 000 年前,中国已有应用长霉的豆腐来治疗外伤的记载;1 000 年前,我国已有用人痘(即轻症天花患者的痘)对健康人接种预防传染,比英国琴纳的牛痘接种约早了 800 年;明代的《本草纲目》等医书中就有利用"神曲"和"丹曲"治疗腹泻、疥疮等疾病的记载。尽管我们的祖先对发酵的本质原因和原理尚不清楚,但却依靠口传心授代代传承这种发酵的工艺,甚至能够凭借经验将传统发酵过程完善和控制到惊人的程度,对后来发酵工程的建立及生物学发展具有重要意义。

第二阶段,近代发酵技术建立初期。发酵技术的建立与显微镜的诞生密不可分。1590 年荷兰人 Z. Janssen 最早制作了显微镜,1665 年英国人 R. Hooke 制作显微镜并观察到霉菌,1676 年荷兰人 A. Van Leeuwenhoek 制成了足够放大倍数的显微镜,并用其观察到球菌、杆菌、螺旋菌且作了相当正确的描述,为人类更进一步了解发酵本质创造了条件。1857 年,法国人 L. Pasteur 证实了酒精发酵是由酵母细胞的活动引起的并提出时至今日仍广泛应用的科学消毒方法——巴氏消毒法,此外,L. Pasteur 还继续研究了乳酸发酵、食醋制造等各种发酵现象,并发现不同发酵过程都是由不同的微生物引起的,为发酵技术的建立奠定了基础。1897 年,E. Büchner 发现磨碎的酵母仍可引起糖的酒精发酵而确定是酵母菌(yeast)内的酶将糖转化为酒精,揭示了发酵现象的本质。1905 年,德国的 R. Koch 与他的助手们首先应用固体培养基分离培养出霍乱芽孢杆菌、结核芽孢杆菌、炭疽芽孢杆菌等病原细菌并建立了一套微生物纯种培养技术方法。微生物纯培养技术的建立开启了人为控制微生物的时代,促进了发酵工业的建立。此后密闭式发酵罐的设计成功,使人类能够在人工控制环境条件的发酵系统中,利用某种类型的微生物进行大规模的生产,从而逐渐形成了发酵工程的工业化生产。在此基础上,逐渐建立了酒精、甘油、丙酮、丁醇、有机酸、固体酶制剂等发酵工业。至 20 世纪 20 年代发酵工业初步形成,发酵工程得以建立起来。20 世纪 30 年代,发酵产品(如酒精、丙酮、乳酸、柠檬酸、淀粉酶等)开始进入医疗领域。此时期的发酵技术相对传统发酵未有较大变化,仍然采用厌氧发酵及设备要求低的固体、浅盘液体发酵,生产规模小、操作粗放、工艺简单,处于近代发酵技术的雏形期。

第三阶段,发酵工程全面发展时期。以青霉素工业化生产为标志的好气性发酵工程的建立是发酵工程发展的一次飞跃。青霉素(Penicillin)是英国细菌学家 Fleming 偶然发现的,他发现被青霉菌污染的金黄色葡萄球菌培养皿中青霉菌菌落周围的葡萄球菌不生长且形成透明抑菌圈,这表明青霉菌能产生某种抑制细菌生长的物质。其后他发现上述霉菌为点青霉菌(*Penicillium motatum*),同时将其分泌的抑菌物质称为青霉素。1939 年,将菌种提供给澳大利亚病理学家 H. D. Florey 和生物化学家 E. B. Chain,分别进行青霉素提取、药理实验和菌种优化。在当时,研究人员以扁瓶为器皿通过简单的表面培养法获得一定量青霉素但不能满足需求。1941年,因第二次世界大战的爆发,对青霉素的需求大增,迫使研究人员对原本的简单发酵技术进行深入改造,而后适合于液体培养的产黄青霉(*Penicillium chrysogenum*)菌株取代了点青霉菌,大型无菌通气装置和带机械搅拌的发酵罐取代了扁瓶发酵,液体深层发酵取代原先的液体浅盘或固体发酵并采用溶剂萃取、离心和冷冻干燥等技术,进行青霉素的大规模工业化生产,使青霉素的生产水平有了极大提高。1945年,Fleming、H. D. Florey、E. B. Chain因发现和开发青霉素被授予诺贝尔生理学或医学奖。随后,链霉素、金霉素等抗生素的相继问世,激素、维生素、有机酸等也都可以用发酵法大规模生产。抗生素工业的迅速崛起,极大程度促进了发酵工业的发展,为现代发酵工程奠定了基础。1953年中国第一批国产青霉素诞生,揭开了中国抗生素生产的序幕。随着生物化学和微生物遗传学的发展,对遗传物质进行改造可实现微生物代谢的人工调控。日本于1957年成功用发酵法生产谷氨酸,氨基酸发酵工业引进了代谢控制发酵和人工诱变育种的新型发酵技术,目前此种技术已应用于有机酸、核苷酸和部分抗生素的发酵生产。

第四阶段,现代发酵工程时期。DNA重组技术、细胞融合和固定化活细胞等现代分子生物学技术的应用使发酵工业突破天然微生物的传统发酵,逐渐建立起新型发酵体系,可通过人为控制和改造微生物,生产天然微生物或动植物及人体产量很少或不能生产的特殊产物。各种类型的新型生物反应器取代发酵罐成为新的发酵设备,且随着工业自动化水平不断升级,目前已能够实现自动控制和自动记录发酵过程的全部参数,已实现了发酵工程的高度自动化。Cohen等于1973年在体外获得了含新霉素和四环素抗性基因的重组质粒,并将其在大肠埃希菌中培养成功,这是人类历史上第一次成功实现基因重组,标志着基因工程技术的起点。现代生物学技术尤其是基因工程赋予了发酵工程新的生命力,20世纪90年代基因工程技术的应用使得发酵工程得到快速发展,已有数百种基因工程产品相继问世。目前已能够利用细胞工程技术和DNA重组技术开发新型微生物和新的工程菌、研制新型疫苗和菌体制剂以及开发新型活性多肽和蛋白质类药物,如白细胞介素、干扰素、人生长激素、促红细胞生成素、胰岛素等(表5-1-1)。

表5-1-1 发酵工程制药的发展历程

年份	事 件
1676	荷兰人 A. Van Leeuwenhoek 自制显微镜观察到球菌、杆菌、螺旋菌
1857	法国人 L. Pasteur 证实酒精发酵是由微生物活动引起的
1905	德国的 R. Koch 等建立一套研究微生物纯种培养技术方法
1930	发酵产品(如乙醇、乳酸、淀粉酶等)开始进入医疗领域
1942	青霉素大规模工业化生产,建立液体深层发酵技术
1953	中国第一批国产青霉素诞生
1957	日本用发酵法成功生产谷氨酸
1973	基因重组技术诞生,利用基因工程菌(细胞)来生产基因工程药物

二、发酵工程的研究内容

发酵工程的研究内容涉及菌种的选育与培养、菌种的代谢与调控、培养基的分类与选择、灭菌技术、发酵方式、搅拌通气、溶氧、发酵过程条件的优化、发酵过程动力学与各种参数、发酵反应器的设计和自动控制、产物的提取和精制等。发酵工业的生产水平由菌种、发酵工艺和发酵设备三个要素决定。

第二节　微生物制药发酵工艺

微生物制药发酵工艺过程包括菌种的选育、培养与保藏,培养基的分类、选择与配制,种子的制备,培养基、发酵罐和辅助设备的灭菌,种子接种到发酵罐中并控制最适条件使其生长繁殖合成产物,发酵产物的提取、分离和精制,发酵过程中产生的废水、废物的处理或回收等。

一、菌种

(一) 常见的药用微生物

现代生物学观点认为生物界应首先分为细胞生物和非细胞生物两大类群,非细胞生物包含噬菌体和病毒,细胞生物则包含一切具有细胞形态的生物,其又可分为真核生物和原核生物,真核生物具有细胞核和分化明显的细胞器,而原核生物不具有细胞核具有拟核,细胞器分化不明显。生物按照界($kingdom$)、门($phylum$)、纲($class$)、目($order$)、科($family$)、属($genus$)、种($species$)七个级别的现代分类系统进行分类。微生物是自然界中种类繁多的独立生物类群,能够独自完成呼吸过程和生长繁殖,而不同于动物和植物。发酵工程制药常用的微生物有细菌、真菌、放线菌等类群。

1. 细菌　细菌(bacterium)是自然界中数量最多,分布最广且与人类关系最为密切的一类微生物,亦是在发酵制药工业中占有极其重要地位的一种单细胞生物。细菌的个体大小一般在 $0.5\sim4\,\mu m$,以细胞个体形态为特征,是具有细胞壁的原核单细胞微生物。绝大多数细菌通过二分裂无性繁殖,少数具有其他繁殖方式,存在有性繁殖方式。细菌多以杆菌或球菌的形式存在,有时杆菌可变成弧菌(单一弯曲)及螺菌(多个弯曲),球菌趋于形成双球菌、葡萄球菌等集合体。细菌的形态结构特点不仅是鉴定细菌的依据,而且与其生理功能和药用生产菌的选育有密切关系。目前利用细菌在制药工业上生产抗癌药物、维生素、氨基酸及辅酶等,已成为生产药物的一个重要方面,如利用丙酸杆菌属($Propionibacterium$)细菌生产维生素 B_{12},利用乳酸杆菌属($Lactobacillus$)细菌生产抗癌药物等。

2. 真菌　真菌(fungus)是由单细胞或多细胞组成的真核生物,无根、茎、叶,不含叶绿素,按无性和有性两种方式繁殖。真菌以寄生或腐生方式生活,广泛分布于自然界中,土壤、水、空气和动植物体表均有存在。真菌种类繁多,在制药工业中可利用其生产的多种多样的次级代谢产物作为药物,也可利用真菌菌体作为药物。前者如酵母菌发酵生产乙醇、乙酸乙酯,而其菌体提取核糖核酸、辅酶A、凝血质及细胞色素 C 等,青霉属产生青霉素、葡萄糖酸,根霉属($Rhizopus$)发酵产生有机酸等,担子菌($Basidiomycetes$)提取多糖和其他抗癌药物;后者如灵芝、茯苓、虫草、麦角、僵蚕等可用作中药。值得注意的是,酵母菌与霉菌($molds$)都属于真菌,两者均不是分类学上的名词,而是对某种形态或功能等特性的真菌的总称。

3. 放线菌　放线菌(actinomyces)是由长短不同的细菌丝所形成的单细胞原核微生物,介于细菌和真菌之间。名称因其菌丝在培养基上向四周生长呈放射状得来。放线菌构造上与细菌一样,没有核膜、核仁及线粒体。放线菌广泛分布于自然界中,主要存在于淡水和土壤中,土壤中特有的泥腥味就主要是由放线菌的代谢产物引起的。除少数放线菌为寄生菌外,绝大部分是腐生菌。腐生型放线菌可在自然界物质循环中起作用,而寄生型可致动植物病害。放线菌是抗生素的最主要产生微生物,如灰色链霉菌($S. griseus$)产生链霉素,金色链丝菌($S. auraofaciens$)发酵产生金霉素,小单孢菌($M. echinospora$)产生庆大霉素等。除产生抗生素外,在制药工业中放线菌也能生产维生素 B_{12} 及酶并在甾体转化等方面发挥重要作用。

（二）菌种的选育

优良的微生物菌种是发酵工业的基础与核心，是提高发酵产量和质量的首要条件。进行药物的发酵生产前，首先应挑选符合生产要求的菌种，然后再进行菌种的选育和保藏。优良的菌种应符合的要求包括：①非病源菌，不产毒素或有害生物活性物质；②容易培养，费用低；③生长迅速，不易污染；④遗传性状稳定；⑤发酵过程容易控制；⑥目标产品产量高，副产品产量低且容易分离。

菌种的选育就是对已有菌种的原有生产性能进行改良，使其更适应于工业生产的要求或使产品的质量不断提高。天然菌种的生产性能一般较低，需要进行选育。菌种的选育方法包括自然选育和人工选育两种，人工选育又分为诱变育种、杂交育种、细胞工程育种和基因工程育种。

1. 自然选育（nature screening） 自然选育指的是不经人工处理利用微生物的自发突变选育出优良菌种的过程。自发突变存在代谢更加旺盛、生产性能提高和菌种衰退、生产性能降低两种可能，利用自发突变进行自然选育可达到防止生产菌种衰退、纯化菌种、选育高产菌株、提高产物产量的目的。例如，在抗生素生产中，人们从某一高产批次的发酵液中取样分离往往能够得到较稳定的高产菌株。又如，人们在谷氨酸发酵过程中从被噬菌体污染的发酵液中可分离出抗噬菌体的菌种。但自发突变的变异率很低，因此出现高产菌株的概率极低，故而筛选到高产菌株的可能性极小。自然选育常用的方法是单菌落分离法，即将应用于生产中的菌种制成单细胞悬浮液，并接种于适当的培养基上，在培养后挑取在初筛平板上有优良特征的菌株进行复筛，根据筛选结果再挑选2～3株优良菌株进行生产性能实验，最终选出目的菌种。

2. 诱变育种（mutation breeding） 诱变育种指采用适宜的诱变剂处理均匀分散的微生物细胞群，使其突变率大幅提高，引起部分存活微生物的遗传变异，然后采用简便高效快速的方法筛选出符合育种目的的突变株以供科学研究或生产实践用。由于自发突变的频率极低，难以满足育种的需要。为获得适合大规模发酵工业生产所需的优良菌种，需要进行大量的诱变育种，从而通过提高菌种的突变频率进一步改善性能提高其生产能力。诱变育种相对其他方法具有方法简单、快速、收效显著的优点，是菌种改良的重要手段，是目前主要的育种方法之一。诱变育种过程包括诱变和筛选突变株两个部分，两过程不断重复直至获得高产菌株。

诱变育种时的主要操作与自然选育方法基本相同，不同之处是将制备的单细胞悬浮液以诱变剂处理后再涂布于平板上。诱变剂指能提高基因突变频率的化学、物理、生物因子，包括化学诱变剂（烷化剂、嵌合剂、碱基类似物等）、物理诱变剂（X线、微波、紫外线等）和生物诱变剂（转座子、噬菌体）。突变株的筛选有随机筛选和推理筛选两种方法。随机筛选是诱变育种技术中采用的初筛方法，是将诱变处理后形成的单细胞菌株，无选择性地随机进行发酵并测定其单位产量，选出产量最高者进行进一步复筛。此方法较为可靠，但随机性大，需进行大量筛选。推理筛选是根据生产菌的代谢调控机制或生物合成途经设计的筛选突变型方法。减少筛选的盲目性，提高筛选效率。例如，筛选得到的诱导酶突变株，生长期即可合成某些次级代谢产物，从而大大缩短发酵周期。筛选得到前体或前体类似物抗性突变株，可消除前体的毒性和反馈抑制，提高目的产物的产量。此外，根据推理筛选，还得到了形态突变株、膜渗透突变株、抗生素酶缺失突变株及代谢途径障碍突变株等。

3. 杂交育种（hybridization breeding） 杂交育种指利用原核微生物的接合、转导、转化等过程或真核微生物的准性生殖或有性生殖，使两个具有不同遗传性状的菌株发生基因重组，从而获得性能优良的生产菌株。杂交育种的一般步骤：①选择原始亲本；②诱变筛选直接亲本；③直接亲本之间亲和力鉴定；④杂交；⑤分离到基本培养基或选择性培养基；⑥筛选重组体；⑦重组体分析鉴定。杂交育种是选用已知性状的供受体菌种作亲本，相比于诱变育种，杂交育种具有更强的目的性或方向性。

4. 细胞工程育种 细胞工程育种也称原生质体融合（protoplast fusion），是指通过人工手段促使具有不同遗传性状的两个细胞的原生质体融合产生重组子的过程。细胞工程育种主要有五个步

骤:①选择亲株;②制备原生质体;③原生质体融合;④原生质体再生;⑤筛选优良性状的融合子。该技术的关键是制备原生质体,而去除细胞壁是原生质体制备的关键,一般采用酶解法去除细胞壁,如酵母菌用蜗牛酶处理,霉菌用纤维素酶处理,放线菌和细菌用溶菌酶处理。

5. 基因工程育种 基因工程育种也称分子育种,是一种 DNA 体外重组技术,是将以人工方法获得的一段外源 DNA 分子先用某一限制性内切酶切割后,再与载体 DNA 连接,而后导入受体细胞中进行复制、转录、翻译,而使受体细胞表达外源基因编码的遗传性状的育种技术。

(三) 菌种的保藏

为保持优良菌种的活力及性能,要对微生物菌种进行妥善保藏。菌种的保藏就是依据微生物生理、生化特点,人工创造条件,使微生物处于代谢不活泼、生长繁殖受抑制的休眠状态。可采用的手段有低温、缺氧、干燥、缺乏营养、添加酸度中和剂或保护剂等。

常用的菌种保藏方法有:传代培养保藏法、砂土管保藏法、液体石蜡封存法、液氮超低温保藏法、低温冻结保藏法、真空冷冻干燥保藏法、麸皮(谷粒)保藏法等。不同微生物适应不同的保藏方法,综合考虑菌株的特性和使用特点,选择合适的方法。

1. 传代培养保藏法 传代培养保藏法是指将菌种接种在适宜的培养基上,最适条件下培养,待生长完全后,于 4～6 ℃进行保存并每隔一定时间进行移植培养至新鲜培养基上的菌种保藏方法,亦称定期移植保藏法或移植培养保藏法,包括斜面培养、液体培养、穿刺培养等。此法是最早使用且现今仍普遍采用的方法。简单易行,不需要特殊设备,可随时观察所保存的菌株是否退化、变异、死亡或污染。但保藏菌种仍然有一定的代谢活性,因此保存时间不能太长,一般为 3～6 个月,如放线菌每 3 个月移植接种一次,而且要进行定期转种,工作量大,传代次数多,菌种易发生变异。

2. 砂土管保藏法 将砂土洗净、烘干、过筛后分装于小试管内,经彻底灭菌后备用。需保藏的菌种在斜面培养基上培养,然后注入无菌水,洗下孢子或细胞制成孢子悬液或菌悬液,用无菌吸管均匀滴入已灭菌的砂土管中,将砂土管用真空干燥器去除水分,最后将砂土管密封后存放于常温或低温(4～6 ℃)干燥处保藏,保存期为 1～10 年,此方法称为砂土管保藏法。产生分生孢子或芽孢的菌种多用砂土保藏法保藏。

3. 液体石蜡封存法 液体石蜡封存法是将需保藏的菌种接种于适宜的斜面培养基上培养成熟,然后在无菌条件下向斜面上注入灭菌并已蒸发掉水分的液体石蜡,令其覆盖整个斜面并高出斜面 1 cm,使培养菌隔绝空气,而后直立放置于室温或低温(4～6 ℃)干燥处保存,可保存 1～2 年。此法不可用于能利用石蜡作为碳源的微生物的菌种保藏。

4. 液氮超低温保藏法 液氮超低温保藏法是利用已灭菌的 10％甘油或 5％二甲基亚砜作保护剂将菌种制成菌悬液并密封于液氮冷藏专用塑料管或安瓿内,以适宜制冷速度降温到细胞冻结点至细胞冻结后,最后保藏液氮罐中－196 ℃的液相,或在－150 ℃气相中的长期保藏方法,该法原理是加保护剂并慢慢降温至冻结点可使细胞内自由水通过细胞膜缓缓渗出从而避免其在膜内形成小冰晶损伤细胞,且微生物在超低温时新陈代谢趋于停止而能有效地保藏微生物。此法是适用范围最广的菌种保藏法,保藏期最长,可达 15 年以上,且操作简便,但保藏费用高,仅用于保存容易变异、经济价值高,或其他方法不能长期保存的菌种。

5. 低温冻结保藏法 将收集好的处于对数生长期的需保藏菌种(菌体或孢子)悬浮于含已灭菌的 10％～20％甘油或 10％二甲亚砜作保护剂的培养基中,密封后置于低温(一般为－70～－20 ℃)缓慢冻结。保藏时间随温度及保护剂浓度不同,可达 0.5～10 年不等。该法优点是使用方便、存活率高,基因工程菌常采用此法保藏。

6. 真空冷冻干燥保藏法 该法是将需保藏菌种的微生物培养至最大稳定期后制成菌悬液,然后冻结,在减压条件下利用升华作用除去水分,促使细胞的生理活动趋于停止,而达到长期保藏的目的。为了防止冻结和水分升华对细胞的损害,制备细胞悬液时需加脱脂牛奶、动物血清、蔗糖、谷氨酸钠等保护剂。该法适用于绝大多数微生物菌种的保藏,一般可保藏 5～10 年而不丧失活力,最长可达 15 年,但操作过程复杂,且要求具有设备条件。

7. 麸皮(谷粒)保藏法 属于载体保藏方法,也称曲法保藏,是根据传统制曲原理来进行菌种保藏的方法。首先称取一定量的麸皮(或小米、大米、麦粒)与自来水按一定比例混合均匀,再用高压蒸汽灭菌,如 121 ℃,30 分钟。冷却后,将新鲜培养的菌悬液滴加在麸皮中,摇匀,并放适当温度下培养,待麸皮上的孢子成熟后,存放于盛氯化钙等干燥剂的干燥器内或减压干燥,在室温下干燥数日后低温保藏。此法保藏期在 1 年以上,操作简单,经济实惠,适用于产生孢子的霉菌或某些放线菌,工厂应用较多。

(四)培养基

培养基(culture medium)是按照一定比例人工配制的能为微生物生长繁殖和合成各种代谢产物提供所需的混合营养物质。选择的培养基需性能稳定、原料价格低廉、资源丰富并便于采购运输,能满足产物最经济的合成;能保证生产上的供应;发酵后形成副产物少;能满足总体工艺要求。培养基的组成及配比是否恰当对微生物的生长、产品的合成、工艺的选择、产品的产量和质量等都有重大的影响。

1. 培养基的成分 发酵制药培养基主要由碳源、氮源、无机盐、生长因子和前体物等成分组成。

(1)碳源:碳源是组成培养基的最主要成分之一,主要作用是提供菌种生命活动所需要的能量,构成菌体细胞成分和代谢产物的碳骨架。药物发酵生产中常用的碳源有糖类及其衍生物、脂类、某些有机酸、醇类或碳氢化合物。

(2)氮源:氮源的主要作用是构成微生物细胞的核酸、蛋白质等重要组分和含氮代谢物。可分为无机氮源和有机氮源。无机氮源有氨水、氯化铵、硫酸铵、硝酸盐等。有机氮源有尿素、黄豆饼粉、花生饼粉、玉米浆、蛋白胨、鱼粉等。

(3)无机盐:药物发酵生产同其他微生物一样,在生长繁殖和生物合成产物的过程中,都需要某些无机盐类及微量元素,如磷、硫、镁、铁、钙等。其主要功能在于组成生理活性物质或调节生理活性作用。例如,磷元素在菌体的生长繁殖和代谢活动中起重要作用,但过量则会抑制某些抗生素的合成。

(4)生长因子:生长因子是一类对微生物正常代谢活动不可或缺且不能用简单的碳源或氮源自行合成的有机物,如生物素、维生素等,玉米浆、酵母膏等天然材料富含生长因子,可以用作对生长因子要求高的微生物培养基。

(5)前体:前体指在药物的生物合成过程中能被菌体直接用于药物合成而自身结构基本不改变的物质。培养基中加入前体能明显提升产品的产量,且在一定条件下能控制菌体合成代谢产物的流向。此外,在发酵过程中加入促进剂、抑制剂等物质,也可提高产品的产量。

2. 培养基的分类 依据培养基组成物质的化学纯度可分为合成培养基、天然培养基及半合成培养基。合成培养基是用完全明确的化学成分配成,用于研究菌体的营养需要及产物合成途径等。合成培养基成分的含量比例完全清楚,便于发酵控制,重复性强,但营养单一,价格较高,故不适合用于大规模工业化生产。天然培养基含有一些化学成分不恒定或具体成分不明确的天然产品(如豆粉、牛肉膏、玉米糊等),其取材方便、价格低廉、营养丰富,适用于大规模培养微生物,但成分不明确,原料质量不稳定,影响生产。半合成培养基采用一部分天然成分和适量的化学药品配制而成。目前工业生产一般使用半合成培养基。

依据培养基的物理状态可分为液体培养基、固体培养基及半固体培养基。液体培养基是外形呈液体的培养基,具有利于搅拌、传质、管道运输、产品分离提取等诸多优点,是适合发酵工业大规模使用的培养基。许多固体发酵都在向液体发酵转型,实验室也常用液体培养基来进行菌种扩大培养和代谢研究。固体培养基是在液体培养基中加入凝固剂,使其呈固体状态,适合于菌种和孢子的保藏

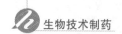

和培养。半固体培养基是将少量的凝固剂加到配好的液体培养基中,一般用量为0.5%~0.8%,主要用于某些厌氧菌的保藏和微生物的鉴定等。

依据在生产中的用途不同可分为孢子培养基、种子培养基及发酵培养基。孢子培养基是用于菌种繁殖孢子的一种固体培养基。保证基本营养和适宜理化条件的前提下,营养不可过于丰富(特别是有机氮源),否则只产菌丝,不易产孢子。无机盐浓度应适量,否则会影响孢子颜色和孢子量,并且要关注孢子培养基的湿度和pH。常用的孢子培养基有大(小)米培养基,麸皮培养基,由葡萄糖、蛋白胨、无机盐等配置的琼脂斜面培养基。种子培养基是直接为发酵提供种子的培养基,为孢子发芽和菌体生长繁殖提供营养。其成分应比较丰富与完全且易被菌体吸收利用,其中维生素和氮源含量要高些,但总浓度应以略稀薄为宜,以利于菌种的生长繁殖。最后一级种子培养基的成分需接近发酵培养基,以便种子进入发酵罐后能快速适应,迅速生长。发酵培养基是供菌种生长繁殖及产物合成之用,它既要使接种后的种子迅速生长达到一定的浓度,又要使菌体能迅速合成发酵产物。发酵培养基的组成成分除有菌体生长所必需的化合物和元素外,还要有促进剂、产物所需的特定元素、前体、消泡剂等,一般属于半合成培养基。

3. **培养基的选择** 选择培养基时需综合考虑用途、组成成分的种类、组成成分原材料质量、经济原则、组成成分用量和配比等问题来选择合适的培养基。发酵培养基组成成分和配比的选择对菌体生长和产品生产有着重要的意义。选择培养基时要关注快速利用的碳(氮)源及慢速利用的碳(氮)源的相互配比,并选用适当的碳氮比。若氮源过多,则菌体生长旺盛,pH偏高,不利于代谢产物的积累;若氮源不足,则菌体繁殖量少,影响产品产量。若碳源过多,pH偏低;若碳源不足,易引起菌体自溶和衰老。

二、种子的制备

种子的制备对于发酵工程是极其重要的环节。为满足大规模发酵罐所需种子的要求,要进行种子的扩大培养。种子扩大培养(inoculum development)是指将保存于冷冻干燥管、砂土管中处在休眠状态的生产菌种接种入试管斜面活化后,再经过摇瓶或扁瓶及种子罐逐级扩大培养从而获得一定质量和数量的纯种培养物的过程。通过种子扩大培养所获得的纯种培养物称为种子。种子的质量优劣对发酵生产起关键性作用,作为种子应满足的条件是:①生理性状稳定;②生长活力强,转种于发酵罐后能迅速生长,迟缓期短;③无杂菌污染;④菌体浓度和总量能满足大容量发酵罐要求;⑤保持稳定的生产能力。

在发酵生产中,种子的制备过程可分为实验室阶段和生产车间阶段。在实验室种子制备阶段,有液体种子制备和孢子的制备两种方式。对于不产孢子或产孢子能力弱或孢子发芽慢的微生物,采用液体培养法,将菌种扩大培养获得一定质量和数量的菌体;对于产孢子能力强或孢子发芽快的微生物,可采用固体培养基获得一定质量和数量的孢子,孢子可直接作种子罐的种子,这样操作简便,不易污染。培养不同的微生物的培养基不同。此阶段使用的设备为摇床、培养箱等实验室常见设备,而在工厂此过程一般都在菌种室完成。在生产车间种子制备阶段,实验室制备的液体种子或孢子移种至一级种子罐中扩大培养,制备生产用种子,根据实际需要可进一步移种至二级种子罐,一般最终获得一定数量的菌丝体备用。此阶段的培养基要有利于菌体的生长和孢子的发育,营养要比发酵培养基丰富。种子罐一般用不锈钢或碳钢制成,结构相当于小型发酵罐,经过严格的灭菌后可用微孔压差法或在火焰的保护下打开接种阀接种。种子罐的作用是使菌体或孢子接种入发酵罐后迅速生长到一定菌体量,利于产物合成。种子罐级数即种子制备扩大培养的次数,其主要取决于孢子发芽及菌体繁殖速度和所用发酵罐的容积。发酵级数与种子罐级数类似却不同,如青霉菌,使用三级发酵即扩大培养两次,使用二级种子发酵。发酵级数越大,越难以控制,易变异,易染菌,故一般控制在2~4级。种子制备的一般步骤如图5-2-1所示。

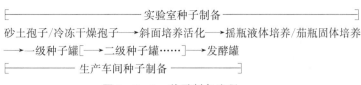

实验室种子制备

砂土孢子/冷冻干燥孢子——→斜面培养活化——→摇瓶液体培养/茄瓶固体培养

——→一级种子罐——→二级种子罐……——→发酵罐

生产车间种子制备

图 5-2-1 种子制备流程

种子质量的影响因素有原材料的质量、培养环境的湿度、搅拌与通气、培养温度的控制、斜面冷藏时间、种子培养基及 pH 等。在种子培养过程中,应提供适宜的生长环境、定期进行菌种稳定性的检查以及种子无杂菌检查,从而保证纯种发酵。

三、发酵过程

(一) 发酵设备与灭菌技术

1. 发酵设备　发酵设备包括种子制备设备、辅助设备(制备培养基和无菌空气)、主发酵设备、基质或培养基处理设备、产品提取与精制设备,以及废物回收处理设备等。其中发酵工厂中主要的设备是种子罐和发酵罐,发酵罐(fermentation tank)也称为生物反应器,生物反应器即在体外利用酶或生物体(如微生物)的生物功能进行生化反应的装置系统,主要用来进行生物的培养与发酵等,在发酵过程中为微生物生命活动提供了一个合适的场所。

通风式发酵设备是生物工业中一类最重要的生物反应器,有搅拌式、自吸式、气升式、鼓泡式等多种类型,可用于传统发酵工业和现代生物工业。

机械搅拌式发酵罐,是指既具有压缩空气分布装置又具有机械搅拌的发酵罐,也称标准式或通风式发酵罐。机械搅拌发酵罐在发酵制药工业生产中应用广泛。机械搅拌式发酵罐的主要部件包括罐身(筒体)、中间轴承(搅拌轴)、轴封(密封装置)、搅拌器、挡板、空气分布器及冷却装置等,其典型结构如图 5-2-2 所示。它是利用机械搅拌器的作用,促使空气和发酵液充分混合,使氧在发酵液中溶解,从而保证对微生物生长繁殖所需要氧气的供给,广泛应用于抗生素、柠檬酸、氨基酸等发酵工程药物的生产。

发酵罐罐体必须密封,两端用碟形或椭圆形封头焊接而成,形状为圆柱状,小型发酵罐罐身和罐顶采用法兰连接,材料一般为不锈钢。小型发酵罐顶设有便于清洗用的手孔;中大型发酵罐设有供清洗、维修的入孔,罐顶还装有孔灯和视镜,在其内面装有蒸汽或压缩空气吹管。发酵罐的罐顶上的接管有进料管、接种管、补料管、压力表接管和排气管,罐身上的接管有进空气管、取样管、冷却水进出管、测控仪表接口和温度计管。

现代发酵工程使用的发酵罐应具有的特征为:①具有适宜的径高比,其高度与直径比一般为 1.7~4 倍,罐身较高,则氧的利用率较高。②发酵罐内尽量减少死角,避免藏垢积污,这样灭菌能彻底,避免染菌。③能承受一定压力,发酵罐的通风搅拌装置能使液气充分混合,实现传热传质作用,从而保证发酵过程中

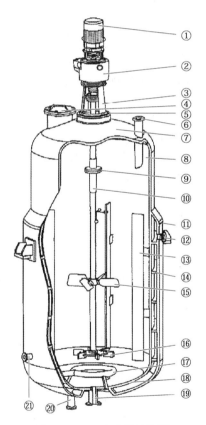

图 5-2-2　发酵罐结构图

①电动机;②减速机;③机架;④入孔;⑤密封装置;⑥进料口;⑦上封头;⑧筒体;⑨联轴器;⑩搅拌轴;⑪夹套;⑫传热介质出口;⑬挡板;⑭螺旋导流板;⑮轴向流搅拌器;⑯径向流搅拌器;⑰气体分布器;⑱下封头;⑲出料口;⑳传热介质进口;㉑气体进口

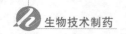

所需的溶解氧。④具有足够的冷却面积。⑤搅拌器的轴封应足够严密,从而尽量减少泄漏。

2. 灭菌技术　在现代发酵生产中,为获得特定代谢物或大量菌体细胞,已采用了纯种培养技术,即仅允许生产菌生长繁殖而不允许其他微生物与之共存。然而发酵系统中通常营养丰富,易受到杂菌污染。若发酵过程污染杂菌,杂菌会同生产菌竞争消耗营养物质,也可能分泌一些抑制生产菌生长的物质,导致生产能力下降;另外,杂菌的代谢产物会增加产物种类使产物的分离困难,可能会严重改变培养基性质,抑制目标产物生物的合成和菌体生长,甚至引起产物分解;若污染了噬菌体,会造成微生物细胞的破坏,严重时可造成失效生产。总之,染菌会给发酵带来诸多负面影响,轻则造成产品收率降低或质量下降,重则导致产物及原料全部损失。因而,整个发酵过程必须保证纯种培养,需在整个发酵生产过程中,在每道工序采用适宜的灭菌技术,以保证整个发酵过程在无菌操作下进行。

灭菌是指用物理或化学方法杀灭或除掉物料和设备中所有有生命的有机体的工艺过程或技术。灭菌后的物体应为无菌状态,即不再有可存活的微生物(包括活的菌体和孢子)。空气除菌、培养基、发酵设备和种子的无菌操作是确保发酵工程正常生产的关键。在工业生产中常用的灭菌方法有:过滤介质除菌、辐射灭菌、加热灭菌(包括干热灭菌、湿热灭菌和火焰灭菌)、化学物质灭菌。

培养基及发酵设备的灭菌采用湿热灭菌的方式。湿热灭菌是指直接用蒸汽灭菌,一般的湿热灭菌条件为 121 ℃维持 20～30 分钟。蒸汽具有强大的穿透能力,且在冷凝时会放出大量的热,易使蛋白质凝固变性从而杀死各种微生物。但在杀死微生物的同时也会对培养基中的营养成分造成破坏,甚至产生不利于菌体生长的物质,因此,在工业培养过程中为尽可能杀死培养基中的杂菌并减少培养基的破坏,湿热灭菌时应选择较高的温度较短的时间,即高温快速灭菌法。

培养基的灭菌操作方法主要有:连续灭菌和分批灭菌。连续灭菌也叫连消,培养基在经过一套专门设计的灭菌设备连续流动加热灭菌,冷却后被送入已灭菌的发酵罐内的灭菌方式。连续灭菌时,可使培养基在短时间内加热达到灭菌温度(126～132 ℃)。然后在维持罐(或维持管,进行物料保温灭菌的设备)中保温几分钟,而后快速冷却至接种温度并直接进入已灭菌完毕(空罐灭菌)过的发酵罐内,该方法具有高温、快速的特征,能减少培养基中营养物质的破坏。分批灭菌,又称为间歇灭菌,是将配制好的培养基送入发酵罐中,用蒸汽加热对培养基和所用设备加热,达到灭菌温度后维持一定时间,然后冷却到接种温度。该过程也称为实罐灭菌。分批灭菌过程分为升温、保温、冷却,灭菌过程主要在保温阶段实现。蒸汽从取样口、通风口、出料口进入罐内加热,即"三路进汽",从接种、进料、排气、消泡剂管排出,即"四路出汽",从而不留灭菌死角。

发酵设备的灭菌操作方法有:实罐灭菌和空罐灭菌。发酵设备的灭菌包括种子罐、发酵罐、发酵附属设备(补料系统、空气过滤器、消泡剂系统)、管道和阀门等的灭菌。发酵罐是发酵工程中最重要的设备,对无菌要求极其严格。实罐灭菌时,培养基与发酵罐一起灭菌。如果培养基采用连续灭菌时,发酵罐需在培养基进入前进行空罐灭菌。空罐灭菌也称为空消,是指在培养基(或物料)未进罐前对罐进行预先蒸汽灭菌,包括种子罐、发酵罐及消泡罐等辅助设备。空罐灭菌一般维持较高温度和较长时间以将设备死角残存的杂菌和芽孢全部杀死。空罐灭菌后不能立即冷却,应先打开排气阀,排出罐内蒸汽,然后通入无菌空气保压,在灭菌的培养基输入罐内后,再开冷却系统冷却到所需温度,如此可避免罐压急速下降造成负压而染菌或致使罐体变形。

大多数制药工业发酵都利用好气微生物进行发酵,好气性发酵过程需要大量的空气,故需对空气进行净化除菌。空气的除菌操作方法有:过滤除菌、静电除菌、热杀菌、辐射杀菌等。前两者是将微生物粒子以分离方式除去,后两者是使微生物体蛋白变性而失去活力。实际生产中所需的除菌程度和所选除菌操作要根据发酵工艺而定,不仅要避免染菌,也要尽量简化除菌流程,从而减少设备投资和运转的动力消耗。如有些氨基酸、抗生素等,发酵周期长,无菌程度要求也十分严格。而酵母的培养基成分以糖原为主,能利用无机氮,pH 较低,细菌在此条件下较难繁殖,且酵母的繁殖速度快,能抵抗少量的杂菌,因此对空气的除菌程度要求不如氨基酸等严格。

发酵罐的附属设备如空气过滤器、补料罐、消泡剂罐、补料管路、消泡剂管路、移种管路等也需以适当的蒸汽压力、温度、保温时间进行灭菌。各种管路在灭菌前,应先检查气密性,以防泄漏和"死角"的存在。对于新装介质的空气过滤器,灭菌时间应适当延长,灭菌后用压缩空气将介质吹干,空气流速要适当,太大容易将介质顶翻,导致空气短路而染菌。

(二) 发酵方式

微生物发酵方式有很多人为分类方式,如按培养基物理状态不同可分为固体发酵和液体发酵,按微生物是否被固定分为固定化发酵和游离发酵,等等。目前最常用的分类方式是按操作方式不同分为分批发酵、补料分批发酵、连续发酵、半连续发酵。

1. 分批发酵 分批发酵(batch fermentation),也称为分批培养,是一种间歇式的培养方法,是指在每一批次的培养过程中,将除空气、消泡剂等的所有物料依次加入发酵罐中,不再加入其他营养物料。然后灭菌、接种、培养,将全部内容物倒出进行后面工序的处理。分批发酵时,随底物的消耗和产物的形成,微生物所处的环境不断地变化,不能使微生物一直处于最优条件,需要通过人工调节影响产物形成的参数。但分批发酵的操作简单,对设备要求较少,故而工业微生物生产中经常采用。

2. 补料分批发酵 补料分批发酵(fed-batch fermentation)是指在分批发酵过程中,为延长微生物代谢活动,维持发酵产物增长幅度,向发酵罐中间歇或连续地补加营养物质,但不取出发酵液的发酵方式。该种发酵方式克服了养分不足引起的发酵过早结束,与连续发酵比较,不会产生菌种变异和老化等问题,不需要严格的无菌条件。与分批发酵比较,该方式可解除产物抑制反馈及分解代谢阻遏等效应。实践中还要考虑到培养过程中生物反应器的供氧能力及代谢产物积累后的细胞毒性。

3. 连续发酵 连续发酵(continuous fermentation)也称为连续培养,是指以一定速率将培养基料液连续输入发酵罐,同时以相同速率放出含有产品的发酵液,使发酵罐内料液体积维持恒定,促使微生物在基质浓度、产物浓度、pH 等近似恒定状态下生长代谢的发酵方式。连续发酵简化了菌种的扩大培养,缩短了发酵周期,增加了生产效率,但因其运转时间长,菌种易退化、易污染,难以保证纯种培养,且有时菌种生长和次生代谢产物产生的最优条件不一致,故发酵制药工业上很少应用连续发酵。

4. 半连续发酵 半连续发酵(semi-continuous fermentation)也称为半连续培养,是指在培养和发酵后期,放出一部分发酵液,同时补入同体积新鲜料液或必要组分,再继续发酵并反复多次的发酵方式。半连续发酵既能向发酵罐中补充营养物质和前体,又可使有害代谢产物被稀释,利于产物的继续合成。但放掉发酵液会损失尚活跃的菌体和未被利用的养分,丢失代谢产生的前体,影响发酵产品产量。

(三) 发酵过程

发酵过程是利用微生物生长繁殖、代谢活动生产药物的关键阶段。在其使用之前,应先检查电源、空压机、循环水系统是否正常以及管道是否通畅和废水废气管道的完好情况。有关设备和培养基必须处于无菌状态。接种时要注意无菌操作,接种量一般为 5%~20%,过程中要不断地搅拌通气,维持一定的罐压、罐型,根据微生物培养条件设定温度和通气量。发酵过程中应定时取样分析及无菌试验,关注发酵液 pH 变化和泡沫产生情况,观察代谢和产物含量情况,有无杂菌污染等情况并分析采取相应对策。发酵周期因菌种不同而异,一般为 2~8 天。

通过次级代谢产物抗生素发酵生产中的代谢变化以说明发酵的几个阶段。次级代谢的变化过程分为菌体生长期、代谢产物合成期和菌体自溶期。菌体生长期时,营养物质不断消耗,新菌体不断合成,其代谢变化主要是菌体细胞物质的合成代谢及氮源和碳源的分解代谢;代谢产物合成期时,产物产量逐渐增多,直至达到高峰,生产速率也达最大值。该期代谢变化主要是产物的合成代谢及氮

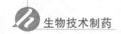

源和碳源的分解代谢；菌体自溶期时，菌体衰老，开始自溶，氨氮含量增加，pH上升，产物合成能力和生产速率降低。此时，发酵过程必须停止，否则产物会受到破坏，且菌体自溶会给发酵液过滤和提取带来巨大困难。代谢变化的这三个阶段，对营养物质的需求量不同，可进行间歇或连续补加灭菌的料液；或依据生产工艺要求，补加前体等促进产物生成的物质；加消泡剂控制发酵产生的泡沫；依据对溶解氧的不同需求，控制搅拌速度的大小和通风量；此外，还应控制温度、CO_2含量、pH等发酵影响因素。

四、产物提取

发酵完成后发酵液中除含有发酵产物外，还有其他代谢产物、菌体细胞、残余培养基等，因此发酵液的产物提取工作要分为发酵液的预处理、固液分离及细胞破碎、提取和精制三个主要步骤。

将发酵液经预处理（如絮凝、加热、调pH等）、固液分离及细胞破碎后可分离发酵液与菌体细胞和不溶性固体等杂质。发酵过程所获得的目标产物大多存在于发酵液中，也有的存在于菌体细胞内或同时存在于发酵液和菌体中。具体而言，对于胞外产物只需直接将发酵液预处理及固液分离，获得澄清的滤液，之后再进一步纯化；而对于胞内产物，需首先收集菌体再进行细胞破碎，将代谢产物转入液相中，再分离液相和细胞碎片。

提取过程常用的方法有沉淀法、离子交换树脂法、凝胶色谱法、吸附法和溶剂萃取法等。

沉淀法是最古老的生物物质分离纯化方法，主要用于蛋白质等大分子的提取，也可用于抗生素等小分子的提取。离子交换树脂法广泛应用于很多发酵药物的提取过程。如链霉素等抗生素及细胞色素C、溶菌酶、肝素、硫酸软骨素、胰岛素等大分子药物的提取。凝胶色谱法适用于蛋白质、多肽、酶、多糖、激素、核酸类等物质的分离提纯。吸附法主要用于小分子物质的提取。还可应用于发酵工业的下游加工过程，如发酵产品的脱色、除杂等。如今大孔网状聚合物吸附剂可应用于提取酶、蛋白质、抗生素、维生素等多种发酵药物。溶剂萃取法包括液-液萃取和液-固萃取，在抗生素提取中应用广泛。液-液萃取适用于青霉素等存在于发酵液中的产物的提取，液-固萃取适用于灰黄霉素等菌丝体内的产物的提取。

提取过程可去除与产物性质差异较大的杂质，可使产物得到浓缩，并提高产品的纯度。精制过程去除与产物理化性质相近的杂质，常用结晶、色谱分离等操作，也可重复或交叉应用上述五种提取方法。

第三节　发酵工艺过程的控制

发酵工艺过程包括上游工程（菌种）、发酵以及下游工程（发酵产品的提取精制）这三个阶段。先进行高性能菌株的选育和种子的制备；再在计算机或人为控制的发酵罐中进行培养，大规模生产目的代谢产物；最后收集目的产物并分离纯化，最终获得所需要的产品。

一、影响发酵过程的因素

发酵过程是通过微生物代谢活动获得目的产物的过程，是决定发酵药物生产中产量和质量的关键阶段。生成发酵产物不仅涉及微生物细胞的生长、生理以及繁殖等生命过程，还涉及各种酶所催化的生化反应。发酵控制是为了使发酵过程向有利于目的产物积累和质量提高的方向进行。因此，发酵过程操作复杂，控制过程有一定难度。微生物发酵的生产水平不仅与生产菌种的性能有关，还与环境条件有关。微生物发酵要取得高产并保证产品的质量，就必须严格地控制发酵过程。

在发酵生产中，与生产菌种有关的营养条件和环境条件，包括培养基组成、pH、温度、泡沫、氧的需求、发酵过程中补料等,都会直接影响发酵过程。只有进行合理的生产工艺控制,才能最大限度地发挥生产菌种生产能力,进而取得经济效益最大化。

发酵过程中可通过各种检测装置测出的参数反映微生物的代谢变化,主要参数包括物理控制参数、化学参数以及生物学参数。

(一) 物理参数

1. 操作温度(℃) 操作温度是指整个发酵过程中或不同阶段中所需要维持的温度。

2. 发酵罐压(Pa) 罐压是发酵过程中发酵罐所需维持的压力。罐内维持正压能够防止外界空气中的杂菌侵入,从而保证纯种的培养。维持一定的罐压能够增加发酵液中的溶解氧浓度,从而间接影响菌体的代谢。罐压范围一般维持在表压 $0.02\sim0.05$ MPa。

3. 搅拌转速(r/min) 搅拌转速指的是搅拌器在发酵过程中的转动速度,一般以每分钟的转数来表示。搅拌转速的大小与发酵液的均匀性和氧在发酵液中的传递速率有关。增大搅拌转速同样可提高发酵液中的溶解氧浓度。

4. 搅拌功率(kW) 搅拌功率指的是搅拌器搅拌时所消耗的功率,一般指 1 立方米发酵液所需要消耗的功率(kW/m^3)。搅拌功率的大小受液相体积氧传递系数(KLa)影响。

5. 空气流量[$m^3/(m^3 \cdot min)$] 空气流量指的是每分钟内每单位体积发酵液实际通入空气的体积,作为需氧发酵中的重要控制参数之一,一般要控制在 $0.5\sim1.0$ $m^3/(m^3 \cdot min)$。

6. 黏度(Pa. s) 黏度的大小可以作为细胞形态或细胞生长的一项指标,也能反映发酵罐中菌丝分裂的过程。黏度的大小会影响氧传递的阻力,也会体现相对菌体浓度。

(二) 化学参数

1. pH(酸碱度) 发酵液的 pH 高低是发酵过程中的各种产酸及产碱的生化反应的综合结果。它也是发酵工艺的重要控制参数之一。它对菌体生长及产物合成有着重要的影响。

2. 基质浓度(mg/100 ml 或 g/100 ml) 基质浓度指的是发酵液中的糖、氮、磷等重要的营养物质的浓度。基质浓度的变化对生产菌的生长及产物的合成有很重要的影响,同时也是提升代谢产物产量的重要控制手段之一。因此,在发酵过程中,一定要定时测定糖(总糖和还原糖)、氮(铵盐和氨基氮)等基质的浓度。

3. 溶解氧浓度(饱和度%或 ppm) 溶解氧是用需氧菌发酵的必备条件之一。根据溶解氧浓度的变化,可以了解产生菌对氧的利用规律,也可反映发酵的异常情况,并能使其作为发酵的中间控制参数和设备供氧能力的考察指标。

4. 氧化还原电位(mV) 所用培养基的氧化还原电位影响着微生物生长及其生化活性。培养基最适宜和所允许的最大氧化还原电位值,与微生物本身的种类及其生理状态有关。

5. 产物的浓度($\mu g/ml$) 此参数是生物合成代谢正常与否或发酵产物产量高低的重要参数,是决定发酵周期长短的依据。

6. 废气中氧的浓度(分压,Pa) 产生菌的摄氧率和 KLa 影响废气中 O_2 的浓度。利用废气中 O_2 及 CO_2 的含量能算出产生菌的呼吸熵、摄氧率和发酵罐的供氧能力等。

7. 废气中 CO_2 的含量(%) 废气里的 CO_2 是由产生菌的呼吸过程放出的,通过它可以计算产生菌的呼吸熵,了解产生菌呼吸代谢规律。

(三) 生物学参数

1. 菌体浓度(cell concentration) 菌体浓度指的是单位体积内培养液中菌体的量,是微生物发酵过程的重要控制参数之一,尤其是对于抗生素等次级代谢产物的发酵。菌体浓度的大小和变化速度都影响着菌体合成产物的生化反应,因此测定菌体浓度具有非常重要的意义。

2. 菌丝形态 菌丝形态的改变是丝状菌的发酵过程中生化代谢变化的反映。一般都以菌丝形

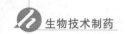

态来衡量种子质量、控制发酵过程的代谢变化、区分发酵阶段和决定发酵周期。

目前较常测定的参数有罐压、温度、搅拌转速、空气流量、溶氧、pH、糖含量、效价、氮含量,菌体浓度(干重及离心压缩细胞体积百分比浓度)、前体(如苯乙酸)浓度等。不常测定的参数有黏度、氧化还原电位、排气中的 O_2 及 CO_2 含量等。

使用测定的参数可计算其他重要的参数,如根据发酵液的菌体量及单位时间的溶氧浓度、菌体浓度、氨氮浓度、产物浓度和糖浓度等的变化值,可分别计算得到菌体的氧比消耗速率、比生长速率、糖比消耗速率、产物比生产速率和氮比消耗速率。它们是决定补料和供氧工艺条件、控制产生菌代谢的主要依据。

二、营养条件的影响及其控制

发酵过程中,需要加入营养基质来维持微生物的生长及促进产物的合成,基质主要包括磷酸盐、氮源、碳源、无菌水和前体等,来自培养基以及发酵过程中的补料。由于不同的微生物对营养条件的要求不同,所以培养基的成分及配比合适与否,对产物的合成及生产菌的生长发育有很大的影响。

许多微生物药物都是次级代谢产物,整个发酵过程分为菌体生长期(即发酵前期)和产物分泌期(即发酵中后期)。合理控制发酵条件,缩短菌体生长期,延长产物分泌期并且保持其最大比生产速率是提高产物产量的关键。采用一次性投料的分批发酵时,不能延长产物的分泌期,然而采用中间补料的发酵方式时,就可以通过中间补料的方法控制菌体培养中期的代谢活动,并能够延长分泌期,提高产量。利用直接或间接反馈控制参数即可控制补料的时机。直接控制指的是直接用限制性营养物的浓度作为反馈控制参数,如控制氮源、碳源等。间接控制则是指以 pH、呼吸熵、溶氧、排气中二氧化碳分压和代谢物质的浓度等作为反馈控制参数。

(一)碳源浓度的影响及其控制

按照被利用的快慢,碳源可分为迅速利用的碳源(即速效碳源)及缓慢利用的碳源(即迟效碳源)。葡萄糖等速效碳源被吸收快,能迅速参加代谢、合成菌体及产生能量,但却具有分解代谢物的阻遏作用,会抑制产物合成。而迟效碳源被菌体利用缓慢,不易产生分解产物的阻遏效应,有利于增长次级代谢产物的分泌期,如蔗糖、乳糖、玉米油、麦芽糖分别为头孢菌素 C、青霉素、核黄素及盐霉素发酵生产的最适碳源。

在使用葡萄糖等容易利用的碳源时,一定要严格控制浓度才能不产生抑制药物的合成作用。例如,在青霉素发酵中,采用流加葡萄糖的方法可获得比乳糖更高的青霉素单位,反之,则青霉素合成量很少。因此使用速效碳源时,合适的浓度控制是非常重要的。比如在发酵过程中以补加糖类的方式来控制碳源浓度,从而提高产物产量,是生产上常用的方法,pH、残糖量等发酵参数可用来作为补糖的依据。

(二)氮源浓度的影响及其控制

氮源主要用来构成菌体的细胞物质(如核酸、蛋白质、氨基酸)及药物等含氮的代谢产物,有能被迅速利用的氮源和被缓慢利用的氮源。前者易于被菌体利用,能明显促进菌体生长,但是高浓度的铵离子就会抑制竹桃霉素等抗生素的合成。

在发酵工业中常采用含能被迅速利用的和能被缓慢利用的氮源的混合氮源。被迅速利用的氮源能够促进菌体生长繁殖,包括玉米浆、铵盐和氨水等;被缓慢利用的氮源,在容易利用的氮源耗尽时才开始被利用,可通过延长次级代谢产物合成期的方法,提高产物的产量,包括棉籽饼粉、花生饼粉和黄豆饼粉等。

除了培养基中的氮源,在发酵过程中也需要补加一定量的氮源。可根据菌体量、pH 及残氮量等发酵参数:①补加具有调节生长代谢作用的有机氮源,可提高青霉素、土霉素等的发酵单位(效价），如尿素、玉米浆、酵母粉等。②补加硫酸铵或氨水等无机氮源，当 pH 偏低又需补氮时，可加入氨水；当 pH 偏高又需补氮时，可以加入生理酸性物质，如硫酸铵等。为了避免氨水过多而造成局部偏碱影响发酵，通常由空气分布管通入，并通过搅拌作用与发酵液进行迅速混合，并能减少泡沫的产生。

（三）磷酸盐浓度的影响及其控制

磷是微生物生长繁殖所必需的成分，同时也是合成代谢产物所必需的。磷酸盐能够明显地促进产生菌的生长。然而菌体生长所允许的磷酸盐浓度相比于次级代谢产物合成所允许的浓度要大得多，两者平均相差几十至几百倍。一般适合微生物生长的磷酸盐浓度范围为 $0.3 \sim 300$ mmol/L，然而适合次级代谢产物的合成所需的浓度平均仅为 0.1 mmol/L，当磷酸盐浓度提高到 10 mmol/L 就会明显抑制次级代谢产物的合成，比如正常生长所需的无机磷浓度就会抑制链霉素的形成，因此，在基础培养基中要采用适当的磷酸盐浓度。

相对而言，初级代谢产物发酵对磷酸盐浓度的要求不如次级代谢产物发酵严格，比如在抗生素发酵中常采用亚适量（即对菌体生长虽然不是最适量但是又不影响菌体生长的量）磷酸盐浓度。磷酸盐的最适浓度的确定必须结合当地的具体条件及使用的原材料进行实验。此外，当菌体生长缓慢时，可补加适量的磷，促进菌体生长。

（四）前体浓度的影响及其控制

在某些抗生素发酵过程中要加入前体物质，能够控制抗生素产生菌的生物合成方向并增加抗生素产量。比如在青霉素发酵过程中加入苯乙酸等前体，能够提高青霉素 G 的产量。但由于过量的前体对产生菌有毒性，所以也要严格控制前体的浓度，一定要采用连续流加或少量多次的方法加入。

在发酵的过程中，随着菌体生长繁殖，菌体浓度会不断增加，代谢产物逐渐增多，发酵液的表观黏度也在逐渐增大，而通气效率却逐渐下降，对菌的代谢活动就会产生不利的影响，严重时甚至能影响产物的合成。因此，有时需要补加一定量的无菌水，用来降低发酵液表观黏度及浓度，从而提高发酵单位。

除了补加磷酸盐、氮源、碳源、无菌水和前体，为了菌的生长及产物合成需要，还需要补加某些微量元素或无机盐。总之，在发酵的过程中，必须根据生产菌的特性及目标产品的生物合成要求，对营养基质的控制和影响进行深入细致的研究，才能取得良好的发酵效果。

三、培养条件的影响及其控制

（一）温度的影响及其控制

1. 温度对发酵的影响

（1）影响反应速率：微生物发酵的过程都是要在各种酶的催化作用下进行的，因此温度的变化会直接影响发酵过程中的各种酶催化反应的速率。

（2）影响产物的合成：温度可以改变发酵液的物理性质，比如基质和氧在发酵液中的溶解度及传递速度、发酵液的黏度、菌体对某些基质的分解及吸收速率等，从而间接地影响生产菌的生物合成。

（3）影响生物合成的方向：比如用黑曲霉生产柠檬酸时，如果温度升高就会导致草酸产量增加，进而柠檬酸产量降低。再比如四环素产生菌金色链霉菌会同时产生金霉素和四环素，在温度低于 $30\ ℃$ 时，合成金霉素能力较强；随温度提高，生成四环素的比例也会提高，当温度达到 $35\ ℃$ 时，就会几乎停止金霉素的合成，只产生四环素。

2. 导致温度变化的因素　在发酵的过程中，发酵温度的变化是由发酵热引起的。发酵热包括搅拌热、生物热、显热、辐射热和蒸发热。其中搅拌热和生物热是产热因素，显热、辐射热和蒸发热是散热因素，即发酵热 ＝ 搅拌热 ＋ 生物热 － 辐射热 － 显热 － 蒸发热。其中的生物热是由微生物在生

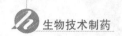

长繁殖的过程中产生的热能。并且在发酵进行的不同阶段,生物热的大小还会发生显著的变化,进而导致发酵热的变化,最终引起发酵温度的变化。

3. 最适温度的选择

(1) 依据菌种选择:微生物种类不同,就意味着所具有的酶系及其性质不同,同时所要求的温度范围也就不同。比如黑曲霉生长温度为 37 ℃,青霉菌生长温度为 30 ℃,谷氨酸产生菌棒状杆菌的生长温度为 30~32 ℃。

(2) 依据发酵阶段选择:①发酵前期:菌量少,发酵的目的是尽快得到大量的菌体,应取稍高的温度,从而促使菌的呼吸及代谢,使菌生长迅速。②发酵中期:菌量已经达到合成产物的最适量,但发酵需要延长中期,来提高产量,因此中期温度需要稍低一些,可以推迟衰老。在稍低温度下,氨基酸合成核酸和蛋白质的正常途径关闭得较为严密,有利于产物合成。③发酵后期:产物合成的能力降低,延长发酵周期不再必要,可提高温度,从而刺激产物合成到放罐。比如四环素生长阶段是 28 ℃,合成期是 26 ℃,后期再次升温;黑曲霉生长是 37 ℃,产糖化酶是 32~34 ℃。但也有菌种产物形成温度比生长温度高,比如谷氨酸产生菌生长在 30~32 ℃,产酸在 34~37 ℃。最适温度选择需要根据菌种与发酵阶段做实验。

(二) 溶解氧的影响及其控制

氧是需氧微生物生长所必需的,但微生物细胞却很少能利用空气中的氧,一般仅能利用溶解氧(dissolved oxygen),因此溶解氧是发酵控制的重要参数之一。氧在水中的溶解度很小,因此需要不断地进行通风和搅拌,才能满足发酵氧的需求。

1. 影响供氧的因素

(1) 搅拌:搅拌可以把通入的空气泡打散成小气泡,由于小气泡从罐底上升速度慢,就增加了气液接触面积及接触时间;并且搅拌会造成涡流,使得气泡螺旋型上升,也有利于氧的溶解;同时搅拌可形成湍流断面,能减少气泡周围液膜的厚度,增大体积溶氧系数;保持菌丝体处于均匀的悬浮状态,有利于营养物和代谢产物的输送及氧的传递。

(2) 通气(空气流量):发酵罐中的空气是压缩空气经过鼓泡器通入的发酵罐。通气量通常以每分钟每升培养基通入多少升空气计量。另外,泡沫的产生、微生物的生长状态、发酵液的黏度均会影响供氧。

2. 影响溶氧的因素

(1) 微生物的种类及生长阶段:不同的微生物,呼吸的强度不一样;即便同样的微生物,在不同生产阶段需氧也不一样。一般而言,菌体生长阶段的摄氧率会大于产物合成期的摄氧率。因此,一般认为当培养液的摄氧率达最高值时,培养液中菌体浓度也就达到了最大值。

(2) 培养基的组成:菌丝的呼吸强度和培养基的碳源有关,比如含葡萄糖的培养基表现为较高的摄氧率。

(3) 培养条件的影响:培养液的温度、pH 等影响溶氧。当 pH 为最适 pH 时,微生物的需氧量也会最大。温度愈高,营养成分愈丰富,微生物呼吸强度的临界值也会相应地增长。

(4) 二氧化碳浓度的影响:在相同压力条件下,CO_2 在水中的溶解度大概是氧溶解度的 30 倍。因而发酵过程中如果不及时地将培养液中的 CO_2 从发酵液中除去,一定会影响菌体的呼吸,最终影响菌体的代谢活动。

3. 溶氧的控制 发酵过程要保持氧浓度在临界氧浓度之上。临界氧浓度一般是指不影响菌的呼吸作用所允许的最低氧浓度。例如,青霉素的发酵临界氧浓度为 5%~10%,低于此值会对产物的合成造成损失。在发酵生产中,生物合成的最适氧浓度和临界氧浓度是不同的。比如头孢菌素 C 发酵,其生物合成最适氧浓度为 10%~20%,呼吸临界氧浓度为 5%;对于卷须霉素,而合成需要的最低允许氧浓度为 8%,呼吸临界氧浓度为 13%~23%。

在发酵的不同阶段,溶解氧的浓度会分别受到不同因素的影响。在发酵前期,由于生产菌的大量生长繁殖,导致耗氧量大,引起溶解氧明显下降;在发酵中后期,会根据实际情况进行补料,同时溶解氧的浓度就会相应地发生改变。此外,菌龄的不同、通风量、改变设备供氧能力及发酵过程中一些事故的发生都会导致发酵液中的溶解氧浓度发生变化。

在发酵过程中,有时还会出现溶解氧浓度明显升高或明显降低的异常变化。溶解氧异常升高的原因包括:污染烈性的噬菌体,会导致产生菌尚未裂解,呼吸就已经受到抑制,溶解氧有可能会迅速上升,直到菌体破裂后,就完全失去呼吸能力,溶解氧直线上升;或耗氧出现改变,比如菌体代谢异常,耗氧能力下降,导致溶解氧上升。供氧条件不变,可能引起溶解氧明显降低的原因包括:污染了好气型杂菌,导致大量溶解氧被消耗掉;菌体代谢发生异常,引起需氧要求增加,导致溶解氧下降;设备或工艺控制发生故障或变化,比如搅拌速度变慢或闷罐、消泡剂过多、停止搅拌等。

发酵液的溶解氧浓度是由供氧及需氧共同决定的。如果供氧大于需氧时,溶解氧浓度会上升;反之就会下降。就供氧来说,发酵设备要满足供氧要求,就只能通过调节通气速率或搅拌转速来控制供氧;需氧量主要受菌体浓度的影响,可以通过控制基质浓度达到控制菌体浓度的目的。

(三)pH 对发酵的影响及其控制

pH 是微生物代谢的综合反映,同时影响代谢的进行,所以是一个十分重要的参数。

1. pH 对发酵的影响

(1)影响酶的活性:微生物的生长代谢都是在体内酶的作用下进行的,而 pH 会影响酶的活性。所以微生物菌体的生长繁殖和产物的合成都是要在一定 pH 的环境中完成的,也就是说发酵过程中的所有酶催化反应都要受到环境 pH 的影响。如果 pH 抑制菌体某些酶的活性时,就会使菌的新陈代谢受阻。

(2)影响微生物细胞膜所带的电荷:pH 会影响微生物细胞膜所带的电荷,进而改变细胞膜的透过性,最终影响微生物对代谢物的排泄、营养物质的吸收,由此影响新陈代谢的进行。

(3)影响培养基中间代谢物和某些成分的解离:pH 会影响培养基中间代谢物和某些成分的解离,进而会影响微生物对这些物质的利用。

(4)影响代谢方向:pH 不同,往往会引起菌体代谢过程变化,使代谢产物的比例和质量发生改变。比如黑曲霉在 pH 2~3 范围内发酵产生柠檬酸,在 pH 近中性时,就会产生草酸。谷氨酸发酵过程在中性和微碱性条件下会积累谷氨酸,在酸性条件下则会容易形成 N-乙酰谷氨酰胺和谷氨酰胺。

(5)影响菌体的形态:不同的 pH 会对菌体的形态有很大影响,当 pH 高于 7.5 时,会使菌体易于老化,呈现为球状;当 pH 低于 6.5 时,会抑制菌体,易于老化。pH 在 7.2 左右时,菌体会处于产酸期,呈现为长的椭圆形;而 pH 在 6.9 左右时,菌体会处于生长期,呈"八"字的形状并且占有绝对的优势。

2. 发酵过程 pH 变化的原因

(1)基质的代谢:①糖的代谢:特别是能被快速利用的糖,分解成小分子酸、醇,会使 pH 下降。若糖缺乏,pH 就会上升(是补料的标志之一)。②氮的代谢:若氨基酸中的 $-NH_2$ 被利用后,pH 就会下降;若尿素被分解成 NH_3,pH 就会上升,NH_3 被利用后,pH 就会下降;当碳源不足时,氮源被当作碳源利用,pH 就会上升。③生理酸碱性的物质被利用后,pH 就会上升或下降。

(2)产物形成:某些产物本身会呈酸性或碱性,使发酵液 pH 发生变化。比如有机酸类的产生会使 pH 下降,螺旋霉素、洁霉素、红霉素等抗生素呈碱性,会使 pH 上升。

(3)菌体自溶,pH 会上升:在发酵过程的后期,菌体的自溶会造成 pH 上升。

3. pH 的控制

(1)据微生物的种类及产物调控 pH:每一类菌都有其最适的及能耐受的 pH 范围。比如细菌

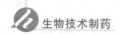

在中性及弱碱性条件下生长良好,但是酵母菌和霉菌却喜欢微酸性环境。并且微生物生长阶段与产物合成阶段的最适 pH 往往不一致。这不仅和菌种的特性有关,还和产物的化学性质有关。比如链霉菌的最适生长 pH 范围为 6.2~7.0,但合成链霉素的合适 pH 范围为 6.8~7.3。

(2) 调节好基础料的 pH:考察培养基的基础配方,控制一定的配比,可以考虑加入一些缓冲剂(碳酸盐或磷酸盐)。基础料中如果含有玉米浆,pH 会呈酸性,就必须调节 pH。若要控制消泡后 pH 在 6.0,消泡前 pH 往往要调到 6.5~6.8。

(3) 通过补料调节 pH:在调节 pH 与补料没有矛盾时可以采用补料调节 pH,通过 pH 测量,来控制补料,也可加入尿素、糖、碱或酸等。可以通过调节补糖速率及空气流量来调节 pH;当氨氮低,pH 低时可补氨水;当氨氮低,pH 高时可补 $(NH_4)_2SO_4$。控制发酵过程中 pH 的变化。

(四) CO_2 的影响及控制

CO_2 是微生物生长繁殖过程中的代谢产物,也是细胞代谢的重要指标。其作为基质也可参与某些合成代谢,并且对微生物发酵会具有抑制或刺激的作用。

培养基中的 CO_2 含量的变化会对菌丝的形态产生直接影响,比如对产黄青霉菌丝的形态的影响:CO_2 含量在 0~8%,菌丝主要呈现丝状;在 15%~22%,菌丝膨胀,呈现为粗短菌丝;当 CO_2 分压达到 8 kPa,呈现为球状或酵母状的细胞。

在青霉素发酵的生产中,当排气中的 CO_2 含量大于 4% 时,即便溶解氧足够,青霉素的合成和菌体的呼吸也会受抑制。若 CO_2 分压达到 8.1 kPa 时,青霉素的比生产速率会减小 50%。

CO_2 和 HCO_3^- 都会影响细胞膜的结构。它们通过改变表面电荷密度及膜的流动性来改变膜的运输性能,从而影响膜的运输效率,最终导致细胞生长受到抑制及其形态改变。此外,溶解的 CO_2 也会影响发酵液的酸碱平衡,会使发酵液的 pH 下降;也与其他物质发生化学反应;也可能与生长必需的金属离子形成碳酸盐沉淀,从而间接影响菌体生长及产物合成。

除微生物的代谢外,二氧化碳的主要来源是通气及补料等。其含量大小受许多因素的影响,比如发酵液流变学特性、菌体的呼吸速度、罐压及发酵罐规模、通气搅拌程度等。此外,发酵过程中若遇到泡沫上升的"逃液"现象时,如果通过增大罐压消泡,就会使 CO_2 溶解度增加,对菌的生长不利。CO_2 浓度的控制通常可通过通风及搅拌来控制,向发酵罐中不断地通入空气,可随废气排出代谢产生的 CO_2,使其低于会产生抑制作用的浓度。

(五) 泡沫的影响及控制

在发酵过程中,由于通气及搅拌、产生的代谢气体、培养基中的蛋白质、糖和代谢物等表面活性物质的存在,都会使发酵液中产生一定量泡沫。泡沫可以增加气液的接触面积,增加氧的传递速率。但泡沫过多就会带来不利的影响,比如使发酵罐的装料系数减小等,甚至严重时会造成"逃液",导致染菌的机会增加或产物的损失。

泡沫的多少不仅与搅拌的剧烈程度、通风有关,还与培养基的成分与配比有关。比如一些有机氮源就容易起泡;虽然糖类起泡能力低,但其黏度大,却有利于泡沫稳定。并且培养基的灭菌方法同样会改变培养基的性质,进而影响培养基的起泡能力。除此之外,在发酵过程中,伴随微生物代谢的进行,培养基的性质也会改变,就会影响泡沫的消长。比如霉菌发酵,随着发酵的进行,各种营养成分会被利用,就使得发酵液的表面黏度下降,表面张力上升,泡沫寿命会缩短,泡沫会减少。在发酵后期,菌体会自溶,发酵液中的可溶性蛋白质会增加,就有利于泡沫产生。

有效地控制泡沫是正常发酵的基本条件之一。消除泡沫的方法分为机械消泡及消泡剂消泡两类。机械消泡包括罐内及罐外消泡。罐内消泡是指在搅拌轴的上方安装消泡桨,利用消泡桨的转动打碎泡沫。罐外消泡则是指将泡沫引出罐外,通过利用离心力或喷嘴处的加速作用来消除泡沫。这种消泡的方法节省原料、染菌的机会小,但消泡效果不是很理想。

　　另一种消泡的方法是利用消泡剂消泡,常用的消泡剂有硅酮类、高碳醇、聚醚类和天然油脂类等。天然油脂有菜籽油、豆油、棉籽油、玉米油和猪油等。虽然天然油脂消泡剂效率不高,并且用量大,成本高,但安全性好。而化学消泡剂的性能好,添加量小(0.02%~0.035%,体积百分数),且如果使用品种及方法合适,对菌体生长及产物的合成基本没有影响。目前在生产上有着逐渐取代天然油脂的趋势。消泡剂作用的发挥主要取决于它的扩散效果和性能。可以通过机械搅拌加速接触,也可以通过分散剂或载体使其更容易扩散。

　　对于不同产品的发酵生产,发酵终点的判断标准也不尽相同。在判断发酵终点时,要在考虑发酵成本的同时,也要考虑产物提取分离的需要。

复 习 题

【填空题】

1. 菌种的选育方法有_____、_____、_____、_____、_____。
2. 发酵制药培养基主要由_____、_____、_____、_____等成分组成。
3. 按操作方式不同发酵方式分为_____、_____、_____。
4. 培养基的灭菌操作方法主要有_____和_____;发酵设备的灭菌操作方法有_____和_____;空气的除菌操作方法有_____、_____、_____等。
5. 发酵制药的培养基依据组成物质的化学纯度可分为_____、_____、_____。依据物理状态可分为_____、_____、_____。依据在生产中的用途不同可分为_____、_____、_____。
6. 消除泡沫的方法有_____和_____。

【简答题】

1. 发酵过程中引起温度、溶氧、pH 变化的因素分别有哪些?
2. 有哪些原因能引起溶氧异常升高或降低? 应如何控制?
3. 发酵工程的概念是什么?
4. 种子制备的一般步骤有哪些?
5. 前体的概念是什么? 有何作用?
6. 发酵工程制药的发酵设备是什么? 应满足哪些条件?
7. 进行菌种保藏的目的是什么? 常用的菌种保藏方法有哪些?
8. 优良菌种应满足哪些条件?
9. 在发酵生产中,为什么一定要进行灭菌操作? 常用的灭菌方法有哪些?
10. 简述微生物制药发酵工艺过程。
11. 合适的碳氮比对菌体生长和产物合成有何重要意义?
12. 发酵工程的产物提取分为哪几个主要步骤?
13. 影响发酵生产的因素有哪些?
14. 泡沫的存在对发酵有何影响?

第六章

抗体工程制药

导 学

内容及要求

本章主要内容包括抗体的基本概念、结构、功能和多种抗体的制备方法。

1. 要求掌握单克隆抗体技术的基本原理,基因工程抗体的主要类型、结构特征和优缺点,噬菌体抗体库技术的基本原理。

2. 熟悉单克隆抗体的制备过程,基因工程抗体的构建策略,噬菌体抗体库的构建和筛选流程。

3. 了解抗体工程发展历程,核糖体抗体库技术,怎样利用现有抗体工程技术研发抗体药物。

重点、难点

重点是利用杂交瘤技术制备单克隆抗体的基本原理和制备过程、杂交瘤的筛选;基因工程抗体包括大分子抗体(嵌合抗体和重构抗体)、小分子抗体(Fab 抗体和 scFv)、双(多)价抗体和双特异性抗体、纳米抗体等;抗体库技术包括噬菌体抗体库技术和核糖体展示技术等。难点是噬菌体抗体库的构建与筛选。

第一节 概 述

抗体(antibody,Ab)是高等脊椎动物的免疫系统受到外界抗原(antigen)刺激后,由成熟的 B 淋巴细胞产生的能够与该抗原发生特异性结合的糖蛋白分子。抗体是机体免疫系统中最重要的效应分子,具有结合抗原、结合补体、中和毒素、介导细胞毒、促进吞噬等多种生物学功能,在抗感染、抗肿瘤、免疫调节和监视中发挥重要作用。1968 年和 1972 年世界卫生组织和国际免疫学会联合会所属专门委员会先后决定,将具有抗体活性或化学结构与抗体相似的球蛋白统称为免疫球蛋白(immunoglobulin,Ig)。因此,抗体是一个生物学的和功能的概念,可理解为能与相应抗原特异结合的具有免疫功能的球蛋白;免疫球蛋白则主要是一个结构概念,包括抗体、正常个体中天然存在的免疫球蛋白和病理状况下患者血清中的免疫球蛋白及其亚单位。

抗体工程制药(antibody engineering pharmaceutics)是以抗体分子结构和功能关系为基础,利用基因工程和蛋白质工程技术,对抗体基因进行加工改造和重新装配,或用细胞融合、化学修饰等方法改造抗体分子生产抗体药物的过程。这些经抗体工程手段改造的抗体分子是按人类设计重新组装的新型抗体分子，可保留（或增加）天然抗体的特异性和主要生物学活性，去除（或减少或替代）无关结构，因此比天然抗体更具应用前景。抗体作为治疗药物已经有上百年的历史，主要开发了三代产品，它们是第一代多克隆抗血清、第二代单克隆抗体药物和第三代基因工程抗体药物，其中基因工程抗体药物以其对人体毒副作用小、人源化和高度特异性的疗效，越来越显示其优势。

一、抗体工程的发展过程

抗体作为疾病预防、诊断和治疗制剂已有上百年的历史，经历了从抗血清即多克隆抗体的使用，到应用杂交瘤技术、基因工程抗体技术、抗体库技术进行抗体制备，并逐渐完善形成抗体工程，其发展历程大致可以分为三个阶段。

（一）多克隆抗血清

早期制备抗体是将某种天然抗原经各种途径免疫动物，成熟的 B 淋巴细胞克隆受到抗原刺激后产生抗体并将其分泌到血清和体液中。天然抗原中常含有多种不同抗原特异性的抗原表位，以该抗原刺激机体免疫系统，体内多个 B 淋巴细胞克隆被激活，产生的抗体实际上是针对多种不同抗原表位的抗体的混合物，即多克隆抗体（polyclonal antibody，pAb），是第一代抗体。获得多克隆抗体的途径主要有动物免疫血清、恢复期患者血清或免疫接种人群血清等。

1890 年，德国学者 Emil von Behring 首次用白喉毒素免疫动物得到多克隆抗血清，成功治疗白喉并获得诺贝尔奖，这是第一个用抗体治疗疾病的例子。多克隆抗体特异性不高、易发生交叉反应，也不易大量制备，因此这些抗体的临床应用有相当大的局限性。解决多克隆抗体特异性不高的理想方法是制备针对单一抗原表位的特异性抗体——单克隆抗体。

（二）单克隆抗体

1975 年，德国学者 Kohler 和英国学者 Milstein 首次将小鼠骨髓瘤细胞和经过绵羊红细胞免疫的小鼠脾 B 淋巴细胞在体外进行两种细胞的融合，形成杂交瘤细胞，该细胞既具有骨髓瘤细胞体外大量增殖的特性，又具有浆细胞合成和分泌特异性抗体的能力。其产生的均一性抗体识别一种抗原决定簇，即为单克隆抗体（monoclonal antibody，mAb），又称细胞工程抗体。这种杂交瘤技术制备的单克隆抗体为第二代抗体。杂交瘤技术的诞生不仅带来了免疫学领域的一次革命，也是抗体工程发展的第一次质的飞越，是现代生物技术发展的一个里程碑。

单克隆抗体多具有鼠源性，进入人体会引起机体的排异反应，产生人抗鼠抗体（human anti-mouse antibody，HAMA）反应，导致抗体在人体内迅速被清除，半衰期短，甚至产生严重的不良免疫反应；而且完整抗体分子量大，在体内穿透血管和肿瘤组织的能力较差，生物活性不理想；生产成本高，不适合大规模工业化生产。针对上述问题，研究人员开始对单克隆抗体进行改造，从而产生了基因工程抗体。

（三）基因工程抗体

20 世纪 80 年代初，在抗体基因的结构和功能的研究成果的基础上，利用重组 DNA 技术将抗体基因进行加工、改造和重新装配，然后导入适当受体细胞内表达，产生基因工程抗体（genetically engineering antibody，gAb），即第二代单克隆抗体（更能与人相容的单克隆抗体或片段），是第三代抗体。基因工程抗体既保持了单抗的均一性、特异性强的优点，又能克服鼠源性抗体的不足。DNA 重组技术的发展，实现了部分或全人源化抗体的制备，如人-鼠嵌合抗体、改形抗体、小分子抗体、双特异性抗体及人源抗体等。1994 年，Winter 创建了噬菌体抗体库技术，这是抗体研究领域的又一次革命，它不用人工免疫动物和细胞融合，完全用 DNA 重组技术制备完全人源化抗体，而且还能利用基因转移和表达技术，通过细菌发酵或转基因动物、植物大规模生产抗体，在此基础上发展形成抗体

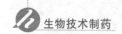

工程。目前,鼠源性单抗、嵌合抗体研发被逐渐冷落,全人源单抗、抗体偶联药物成为研究热点。

由多克隆抗体到单克隆抗体,直至基因工程抗体,由不均质的异源抗体到均质的异源抗体,直至人源抗体,这是抗体产生技术的三个重要时代,反映了生命科学由整体水平、细胞水平到基因水平的进展,同时也为抗体成为医药生物技术产业的一个重要支柱奠定了基础。21世纪,生物技术已成为最重要的并且可能改变将来工业和经济格局的技术。抗体工程技术随着现代生物技术发展而逐渐完善,并且是生物技术产业化的主力军,尤其在生物技术制药领域中占有重要地位。抗体药物以其对人体毒副作用小、天然和高度特异性的疗效,越来越显示其优势,并且将创造出巨大的社会效益和经济效益。

二、抗体的结构

一个抗体分子(即免疫球蛋白)是由两条相同的轻链(light chain,L链)和两条完全相同的重链(heavy chain,H链)通过二硫键(—S-S—)和其他的分子间作用力连接形成"Y"形结构的球状蛋白(图6-1-1)。轻链由约214个氨基酸组成,重链由450~550个氨基酸组成,完整抗体的相对分子质量约为150 kDa。在Ig分子N-端,L链的1/2区段与H链的1/4或1/5区段的氨基酸残基组成及排列顺序多变,称为可变区(variable region,V区);近C-端L链的1/2区段与H链的3/4或4/5区段的氨基酸组成和排列比较恒定,称为恒定区(constant region,C区)。在V区中,某些特定位置的氨基酸残基显示更大的变异性,构成了抗体分子和抗原分子发生特异性结合的关键部位,称为互补决定区(complementary determining region,CDR)或超变区(hypervariable region,HVR),它是V区中特异结合抗原的部位;H链和L链上各有3对CDR(CDR1、CDR2、CDR3),每个CDR长为5~16个氨基酸,V_L和V_H的CDR区共同构成一个抗原结合部位。V区中CDR以外的部分称为框架区(framework region,FR),FR区为β片层(β-sheet)结构,氨基酸组成相对保守,不与抗原分子直接结合,但对维持CDR的空间构型起着极为重要的作用。而C区则决定了Ig分子的种属特异性,主要发挥抗体分子的效应功能。L链有V_L和C_L两个功能区,H链有V_H和C_H1、C_H2、C_H3等4个功能区。另外,Ig分子是由若干折叠成球形结构组成的一种立体构型,每一个球形结构是肽链的一个亚单位,约有110个氨基酸组成,具有一定的生理功能,故称为功能区(domain)。

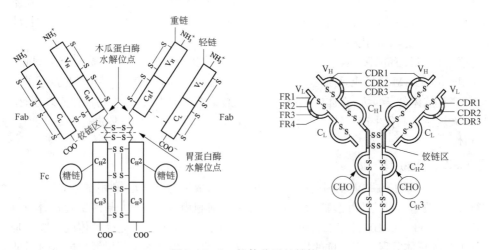

图6-1-1 抗体分子的结构

木瓜蛋白酶可水解IgG分子产生2个抗原结合片段(fragment of antigen-binding,Fab)和1个可结晶片段(fragment crystalizable,Fc)。Fab片段包括完整的L链和部分H链(V_H和C_H1),该片段能与一个相应的抗原决定簇特异性结合。Fc片段相当于两条重链的C_H2和C_H3功能区,由二硫键连接。Fc 段是抗体分子与效应分子或细胞相互作用的部位。胃蛋白酶水解 IgG 分子产生 1 个 F(ab$'$)$_2$ 片段，该片段含有两条 L 链和略大于 Fab 段的 H 链，由二硫键连接。

了解抗体分子的结构和相应的功能对于蛋白质工程改造是极为有利的，因为可以对分子间的功能区域进行互换来改变抗体的特性，比如交换抗原结合位点（Fab 或 Fv）和激活功能区域（Fc）。抗体的结构也很适合于接上其他分子（如毒素、放射性核素或细胞因子等），改造成为有特异识别能力的功能性抗体分子。

三、抗体的功能

抗体的分子结构和基因结构具有明显的两重性，其功能也相应具有两重性：一是与抗原的特异性结合，由可变区完成；二是与抗原结合后激发的效应功能，由恒定区完成。

（一）抗原结合

能与数量众多的抗原发生特异性结合是抗体分子的主要特征，这是由抗体分子上抗原结合部位（antigen binding site）和抗原决定簇（antigen determinant 或 epitope，亦称表位）相互作用的结果。早在 20 世纪 60 年代末期，通过对氨基酸序列的分析，发现轻链和重链可变区内分别有 3～4 个高变区，并推测它们与抗体-抗原的特异性结合有关，这些高变区后又被称作互补决定区（CDR）。

目前可变区的立体构象已基本阐明，其骨架区形成 9 个反向平行 β 折叠，这些 β 折叠组成两个片层结构，由一个链内二硫键固定，V$_H$ 和 V$_L$ 紧密地结合在一起，形成一个致密的球状结构。通过对抗体-抗原复合物的 X 衍射晶体结构分析证明，抗体和抗原的结合主要涉及这个表面，因此 CDR 表面即抗原结合部位，也称互补位（paratope）。抗体和抗原的结合不涉及共价键的形成或断裂，仅涉及非共价性质的作用力，包括疏水作用、氢键、范德华力和离子键（静电作用力）等。抗体、抗原结合的特异性来源于抗原结合部位与抗原决定簇的结构互补，这一方面是几何构象的互补，如凹陷与凸起的互补；另一方面也有理化性质的互补，如促进疏水作用或离子键的形成等。

（二）效应功能

抗体与抗原结合后在少数情况下可对机体直接提供保护作用，如中和毒素的毒性或抑制病毒对宿主细胞的感染等。但大多数情况下需要通过效应功能灭活，或清除外来抗原，以保护机体，这些效应功能是由 Fc 段介导的，可造成靶细胞的杀伤，促进细胞吞噬作用，诱发生物活性物质的释放，引起炎症反应等一系列生物学效应。引起效应功能的机制可分为两类：一类是通过补体激活；另一类是通过抗体分子 Fc 段与各种细胞膜表面 Fc 受体相互作用。

1. 补体激活　补体系统是机体防御体系的重要组成部分，是体液免疫反应的效应和效应放大系统，可产生多种生物学效应。目前认为其最重要的功能是抗感染，尤其是抗细菌感染。补体激活可通过经典激活途径或旁路激活途径。经典途径由抗体-抗原复合物激发，是机体通过特异免疫反应抵抗感染的重要机制；旁路激活途径则不涉及抗体-抗原反应，可由一些细菌成分、蛋白酶及多聚蛋白质等激活，目前认为在感染早期特异性免疫反应尚未形成时起保护作用。

2. Fc 受体介导的效应功能　在许多免疫细胞的表面表达有可结合抗体 Fc 受体（Fc receptor，FcR），这些细胞通过这些 FcR 的介导执行多种重要的效应功能。①FcR 介导的吞噬功能：单核-巨噬细胞和中性粒细胞等吞噬细胞在 Fc 受体介导下对结合有抗体的抗原的吞噬能力大大增强，称作调理作用。FcγR 尤其是 FcγR I 是介导这种效应功能的主要受体。②抗体依赖性细胞介导的细胞毒作用（antibody dependent cell-mediated cytotoxicity，ADCC）：抗体分子与靶细胞表面抗原结合后，可通过其 Fc 段与杀伤细胞表面的 Fc 受体相结合，促进对靶细胞的杀伤作用，称为 ADCC，其介导的受体主要为 FcγRⅢ。③免疫调节：Fc 受体对免疫反应的调节作用在 FcR 介导的 B 细胞反馈性抑制中得到了证实，B 细胞表面的 FcγRⅡB 可以介导抗体反馈性抑制（antibody feedback inhibition），当

IgG与抗原形成的免疫复合物通过其抗原部分与B细胞表面的抗原受体结合,并通过IgG Fc与FcγRⅡB结合,形成BCR与FcR的交联,则通过FcγRⅡB胞内部分酪氨酸的磷酸化引起B细胞的抑制。④Fc受体介导的转运功能:除了上述FcR介导的效应功能,目前已确定一些Fc受体抗原介导与转运相关的功能。母亲的IgG可通过胎盘和肠道转运到新生儿体内,对其提供保护作用,此转运功能是通过一种IgG Fc受体FcRn完成的,由该受体介导母体的IgG通过胎盘或从母乳通过肠道进入新生儿体内。

第二节 单克隆抗体及其制备

当外源性物质侵入人体或动物体时,便会刺激机体产生免疫反应。此时,B淋巴细胞激活、增殖、分化成浆细胞,并产生能与抗原发生特异性结合的抗体。抗体与抗原结合,可以中和清除抗原,从而起到保护机体的作用。抗体主要存在于血清中,在其他体液及外分泌液中也有分布,因此将抗体介导的免疫称为体液免疫。抗体除在动物和人的生命活动中起着重要的作用外,还被广泛应用于生命科学研究的各个领域和临床诊断与治疗。

获得一定特异性抗体的经典方法是用抗原免疫动物(如马、鼠、兔、羊等),然后再从其血清中进行分离。然而,由于抗原一般具有多个抗原表位(决定簇),每一个抗原表位可激活具有相应抗原受体的B细胞产生针对该抗原表位的抗体,因此,应用这种方法所得到的抗体是针对多种抗原表位的混合抗体,即多克隆抗体。这种抗体具有两个主要的缺陷:第一,这种抗体是不均一的,特异性差,效价低,用于检测会影响检测的精确度和灵敏度;第二,成熟的能分泌抗体的淋巴细胞寿命很短,一般只有几天,抗体的产量有限,无法实现大规模生产。

为了克服上述缺点,获得化学组成均一、特异性高的抗体,许多免疫学家进行了大量的实验研究与探索,这一难题终于在1975年被Kohler和Milstein解决。他们成功地将经过绵羊红细胞免疫的小鼠脾细胞与能在体外培养的小鼠骨髓瘤细胞融合,使产生抗体的B淋巴细胞能在体外长期存活,并通过克隆化技术,建立单克隆的杂交瘤细胞株,该细胞株可以持续分泌均质纯净的高特异性抗体,即单克隆抗体。基于该项杰出贡献,他们获得了1984年的诺贝尔生理学或医学奖。单克隆抗体具有以下基本特性:高纯度单一抗体,只与一个抗原决定簇反应;可重复性,能够提供完全一致的抗体制剂;可以通过杂交瘤细胞的大规模培养进行生产。

一、单克隆抗体技术的基本原理

单克隆抗体技术是基于动物细胞融合技术得以实现的。骨髓瘤是一种恶性肿瘤,其细胞可以在体外进行培养并无限增殖,但不能产生抗体,其遗传表现型有HGPRT$^+$-TK$^+$、HGPRT$^+$-TK$^-$及HGPRT$^-$-TK$^+$等;而免疫淋巴细胞可以产生抗体,却不能在体外长期培养及无限增殖,遗传表现型为HGPRT$^+$-TK$^+$。将上述两种各具功能的细胞进行融合形成的杂交瘤细胞,继承了两个亲代细胞的特性,既具有骨髓瘤细胞无限增殖的特性,又具有免疫淋巴细胞合成和分泌特异性抗体的能力。

在两类细胞的融合混合物中存在着未融合的单核亲本细胞、同型融合多核细胞(如脾-脾、瘤-瘤的融合细胞)、异型融合的双核细胞(脾-瘤融合细胞)和多核杂交瘤细胞等多种细胞,从中筛选纯化出异型融合的双核杂交瘤细胞是该技术的目的和关键。未融合的淋巴细胞在培养6~10日会自行死亡,异型融合的多核细胞由于其核分裂不正常,在培养过程中也会死亡,但未融合的骨髓瘤细胞因其生长快而不利于杂交瘤细胞生长,因此融合后的混合物必须立即移入选择性培养基中进行选择培养。通常使用HAT选择性培养基筛选杂交瘤细胞,即在基本培养基中加次黄嘌呤(hypoxanthine,H)、氨基蝶呤(aminopterin,A)及胸腺嘧啶核苷(thymidine,T)。核苷酸的合成途径有两条:从头合成途径(de novo synthesis pathway),但该途径被叶酸拮抗剂氨基蝶呤阻断;补救合成途径(salvage synthesis pathway),即利用培养基中次黄嘌呤和胸腺嘧啶核苷合成核苷酸,这一途径需要次黄嘌呤鸟嘌呤磷酸核糖转移酶(HGPRT)或胸腺嘧啶核苷激酶(TK)。而实验所用的骨髓瘤细胞是 HGPRT 缺陷(HGPRT⁻),所以骨髓瘤细胞不能在 HAT 培养基上生长。融合的杂交瘤细胞由于从脾细胞获得了 HGPRT,因此能在 HAT 培养基上存活和增殖。经克隆化,可筛选出产生大量特异性单抗的杂交瘤细胞,在体内或体外培养,即可大量制备单抗。

与常规抗体相比,单克隆抗体具有以下优点:①单克隆抗体为高纯度单一抗体,在氨基酸序列以及特异性方面均为一致,检测灵敏度极高;②可以通过杂交瘤细胞的大规模培养进行生产;③杂交瘤细胞可以用液氮深冻法进行长期保存;④可在分子水平上解析存在于病毒表面的抗原或受体;⑤可以用不纯的抗原制备纯的单克隆抗体。但单克隆抗体也存在一些缺点:①单克隆抗体特异性太强,有时不能检出微生物突变株;②有时不能产生与抗原交联的功能;③易受 pH、温度及盐浓度的影响,或亲和力较低、半衰期短;④单克隆抗体制备程序复杂,工作量大。因此,可以采用常规抗体解决的问题就无须制备单克隆抗体。

二、单克隆抗体的制备过程

单克隆抗体的制备过程大致分为抗原的制备、动物的免疫、抗体产生细胞与骨髓瘤细胞融合形成杂交瘤细胞、杂交瘤细胞的选择性培养、筛选能产生某种特异性抗体的阳性克隆、杂交瘤细胞的克隆化、采用体外培养或动物腹腔接种培养大量制备单克隆抗体以及单抗的纯化和鉴定(图 6-2-1)。

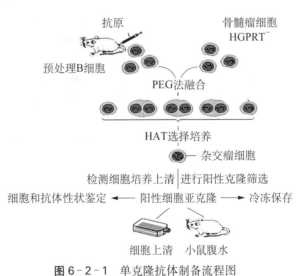

图 6-2-1 单克隆抗体制备流程图

(一)抗原与动物免疫

要制备特定抗原的单克隆抗体,首先要制备用于免疫的适当抗原,再用抗原进行动物免疫。在免疫动物时根据抗原的来源、免疫原性、混合物的多少等决定免疫用抗原的纯度。对于来源困难、性质不清楚或免疫原性很强的抗原只需初步纯化,有的抗原可用化学方法合成。多数情况下,抗原物质只能得到部分纯化,甚至是极不纯的混合物。在制备恶性肿瘤细胞表面抗原的单克隆抗体时,情况较为复杂,需用整个肿瘤细胞作为免疫原。

因免疫动物品系和骨髓瘤细胞在种系发生上距离越远,产生的杂交瘤越不稳定,故一般采用与骨髓瘤供体同一品系的动物进行免疫。目前常用的骨髓瘤细胞系多来自 BALB/c 小鼠和 Lou 大鼠,因此免疫动物也多采用相应的品系,最常用的也是 BALB/c 小鼠。

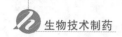

选择合适的免疫方案对于细胞融合的成功和获得高质量的单克隆抗体至关重要。免疫方案应根据抗原的特性不同而定,颗粒性抗原免疫性较强,不加佐剂就可获得很好的免疫效果。可溶性抗原免疫原性弱,一般要加佐剂,常用佐剂有弗氏完全佐剂和弗氏不完全佐剂。目前用于可溶性抗原(特别是一些弱抗原)的免疫方案不断更新,如可将可溶性抗原颗粒化或固相化,既增强了抗原的免疫原性,又可降低抗原的使用量;可以改变抗原注入的途径,基础免疫可直接采用脾内注射;使用细胞因子作为佐剂可提高机体的免疫应答水平,促进免疫细胞对抗原反应性。

将抗原与佐剂等量混合,制成乳剂,采用腹腔注射和皮下注射等方法进行免疫,间隔 2~3 周重复注射 1~2 次,检查抗体滴度,如符合要求,可在细胞融合前 3 天用同样剂量腹腔或静脉注射加强免疫 1 次。

(二)细胞融合与杂交瘤细胞的选择

1. **脾细胞**　免疫小鼠放血处死后在无菌条件下取出脾脏,去包膜,清洗,用注射器内玻璃管芯将脾细胞挤压至培养液中,计数后将脾淋巴细胞装入加盖的离心管中冷藏备用。

2. **骨髓瘤细胞**　用于细胞融合的骨髓瘤细胞应具备融合率高、自身不分泌抗体、所产生的杂交瘤细胞分泌抗体的能力强且长期稳定等特点。另外,为了能将杂交瘤细胞从淋巴细胞和骨髓瘤细胞中筛选出来,所选用的骨髓瘤细胞应该是次黄嘌呤鸟嘌呤磷酸核糖转移酶缺陷型(HGPRT$^-$)或者胸腺嘧啶核苷酸激酶缺陷型(TK$^-$)。

3. **饲养细胞**　在制备单克隆抗体过程中,许多环节需要加入饲养细胞,如杂交瘤细胞的筛选、克隆化和扩大培养过程。细胞培养时,单个或少数分散的细胞不易生长繁殖,若加入其他活细胞则可以促进这些细胞生长繁殖,所加入的细胞即为饲养细胞(feeder cells)。一般认为饲养细胞能释放某些生长刺激因子,还能清除死亡细胞和满足杂交瘤细胞对细胞密度的依赖性。常用的饲养细胞有小鼠腹腔巨噬细胞、脾细胞和胸腺细胞。

4. **细胞融合**　取适量脾细胞(约 $1×10^8$ 个)与骨髓瘤细胞(HGPRT$^-$ 或 TK$^-$,$2×10^7$~$3×10^7$ 个)进行混合,采用聚乙二醇(PEG)诱导细胞融合。一般来说,PEG 的相对分子质量和浓度越高,其促融率越高。但其黏度和对细胞的毒性也随之增大。目前常用的 PEG 溶液的浓度为 40%~50%,相对分子质量以 4 000 为佳。为了提高融合率,在 PEG 溶液中加入二甲基亚砜(DMSO),以提高细胞接触的紧密性,增加融合率。但 PEG 和 DMSO 都对细胞有毒性,必须严格限制它们和细胞的接触时间,可通过低速离心 5 分钟使细胞接触更为紧密,然后用新配制的培养液来稀释药物并洗涤细胞。

5. **HAT 培养基选择杂交瘤细胞**　一般在细胞融合 24 小时后,加入 HAT 选择性培养基。未融合的骨髓瘤细胞在 HAT 培养基中不可避免地死亡,融合的杂交瘤细胞由于脾细胞是 HGPRT$^+$-TK$^+$,可以通过 H 或 T 合成核苷酸,克服 A 的阻断,因此杂交瘤细胞大量繁殖而被筛选出来。加入HAT 的次日即可观察到骨髓瘤细胞开始死亡,3~4 天后可观察到分裂增殖的细胞和克隆的形成。培养 7~10 天后,骨髓瘤细胞相继死亡,而杂交瘤细胞逐渐长成细胞集落。在 HAT 培养液维持培养 2 周后,改用 HT 培养基,再维持培养两周,改用一般培养液。

(三)筛选阳性克隆与克隆化

1. **筛选阳性克隆**　在 HAT 培养液中生长形成的杂交瘤细胞仅少数可以分泌预定的单抗,且多数培养孔中混有多个克隆。由于分泌抗体的杂交瘤细胞比不分泌抗体的杂交瘤细胞生长慢,长期混合培养会使分泌抗体的细胞被不分泌抗体的细胞淘汰。因此,必须尽快筛选阳性克隆,并进行克隆化。检测抗体的方法必须高度灵敏、快速、特异,易于进行大规模筛选。常用的方法有酶联免疫吸附试验(ELISA),用于可溶性抗原(蛋白质)、细胞和病毒的单抗检测;放射免疫测定(RIA),用于可溶性抗原、细胞单抗的检测;荧光激活细胞分选仪(FACS),适用于细胞表面抗原的单抗检测;间接免疫荧光法(IFA),用于细胞和病毒的单抗检测。

2. 杂交瘤细胞的克隆化 杂交瘤细胞的克隆化是指将抗体阳性孔的细胞进行分离获得产生所需单抗的杂交瘤细胞株的过程,它是确保杂交瘤所分泌的抗体具有单克隆性以及从细胞群中筛选出具有稳定表型的关键一步。经过 HAT 筛选后的阳性克隆不能保证一个孔内只有一个克隆,可能会有数个甚至更多的克隆,包括抗体分泌细胞、抗体非分泌细胞、所需要的抗体(特异性抗体)分泌细胞和其他无关抗体的分泌细胞,要想将这些细胞彼此分开就需要克隆化。对于检测抗体阳性的杂交克隆应尽快进行克隆化,否则抗体分泌细胞会被抗体非分泌细胞抑制。即使克隆化过的杂交瘤细胞也需要定期地再克隆,以防止杂交瘤细胞的突变或染色体丢失,从而丧失产生抗体的能力。

最常用克隆化的方法是有限稀释法和软琼脂平板法。

(1)有限稀释法:从具有阳性分泌孔收集细胞,经逐步稀释,使每孔只有一个细胞;具体的操作是将含有不同数量的细胞悬液接种至含饲养细胞的培养板中进行培养,倒置显微镜观察,选择只有一个集落的培养孔,并检测上清中抗体分泌的情况。一般需要做 3 次以上的有限稀释培养,才能获得比较稳定的单克隆细胞株。

(2)软琼脂平板法:用含有饲养细胞的 0.5%琼脂液作为基底层,将含有不同数量的细胞悬液与0.5%琼脂液混合后立即倾注于琼脂基底层上,凝固,孵育,7~10 天后,挑选单个细胞克隆移种至含饲养细胞的培养板中进行培养。检测抗体,扩大培养,必要时再克隆化,并及时冻存原始孔的杂交瘤细胞。

3. 杂交瘤细胞的冻存 每次克隆化后得到的亚克隆细胞是十分重要的,因为在没有建立一个稳定分泌抗体的细胞系时,细胞的培养过程随时可能发生细胞的污染、分泌抗体能力的丧失等,因此及时冻存原始细胞非常重要。

杂交瘤细胞的冻存方法同其他细胞系的冻存方法一样,原则上细胞数应每支安瓿含 1×10^6 以上,但对原始孔的杂交瘤细胞可以因培养环境不同而改变,当长满孔底时,一孔就可以冻一支安瓿。常用的细胞冻存液为:50%小牛血清、40%不完全培养液、10% DMSO。冻存液最好预冷,操作动作轻柔、迅速。冻存时从室温可立即降到 0 ℃,再降温时一般按每分钟降温 2~3 ℃,待降至－70 ℃可放入液氮中。或细胞管降至 0 ℃后放－70 ℃超低温冰箱,次日转入液氮中。冻存细胞要定期复苏,检查细胞的活性和分泌抗体的稳定性,在液氮中细胞可保存数年或更长时间。

(四)杂交瘤细胞抗体性状的鉴定

获得产生单抗的杂交瘤细胞株后,需要对其及产生的单克隆抗体进行系统的鉴定和检测。

1. 杂交瘤细胞的鉴定 对杂交瘤细胞进行染色体分析,不仅可作为鉴定的客观指标,还能帮助了解其分泌抗体的能力。杂交瘤细胞的染色体在数目上接近两种亲本细胞染色体数目的总和,在结构上除多数为端着丝粒染色体外,还应出现少数标志染色体。染色体数目较多又比较集中的杂交瘤细胞能稳定分泌高效价的抗体,而染色体数目少且较分散的杂交瘤细胞分泌抗体的能力较低。

2. 抗体特异性鉴定 可用 ELISA、IFA法鉴定抗体特异性。除用免疫原(抗原)进行抗体的检测外,还应与其抗原成分相关的其他抗原进行交叉试验,例如,在制备抗黑色素瘤细胞的单抗时,除用黑色素瘤细胞反应外,还应与其他脏器的肿瘤细胞和正常细胞进行交叉反应,以便挑选肿瘤特异性或肿瘤相关抗原的单抗。

3. 单抗的 Ig 类与亚类的鉴定 由于不同类和亚类的免疫球蛋白生物学特性差异较大,因此要对制备的单克隆抗体进行 Ig 类和亚类的鉴定。一般用酶标或荧光素标记的第二抗体进行筛选,就可基本上确定抗体的 Ig 类型。如果用的是酶标或荧光素标记的兔抗鼠 IgG 或 IgM,则检测出来的抗体一般是 IgG 类或 IgM 类。至于亚类则需要用标准抗亚类血清系统做双扩或夹心 ELISA 来确定单抗的亚类。

4. 单抗中和活性的鉴定 常用动物或细胞保护实验来确定的中和活性,即生物学活性。如果

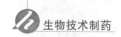

要确定抗病毒单抗的中和活性,则可用抗体和病毒同时接种于易感动物或敏感细胞,观察动物或细胞是否得到抗体的保护。

5. 单抗识别抗原表位的鉴定　常用竞争结合试验、测相加指数的方法,测定 McAb 所识别抗原位点,来确定 McAb 的识别的表位是否相同。

6. 单抗亲和力的鉴定　抗体的亲和力是指抗体和抗原的牢固程度。用 ELISA 或 RIA 竞争结合试验来确定 McAb 与相应抗原结合的亲和力,它可为正确选择不同用途的单克隆抗体提供依据。

（五）单克隆抗体的大量制备

目前单克隆抗体的生产包括体内培养和体外培养两种,体内培养是利用生物体作为反应器,主要是将杂交瘤细胞接种于小鼠或大鼠的腹腔内生长并分泌单克隆抗体。体外培养法是在转瓶或生物反应器内培养杂交瘤细胞生产抗体,有悬浮培养、包埋培养和微囊化培养等。

1. 体内培养法　小鼠腹腔内接种杂交瘤细胞制备腹水。为了使杂交瘤细胞在腹腔内增殖良好,可于注入细胞的几周前,预先将具有刺激性的有机溶剂降植烷（pristane）注入腹腔内,以破坏腹腔内腹,建立杂交瘤细胞易于增殖的环境。然后注射 1×10^6 杂交瘤细胞,接种细胞 7～10 天后可产生腹水,密切观察动物的健康状况与腹水征象,待腹水尽可能多,而小鼠濒于死亡之前,处死小鼠,收集腹水,一般一只小鼠可获 1～10 ml 腹水;也可用注射器收集腹水,可反复收集数次,腹水中单克隆抗体含量可达 5～20 mg/ml。还可将腹水中细胞冻存,复苏后接种小鼠腹腔则产生的腹水快且量多。

2. 体外培养法　体外使用旋转培养器大量培养杂交瘤细胞,体外培养法多采用培养液,添加胎牛或小牛血清。由于培养液中含有血清成分,总蛋白量可达 $100 \mu g/ml$ 以上,给纯化带来困难。又由于支原体污染和血清批间质量差异大,直接影响杂交瘤细胞生长。采用无血清培养法,虽可减少污染又有利于单克隆抗体的纯化,但产量不高。目前单克隆抗体小规模生产采用滚瓶或转瓶,大规模采用生物反应器。

（六）单克隆抗体的纯化

通过上述培养获得的培养液、腹水等,除单克隆抗体外,还有无关的蛋白质等其他物质,因此必须对产品进行分纯化。根据抗体的用途综合选择纯化方法,用于体外诊断的单抗可采用硫酸铵沉淀后经亲和层析或凝胶过滤等纯化;体内诊断或治疗用单抗,必须除去内毒素、核酸、病毒等微量污染成分,再经盐析、超滤及合适的层析技术进行纯化,鉴定分析合格后供制剂用。

（七）制备单克隆抗体的常见问题分析

由于制备单抗的实验周期长、环节多,所以影响因素就比较多,稍不注意就会造成失败。导致失败的主要原因常常是技术上的失误。例如,供体小鼠没有免疫应答,供脾小鼠血清未检测到特异性抗体的效价。但失败最多的原因还是污染等实验操作。

1. 免疫失败的可能原因及应采取的措施　有时不能获得满意的抗血清,可从下列几方面找原因,并改进之。

（1）免疫动物的种属及品系是否合适,可考虑改变动物的种属或品系,或扩大免疫动物的数量。

（2）抗原质量是否良好,可改用其他厂家的产品或改用同一厂家的其他批号,也可考虑改变抗原分子的部分结构,或改进提取方法。

（3）制备的抗原是否符合要求,可从偶联剂、载体、抗原或载体的比例、反应时间等多方面去考虑,并加以改进。

（4）所用的佐剂是否合适,乳化是否完全,可改用其他佐剂,或加强乳化。

（5）免疫的方法、剂量是否合适,加强免疫的间隔时间和次数、免疫的途径是否合适。

（6）动物的饲养是否得当,如营养（饲料、饮水）、环境卫生（通风、采光、温度）是否符合要求,动物的健康情况是否良好等。

2. 细胞融合的影响因素、失败原因分析　细胞融合失败的主要类型有污染、融合后杂交瘤不生长、杂交瘤细胞不分泌抗体或停止分泌抗体、杂交瘤细胞难以克隆化。

（1）包括细菌、霉菌和支原体的污染，这是杂交瘤工作中最棘手的问题。一旦发现有霉菌污染就应及早将污染板弃之，以免污染整个培养环境。支原体的污染主要来源于牛血清。此外，其他添加剂、实验室工作人员及环境也可能造成支原体污染。在有条件的实验室，要对每一批小牛血清和长期传代培养的细胞系进行支原体的检查，查出污染源应及时采取措施处理。对于污染的杂交瘤细胞可以采取生物学的过滤方法，将污染的杂交瘤细胞注射于 Balb/c 小鼠的腹腔，待长出腹水或实体瘤时，无菌取出分离杂交瘤细胞，一般可除去支原体污染。

（2）融合后杂交瘤不生长：在保证融合技术没有问题的前提下主要考虑的因素有：①PEG 有毒性或作用时间过长。②牛血清的质量太差，用前没有进行严格的筛选。③骨髓瘤细胞污染了支原体。④HAT 有问题，主要是 A 含量过高或 HT 含量不足。

（3）杂交瘤细胞不分泌抗体或停止分泌抗体：①融合后细胞生长，但无抗体产生，可能是 HAT 中 A 失效或骨髓瘤细胞发生突变，变成 A 抵抗细胞所致。②有可能是抗原免疫性弱，免疫效果不好。③原分泌抗体的杂交瘤细胞变为阴性，可能是细胞支原体污染，或非抗体分泌细胞克隆竞争性生长，从而抑制了抗体分泌细胞的生长。也可能发生染色体丢失。

Goding（1982）曾提出"三要""三不要"，可能是防止抗体停止分泌的有效措施。"三要"：要大量保持和补充液氮冻存的细胞原管；要应用倒置显微镜经常检查细胞的生长状况；要定期进行再克隆。"三不要"：不要让细胞"过度生长"，因为非分泌的杂交瘤细胞将成为优势，压倒分泌抗体的杂交瘤细胞；不要让培养物不加检查地任其连续培养几周或几个月；不要不经克隆化而使杂交瘤在机体内以肿瘤生长形式连续传好几代。

（4）杂交瘤细胞难以克隆化：可能与小牛血清质量、杂交瘤细胞的活性状态有关，或由于细胞有支原体污染使克隆化难以成功。若是融合后的早期克隆化，应在培养液中加 HT。

（八）单克隆抗体的应用

由杂交瘤细胞制备的单克隆抗体也被称为第二代抗体，一经问世便显示出强大的生命力，现已广泛应用于生物、医药、农业等诸多领域。

在医药方面，单克隆抗体主要应用于疾病的诊断与治疗。由于单克隆抗体具有纯度高、特异性强、易于大规模生产的特点，用于临床疾病诊断敏感性高、特异性强、检测结果重复性好，因此，它在血清学检测中已大部分取代了常规的多克隆抗体而广泛应用于免疫学诊断。目前已成功生产了抗激素、抗病毒、抗细菌、抗寄生虫、抗肿瘤相关抗原等单克隆抗体，这些产品应用于体内激素或药物等微量物质的测定、传染病与肿瘤的诊断等，大大促进了体内药物及各种传染病和恶性肿瘤诊断的准确性。

单克隆抗体除了用于检测与诊断外，还可作为药物用于疾病的治疗，主要是癌症的治疗，如结直肠癌、淋巴癌、乳腺癌、卵巢癌、肺癌、黑色素瘤、白血病、前列腺癌、胰腺癌等，也有治疗类风湿关节炎、1 型糖尿病的单抗。此外，单克隆抗体还可与各种毒素（如白喉外毒素、蓖麻毒素）、放射性元素或药物（如氨基蝶呤、阿霉素等）进行化学偶联制备成靶向性药物（targetting drug）用于肿瘤的治疗，提高药物对肿瘤的疗效，减轻药物的毒副作用。

单克隆抗体还可用于生物活性蛋白质的分离与纯化。人们可以将目的蛋白质的单抗联到溴化氰活化的色谱介质（如 Sepharose）上，制成亲和色谱吸附剂，从发酵液、血清、组织或细胞匀浆液中特异性吸附所需纯化的蛋白质，然后再将目的蛋白质洗脱下来。该方法的特点是，通过一步纯化产品即可达到很高的纯度，大大提高了产品的总回收率。这种单抗免疫亲和色谱技术已作为高效的分离纯化手段，广泛应用于生物医药产品的研究与开发，如 Secher 等采用免疫亲和色谱法从 Namalwa 细胞培养上清液中纯化干扰素-α，一步处理即可达到 5 000 倍的纯化效果。

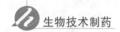

第三节　基因工程抗体及其制备

单克隆抗体的问世促进了抗体在各个领域的应用,但其在体内治疗上的应用发展缓慢。研究表明,在临床治疗领域中使用鼠源单克隆抗体的主要障碍之一是产生人抗鼠抗体反应。因此对于疗程长、需反复多次给药的抗体药物,人源化是其重要的发展方向,以降低 HAMA 反应。另外,单抗的生产在技术上难以克服融合率低、建株难、不稳定、产率低的问题。随着基因工程技术的崛起以及抗体遗传学的深入研究,DNA 重组技术被应用于改现有的优良鼠源单抗,其着眼点在于改造抗体分子的结构和功能,尽量减少抗体中的鼠源成分,但又尽量保留原有抗体的抗体特异性,从而创造出新型抗体——基因工程抗体,尤其是用噬菌体抗体库技术、核糖体展示技术、转基因小鼠技术等生产全人源单克隆抗体。

基因工程抗体又称重组抗体,是指利用重组 DNA 及蛋白质工程技术对编码抗体的基因按不同需求进行加工和重新装配,经转染适当的受体细胞所表达的抗体分子。它具有以下特点:①通过基因工程技术改造,可以降低抗体的免疫原性,消除人抗鼠抗体反应。②基因工程抗体的分子量一般较小,穿透力强,更易到达病灶的核心部位。③可以根据治疗的需要,制备多种用途的新型抗体。④可以采用原核、真核表达系统以及转基因动植物生产大量的基因工程抗体,降低生产成本。基因工程抗体主要包括单克隆抗体的人源化即大分子抗体(嵌合抗体、重构抗体)、小分子抗体(Fab、scFv)、双(多)价抗体及双特异性抗体、抗体融合蛋白及纳米抗体等。

一、大分子抗体

鼠单克隆抗体人源化是最早出现的基因工程抗体,此类抗体结构与天然抗体相似,具有完整的轻链和重链,只是将抗体中的部分鼠源性成分人源化,从而降低其免疫原性即人抗鼠抗体反应,主要有嵌合抗体和重构抗体。

(一)人-鼠嵌合抗体

嵌合抗体(chimeric antibody)是用人抗体的 C 区替代鼠的 C 区,使鼠源性单抗的免疫原性明显减弱,并可延长其在体内的半衰期及改善药物的动力学,属第一代人源化抗体(humanized antibody,HAb)。抗体的抗原结合的功能决定于抗体分子的可变区(V),免疫原性则决定于抗体分子的恒定区(C)。嵌合抗体是应用重组 DNA 技术从小鼠杂交瘤细胞基因组中分离和鉴别出抗体基因的功能性可变区,与人免疫球蛋白恒定区基因拼接后,构建成人-鼠嵌合的重链、轻链基因,再导入哺乳动物细胞中表达。其具体的制备方法是:提取杂交瘤细胞系的 mRNA,经过逆转录成 cDNA;以其为模板,采用特异性引物,用多聚酶链反应(PCR)方法分别扩增 V_L 和 V_H 基因,再分别连接真核表达所需的上游启动子、前导肽序列和下游剪切供体信号、增强子真核调控序列后,将 V_L 基因克隆到人 Ig 的 C_L 基因表达载体上,将 V_H 基因克隆到人 Ig 的 C_H 基因真核表达载体上;再将人-鼠嵌合的 L 链和 H 链基因重组质粒共转宿主细胞,经筛选共转染细胞,所分泌的抗体为嵌合抗体(图 6-3-1)。

实验证明,嵌合抗体除具有亲本鼠源单抗相同的特异性、亲和力和技术路线简单,易于操作,具有实用价值等特点外,还具有以下的优点:①对人体的免疫原性较亲本单抗大大减小,半衰期较鼠源单抗长。②因为人抗体恒定区与补体和 Fc 受体的相互作用力以及促发细胞溶解的功能不尽相同,可根据不同的需要选择不同亚类的人恒定区基因。③可对恒定区中个别氨基酸的点突变来改善抗体的生物学功能,使之更有效地发挥抗体的效应功能,消除不良反应。

由于嵌合抗体保持鼠源性单克隆抗体的抗原结合的特异性,但对人的免疫原性大幅度下降了,

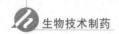

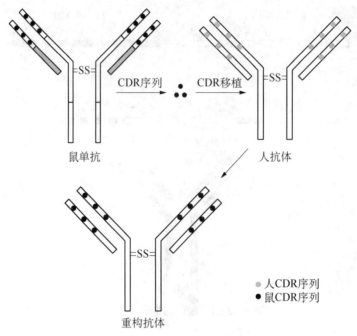

图 6-3-2　重构抗体的构建示意图

CDR 移植相关的关键残基信息,此方法所需更改的氨基酸数目较少,能更好地保持 CDR 折叠所需空间环境。

2. **表面重塑**　对鼠 CDR 及 FR 表面残基进行修饰或重塑,使之类似于人抗体 CDR 的轮廓或人 FR 的型式。1991 年,Padlan 经过研究发现尽管鼠和人的可变区来自不同种属,但暴露于表面的氨基酸残基的位置和数目却非常保守,它们是可变区免疫原性的主要来源,于是 Padlan 提出了利用表面重塑的方法来改造非人源抗体,此方法的原则是将鼠可变中暴露在表面的骨架区残基替换为人源性残基。此方法可以不进行同源建模。

3. **补偿变换**　在人 FR 中,通过对与 CDR 有相互作用、与抗体亲和力密切相关或与 FR 空间折叠起关键作用的残基的改变,来补偿完全的 CDR 移植。该方法需要以抗体晶体数据和三维结构为基础,精确评估 FR 残基对抗原结合、CDR 构象的稳定、FR 的折叠中的重要程度。

4. **定位保留**　在人源化单抗中,通过保留鼠源单抗中参与抗原结合的 CDR 和 FR 中的一些关键残基,其余残基进行人源化,从而保证人源化抗体的抗原结合能力和降低抗原性,但是所得到的人源化抗体序列与人抗体的保守序列在一些位置仍有差别,这些差别来源于在抗体亲和力成熟过程中产生的非典型残基。

二、小分子抗体

由于抗体分子与抗原结合的部位仅局限于其可变区,若利用基因工程技术则可构建分子质量较小的、能与抗原结合的分子片段,这些小分子片段称为小分子抗体。小分子抗体具有以下优点:①可进行原核表达;②易于穿过血管壁或者组织屏障;③无 Fc 段,减少 Fc 受体带来的影响;④易于进行基因工程改造。

(一) Fab 抗体

Fab 片段抗体由重链可变区(V_H 区)及第一恒定区(C_H1 区)与整个轻链以二硫键形式连接而成,主要发挥抗体的抗原结合功能。Fab 抗体只有完整 IgG 的相对分子质量(Mr)的 1/3。Fab 抗体易于穿透血管壁和组织屏障进入病灶,免疫原性强,避免了 Fc 段与 Fc 受体结合所带来的不良反应,它可作为载体分子偶联多种活性蛋白(如酶、毒素等)用于肿瘤等疾病的导向性诊断和治疗,从而可改善其抗体的药代动力学特性,适合于临床的应用。

Fab 抗体是对 Fab 段进行改造而获得的基因工程抗体。即将抗体分子的重链 V 区和 C_H1 功能区的 cDNA 与轻链完整的 cDNA 连接在一起,克隆到适当的表达载体,Fab 片段抗体不需进行糖基化修饰,可在大肠埃希菌等宿主中表达。如果其中的恒定区 C_H1 与 L 链的 C 区是人源的,则成为重组 Fab 或嵌合 Fab 抗体(chimeric Fab,cFab)。由于其不含 Fc 段、分子质量小、结合力高、抗原性低,故在肿瘤治疗中有其优越性,目前已有多个 Fab 片段药物获得 FDA 批准上市,如阿昔单抗(Abciximab,ReoPro),该产品以血小板糖蛋白 Ⅱb/Ⅲa 为靶点,用以防止血小板聚集及血栓形成,作为冠状动脉导管插术时预防心肌缺血的辅助用药,取得了巨大的成功;此外还有兰尼单抗(Lucentis)、赛妥珠单抗(Cimzia)。

(二) scFv

scFv(single-chain Fv,单链抗体)是由 V_H 和 V_L 通过一条连接肽(linker)首尾连接在一起,通过正确的折叠,V_H 和 V_L 以非共价键形式结合形成具有抗原结合能力的 Fv,大小约为完整单抗的 1/6。由于 scFv 的 linker 承担了维持 V_H 和 V_L 空间构象的功能,linker 必须使重、轻链可变区自由折叠,从而使抗原结合位点处于适当的构型,不干扰 V_H 和 V_L 的立体折叠,并且不对抗原结合部位造成影响,保持亲本抗体的亲和力。在构建过程中,linker 的长度是有限制的,为避免 Fv 的立体结构变形,linker 长度应不短于 3.5 nm(10 个氨基酸残基),linker 也不宜过长,以免对抗原结合部位造成干扰,研究表明,一般 linker 的长度选择在 14~15 个氨基酸残基比较合理。目前应用最为广泛的 linker 是 4 个甘氨酸和 1 个丝氨酸重复 3 次,即(GGGGS)$_3$,其中甘氨酸是分子质量最小、侧链最短的氨基酸,可以增加侧链的柔性,丝氨酸是亲水性最强的氨基酸,可以增加 linker 的亲水性,因此,这条 linker 具有较好的稳定性和活力。此外,也可以设计不同长度和序列的 linker,构建具有不同生物学功能的 scFv。

scFv 可以在多种表达系统进行表达,如原核、酵母、植物、昆虫、哺乳类动物细胞等,但是最常用的是大肠埃希菌。常用的表达方式有:以包涵体或者非包涵体性不可溶蛋白形式表达,此方法表达量高,但需要进行变性-复性等,使其正确折叠;分泌表达,即将细菌前导序列与 scFv 的氨基端连接起来,使其分泌到周质腔,并在其中完成二硫键的形成和正确折叠,此方法可直接表达有活性的抗体分子,但产量低;另外随着抗体库技术的发展,也可采用噬菌体展示和核糖体展示技术进行表达。

通常 scFv 具有良好的结合活性,但有时比其亲本抗体亲和力低,且常显示聚集倾向,为改善这一缺点,有人在 V_H 和 V_L 间入链间二硫键,构建了 ds-Fv(disulfide-stabilized Fv)。通常在远离 CDR 的结构保守骨架区设计二硫键,与相应 scFv 相比,前者稳定性有明显提升,但抗原结合活性则有所不同,既有增强,也有下降和不变的,但是由于稳定性的提高,其结合能力的下降往往能得到补偿。

由于 scFv 和 dsFv 具有分子小、穿透力强、廓清快、异源性低、易于大量生产等优点,故其在靶向载体、构建其他工程抗体(如多价小分子抗体)和细胞内抗体等方面具有乐观的应用前景。

三、双(多)价抗体及双特异性抗体

(一) 双(多)价抗体

Fab 和 scFv 都是单价的,而天然抗体分子至少是双价的,抗体的多个抗原结合部位与同一表面的多个重复抗原表位结合可以获得更高的亲和力。近年来由于基因工程抗体技术的发展,将单价小分子抗体改建为双或多价抗体成为抗体工程中的一个重要领域。通常构建双或多价抗体的方式有:

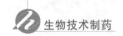

体外交联构建双价抗体；通过自聚化结构域构建双或多价抗体；双链（diabody）及三链抗体（triabody）。

1. **体外交联构建双价抗体**　主要是在小分子抗体的羧基端设计半胱氨酸残基，通过形成二硫键或使用双顺丁烯二酰亚胺形成硫酯键使 Fab 或 scFv 交联成为双价抗体分子。此方法由于操作较烦琐，所以应用不多。

2. **自聚化结构域构建双或多价抗体**　是将具有自聚化倾向的结构域连接在单价小分子抗体的 3′端，从而促使抗体分子片段多聚化。常用的自聚化结构包括亮氨酸拉链、α 螺旋束、免疫球蛋白功能区和链亲和素等，其中免疫球蛋白功能区是指在天然抗体分子中，两条重链的 C_H3 区相互作用形成紧密的球状结构，将 C_H3 连接于 scFv 的羧基端，表达的融合蛋白可在胞内自动二聚化成二聚体，称为 minibody，其分子质量在 80 000 左右，在体内有较长的半衰期，在肿瘤治疗中有较好的前景。

3. **双链抗体及三链抗体**　在大肠埃希菌表达 scFv 的时候，发现不同的 scFv 分子间 V_H 和 V_L 可以配对，形成双体。在此基础上，通过基因改造缩短 scFv 的 linker，使得两个不同的 scFv 配对，以非共价键结合成二聚体，称为双链抗体。其后通过引入链间二硫键，以稳定双链抗体结构。在实验中发现，缩短接头不仅可以形成双链抗体，还可以形成三链甚至四链抗体分子。对同一单链抗体所构成的具有不同结合价的小分子的结合价数与功能、亲和力关系进行评估发现，四价、二价和单价分子的功能亲和力比值约为 140∶20∶1，又对分子质量大小与药物动力学关系的研究显示：双链抗体和 minibody 迄今显示了最好的肿瘤靶向、肿瘤组织穿透力和血液清除率，成为最具潜力的免疫治疗载体。

（二）双特异性抗体

双特异性抗体（Bispecific antibody，BsAb）是由两个不同的抗原结合位点组成，即同一抗体的两个抗原结合部位分别针对两个不同的抗原，在结构上是双价的，但与抗原结合的功能是单价的，其中的一个抗原结合位点可与靶细胞表面抗原结合，另一个与效应物（如效应细胞、药物等）结合，从而将效应物直接导向靶细胞。它实际是一种杂交分子，两条 H 链之间与两条 L 链之间的结构不同，两条 Fab 片段也不同。如 Catumaxomab 能够同时靶向表皮细胞黏附因子（EPCAM）和 T 细胞上的 CD3 分子，前者是一个重要的肿瘤标志物，因此能将 T 细胞募集至肿瘤组织周围；2009 年，Catumaxomab 经欧盟委员会审批用于表皮细胞黏附因子阳性的恶性腹水、卵巢癌、胃癌的治疗。

制备双功能抗体的经典途径是化学交联法和杂交瘤细胞系融合法。化学方法构建是指使用化学交联剂将两个完整的免疫球蛋白或其抗原结合臂 F(ab′)$_2$ 片段连接起来得到双特异性抗体；由于该方法易产生同源性双抗，纯化步骤复杂，产物不稳定，且容易失活，因此目前很少再利用该技术制备双特异性抗体。杂交瘤细胞系融合法是以分泌特定单抗的杂交瘤细胞和免疫后的淋巴细胞作为亲本细胞进行融合，或者由分泌不同单抗的两种杂交瘤细胞进行融合，该方法可以获得具有完整抗体分子结构的双特异性抗体；但是由于两种重轻链在细胞内随机组合可产生 10 种不同分子数的不同的抗体分子，使得制备过程效率低，费用高。

近年来，随着分子生物学技术的飞速发展及其在免疫学上的应用，人们开始用基因重组的方式制备双特异性抗体。目前研究得较多的基因工程双特异性抗体是将同一抗体的 V_H 和 V_L 区分布在不同的肽链上，构成两种交联的 scFv，即 V_LA - Linker - V_HB 和 V_LB - Linker - V_HA。每条独立的 scFv 链均不具备结合抗原的活性，而它们从大肠埃希菌共分泌后形成的异二聚体，则可同时识别并结合两种特异性抗原。目前，已构建了多种类型的表达载体，使双功能基因工程抗体可以在原核细胞、真核细胞等多种表达系统中表达，其表达量、蛋白折叠及糖基化各具特点，显示出广泛的临床应用前景。

四、抗体融合蛋白

抗体融合蛋白（antibody fusion protein）是指将抗体分子片段与功能性的蛋白融合，从而获得具有多种生物学功能的融合蛋白。根据所利用的抗体分子片段不同,可将抗体融合蛋白分为两大类:一类是将抗体 Fv 段与其他生物活性蛋白融合,利用 Fv 段的特异性识别功能将功能性蛋白靶向到特定部位,主要包括免疫靶向、免疫桥连和嵌合受体;另一类是含 Fc 段的抗体融合蛋白。

(一) Fv 抗体融合蛋白

1. 免疫靶向　是将毒素、酶、细胞因子等生物活性物质与抗体融合,从而将这些生物活性物质靶向到特定的部位,有利于其生物学功能的发挥,并且减低其毒副作用,其最主要的应用领域是恶性肿瘤的靶向治疗。

(1) 免疫毒素:将针对肿瘤细胞特异表达的膜分子的抗体与毒性蛋白融合称为免疫毒素,常用的有细菌来源的毒素,如绿脓杆菌外毒素、白喉毒素和植物来源的毒素,如蓖麻毒素、皂草素等。

(2) 免疫细胞因子:许多淋巴因子能够激活免疫系统,诱发抗肿瘤免疫反应活性,但是全身应用时毒副作用明显,从而限制了其临床应用。将抗体片段与细胞因子融合,可将这些细胞因子靶向到肿瘤部位而发挥抗肿瘤作用,同时减少全身毒副作用,这类融合蛋白称为免疫细胞因子,目前与抗体融合的细胞因子有 IL - 2、IL - 12、TNF 及 GM - CSF 等。

(3) 与蛋白酶融合:抗体与酶的融合蛋白可用于抗体导向的酶-前药治疗(antibody directed enzyme prodrug therapy, ADEPT),将酶与抗体融合后定位于肿瘤局部,再利用酶的活性,对给予的无细胞毒性的前药进行催化,转换成有细胞毒性的药物,从而达到杀伤肿瘤的目的。此方法由于其强选择性、酶促反应的放大效应、所用药物多为小分子化合物等而具有极大的临床应用潜能。

(4) 与超抗原连接:近来小分子抗体与超抗原的连接成为一个热点,如 T 细胞超抗原葡萄球菌肠毒素 A(staphylococcal enterotoxin A,SEA)等。目前有多个 Fab - SEA 融合蛋白正在进行临床试验,如针对大肠癌的 C215Fab - SEA、结肠癌的 C242 Fab - SEA 等。

2. 免疫桥连　抗体分子与另一特异性靶向分子融合,构建可以同时结合效应细胞和靶细胞的融合蛋白,从而达到免疫治疗的目的。如将抗 CD3 的抗体与表皮生长因子(EGF)基因进行拼接形成融合蛋白,可将表达有 CD3 的 T 细胞与带有 EGF 受体的肿瘤细胞连接起来,介导 T 细胞杀伤效应。

3. 嵌合受体　是指将抗体的抗原识别部分与特定细胞膜表面蛋白分子融合,形成的融合蛋白表达于细胞表面,该融合蛋白既可利用抗体部分结合抗原,接受刺激信号,又可以通过膜蛋白部分传导信号至细胞内,引起细胞活化,产生特定的生物学效应,如 T 细胞表面表达嵌合抗体(T-body)。免疫系统杀伤肿瘤的主要途径是细胞免疫,杀伤性 T 细胞可以穿透肿瘤组织,对肿瘤细胞进行杀伤,然而抗体却不易穿透瘤组织,从而无法有效地对肿瘤细胞进行杀伤。T-body 通过其表面的嵌合抗体与肿瘤细胞结合,从而激活 T 细胞杀伤肿瘤细胞或释放淋巴因子。

(二) Fc 抗体融合蛋白

利用 Fc 段所特有生物学功能与某些具有黏附或结合功能的蛋白融合,所获得的融合蛋白称为免疫黏附素(immunoadhesin)。Fc 段可以赋予免疫黏附素的功能包括:增加融合蛋白在血液中的半衰期,使蛋白类药物长效化;将 Fc 的生物学效应如 ADCC、激活补体及调理作用等靶向到特定的目标;用于融合蛋白的纯化和检测等。

五、纳米抗体

1993 年 Hamers 等发现在骆驼血液中,有一半抗体天然缺失轻链和重链恒定区 1(C_H1),克隆其可变区可以得到只由一个重链可变区组成的单域抗体- VHH(variable domain of heavy chain of heavy-chain antibody),由于其晶体结构呈椭圆形,直径 2.5 nm,长 4 nm,所以又称为纳米抗体(nanobody,Nb)。

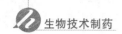

（一）纳米抗体的结构和功能

纳米抗体的相对分子质量为 15 kDa，为普通抗体的十几分之一，这使它比普通的抗体分子更容易接近靶目标表面的裂缝或者被隐藏的抗原表位，所以它可以识别很多普通抗体所不能识别的抗原。

研究发现，VHH 的 CDR1 和 CDR3 比人抗体 V_H 的长，这在一定程度上弥补了由轻链缺失而造成的对抗原亲和力的不足，而 CDR3 形成的凸形结构可以更好地和抗原表位的凹形结构相结合，从而提高了 Nb 抗原特异性与亲和力。由于 Nb 是单域抗体，没有普通抗体中的连接肽，并且其在内部形成二硫键，所以 Nb 分子结构比较稳定。在苛刻的条件中，如胃液和内脏中仍保持抗原结合活性，这为口服治疗胃肠道疾病提供了新思路。传统抗体的轻、重链相互作用区的大量疏水残基在 Nb 中被亲水残基所取代，所以 Nb 具有很好的水溶性，能有效地穿过血脑屏障，这有利于 Nb 进入一些致密组织发挥作用。Nb 没有传统抗体的 Fc 段，从而可以有效地避免 Fc 段引起的补体效应。研究发现 Nb 的 VHH 与人 V_H 基因高度同源，因此可对 VHH 进行简单的改造使其人源化。此外，由于 Nb 的分子质量小、结构简单，所以很容易在微生物中大量表达，建立抗体库或者筛选。

（二）纳米抗体的种类和应用

纳米抗体结构简单、溶解性好、稳定性高且与抗原亲和力强，可以利用基因工程技术和抗体库技术对其进行改造，转变为多种形式、有特殊功能的分子，用于疾病的诊断和治疗，如多价和多特异性纳米抗体、"融合"纳米抗体等。

1. 单价纳米抗体　通过从免疫或非免疫驼科动物体内分离出重链抗体，克隆其可变区用于构建单价 Nb 抗体库，再用相应抗原进行筛选，可以得到抗原特异性的 Nb。由于 Nb 能与细菌或病毒表面特异性抗原结合，从而中和或封闭这些抗原，起到一定治疗作用；此外，由于 Nb 的分子质量和大小与毒液中的毒性化合物相似，因此预测它们有类似的生物分布特点，故能用于中和毒素。目前在研究抗 HIV 膜蛋白的 Nb，希望能对 HIV 起到中和作用。

2. 多价和多特异性纳米抗体　多价抗体可以识别多个同种抗原表位，比单价抗体具有更高的亲和力；而多特异性抗体可以同时识别不同抗原表位，比单价抗体具有更强的抗原识别能力，多价和多特异性抗体在免疫诊断和治疗上有许多实用性。与前面所述的 scFv 比较，纳米抗体具有严格的单域性质、高水溶性和稳定性，所以构建的多价和多功能抗体能在生物系统中高表达，且完全保留原有的功能，这为新型多价和多功能抗体的研究提供了思路。如 Harmsen 等构建的能结合猪 Ig 分子和手足口病毒的双特异性 Nb，在动物实验中能明显减轻动物的病毒血症。

3. "融合"纳米抗体　Nb 严格的单体特性及仅 15 ku 的大小，使其成为利用基因工程构建融合分子的有效载体。将酶、抗菌肽、显影物质及延长其半衰期的物质与纳米抗体的基因融合可产生同时具有 Nb 特性和其他特定生物学活性的新融合蛋白。如通过基因重组将 VHH 和长效分子融合在一起，可以提高 Nb 在血液中的停留时间，弥补 Nb 半衰期短这个缺陷；将 β-内酰胺酶和识别肿瘤标志物的 VHH 融合在一起，可制成抗体依赖的酶前体药物；将抗菌肽和特异性 Nb 结合，可杀死特异的细菌而不引起体内正常菌群的紊乱；用 Nb 的靶向性、特异性以及极强的穿透能力，通过改变造影剂外壳成分或外壳上连接抗组织特异性抗原的抗体或特异受体的配体，可构建针对特定组织的靶向超声造影剂，如连接有绿色荧光蛋白和 Nb 的复合物，通过靶向结合到活细胞，用于疾病的诊断。

基因工程抗体特别是小分子抗体独特的结构特征使其具有多样化的功能特点，也为利用各种来源的蛋白结构域开展重组生物疗法提供了更开阔的思路。目前，基于小分子抗体的研究主要应用于肿瘤、免疫性疾病和感染性疾病等三大领域，尽管大多数尚处于临床开发的小分子抗体药物的安全性和有效性还有待确定，但随着工艺技术的进步以及目前靶向治疗的发展，小分子抗体的研究将在生物治疗和诊断领域具有广阔的应用前景。

第四节　抗体库技术

20 世纪 80 年代,抗体基因结构及功能的研究结果与重组 DNA 技术的结合,产生了基因工程抗体技术。早期用于构建基因工程抗体的抗体基因来源于杂交瘤细胞。由于获得杂交瘤细胞必须经过动物免疫、细胞融合和克隆筛选这样一个长期复杂的过程,而且利用杂交瘤技术很难制备人源抗体和自身抗原或免疫原性抗原抗体,因此限制了基因工程抗体技术的推广和应用。90 年代,组合化学技术与基因工程技术相结合产生了抗体库技术,从此抗体工程技术进入一个新的发展阶段。抗体库技术的产生基于两项关键技术的突破:①PCR 技术的出现和发展使人们能够使用一套引物扩增出全套免疫球蛋白可变区基因。②利用大肠埃希菌成功表达出具有抗原结合功能的抗体分子片段。

狭义上讲,所谓抗体库技术(antibody library),就是利用基因克隆技术克隆全套抗体可变区基因,然后重组到特定的表达载体,再转化宿主菌(细胞)以表达有功能的抗体分子片段,并通过亲和筛选获得特异性抗体可变区的技术。利用抗体库技术筛选到的抗体基因用于构建和表达基因工程抗体。目前抗体库筛选技术包括噬菌体展示技术和核糖体展示技术等。其中特别是噬菌体随机表面表达文库技术的建立和发展促使了噬菌体抗体库技术的产生。1991 年,Barbas 等报道了噬菌体抗体库技术,这一技术使抗体的表达、扩增和筛选更为有效。

一、噬菌体抗体库技术

噬菌体抗体库技术(phage display antibody library techniques)实际上是丝状噬菌体展示技术(phage display technology)与抗体组合文库技术(combinatorial immunoglobulin library technology)相结合而产生,该技术的出现开创了一条简便快捷的基因工程抗体生产路线,为人源抗体的制备提供了新途径,可视为抗体工程史的里程碑。噬菌体抗体库技术基于三项实验技术的发展:①PCR 技术,可用一组免疫球蛋白可变区中骨架部分(FR)的保守区作引物,经反转录 PCR(RT - PCR)直接从 B 淋巴细胞总 RNA 克隆出全套免疫球蛋白可变区基因,从而使抗体库的构建简单易行。②噬菌体表面展示技术的建立,将抗体通过与噬菌体外壳蛋白融合表达在噬菌体的表面,进而经亲和富集法筛选表达有特异活性的抗体,该技术的核心是实现了基因型和表型的统一,提供了高效率的筛选系统。③成功地用大肠埃希菌分泌表达具有生物活性的免疫球蛋白分子片段。

(一)噬菌体抗体库技术的基本原理

噬菌体抗体库技术的基本原理是以噬菌体为载体,将抗体基因与噬菌体编码外壳蛋白Ⅲ(cpⅢ)或Ⅷ(cpⅧ)的基因相连,在噬菌体表面以抗体-外壳蛋白融合蛋白的形式表达;经辅助病毒感染宿主菌后,借助 cpⅢ 的信号肽穿膜作用,进入宿主外周基质,在正确折叠后被包装于噬菌体尾部,随后携带表达载体的宿主菌会释放出表面带有抗体片段的噬菌体颗粒。此抗体可以特异性识别抗原,又能够感染宿主菌进行再扩增。采用 PCR 技术将 B 细胞全套可变区基因克隆出来,通过上述噬菌体表面展示技术组装成噬菌体抗体的群体,则成为噬菌体抗体库(图 6 - 4 - 1)。

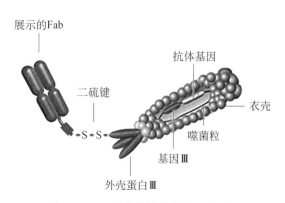

图 6 - 4 - 1　噬菌体抗体库的基本原理

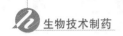
噬菌体展示技术将表型(与抗原特异结合)和基因型(含有抗体基因片段)统一,使识别抗原的能力与进行再扩增的能力结合在一起,可以模拟生物体内 B 细胞的有关特性——识别与扩增的统一,因而是一种极为高效的表达、筛选抗体的体系。而且,该技术可绕过免疫而直接制备全人源性抗体,使单克隆抗体的制备变得简单易行,稳定有效,并解决了人杂交瘤系统低效性的难题,避免了鼠源性抗体在人体应用时诱发的 HAMA 等不良反应。因此,噬菌体抗体库技术的出现及噬菌体抗体的研制成功已成为生命科学研究的突破性进展之一。

将外源蛋白分子或多肽的基因克隆到丝状噬菌体的基因组中,与噬菌体外膜蛋白融合表达,展示在噬菌体颗粒的表面,通过表型筛选即可获得其编码基因。在基因Ⅲ和基因Ⅷ的末端插入外源蛋白编码基因,表达的融合蛋白可呈现在噬菌体表面,不影响噬菌体的功能,因而 gp3 和 gp8 被应用于噬菌体展示。基因Ⅷ蛋白在噬菌体颗粒外壳上有 2 700 个拷贝,N 端 1~5 个氨基酸暴露于噬菌体的表面,可插入外源基因,但外源肽段多于 10 肽时会影响 gp8 的功能。基因Ⅲ蛋白在噬菌体外壳上有 3~5 个拷贝,将外源基因紧靠基因Ⅲ上游,在噬菌体表面表达融合蛋白,不影响噬菌体的功能。

知识链接:噬菌体表面展示技术是对丝状噬菌体(filamentous phage)的生物学进行研究的基础上建立起来的。丝状噬菌体包括 M13、f1、fd 等突变体,是一种长丝状病毒颗粒,直径为 6.5 nm。其基因组是一个单链环状 DNA,编码 10 种蛋白质,其中 gp3、gp6、gp7、gp8 和 gp9 五种蛋白质组成外壳蛋白,gp8 由基因Ⅷ编码,是噬菌体颗粒的主要结构蛋白,由大约 700 个亚单位围绕病毒基因组成管状蛋白外壳,其余 4 种外壳蛋白分别由基因Ⅲ、Ⅵ、Ⅶ、Ⅸ编码,各有 5 个拷贝,均参与噬菌体的组装。在噬菌体的一端还有数个拷贝的次要衣壳蛋白(gp3)。

(二)噬菌体抗体库的构建与筛选

噬菌体抗体库技术出现的近 20 多年间有很大的发展,但构建及筛选的基本路线变化不大,其主要过程包括:克隆出抗体全套可变区基因,与有关载体连接,导入受体菌系统,利用受体菌蛋白合成分泌等条件,将这些基因表达在噬菌体的表面,进行筛选与扩增,建立抗体库(图 6-4-2)。

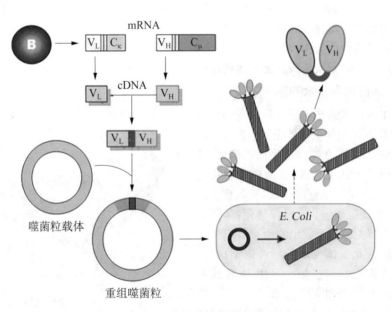

图 6-4-2 噬菌体抗体技术过程示意图

1. **抗体基因片段的扩增** 一般先提取 B 细胞的 mRNA,经 RT－PCR 合成 cDNA,然后以 cDNA 为模板扩增抗体基因,如重链和轻链可变区基因。利用 PCR 技术扩增抗体 V_H 和 V_L 基因,所获得的产物需要满足两个条件:首先得到的产物必须是正确的目的基因,要有可靠性;其次,要获得尽可能多种类的目的基因,即多样性。因此,细胞的选择和引物的合理设计十分重要。

抗体 mRNA 来源的细胞有三种:①杂交瘤细胞:由于其抗体基因已经过抗原的刺激后在体内选出,其 mRNA 已经剪切并富集,所以它建库筛选出的抗体亲和力高、阳性率高,重、轻链属自然配对,但相应的库容量也小。②免疫的脾淋巴细胞或骨髓中的浆细胞,其构建的噬菌体抗体库特点与杂交瘤细胞的相似,但它的重、轻链属混配。③未经免疫的 B 淋巴细胞,在理论上,它应该含有全套"自然基因库",库容量大,扩大了特异性抗体的筛选范围。但它筛出的抗体亲和力低,有交叉反应,具有典型的初次免疫应答的特点。

由于抗体基因编码 FR 区的部分比编码 CDR 区的部分要保守,因此可以将引物设计为 FR 区的互补序列。抗体基因扩增的 5′端引物的设计通常根据成熟抗体 V 区外显子的框架 1 区(FR1)或前导区的保守序列,3′端主要依据抗体铰链区(J 区)的保守序列。依据各种抗体基因家族序列而设计一组引物,分别将抗体 cDNA 扩增后,再将扩增产物予以混合。为了便于基因克隆,在引物外侧加上合适的酶切位点,这些酶切位点要求几乎不在抗体可变区基因内出现。

2. **噬菌体抗体表达载体的构建** 噬菌体抗体库技术一般采用的表达载体主要分为两类:一类是在噬菌体载体的基础上改造而成的新载体,另一类为噬菌粒载体。近年来多数学者则以丝状噬菌体的复制起始序列为基础,组建成噬菌粒(phagemid),以此作为表达载体,由于噬菌粒载体中不存在组装噬菌体颗粒的遗传信息,必须借助辅助噬菌体(helper phage)超感染,才能组装成完整的噬菌体颗粒,得到野生型与融合蛋白混合表达型的噬菌体。这些载体都具备表达载体所必需的元件,包括 LacZ 启动子、核糖体结合位点、PelB 前导序列、供外源基因插入的多克隆位点,以及丝状噬菌体 M13 的外壳蛋白基因等。pComb3 和 pCANTAB5e 是建库的常用载体。使用这些载体构建抗体基因库时,将获得的全套抗体重链基因与轻链基因以适当的内切酶消化后,克隆到载体中的相应酶切位点。一般而言,克隆进载体中的重、轻链基因间的配对存在着很大的随机性,因而增加了抗体库的多样性,构建成噬菌体抗体的表达载体。

在构建表达载体时,如果将抗体基因插入次要外壳蛋白 gp3 编码基因,与辅助噬菌体超感染后,得到野生型与融合蛋白混合表达的噬菌体,其颗粒表面一般带有 2~3 个分子的野生型 gp3 和一个 gp3－外源蛋白(肽)融合蛋白。由于一个噬菌体上只带有 1 分子的外源蛋白表达产物,利用这个系统筛选出来的蛋白质具有较高的亲和力。而主要外壳蛋白 gp8 在每个噬菌体颗粒上大约有 2 700 拷贝。利用 gp8 融合蛋白也可以表达外源基因,在组装出来的噬菌体颗粒上带有数以千计的融合蛋白分子。利用这一系统一般只能筛选低亲和力的蛋白质。

3. **抗体基因的表达** 免疫球蛋白分子在体内有膜型和可溶性两种表达方式。噬菌体抗体的抗体分子以融合蛋白形式表达在噬菌体颗粒外膜上,相当于体内 B 细胞的膜型表达,这使我们能在体外模拟体内的抗原对特异性抗体的克隆选择过程。除了呈现在噬菌体表面外,抗体片段还可以可溶性的形式进行表达,采用的方法是在抗体基因和外壳蛋白基因相接处设计了一个琥珀(amber)密码子(TAG)。在含有琥珀抑制子(amber suppressor)的宿主菌中,抗体基因和外壳蛋白基因成为一个开放阅读框架,TAG 可翻译为某种氨基酸而不起终止密码子的作用,抗体融合基因表达为抗体-外壳蛋白融合分子;在无琥珀抑制子的宿主菌中,TAG 则成为终止密码子,抗体分子不与外壳蛋白融合表达,便产生了可溶性蛋白质分子。

4. **特异性抗体片段的筛选** 噬菌体抗体库技术模拟了机体免疫系统的选择作用,在体外建库不仅能筛选出,而且能获得大量的各种特异性的抗体分子。由于抗体分子在融合到噬菌体外壳蛋白 C 端进行表达的过程中,可以自发地折叠成天然状态而呈现其生物学活性,所以,它可被相应的抗原

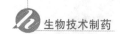

分子识别,从而很容易地筛选出特异的抗体克隆。目前,从噬菌体抗体库中筛选出特异抗体的经典方法是固相纯化抗原法。其基本操作为:①将靶抗原包被在固相介质上。②加入待筛选的噬菌体,靶抗原吸附噬菌体抗体。③反复洗涤去除非亲和性或低亲和性的噬菌体。④洗脱并收集与抗原特异性结合的噬菌体。⑤再次感染大肠埃希菌,使特异性的噬菌体扩增富集(图 6 - 4 - 3)。经过 4 轮这样的"吸附、洗脱、扩增"的淘选,可使特异性噬菌体抗体的富集率达 10^8 以上,筛选出占库容量仅为 $1/10^8$ 的噬菌体,噬菌体抗体库技术借助这种高效的筛选系统,能够方便地对库容量在 10^8 以上的抗体进行筛选。

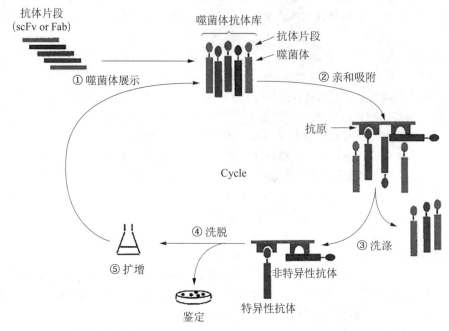

图 6 - 4 - 3 噬菌体抗体库"吸附-洗脱-扩增"富集性筛选流程

其他的筛选方法还有:①液相抗原的筛选:可溶性抗原先与噬菌体抗体结合,然后结合于包被抗体的支持相,此方法可较好地保持抗原的天然构象。②完整细胞的筛选:直接用表达目的抗原的细胞去吸附噬菌体抗体。此法适用于细胞表面抗原特异性抗体的筛选,不过有的学者认为该方法对筛选的结果具有不可预测性。③组织筛选:用于一些难以获得单个细胞的组织进行特异性抗体的筛选。

(三)噬菌体抗体库技术的优点

噬菌体抗体库技术的发展和应用,为抗体技术领域带来了巨大的变化,尤其是在生物学、医学等领域均取得了长足的进展,这极大地推动了各种性能优良抗体及多功能抗体融合蛋白的开发和应用。

1. 噬菌体抗体库技术已具备相当量的库容 噬菌体抗体库中,一方面免疫球蛋白的重链和轻链基因是以人外周血淋巴细胞、骨髓细胞或脾细胞中免疫球蛋白 cDNA 为模板进行扩增,它含有人抗体各种基因信息的全部 mRNA,为全套抗体基因的获得提供了良好材料。另一方面在构建噬菌体抗体库时,抗体重链基因和轻链基因在体外的重组,造成重、轻链间的配对具有很大的随机性,相同的轻链能与不同的重链或相同的重链能与不同的轻链组合在一起,这种随机的组合方式进一步丰富了抗体对抗原识别的多样性,模拟了体内抗体亲和力成熟的过程。

2. 噬菌体抗体库技术无需免疫动物,能够模拟天然抗体库 由于淋巴细胞中全部抗体可变区基因均得到克隆和展示,理论上说任意抗原都能作为选择分子从噬菌体抗体库中淘选到其特异结合的抗体,这对于制备危险免疫原的抗体和人源抗体尤为重要。

3. 适于大规模工业化生产 噬菌体抗体库中的 DNA 操作是在细菌中进行,比杂交瘤技术简单快速,制备单抗从取脾细胞到稳定的克隆株至少需要数月,而噬菌体抗体库技术最短只需几周的时间。由于噬菌体抗体库技术不需免疫动物,不需细胞培养和融合,因而周期大大缩短。而且噬菌体易扩增,可大量制备蛋白和多肽,所得抗体比杂交瘤技术所得抗体稳定,在大规模的工业化生产中显示出第一、二代抗体无法比拟的优势。

4. 抗体表型和基因型一致 单链抗体表型(抗原结合特异性)和基因型(含有 Fab 基因或 scFv 基因)一致,使识别抗原的能力和进行扩增的能力结合在一起。通过测定插入噬菌体的 DNA 序列,可明确所表达的抗体的氨基酸序列。

(四)噬菌体抗体库技术的应用

噬菌体抗体库技术越来越受到人们的重视,成为抗体工程领域的关键技术之一,在许多领域得到应用,已显示出取代杂交瘤技术的趋势。用抗体库可制备各种有应用价值的抗体,但其最突出的使用价值在于人源抗体的制备和抗体性能的改良,现分述如下。

1. 制备人源抗体 在抗体库技术出现以前,单抗制备主要是通过淋巴细胞杂交瘤技术,由于人杂交瘤体系融合率低、稳定性差、分泌量少等低效性和人体不能随意免疫,使得用常规杂交瘤技术制备人单抗非常困难,历经十余年探索未能有重大突破。噬菌体抗体库技术不需要进行细胞融合建立杂交瘤,解决了人体杂交瘤低效的难题,为人源抗体的制备提供了有效手段。用抗体库技术制备人单抗有 3 条途径:①从免疫后个体获取淋巴细胞建库筛选。②从大容量抗体库不经免疫筛选。③鼠单抗人源化。现分述如下。

(1)从免疫后个体制备人源抗体:对于能进行体内免疫的抗原,从被免疫者获取淋巴细胞构建抗体库,可以较容易地得到高亲和力抗体,这些包括疫苗注射、微生物感染、自身免疫疾病、肿瘤等。迄今国外有相当数量这一类的报道,其所针对的抗原有人类免疫缺陷病毒、呼吸道合胞病毒、乙肝病毒、丙肝病毒、人巨细胞病毒、单纯疱疹病毒、风疹病毒、破伤风类毒素、甲状腺过氧化物酶、血小板、血型抗原、核酸、蛋白质酶、黑色素瘤等。国内也报道了抗乙肝病毒、甲肝病毒、人类免疫缺陷病毒、大肠埃希菌、痢疾杆菌、核酸等人源抗体的制备。由于这些抗体库的构建取材于体内免疫者的淋巴细胞,在体内经过抗原选择和亲和力成熟,因此,从较小库容($10^5 \sim 10^7$)的抗体库就能较容易地筛选到特异性强的高亲和力抗体。但由于伦理原因,人体不能随意免疫,很多抗体无法采用这条技术路线。

(2)不经免疫制备人源抗体:人源抗体制备的最大障碍在于人体不能随意免疫,而且对于自身抗原及有毒的抗原即使体内免疫也难以获得特异性抗体。因此,不经体内免疫过程制备抗体是制备人源抗体的关键。近年来随着抗体库技术的进展和改良,增强了抗体库在体外对体内抗体生成过程关键步骤的模拟能力:①目前大容量天然抗体库、半合成抗体库及全合成抗体库的构建均已获得成功,超过 10^{10} 库容的抗体库屡有报道,用重组法构建的抗体库的库容已可达 10^{11} 以上,从容量上已远超过体内 B 细胞可形成的全部抗体基因(10^8 左右),其功能性及多样性也随着对抗体结构研究的深入、建库技术的改进而逐步提高,由于这些抗体库避免了体内自身耐受所造成的限制,可以认为不逊于体内的多样性 B 细胞群体。②抗体库具有极强的筛选能力,人们对筛选技术做了多种改进,可以对不同形式的抗原进行有效的筛选,而且其选择能力还在不断发展,完全具备了与体内"克隆选择"相当的选择特异性抗体的能力。③亲和力成熟是产生高亲和力抗体的关键,抗体库在体外进行亲和力成熟的能力在有些方面已优于体内过程,所获抗体的亲和力已可超过体内所能达到的程度。这些进展终于使人们可以不经体内免疫,完全通过体外获得高亲和力的抗体,为人源抗体的制备展示了令人鼓舞的前景。迄今从各种抗体库中不经免疫制备的人源抗体已有相当数量,其针对的抗原包括细胞因子、细胞膜蛋白质、细胞受体、细胞核蛋白质、黏附分子、肿瘤相关抗原、病毒、细菌蛋白质、酶

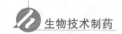

母蛋白质等近百种抗原。已有一些公司以大容量抗体库作为技术平台开发治疗性人抗体,进入了发展最快的生物工程公司的行列。

(3) 鼠单抗的人源化:自从杂交瘤-单克隆抗体问世以来,已经制备了巨大数量的鼠单克隆抗体,其中不乏具有临床治疗前景者,但由于其为鼠源性而限制了在人体内的应用。建立有效的鼠单抗人源化技术将大大促进单抗用于临床,因此,从 20 世纪 80 年代初人们就探索用基因工程手段进行鼠单抗人源化,迄今已形成较成熟的恒定区及可变区人源化的技术方案,已有多个人源化的鼠单抗被批准上市用于临床治疗,在目前临床使用的人源抗体中占了主要份额。但目前使用的方法并不十分理想,可变区的人源化主要通过 CDR 移植和计算机分子模建进行,操作烦琐,所获抗体的亲和力不能得到保证,并不可避免地要保留一些鼠源残基。抗体库技术具有强大的筛选功能,可以改善鼠单抗人源化技术,如在计算机模建辅助的 CDR 移植过程中,用抗体库技术优化骨架区的残基更加简便、有效,使用抗原决定簇导向选择法可以获得与亲本鼠单抗特异性相同的完全人源化单抗。

2. **应用抗体库技术改良抗体性能** 用 DNA 重组技术改善抗体的性能始于 20 世纪 80 年代初,其目的是去除某些不利的性能或引入某些特定的生物学活性。在抗体库技术出现以前,抗体的基因改造主要通过删除或引入某些具有明确功能的特定序列,一般难以改造抗体与抗原结合的性能。如用人源序列取代鼠源序列进行人源化、去除抗体分子中的某些片段构建小分子抗体、将具有特定生物学活性的基因(如毒素、细胞因子等)与抗体基因拼接构建抗体融合蛋白等。抗体库技术的进展使人们对抗体的改造能力提高到了新的层次,能够以某些特定性能为目标,在尚不知道具有该性能的肽段的一级结构的情况下,通过突变-建库-筛选,获得具备该性能或使该性能得到改善的未知序列。这一从利用已知序列到筛选未知序列的进展使基因工程抗体的制备能力大为提高。下面所述是见诸文献报道的具改良抗体性能的例子。

(1) 改善 scFv 接头的性能:scFv 是目前报道最多的有明确实用前景的一类小分子抗体,它由抗体识别抗原的最小单位 Fv 段组成。Fv 由重链可变区和轻链可变区以非共价键结合在一起,稳定性较差。用肽接头将 V_H 和 V_L 首尾相接形成 scFv,由于是单肽链,其稳定性及可操作性均优于 Fv 段。所加的接头对 scFv 的活性很重要,必须不影响 Fv 的构象。目前已发表了多种成功的接头序列,其中最常用的是 $(GGGGS)_3$,但不同的抗体有所差别,不可能设计一个最佳的通用接头,很多情况下接头可能影响 scFv 的性能,因此有时需寻找性能较好的接头。

(2) 改善抗体的特异性:对抗原特异性识别结合是抗体最重要的生物学特性,对这些特性的改良,如消除交叉反应或扩展抗体的结合范围,将大大扩展人们制备基因工程抗体的能力。Saviranta 等报道了一个消除交叉反应的例子,他们通过杂交瘤技术获得了一株性能良好的抗 17β-雌二醇的单抗,但由于 17β-雌二醇和睾酮的分子结构非常相近,这株单抗对睾酮有高度交叉反应而影响了其使用价值。他们在大肠埃希菌表达了这株单抗的 Fab 段,通过错配 PCR 在 V_H 引入了随机突变,构建了噬菌体抗体库,用高浓度的游离睾酮作为竞争剂,对固相化 17β-雌二醇进行筛选,得到了交叉反应只为 1/20 的变种。

(3) 提高抗体亲和力(体外抗体亲和力成熟):亲和力是抗体的重要生物学参数,在体内只有亲和力较高的抗体才足以提供有效的保护作用。在生物技术领域,亲和力高的抗体有更高的使用价值,因此提高抗体的亲和力是备受人们关注的课题。在体内初次反应产生的抗体一般亲和力都较低,在随后的抗原刺激下,抗体可变区基因发生的体细胞突变,造成亲和力的改变,亲和力提高的变种具有选择优势,最后形成产生高亲和力抗体的 B 细胞克隆,即"亲和力成熟"过程。在体外可以用抗体库技术模拟体内的亲和力成熟过程,提高抗体的亲和力,这方面的报道较多,已积累了许多成熟的经验。其要点是模拟体内亲和力成熟的两个关键过程,即对初次选择得到的低亲和力克隆进行可变区基因高突变,产生高亲和力变种以及对高亲和力克隆的优势选择。

实例：从大型人源噬菌体抗体库中筛选能与 bFGF 特异性结合的人源性单链抗体(scFv)

解析：中和碱性成纤维细胞生长因子(bFGF)的生物学活性被认为是一种治疗肿瘤的有效手段，已有多株 bFGF 单抗在小鼠体内被证实具有抗肿瘤作用。可通过以下步骤筛选人源性 scFv。

(1) 大容量噬菌体抗体库的构建：收集人外周血并分离淋巴细胞，提取总 RNA，经 RT-PCR 合成 cDNA，然后用根据全部胚系可变区基因设计的多组引物，PCR 分别扩增轻、重链可变区基因 V_L 和 V_H。再将获得的 V_L 和 V_H 以外延引物进行 2 次 PCR，加入适当的酶切位点，然后进行重叠 PCR，将 V_L 和 V_H 基因拼接成 scFv 基因，纯化回收后经酶切克隆入载体，并电穿孔转化大肠埃希菌 XLI-Blue，获得初级噬菌体抗体库。

(2) 噬菌体抗体库的筛选：bFGF 用碳酸盐 buffer 稀释，包被免疫管，40℃过夜，加入初级噬菌体抗体库，经吸附、洗涤后，回收噬菌体抗体，常规 PEG 沉淀，所得次级噬菌体抗体库可进行下一轮的筛选。

(3) 噬菌体抗体的制备及特异性检测：从筛选第 4 轮的培养盘随机挑取集落在含有 Amp 的 2YT 培养液中过夜，第二天取一定量菌液到 SB 中，37℃培养至对数生长期，加入辅助病毒 VCSM13，30℃培养过夜，收取上清进行 ELISA 检测。

(4) 抗体可变区基因的 DNA 指纹分析：将筛选到的阳性克隆提取质粒，经双酶切鉴定，以正确的抗体 DNA 质粒为模板，PCR 扩增 scFv 基因，扩增产物经 CL-6B 凝胶离心纯化，以内切酶消化后，进行聚丙烯酰胺凝胶电泳，根据电泳情况分析基因的多样性。

(5) 单链抗体的原核表达：将测序正确的阳性克隆，通过引物扩增后，连接到原核表达载体 PComb3X 中，转化大肠埃希菌 HB2151，加入 IPTG 诱导表达之后将菌体离心，弃去上清，PBS 重悬菌体，超声破碎。12 000 r/min 离心之后去上清进行 ELISA，SDS-PAGE 和 Western blotting 鉴定。

二、核糖体展示技术

噬菌体抗体库技术的创立给抗体工程领域带来了革命性的改变，基因型和表型的直接联系与筛选的有机结合为新型和高亲和力抗体在体外的获得提供了一条全新的技术路线，但是该技术也存在一定的缺陷，由于受表达系统的限制，抗体库的库容不足以支持获得稀有的抗体，而且对噬菌体或表达宿主的生长或功能产生抑制作用的抗体也难以获得。近几年在噬菌体抗体库基础上，又发展了核糖体展示抗体库技术。

核糖体展示(ribosome display)技术是 Pluncktun 等在早期多肽多聚核糖体展示(poly-ribosome display)技术的基础上建立的一种完全离体进行的功能蛋白筛选和鉴定新技术，是一种完全在体外筛选和呈现功能蛋白的方法。它将正确折叠的蛋白质及其 mRNA 同时结合在核糖体上，形成靶蛋白-核糖体-mRNA 三元复合物，将基因型与表型直接偶联起来，并利用 mRNA 的可复制性，使靶基因(蛋白)得到有效富集的一项技术。

核糖体展示技术的主要流程包括：模板的构建、体外转录和翻译以及亲和筛选与筛选效率的确定(图 6-4-4)。

核糖体展示技术完全在体外进行，具有建库简单、库容量大、筛选方法简单、无须选择压力且不受转化效率限制等优点，还可以通过引入突变和重组技术来提高靶蛋白的亲和力，因此它是构建大型文库和获取分子的有力工具。在 mRNA 展示中产生的抗体片段文库与人的天然免疫系统及构建的基因工程抗体文库相比发生了显著的进化，亲和力得到提高。目前，核糖体展示技术已

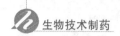

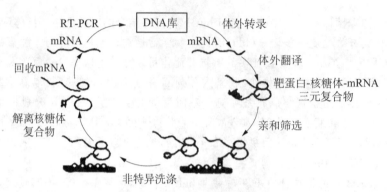

图 6-4-4　核糖体抗体库技术流程示意图

广泛应用于筛选、进化具有较高亲和力的 scFv,核糖体展示抗体库技术代表了抗体工程的未来发展趋势。

第五节　人抗体药物研发新技术

一、重组人多克隆抗体技术

抗体作为治疗制剂已有上百年历史,主要有抗血清和单抗。抗血清对多表位抗原的中和能力较强,但是抗血清安全性低、供应量有限、批次间差异大、有效抗体成分低,而且不能进行基因改造。单抗药物的特异性强、重复性好、能够进行基因操作、安全性高,但在由多表位抗原或者是突变较快的病原体引起的疾病治疗中其疗效相对较差。重组人多克隆抗体几乎拥有抗血清和单抗的所有优点,在多种疾病(例如感染和癌症)的治疗中将体现其巨大的优势和良好的临床应用前景。

重组人多克隆抗体的制备取决于两个主要技术:一是全人抗体库的构建和筛选技术;二是位点特异性整合技术。

(一)全人抗体库的构建、筛选技术

目前有许多方法可以克隆和分离抗原特异性的人源抗体,如在噬菌体、酵母或核糖体上展示抗体,然后用抗原进行筛选,获得特异性抗体,这些方法依靠的都是抗体重链可变区与轻链可变区的随机组合。获得高亲和力抗体需要筛选大量克隆,而且筛选过程中可能出现偏向性。丹麦一家公司建立了一种从人抗体产生细胞中获取抗原特异性抗体库的方法,称为 Symplex™ 技术。该技术以高通量方式在单细胞水平进行多重重叠延伸 PCR,获得的抗体轻、重链是天然配对的,而且它们的库容和抗体多样性高于常规的噬菌体展示抗体库技术。Symplex™ 技术平台克隆、筛选和识别真正人源抗体,从呈现特异疾病抗体(通过疫苗注射或自然免疫)的个体中找到药物(抗体)的先导化合物,再从这些免疫个体血液中用流式细胞仪分离出抗体分泌细胞,然后由 PCR 将抗体的重链和轻链 mRNA 逆转录、扩增和连接。该技术精确地保存天然抗体库的多样性、亲和力和特异性。目前该技术已用于针对病毒(如流感病毒、天花病毒、呼吸道合胞病毒)以及肿瘤抗原抗体库的建立。

Symplex™ 全人抗体库的构建、筛选技术流程为(图 6-5-1):从具有特异疾病抗体的个体中采血,分离淋巴细胞,用单细胞分选流式细胞仪分离分泌抗体的细胞(CD19、CD38 和 CD45 阳性浆母细胞);在单细胞水平进行多重重叠延伸 RT-PCR 将天然同源的 V_H-V_L 抗体基因配对、扩增,构建表达载体,表达 Fab 或 IgG;将上述分离到的 V_H-V_L 抗体基因片段插入噬菌体表达载体制备噬菌体

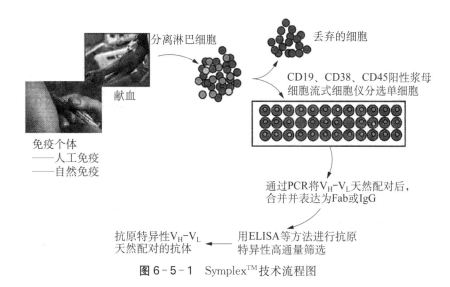

献血

免疫个体
——人工免疫
——自然免疫

分离淋巴细胞

丢弃的细胞

CD19、CD38、CD45阳性浆母
细胞流式细胞仪分选单细胞

通过PCR将V_H-V_L天然配对后，
合并并表达为Fab或IgG

抗原特异性V_H-V_L
天然配对的抗体

用ELISA等方法进行抗原
特异性高通量筛选

图6-5-1 Symplex™技术流程图

展示抗体库；用ELISA等高通量方法从抗体库中筛选特异性抗体。

Symplex™技术的特点是快，从单细胞分选开始，15天内即可获得用于筛选的抗体库。

(二)位点特异性整合技术

从上述全人抗体库筛选抗体基因，再利用该公司建立的抗体表达技术（称为Sympress™Ⅰ技术）可以制造全长、特异的重组人源多克隆抗体。Sympress™Ⅰ不同于普通表达技术，应用特异位点整合，确保一个质粒只有1个抗体基因拷贝整合进1个细胞中同一染色体的同一位置，大大降低了随机整合的位置效应，保持了抗体生产制造过程中不同批次间的一致性。

位点特异整合使抗体基因表达水平和细胞生长速率稳定，避免了表达某些抗体的细胞在生产过程中生长过度，每个抗体基因的遗传稳定性也保持了抗体生产制造过程中不同批次间的一致性，因此有可能使重组多克隆抗体符合"一批"制备的要求。位点特异性整合是通过重组酶识别基因组中特异性位点的特殊DNA序列，催化具有同源DNA序列的基因插入这一特异位点。该公司建立的抗体表达技术，采用的是FRT/FLP重组酶系统。

基于上述两项技术制备重组人多克隆抗体的具体流程是：富集人外周血B细胞，用单细胞RT-PCR法钓取抗体基因，构建噬菌体抗体库，从抗体库中筛选有功能的抗体基因（图6-5-2），克隆到定点整合系统的载体上，与重组酶表达载体一起共转染相应的宿主细胞，筛选稳定表达抗体基因的细胞克隆，分别冻存。根据需要混合若干克隆建成多克隆主细胞库（polyclonal master cell banks，pMCB）和多克隆工作细胞库（polyclonal working cell banks，pWCB）。与常规主细胞库和工作细胞库不同的是它们由若干表达不同抗体的来自同一母本细胞的细胞株混合而成。

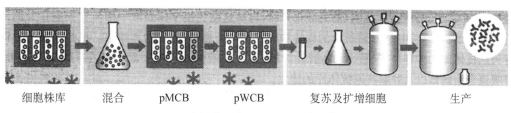

细胞株库　　混合　　pMCB　　pWCB　　复苏及扩增细胞　　生产

图6-5-2 大规模生产重组人多克隆抗体流程示意图

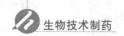

为了提高抗体效价,该公司又建立了 Sympress™ Ⅱ 技术:该技术采用多拷贝基因(超过100个基因拷贝)随机整合,使用由 CHO DG44 改进的细胞株 ECHO 表达抗体,抗体产量提高大约10倍。

二、抗原特异性抗体分泌细胞高效筛选技术

针对特异性抗原的人单抗是重要的候选治疗剂,然而此种抗体的开发受到现有抗原特异性抗体分泌细胞(antigen-specific antibody-secreting cells,ASCs)筛选系统的限制。2009年,金艾顺等报道了一种用微孔阵列芯片检测单个 ASCs 的独特方法,称为阵列芯片上的免疫斑点法(immunospot array assay on a chip,ISAAC)。该方法在单细胞水平分析活细胞,建立了一种快速、高效、高通量(达 234 000 个细胞)鉴定和收集目标 ASCs 的系统。他们应用该系统从人外周血淋巴细胞中检测并收集了乙肝病毒和流感病毒 ASCs,一周内生产了具有病毒中和活性的人抗体。此外,该系统可用于同时检测一张芯片上针对多种抗原的多种 ASCs,以及挑选分泌高亲和力抗体的 ASCs。该方法为针对个体患者制备治疗性抗体开辟了一条途径。

微孔阵列芯片检测和收集单个 ASCs 方法的具体流程如下(图6-5-3):在一张具有 234 000 个孔的芯片上的每个孔周围包被抗人免疫球蛋白抗体(捕获抗体);分离个体(通过疫苗注射或自然免疫)的外周血淋巴细胞,在芯片上培养淋巴细胞3小时,ASCs 分泌的抗体被孔周围的捕获抗体捕获;加入生物素化抗原和亲和素-Cy3 偶联物,抗原与分泌的特异性抗体结合形成明显的红色圆圈;用俄勒冈绿对芯片上的细胞进行染色(所有细胞均被染成绿色),荧光显微镜或细胞扫描仪观察单个细胞分泌的特异性抗体;在荧光显微镜下用带有毛细管的显微操纵仪收集分泌特异性抗体的单个 ASCs(红色圆圈中的绿色细胞),放入微管中;单细胞 RT-PCR 扩增 V_H 和 V_L 的 cDNA 片段,将它们插入含有完整重链和轻链 cDNA 恒定区的表达载体;将重链和轻链表达载体共同转染 CHO 细胞,获得含有完整抗体的上清液。

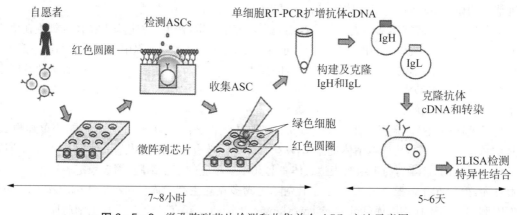

图6-5-3 微孔阵列芯片检测和收集单个 ASCs 方法示意图

与传统筛选 ASCs 的方法比较,ISAAC 具有下列优势:①直接和有效地从原代淋巴细胞的多克隆混合物中识别和分离分泌特异性抗体的 ASCs。②筛选过程中可以早期分离到目标细胞,降低了使用免疫化学方法检测抗体特性过程中用于保持许多细胞克隆所需的时间和精力。③该芯片便于携带和处理,使在感染暴发现场分析针对特异性病原体的 ASCs 及快速应对暴发成为可能。④cDNA 的 5'-末端快速扩增(5'-RACE)法与 ISAAC 结合生产特异性抗体,不必设计 5'-V_H 引物就能够扩增抗体 cDNA。⑤ISAAC 能够在一张芯片上检测多种抗原及挑选分泌高亲和力抗体的 ASCs。

第六节 抗体工程制药实例

以抗乙型肝炎表面抗原(HBsAg)的单抗生产工艺为例,简述抗体工程制药的基本过程。

临床上用 HBsAg 单抗检测乙型肝炎病毒的感染并用于生产预防乙肝的免疫制剂。目前生产抗 HBsAg 的单抗技术有基因工程与细胞工程。本文叙述免疫大鼠脾淋巴细胞与大鼠骨髓瘤细胞 $IR_{983}F$ 融合技术制造抗 HBsAg 单抗的工艺。

一、工艺流程

大鼠骨髓瘤细胞＋免疫大鼠脾淋巴细胞 —[融合]PEG→ 融合混合物 —[筛选]HAT→ 杂种细胞混合物 —[克隆化]→ 细胞种子 —[扩大培养]→ 培养液 —[分离]→ 粗制 mAb —[精制]层析→ 层析液 —[超滤]→ 浓缩液 —[冻干]→ mAb 精品

二、工艺过程

(一)培养基

大鼠骨髓瘤 $IR_{983}F$ 细胞株的培养基为 Dulbecco's modified Eagle 培养基(DMEM),该培养基是使 Eagle 培养基中 15 种氨基酸浓度增加 1 倍,8 种维生素浓度增加 3 倍而成,用于细胞培养,提高了细胞生长效果。其中尚需 10% 灭活小牛血清,1% 非必需氨基酸,0.1 mol/L 丙酮酸钠,1% 谷氨酰胺及 50 mg/ml 庆大霉素。杂交瘤细胞筛选系统用含 HAT 的 DMEM 培养基。

(二)饲养细胞制备

在细胞融合前 2～3 天,取健康大鼠处死,向腹腔内注入 DMEM 培养液 10 ml,轻压腹腔使细胞悬浮,打开腹壁皮肤,暴露腹膜,提起腹膜中心,插入注射针头,吸出全部细胞悬液,$500 \times g$ 离心 5 分钟,用 pH 7.4, 0.1 mol/L 磷酸缓冲液洗涤 2～3 次,收集细胞,用含 10% 小牛血清、100 U/ml 青霉素和链霉素及 HAT 的 DMEM 培养液制成 10^6 细胞/毫升悬浮液,使用 24 孔板时,每孔加 0.1 ml,当使用 96 孔板时,则制成 2×10^5 细胞/毫升的悬浮液,每孔加 0.1 ml,然后置 37 ℃的 CO_2 培养箱中温育,备用。

(三)亲本细胞准备

取对 8-氮杂鸟嘌呤抗性的 Lou/c 大鼠非分泌型浆细胞瘤 $IR_{983}F$ 细胞,用常规方法制成细胞悬浮液,按 1.5×10^5 细胞/毫升接种量接种于 DMEM 培养液中,于 37 ℃ CO_2 培养箱中培养至对数生长期,经常规消化分散法用 DMEM 培养液制成细胞悬浮液,即为待融合用骨髓瘤细胞亲本,备用。另取 HBsAg 用 pH 7.4, 0.1 mol/L 磷酸缓冲液溶解并稀释成 20 μg/ml 的溶液,加等体积弗氏完全佐剂充分乳化后,取 2 ml 注入 Lou/c 大鼠腹腔,2 周后进行第二次免疫,3 个月后于融合前 3～4 天进行加强免疫,3 次免疫的剂量和注射途径均相同,仅在第三次免疫时不加弗氏佐剂,于细胞融合前处死大鼠,用碘酒棉球及酒精棉球先后对右上腹部消毒,剖开腹部,用无菌剪刀与镊子取出脾脏,用 pH 7.4, 0.1 mol/L 磷酸缓冲液洗去血液,在无菌烧杯或培养皿中切成 1 mm³ 小块,再用磷酸缓冲液洗涤 3～4 次,直至澄清。倾去洗涤液,加入组织块 5～6 倍体积(w/v)的 0.25% 胰蛋白酶溶液(pH 7.6～7.8)于 37 ℃保温,消化 20～40 分钟,每 10 分钟轻摇消化瓶 1 次,直至组织块松软为止。倾去胰蛋

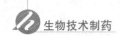

白酶溶液,再用上述磷酸缓冲液洗涤 3～5 次,然后加入少量磷酸缓冲液用 10 ml 吸管吹打分散,至大部分组织块分散为细胞,用两层无菌纱布过滤,未分散的组织块再加少量磷酸缓冲液吹打和分散,合并细胞滤液,离心收集细胞并用磷酸缓冲液洗涤 2～3 次,然后用无血清的 DMEM 培养液稀释制成细胞悬浮液,即为免疫大鼠脾淋巴细胞亲本,备用。

(四) 固定化抗大鼠 κ 轻链单抗的制备

取 Sepharose 4B 用 10 倍体积(V/V)蒸馏水分多次漂洗,布氏漏斗抽滤,称取湿凝胶 20 g 于 500 ml 三颈烧瓶中,加蒸馏水 30 ml,搅匀后,用 2 mol/L NaOH 溶液调节 pH 11,降温至 18 ℃。在通风橱中另取溴化氰 1.5 g 于乳钵中,用蒸馏水 30～40 ml 分多次研磨溶解,将溴化氰溶液倾入三颈烧瓶中,升温至 20～22 ℃,反应同时滴加 2 mol/L NaOH 溶液维持 pH 11～12,待反应液 pH 不变时,继续反应 5 分钟,整个操作在 15 分钟内完成。取出烧瓶,向其中投入小冰块降温,$3^\#$ 垂熔漏斗抽滤,然后用 4 ℃ 的 0.1 mol/L NaHCO₃ 溶液 300 ml 洗涤,再用 pH 10.2, 0.025 mol/L 硼酸缓冲液 500 ml 分 3～4 次抽滤洗涤,最后转移至 250 ml 烧杯中,加上述硼酸缓冲液 50～60 ml,即得活化的 Sepharose 4B,备用。

取活化的 Sepharose 4B 30 g 悬浮于 pH 10.2, 0.025 mol/L 硼酸缓冲液 100 ml 中,另取抗大鼠 κ 轻链的 mAb(MARK‐1)1 g 溶于 25 ml 硼酸缓冲液,然后加至上述已活化的 Sepharose 4B 悬浮物中,于 10 ℃搅拌反应 16～20 小时,将其装柱(φ2×50 cm)并用 10 倍柱床体积(V/V)的上述硼酸缓冲液以 5～6 ml/min 流速洗涤柱床,收集流出液,测 A_{280} 并根据流出液计算偶联效率。然后依次用 5 倍柱床体积(v/v)的 pH 10、0.1 mol/L 乙醇胺溶液及 pH 8.0, 0.1 mol/L 硼酸缓冲液充分洗涤,最后用 pH 7.4, 0.1 mol/L 磷酸缓冲液洗至流出液 A_{280} 小于 0.01,即得抗 HBsAg mAb 的亲和吸附剂。将其转移至含 0.01% NaN₃ 的 pH 7.4、0.1 mol/L 磷酸缓冲液中,于 4 ℃贮存,备用。

(五) 细胞融合

取 10^7 个 IR₉₈₃F 细胞与 10^8 个免疫大鼠脾淋巴细胞于 50 ml 离心管中,混匀,在 4 ℃下 1 500 r/min 离心 8～10 分钟,用巴斯德吸管小心吸去上清液,轻弹管底,使沉淀的细胞松动,于 37 ℃水浴中保温,并于 1 分钟内轻轻滴加 50% PEG400 0.8 ml,同时用吸管尖轻轻搅动 60～90 秒,然后于 2 分钟内缓慢滴加 DMEM 培养液 20 ml,1 500 r/min 离心 8～10 分钟,吸去上清液,然后再用含 20% 小牛血清的 DMEM 培养液稀释至 50 ml,制成细胞悬浮液,得细胞融合混合物。取融合混合物 25 ml 加至两块含饲养细胞的 24 孔微量培养板中,每孔加 0.5 ml;余下 25 ml 细胞融合混合物再含 20% 小牛血清的 DMEM 培养液稀释至 50 ml,依上法再接种两块 24 孔培养板。依此类推,每次融合混合物可接种 8～10 块 24 孔培养板,按 IR₉₈₃F 计,每孔接种细胞数约为 10^5 个,剩余融合物弃去。若用 96 孔板,则每孔接种细胞数约为 10^4 个。然后于 37 ℃ CO₂ 培养箱中培养 2～4 天,每天从各孔中吸去 1 ml 原培养液,替换含 20% 小牛血清及 HAT 的 DMEM 培养液,继续培养至第 5～6 天可见小克隆,至 9～10 天可见大克隆,中途不换 HT 培养液。若培养液出现淡黄色,可取出一部分培养液进行抗体检测。培养 10 天后改换含 HT 的培养液,继续培养 2 周后改用常规 DMEM 培养液培养。

(六) 杂交瘤细胞筛选

筛选产生抗 HBsAg 单抗杂交瘤细胞的方法是用 AUSAB 酶免疫试剂盒测定表达抗体的细胞,即将包被了人 HBsAg 的聚苯乙烯珠与待测杂交瘤培养上清培育,然后用磷酸缓冲液洗涤 3～4 次,加入用生物素偶联的 HBsAg 培育后洗涤,再加过氧化物酶标记的亲和素培育,最后用邻苯二胺(OPD)显色,经酶标仪定量测定,以确定产生抗 HBsAg 单抗的阳性孔。

经检测确定为产生抗 HBsAg 单抗的阳性孔细胞需进行克隆和再克隆,并经全面鉴定与分析,最后才能获得产生抗 HBsAg 单抗的杂交瘤克隆株。其过程为:将阳性孔中的细胞经常规消化分散法制成细胞悬液,计数,用含 20% 小牛血清的 DMEM 培养液依次稀释成 5×10^4 个细胞/ml、5×10^3 个细胞/ml、5×10^2 个细胞/ml 及 5×10 个细胞/ml 细胞悬液,然后在已有饲养细胞的 96 孔培养板的第 1~3 行中,每孔接种 5×10 个细胞/ml 细胞悬液 0.1 ml,每孔细胞数平均为 5 个;余下细胞悬液再稀释成 10 个细胞/ml,在第 4~6 行孔中每孔接种 0.1 ml,平均每孔细胞数为 1 个;余下细胞悬液再稀释成 2 个细胞/ml,在 7~8 行孔中每孔接种 0.1 ml,平均每孔 0.2 个细胞。然后于 37 ℃ CO_2 培养箱中培养至第 5~6 天,镜检,记下单克隆细胞孔,补加培养液 0.1 ml。在生长良好的情况下,第 1~3 行难有单克隆细胞,第 4~6 行偶有单克隆细胞,第 7~8 行多为单克隆细胞。培养至 9~10 天后有部分孔中培养液上清液变淡黄色,可能已有抗体产生。然后将抗体阳性孔内细胞分散接种至另外的 24 孔板中培养,并在原板的各孔中替换另一批培养液,以防污染及细胞死亡。当新的 24 孔板中细胞生长良好时,即进行消化分散转移至小方瓶中扩大培养,同时将细胞种子进行保存。所获的阳性培养物需按上述方法反复再克隆和全面鉴定,直至确证为阳性单克隆细胞为止。

(七) 抗 HBsAg 单抗的生产

抗 HBsAg 单抗可采用人工生物反应器培养杂交瘤细胞进行生产,亦可采用动物体作为生物反应器进行生产,后者又可通过诱发实体瘤及腹水瘤进行生产,这里叙述腹水瘤生产技术,其过程如下:向健康的 Lou/c 大鼠腹腔注射降植烷(pristane)1 ml,饲养 1~2 周后,向大鼠腹腔接种 5×10^6 个杂交瘤细胞,饲养 9~11 天后即可明显产生腹水,待腹水量达到最大限度而大鼠又濒于死亡之前,处死动物,用毛细管抽取腹水,一般可得 50 ml 左右,同时亦可取其血清分离抗体。此外也可不处死动物,而是每 1~3 天抽取一次腹水,通常每一动物可抽取 10 次以上,从而获得更多单抗。

(八) 抗 HBsAg 单抗的分离纯化

将固定化抗大鼠 κ 轻链的 Sepharose 4B 亲和吸附剂装柱($\phi4 \times 20$ cm),用 5 倍柱床体积(v/v)的 pH 7.4、0.1 mol/L 磷酸缓冲液以 2~3 ml/min 流速洗涤和平衡柱床,然后将含抗 HBsAg 单抗的腹水 100 ml 用生理盐水稀释 5 倍(v/v),以 2 ml/min 流速进柱,然后用 pH 7.4、0.1 mol/L 磷酸缓冲液洗涤柱床,同时测定 A_{280},等第一个杂蛋白峰洗出后,改用含 2.5 mol/L NaCl 的上述磷酸缓冲液洗涤,除去非特异性吸附的杂蛋白,然后用 pH 2.8 的甘氨酸-盐酸缓冲液洗脱,同时分部收集洗脱液,合并含单抗的洗脱液,立即用 pH 8.0、0.1 mol/L Tris-HCl 缓冲液中和至 pH 7.0,经过滤、浓缩及冻干后即得抗 HBsAg 的单抗精品。

复 习 题

【简答题】

1. 利用杂交瘤技术制备单克隆抗体的基本原理是什么? 试述单克隆抗体的制备过程。
2. 在利用杂交瘤技术生产单克隆过程中为什么要进行克隆化? 常用的克隆化方法有哪些?
3. 细胞融合失败的主要原因有哪些?
4. 什么是嵌合抗体和重构抗体? 其构建策略是什么?
5. 什么是 Fab 抗体和 scFv 抗体?
6. 简述双特异性抗体的概念和制备方法。
7. 何谓抗体融合蛋白? 从功能上看,其分为哪些类型?
8. 简述纳米抗体的结构和功能。
9. 简述噬菌体抗体库的基本原理及优势。如何构建噬菌体抗体库?
10. 核糖体展示技术的主要流程是什么? 与噬菌体抗体库比较有哪些优势?

第七章

疫　苗

内容及要求

本章主要介绍疫苗的概念、作用与意义、发展史、组成与作用机制、分类及各自的特点、佐剂的概念及种类以及常见主要疫苗的特点与应用等内容。

1. 要求掌握疫苗的概念、作用与意义、佐剂的概念及种类。
2. 熟悉疫苗的组成、作用机制、分类以及常见主要疫苗的特点。
3. 了解疫苗的发展史和疫苗的应用等。

重点、难点

重点是疫苗的概念与作用机制；疫苗的分类，包括减毒活疫苗、灭活疫苗、亚单位疫苗、联合疫苗、核酸疫苗、治疗性疫苗等的特点。难点主要是人用疫苗的性状与用途。

第一节　概　述

一、疫苗的概念

疫苗(vaccine)是利用病原微生物(如细菌、病毒等)的全部、部分(如多糖、蛋白)或其代谢物(如毒素)，经过人工减毒、灭活或利用基因工程等方法制成的用于预防传染病的免疫制剂。疫苗在生产过程中，剔除病原微生物中能够致病的物质，保留病原微生物可以刺激人体产生免疫应答的特性。疫苗接种后会刺激人体产生免疫应答，继而产生抵御外界有害微生物侵袭的能力，对于预防控制感染性疾病，保护人类健康，具有十分重要的社会效益与经济价值。虽然在人类历史长河中，通过接种疫苗来抵抗疾病的历时并不长，仅仅从 20 世纪开始，大规模的疫苗接种才推广开来，但在世界范围内已有效控制了许多重要的传染病，如天花、白喉、黄热病、破伤风、脊髓灰质炎、麻疹、流行性腮腺炎、狂犬病及伤寒等。不过，现代疫苗已经超越了预防传染病的传统含义，治疗性疫苗与非感染性疾病疫苗正在广泛研究之中。

近 30 年来，随着生命科学的飞速发展，疫苗研制理论和技术工艺都得到了极大提高。基于微生物学、流行病学、免疫学、生物化学与分子生物学、遗传学等学科的理论基础，结合基因工程、细胞工程、发酵工程、蛋白质工程等现代生物工程技术,一门新兴的学科——"疫苗学"(vaccinology)逐渐发展起来。疫苗学即是一门关于疫苗理论、疫苗技术、疫苗研制流程、疫苗应用、疫苗市场及疫苗管理与法规的学科。

二、疫苗的作用与意义

接种疫苗可以阻断并灭绝传染病的滋生和传播,对于预防控制感染性疾病,保护人类健康,具有十分巨大的社会效益与重要的经济价值。例如,人类通过接种疫苗已经彻底消灭天花,并大大减少了乙型肝炎病毒、霍乱弧菌、炭疽杆菌等严重致病菌的流行与感染,挽救了数千万的生命。因此,应用疫苗是预防控制传染病、维护社会公共卫生不可替代的有效科学手段。

三、疫苗技术的发展简史与现状

(一)疫苗的发现

目前已知最早使用的疫苗接种可溯源至人痘接种术,该技术起源古代中国。中国早在宋真宗时期(998—1023年),已有关于人痘法预防天花的记载,医者从症状轻微的天花患者身上提取痂粉,人工接种到健康儿童,使其通过产生轻微症状的感染获得免疫力,避免天花引起严重疾病甚至死亡。人痘法经过几百年的民间改良,至明朝隆庆年间(1567—1572年)趋于完善。尽管人痘法存在有时也会引起严重天花的不足,但这项技术仍沿丝路传播开来。1721年,人痘接种法传入英国。英国医生Jenner注意到感染过牛痘(牛群发生的类似人天花的轻微疾病)的人不会再感染天花。经过多次实验,Jenner于1796年从一挤奶女工感染的痘疱中,取出疱浆,接种于8岁男孩的手臂上,然后让其接种天花脓疱液,结果该男孩并未染上天花,证明其对天花确实具有了免疫力。1798年,医学界正式承认"疫苗接种确实是一种行之有效的免疫方法"。1978年,世界卫生组织宣布全球通过疫苗接种消灭了天花。Jenner的创造性发明牛痘,为人类预防和消灭天花做出了卓越贡献,但他当时并不清楚为什么牛痘能够预防天花。1870年,法国科学家Pasteur在对鸡霍乱病的研究中发现,鸡霍乱弧菌经过连续培养几代,毒力可以降到很低。给鸡接种这种减毒细菌后,可使鸡获得对霍乱的免疫力,从而发明了第一个细菌减毒活疫苗——鸡霍乱疫苗,此后又陆续发现了减毒炭疽疫苗和减毒狂犬病毒疫苗。Pasteur将此归纳为对动物接种什么细菌疫苗就可以使其不受该病菌感染的免疫接种原理,从而奠定了疫苗的理论基础。因此,人们把Pasteur称为"疫苗之父"。

(二)减毒活疫苗技术的产生

Pasteur作为微生物学奠基人之一,对人类的伟大贡献不仅在于他证明了微生物的存在,而且是他史无前例地运用物理、化学和微生物传代等方法有目的地来处理病原微生物,使其失去毒力或减低毒力,并以此作为疫苗给人接种而达到预防一批烈性传染病的目的。卡介苗是用于人体的细菌减毒活疫苗的成功例子。Calmette和Guerin将一株从母牛分离到的牛型结核杆菌在含有胆汁的培养基上连续培养230代,经过13年后获得了减毒的卡介苗(BCG),这种菌苗首先使敏感动物豚鼠不再感染结核杆菌。卡介苗于1921年首次给一名新生儿经口服途径进行免疫,婴儿服用疫苗后无任何不良反应。这名婴儿在其母亲死于肺结核病后虽与患有结核病的外祖母一起生活,与结核杆菌有密切接触,但是在他的一生中却没有患结核病。由于卡介苗既安全又有效,到了20世纪20年代末,在法国已有5万婴儿服用了卡介苗。此后,卡介苗的使用由口服改成皮内注射,从1928年开始,卡介苗在全世界广泛使用,至今已在182个国家和地区对40多亿的儿童接种了卡介苗。

从19世纪末至20世纪初研制的卡介苗、炭疽疫苗、狂犬病疫苗为标志的第一次疫苗技术的发展,拯救了人类无数的生命,大量的烈性传染病得到了有效控制,人类的平均寿命得到了延长。这是科学家们对人类的伟大贡献,是疫苗立下的丰功伟绩。

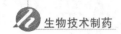

（三）基因重组疫苗技术的发展

第一代疫苗技术基本上是在全菌和细胞水平上研究和开发的结果,存在抗原复杂、效果不佳及安全性较差等不足。从 20 世纪 70 年代中期开始,分子生物学技术迅速发展,使得从事疫苗研究的科学家得以在分子水平上对微生物的基因进行克隆和表达。与此同时,化学、生物化学、遗传学和免疫学的发展在很大程度上为新疫苗的研制和旧疫苗的改进提供了新技术和新方法。基因克隆和表达技术解决了以往用传统方法来制备抗原存在的两大困难。第一,用传统方法很难获得大量高纯度的抗原供研究和生产。然而基因重组技术可以精确提供足量的目标抗原材料,而且可以对大量的候选疫苗进行反复的筛选。第二,基因重组技术使得对病原微生物的操作变得更加安全。因为研究的对象是基因和它们的蛋白质产物,而不是能引起传染病的致病微生物。

最初的乙肝疫苗是从乙肝表面抗原阳性的携带者血浆中提取的(血源乙肝疫苗),这对接种乙肝疫苗的健康人群来讲,其危险性是显而易见的。1986 年应用基因工程技术将乙肝表面抗原的基因克隆到酵母菌或真核细胞中,其表达的抗原分子具有和血源疫苗一样的结构和免疫原性,以该重组抗原作为乙肝疫苗用于临床,成为最具典型意义的第二次疫苗革命的代表。用基因重组制备乙肝疫苗,不仅安全、效果好,而且生产简单、快速、成本低,可以源源不断地供应临床,不必像乙肝血源疫苗那样担心阳性血浆的安全和供应问题。

基因重组技术可以在基因水平上对细菌毒素进行脱毒。例如,在体外采用基因突变技术可以使白喉毒素蛋白中的一个氨基酸发生改变,结果既保留了毒素的免疫原性又使其失去了毒性。此外,基因重组技术和传统的遗传技术相结合可以构建无毒或减毒活疫苗。例如,将霍乱弧菌的毒素 A 基因、志贺样毒素基因和溶血素 A 基因都去掉,就可以获得安全有效的霍乱活疫苗。又如,对伤寒杆菌的 *galE* 基因或 *aro* 基因在体外进行特异部位的突变,使得细菌能保留其侵入细胞和刺激免疫系统的能力,却不能引起疾病。

基因重组技术在疫苗上的另外一种应用是构建活载体疫苗,其方法是将目的基因定向克隆到已经在临床常规使用的活疫苗中去,也就是将这种安全的细菌或病毒活疫苗作为载体来表达目的基因,从而达到针对某种传染病的免疫保护作用。常用的载体有卡介苗、腺病毒和痘苗病毒等。

（四）新型疫苗理论与技术的突破与现状

随着疫苗种类的逐渐增多,许多疾病得以很好的控制。但疫苗的免疫原性不强、对于同一菌种的不同血清型无交叉保护作用等缺点抑制了疫苗在疾病预防、治疗上的应用。疫苗研究者通过各种途径来研究如何增强或改进疫苗的免疫效果,提高疫苗的安全性,降低其不良反应。近些年来,随着基因工程疫苗、联合疫苗的逐渐问世和推广,新技术疫苗将逐渐替代改造传统疫苗,疫苗学理论也在不断发展。

核酸疫苗的出现与发展是疫苗发展史上的第三次革命。1990 年,Wolff 等偶然发现给小鼠肌内注射外源性重组质粒后,质粒被摄取并能在体内至少 2 个月稳定地表达所编码蛋白。1991 年,Williams 等发现外源基因输入体内的表达产物可诱导产生免疫应答。1992 年,Tang 等将表达人生长激素的基因质粒 DNA 导入小鼠皮内,小鼠产生特异性抗体,从而提出了基因免疫的概念。1993 年,Ulmer 等证实小鼠肌内注射含有编码甲型流感病毒核蛋白(NP)的重组质粒后,可有效地保护小鼠抗不同亚型、分离时间相隔 34 年的流感病毒的攻击。随后的大量动物实验都说明在合适的条件下,DNA 接种后既能产生细胞免疫又能引起体液免疫。因此,1994 年在日内瓦召开的专题会议上将这种疫苗定名为核酸疫苗。

治疗性疫苗是指在已感染病原微生物或已患有某些疾病的机体中,通过诱导特异性的免疫应答,达到治疗或防止疾病恶化的天然、人工合成或用基因重组技术表达的产品或制品。1995 年前,医学界普遍认为疫苗只作预防疾病用。随着免疫学研究的发展,人们发现了疫苗的新用途,即可以治疗一些难治性疾病。从此,疫苗兼有了预防与治疗双重作用,治疗性疫苗属于特异性主动免疫疗法。

作为一种新型的疾病治疗手段,治疗性疫苗通过打破机体的免疫耐受,提高机体特异性免疫应答,清除病原体或异常细胞,因而其相比目前常见的化学合成或生物类药物有着特异性高、不良反应小、疗程短、效果持久、无耐药性等优势,这也使得治疗性疫苗成为继单克隆抗体之后基于人体免疫系统开发的又一类革命性新药物。目前有多个治疗性疫苗处于临床阶段,涵盖了包括各种癌症、获得性免疫缺陷综合征(艾滋病)、乙肝、丙肝、1型糖尿病、类风湿关节炎、阿尔茨海默病等多个复杂疾病。以治疗性疫苗目前的朝气蓬勃之势,在未来很可能复制单抗药物的辉煌。

第二节　疫苗的组成、作用原理、分类及特点

一、疫苗的组成

疫苗主要是由具有免疫保护性的抗原(antigen,Ag)如蛋白质、多肽、多糖或核酸等与免疫佐剂(immunological adjuvant)混合制备而成,此外还包含防腐剂、稳定剂、灭活剂及其他成分。

抗原是指能刺激机体产生免疫反应的物质,是疫苗最主要的有效活性组分,是决定疫苗的特异免疫原性物质。通常情况下,抗原具有免疫原性(immunogenicity)和免疫反应性(immuno-reactivity)。免疫原性是指抗原能刺激机体特异性免疫细胞,使其活化、增殖、分化,最终产生免疫效应物质(抗体和致敏淋巴细胞)的特性。免疫反应性是指抗原与相应的免疫效应物质(抗体和致敏淋巴细胞)在体内或体外相遇时,可发生特异性结合而产生免疫反应的特性。佐剂是指能非特异性地增强机体免疫应答或改变免疫应答类型的物质,可先于抗原或与抗原一起注入机体,本身不具有抗原性。

二、疫苗的作用原理

当机体通过注射或口服等途径接种疫苗后,疫苗中的抗原分子就会发挥免疫原性作用,刺激机体免疫系统产生高效价特异性的免疫保护物质,如特异性抗体、免疫细胞及细胞因子等,当机体再次接触到相同病原菌抗原时,机体的免疫系统便会依循其免疫记忆,迅速制造出更多的保护物质来阻断病原菌的入侵,从而使机体获得针对病原体特异性的免疫力,使其免受侵害而得到保护。

三、疫苗的分类及特点

(一)传统疫苗

1. 减毒活疫苗　减毒活疫苗(live attenuated vaccine)是通过不同的方法手段,使病原体的毒力即致病性减弱或丧失后获得的一种由完整的微生物组成的疫苗制品。它能引发机体感染但不发生临床症状,而其免疫原性又足以刺激机体的免疫系统产生针对该病原体的免疫反应,在以后暴露于该病原体时,能保护机体不患病或减轻临床症状。减毒活疫苗分为细菌性活疫苗和病毒性活疫苗两大类,常用活疫苗有卡介苗、天花疫苗、狂犬病疫苗、黄热病疫苗、脊髓灰质炎疫苗、腺病毒疫苗、伤寒疫苗、水痘疫苗、轮状病毒疫苗等。

许多全身性感染,包括病毒性和细菌性感染,均可通过临床感染或亚临床感染(隐性感染)产生持久性的乃至终身的免疫力,减毒活疫苗的原理即是模拟自然发生的感染后免疫过程。减毒活疫苗的优点在于:①通过自然感染途径接种,可以诱导包括体液免疫、细胞免疫和黏膜免疫在内的更全面免疫应答,使机体获得较广泛的免疫保护。②由于活的微生物有再增殖的特性,它们可以在机体内

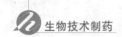

长时间起作用而诱导较强的免疫反应。理论上只需接种一次,即可以达到满意的免疫效果。③可引起水平传播,扩大免疫效果,增强群体免疫屏障。④一般不需要在疫苗中添加佐剂,且生产工艺一般不需要浓缩纯化,价格低廉。

减毒活疫苗同时也存在一些缺点:①一般减毒活疫苗均保留一定残余毒力,对一些个体如免疫缺陷者可能诱发严重疾病。由于种种原因如基因修饰等,减毒活疫苗有可能出现毒力回复,即"返祖"现象。②减毒活疫苗是活微生物制剂,可能造成环境污染,成为传染源而引发交叉感染。③缺损颗粒可能干扰疫苗的免疫效果。因此,产品的分析评估较为困难。④保存、运输等条件要求较高,如需冷藏等。

分子生物学、现代免疫学、生物工程学等的进展使疫苗的开发发生了革命性变化,可赋予减毒活疫苗以更高的靶向性,因而可创制更为安全、有效的新一代减毒活疫苗。

2. 灭活疫苗　人类对疫苗的应用始于减毒活疫苗,但在实践中发现存在一些问题。如果减毒程度不够,在使用时有致病的可能性,过分减毒又造成免疫原性不足或丧失,失去活疫苗的效力。为克服这些缺陷,科学家们相继开展了灭活疫苗的研究。

灭活疫苗(inactivated vaccine)是将病原体(病毒、细菌及其他微生物)经培养增殖、灭活、纯化处理,使其完全丧失感染性,但保留了病原体的几乎全部组分,因此灭活疫苗具有较强的免疫原性和较好的安全性。至今使用的灭活疫苗已有数十种,包括伤寒疫苗、霍乱疫苗、鼠疫疫苗、百白破疫苗、流感疫苗、立克次氏体疫苗、脊髓灰质炎疫苗、狂犬病疫苗、乙脑疫苗、甲肝疫苗、森林脑炎疫苗等。灭活疫苗具有以下特点。

(1) 灭活疫苗常需多次接种:接种 1 剂不能产生具有保护作用的免疫,仅仅是"初始化"免疫系统。必须接种第 2 剂或第 3 剂后才能产生保护性免疫。这样所引起的免疫反应通常是体液免疫,很少甚至不引起细胞免疫。体液免疫产生的抗体有中和、清除病原微生物及其毒素的作用,对细胞外感染的病原微生物有较好的保护效果。但是灭活疫苗对病毒、细胞内寄生的细菌和寄生虫的保护效果较差或无效。

(2) 接种灭活疫苗产生的抗体滴度随着时间而下降:一些灭活疫苗需定期加强接种。灭活疫苗通常不受循环抗体影响,即使血液中有抗体存在也可以接种(如在婴儿期或使用含有抗体的血液制品后),它在体内不能复制,可以用于免疫缺陷者。

(3) 制备灭活疫苗需要大量抗原:这给难以培养或尚不能培养的病原体带来了困难,如乙型、丙型和戊型肝炎病毒及麻风杆菌等;对一些危险性大的病原体如人类免疫缺陷病毒按传统方法制备灭活疫苗在应用中还存在较大风险。

疫苗发展至今,灭活疫苗已不仅仅是传统和经典方法制备的,还包括了基因工程新型疫苗中的一部分,这部分疫苗均是以单一的蛋白或多肽形式制备,性质上也属灭活疫苗。因此,灭活疫苗无论从狭义或广义上讲都将继续发挥其预防、控制传染病的作用。

(二) 亚单位疫苗

亚单位疫苗(subunit vaccine)是除去病原体中无免疫保护作用的有害成分,保留其有效的免疫原成分制成的疫苗。亚单位疫苗是采用生物化学或分子生物学技术制备,在安全性上极大地优于传统疫苗。亚单位疫苗的不足之处是免疫原性较低,需与佐剂合用才能产生好的免疫效果。

1. 纯化亚单位疫苗　从致病微生物中纯化出来的单个蛋白抗原组分或寡糖组成的疫苗,如细菌脂多糖、病毒表面蛋白和去掉了毒性的毒素,称为纯化亚单位疫苗。例如,23 价肺炎多糖疫苗、伤寒 Vi 多糖疫苗、无细胞百白破疫苗等已经在全世界广泛使用,效果良好。这些疫苗的生产通常需要大规模培养致病微生物,成本较高,也具有一定的病原微生物扩散的隐患。

2. 合成肽亚单位疫苗　合成肽疫苗是一种仅含抗原决定簇组分的小肽,即用人工方法按天然蛋白质的氨基酸顺序合成保护性短肽,与载体连接后加佐剂所制成的疫苗。合成肽亚单位疫苗可分为3类,第一类是抗病毒相关肽疫苗,包括 HBV、HIV、呼吸道合胞病毒等;第二类是抗肿瘤相关肽疫苗,包括肿瘤特异性抗原肽疫苗、癌基因和突变的抑癌基因肽疫苗;第三类是抗细菌、寄生虫感染的肽疫苗,如结核杆菌短肽疫苗、血吸虫多抗原肽疫苗和恶性疟疾的 CTL 表位肽疫苗。

合成肽亚单位疫苗具有可大规模化学合成、易于纯化、安全、廉价、特异性强、易于保存和应用等优点,是最为理想的安全新型疫苗,也是目前研制预防和控制感染性疾病和恶性肿瘤的新型疫苗的主要方向之一。在短肽上连接一些化合物作为内在佐剂,还可大大提高免疫效应。另外,可合成多个肽段分子以制备多价疫苗,接种后可同时预防多种疾病。但该类疫苗也存在功效低、免疫原性差、半衰期短等不足。目前还没有上市的合成肽亚单位疫苗,尚处于研究阶段。

3. 基因工程亚单位疫苗 基因工程亚单位疫苗(genetic engineering subunit vaccine)又称基因重组亚单位疫苗,主要是将病原体的保护性抗原编码基因克隆分离出来,构建表达载体,使用宿主工程菌进行高效的表达,通过目的蛋白的分离、纯化和(或)修饰等,加入佐剂制成的。乙肝病毒疫苗、人乳头瘤病毒(宫颈癌)预防性疫苗等都是基因工程亚单位疫苗的典型代表。这类疫苗主要包括的是病原菌的免疫保护成分,不存在有害成分,也不需要培养大量的有害性的病原微生物。

大肠埃希菌是用来表达外源基因最常用的宿主细胞,主要有两种表达方式。第一种方法是直接将外源基因接在大肠埃希菌启动子的下游而只表达该基因的产物,这种方法的优点是能够保证抗原的免疫原性。另一种是表达融合蛋白,这需要保留大肠埃希菌转录和翻译的起始信号,而将外源基因和细菌本身的基因融合在一起,表达出一个杂交的新的亚单位多肽。这种方法的优点是可以利用细菌蛋白的一些特点来帮助融合蛋白表达的鉴定或纯化。有些融合蛋白的抗原免疫原性并不一定会受到影响,例如,产肠毒素的大肠埃希菌的纤毛蛋白能够在非致病性的大肠埃希菌中高效表达,而且基因产物的免疫原性也很强。

酵母是一种低等真核细胞,用酵母来表达真核细胞的基因产物如 HBV 表面抗原代表了疫苗的一次重大突破。从破碎的酵母细胞中提纯的 HBV 表面抗原具有从 HBV 携带者血浆中获得的抗原相同的生物化学特性和免疫原性。临床试验证明 HBV 表面抗原基因工程亚单位疫苗是安全和有效的。在中国也已经用它取代了以前使用的乙肝血源疫苗。

除采用工程菌表达制备亚单位蛋白疫苗外,根据所用表达载体的不同,基因工程亚单位疫苗还可包括基因工程活载体疫苗、转基因植物疫苗。

(1)基因工程活载体疫苗:基因工程活载体疫苗是将病原体的保护性抗原编码基因克隆入表达载体,转染细胞或微生物后制成。以细菌为载体的基因工程疫苗中,最重要和用途最广的包括沙门氏菌载体和卡介苗载体。前者能诱导黏膜免疫反应,而后者则具有诱导以细胞免疫反应为主的能力。以病毒为载体的基因工程疫苗可被视为病毒减毒活疫苗和亚单位蛋白质疫苗的结合,外源基因的 DNA 或 cDNA 可以在病毒内转录和翻译其特异的抗原,并以病毒作为载体,达到刺激机体免疫系统而产生抵抗相应病原微生物的免疫保护效果。这样既可以避免亚单位疫苗需要佐剂和多次接种注射的缺点,又可以诱导全面而持久的免疫反应。可作为减毒活疫苗的病毒载体有痘苗病毒、腺病毒、脊髓灰质炎病毒和单纯疱疹病毒等,其中最常使用的是痘病毒和腺病毒载体。

基因工程活载体疫苗具备以下特点:①可制备出不含感染性物质的亚单位疫苗、稳定的减毒活疫苗及能预防多种疾病的多价疫苗。如把编码乙型肝炎表面抗原的基因插入酵母菌基因组,制成 DNA 重组乙型肝炎疫苗;把乙肝表面抗原、流感病毒血凝素、单纯疱疹病毒基因插入牛痘苗基因组中制成的多价疫苗等。并且在一定时限内的持续表达,不断刺激机体免疫系统,使之达到防病的目的。②基因工程活载体疫苗具有与减毒活疫苗相似的特点,可模拟天然感染途径。③可操作性强,可以人为地设计成不同用途的疫苗或基因治疗转载系统。

但载体疫苗也不可避免地带有活病毒一些潜在的问题。主要是病毒可能在不断的繁殖过程中出现自身修复、发生"毒力回复"即毒力返祖。其次,大量排毒可能造成对环境的污染,特别是一些已

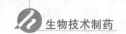

被消灭的疾病。如人类已经不再接种痘苗预防天花,使用痘苗病毒作载体有潜在的危险性。

(2)转基因植物疫苗:转基因植物疫苗是把植物基因工程技术与机体免疫机制相结合,把生产疫苗的系统由大肠埃希菌和酵母菌换成了高等植物,通过口服转基因植物使机体获得特异抗病能力。如有的植物是可以生食的,如水果、黄瓜、胡萝卜和番茄等,合适的抗原基因只要在该植物可食用部位的器官特异表达的启动子的驱动下,经转化得到的转基因植物即可直接用于口服免疫。转基因的植物疫苗具有效果好、成本低、易于保存和免疫接种方便等优点,因此特别适合于包括中国在内的发展中国家的需要,具有广泛的应用前景。

(三)联合疫苗

广义上的联合疫苗(combined vaccine)是指将两种或两种以上的抗原采用联合疫苗、结合疫苗、混合或同次使用等方式进行免疫接种,以预防多种或不同血清型的同种,以及不同生活周期传染病的一种手段。联合疫苗是由疫苗厂家将不同抗原进行物理混合后制成的一种混合制剂,而结合疫苗(conjugate vaccine)是通过化学方法将两种以上的抗原相互偶联而制成的疫苗。联合疫苗开发的目的是在减少疫苗注射次数的同时预防更多种类的疾病。其意义不仅可以提高疫苗覆盖率和接种率、减少多次注射给婴儿和父母所带来身体和心理的痛苦、减少疫苗管理上的困难、降低接种和管理费用,还可减少疫苗生产中必含的防腐剂及佐剂等剂量,减低疫苗的不良反应等。

联合疫苗包括多联疫苗(multi-combined vaccine)和多价疫苗(multivalent vaccine),前者可用以预防由不同病原微生物引起的传染病,例如,百白破联合疫苗可以预防白喉、百日咳和破伤风等3种不同的传染病;而多价疫苗预防由同一种病原微生物的不同亚型引起的传染病,如23价肺炎多糖疫苗,由代表23种不同血清型的细菌多糖所组成,只能预防肺炎球菌的感染。

(四)核酸疫苗

1. 概念 核酸疫苗(nucleic acid vaccine)是20世纪90年代发展起来的一种新型疫苗。核酸疫苗包括DNA疫苗和RNA疫苗,由能引起机体保护性免疫反应的抗原的编码基因和载体组成,其直接接导入机体细胞后,并不与宿主染色体整合,而是通过宿主细胞的转录系统表达蛋白抗原,诱导宿主产生细胞免疫应答和体液免疫应答,从而达到预防和治疗疾病的目的。核酸疫苗又称为基因疫苗(genetic vaccine)、基因免疫(genetic immunization)或核酸免疫(nucleic acid immunization)。目前研究得最多的是DNA疫苗,所以一般泛指的核酸疫苗就是DNA疫苗。由于DNA疫苗不需要任何化学载体,故又称为裸DNA疫苗(naked DNA vaccine)。

2. 核酸疫苗的优势 核酸疫苗以核酸形式存在,这种核酸既是载体又能在真核细胞中表达抗原。核酸疫苗的这一特性,使之与传统疫苗及基因工程疫苗等不同而被认为是一类特殊的疫苗,具有如下优点。

(1)增强免疫保护效力和免疫持久性:接种后蛋白质在宿主细胞内表达,直接与组织相容性复合物MHC Ⅰ或Ⅱ类分子结合,同时引起细胞和体液免疫,对慢性病毒感染性疾病等依赖细胞免疫清除病原的疾病的预防更加有效。免疫具有持久性,一次接种可获得长期免疫力,无须反复多次加强免疫。

(2)加大交叉免疫防护:用针对编码病毒保守区的核酸序列作为目的基因,可通过对基因表达载体所携带的靶基因进行改造,从而选择抗原决定簇。其变异可能性小,可对多型别病毒株产生交叉免疫防护,所以核酸疫苗特别适用于流感病毒、HIV、HCV等多基因型、易变异病毒的免疫防护。

(3)可精细设计、便于操作、制备简便:核酸疫苗作为一种重组质粒,易在工程菌内大量扩增,提纯方法简单,易于质控,且稳定性好,不需低温保存,储存运输方便,此外,可将编码不同抗原基因的多种重组质粒联合应用,制备多价核酸疫苗,可大大降低疫苗成本以及多次接种带来的应激反应。

(4)可用于免疫治疗:核酸疫苗诱导机体产生的CTL,不仅可预防病原体的感染,还可对已感染病原体的靶细胞产生免疫攻击,发挥免疫治疗作用。在抗肿瘤方面,如能找到逆转细胞在恶变转化过程中的相关蛋白,可将编码此蛋白的基因作为靶基因研制成抗肿瘤的核酸疫苗,该基因疫苗接种后,可诱发机体产生 CTL 免疫应答,对细胞的恶变进行免疫监视,对癌变的细胞产生免疫应答,从而为癌症的预防和免疫治疗提供强有力的新式武器。此外,在遗传疾病、心血管疾病等领域,核酸疫苗的免疫治疗作用均有其独特效用。

3. 核酸疫苗的不足 虽然核酸疫苗具有传统疫苗所没有的优越性,但是目前还存在较多的不足,因此,目前国际上核酸疫苗还处于研究阶段,尚无核酸疫苗上市。

(1) 核酸疫苗的安全性尚不确定:核酸仍有可能整合到宿主细胞的基因组内,造成插入突变,使宿主细胞抑癌基因失活或癌基因活化,使宿主细胞转化成癌细胞。如果疫苗基因整合到生殖细胞,则影响更为深远。这也许是核酸疫苗的诸多安全性问题中最值得深入研究的地方。而且,质粒长期过高水平地表达外源抗原,可能导致机体对该抗原的免疫耐受或麻醉。在成年动物,尚未见到因DNA 疫苗接种而诱发免疫耐受的例子。但新生动物的免疫系统尚未成熟,可能将外源抗原认为自己成分而形成耐受。

(2) 免疫效果有待提高:持续低水平表达的抗原可能会被血中的中和抗体清除,不能引起足够的免疫应答,从而使疫苗的预防作用得不到充分的体现。实验动物越大,核酸疫苗的免疫效果越差。在小鼠试验中,检测到抗体反应高,而到其他大型的动物效果就不是很明显。

(3) 可能有抗核酸免疫反应:质粒核酸可能诱发机体产生抗双链核酸的自身免疫反应,引起自身免疫性疾病(如系统性红斑狼疮等)。还有核酸疫苗中含原核基因组中常见的 CpG 基序,易形成有害的抗原决定簇。

(4) 免疫效力受影响因素多:影响核酸疫苗诱发机体免疫应答的因素很多,目前已知的主要有载体设计、核酸疫苗的导入方法、佐剂及辅助因子会对其免疫效果有影响。另外,年龄和性别因素、肌注剂量和体积、预先注射蔗糖溶液等都会对肌注质粒 DNA 表达有影响。

(五)治疗性疫苗

1. 概念 传统意义的疫苗虽然可在一个健康的人体中激活特异性免疫应答,产生特异性抗体和细胞毒 T 淋巴细胞,从而获得对该病原体的免疫预防能力,但对已感染的个体却不能诱生有效的免疫清除。随着免疫学研究的发展,人们发现了疫苗的新用途,即可以治疗一些难治性疾病。治疗性疫苗(therapeutic vaccine)即是指在已感染病原微生物或已患有某些疾病的机体中,通过诱导特异性免疫应答,达到治疗或防止疾病恶化的天然、人工合成或用基因重组技术表达的产品或制品。

2. 分类及特点 根据目前治疗性疫苗集中研究的领域和主要的设计原则,主要有以下几类。

(1) 基于疫苗组成的分类

1) 蛋白质复合重构的治疗性疫苗:治疗性疫苗所针对的主要对象是已经感染或已患病者。在这些感染者或患者中存在不同程度的免疫禁忌、免疫无能和免疫耐受状态。治疗性疫苗必须能有效地打破和逆转这一免疫耐受状态。通常,传统预防性疫苗的靶抗原多为天然结构抗原成分,无法在上述个体中诱导免疫应答。因此,治疗性疫苗必须改造靶抗原的结构或组合,使其相似而又有异于传统疫苗的靶抗原,才有可能重新唤起患者的功能性免疫应答。对于蛋白质疫苗而言,改造可从几方面开展:在蛋白质水平上进行修饰,如脂蛋白化;在结构或构型上加以改造,如固相化、交联、结构外显及构象限定等;在组合上可有多蛋白的复合及多肽偶联等,如 HBV(PAM)2——HTL - CTL 多肽治疗性疫苗同时采用了多肽偶联和多肽氨基酸端软脂酸化的策略,抗原-抗体复合物治疗性疫苗则将两种蛋白质组合为一体,使免疫原性得以提高,又如抗原化抗体治疗性疫苗则在基因水平上对抗原和抗体的组合进行了重构,使靶抗原更具天然构型等。

2) 基因疫苗:实验证明基因疫苗具有超越常规减毒、重组核酸多肽蛋白疫苗的诸多优点:体内表达抗原使其在空间构象、抗原性上更接近于天然抗原;可模拟体内感染过程及天然抗原的 MHC Ⅰ

和 MHC Ⅱ 的呈递过程;可诱生抗体和特异性 CTL 应答;便于在基因水平上操作和改造,生产周期短,经济实用。此外,基因疫苗骨架中可添加免疫激活序列(ISS)及多种转录、翻译增强元件,如 KOZAK 序列等,在几种水平上增加抗原表达量和免疫原性。目前许多新型预防性及治疗性疫苗设计多以核酸为基础,如新近研制的埃博拉(Ebola)疫苗、乙型肝炎(HBV)、丙型肝炎(HCV)和人获得性免疫缺陷病毒(HIV)疫苗等。

3) 多水平基因修饰细胞疫苗:以细胞为组成的疫苗是肿瘤治疗性疫苗设计的热点,主要有肿瘤细胞和 DC 细胞疫苗。肿瘤细胞中包含有广谱的肿瘤抗原,但通常缺乏协同刺激分子以有效识别和激活免疫细胞,同时也因缺乏正常体内环境中多种细胞因子、趋化因子的调理而失去对免疫应答的启动、方向性选择和级联放大。因此,以辅助分子修饰肿瘤细胞及 DC 细胞,可增强其免疫原性,达到治疗性目的。

(2) 基于治疗疾病种类的分类

1) 肿瘤疫苗:恶性肿瘤是威胁人类生命的疾病,它是人体自身细胞失控后恶性增殖的结果。其机制复杂多样,与病毒感染、基因组突变和细胞周期失控有关,至今未能明确其病因,至今尚无有效的治疗手段。肿瘤治疗性疫苗的研制迫在眉睫,但肿瘤特异性抗原的不明确性一直限制着治疗性疫苗的发展。除以肿瘤细胞为疫苗外,抗原修饰 DC 疫苗以及肿瘤相关抗原疫苗研制在不断地开发中。如端粒酶多肽成分(TERT)RNA 转染 DC 疫苗,利用 TERT 基因在正常组织中不表达,而在85%以上肿瘤内被激活的特性,可有效抑制小鼠黑色素瘤、乳腺癌和膀胱癌的生长;可体外激活人 PBMC 特异性抗前列腺癌、肾癌细胞功能。肿瘤治疗性疫苗可望通过获得对自身细胞生长的有效控制而真正消退肿瘤。

美国食品药品监督管理局(FDA)于 2010 年正式批准 Dendreon 制药公司开发的前列腺癌疫苗 Sipuleucel-T(商品名为 Provenge)的上市申请,也使其成为被 FDA 批准上市的首个肿瘤治疗性疫苗,成为新一类"重磅炸弹"医药产品。

2) 抗感染的治疗性疫苗:感染性疾病主要包括由病毒、细菌、原虫、寄生虫等病原体感染所导致的疾病,其病程也与感染过程密切相关。如 HBV 持续感染导致慢性肝炎和肝损伤。感染性疾病通常伴随病原体的持续存在和 Th1 型免疫应答的下调。因此,针对这些特点设计的治疗性疫苗重点在于清除病原体的持续性感染和上调 Th1 型免疫应答。治疗性疫苗联合化学治疗,可进一步促进细菌的清除、在改善病理损害的同时增强无皮肤肉芽肿症状的非特异浸润,显著缩短治疗时间,并使约 60%、71%、100%的 IL、BL、BB 型患者由麻风菌素阴性转为阳性。该疫苗已完成Ⅲ期治疗性临床试验,并通过印度工业生产药审。原虫感染病如疟原虫等治疗性疫苗也在研究及临床试验中。

3) 自身免疫性疾病的治疗性疫苗:自身免疫病如系统性红斑狼疮、类风湿关节炎、自身免疫脑脊髓炎(EAE)等发病率较高,严重危害人类的生命和健康,也是治疗性疫苗致力解决的一类疾病。

4) 移植用治疗性疫苗:用于抗移植慢性排斥反应的治疗性疫苗可通过封闭协同刺激分子、诱导对移植物的免疫耐受来延长移植物的存活期。未成熟 DC 疫苗诱导免疫耐受是当前的一个热点。

3. 治疗性疫苗与传统意义上的预防性疫苗的比较

(1) 抗原性质不同:预防性疫苗主要作用于尚未感染病原体的机体,天然结构的病原体蛋白可直接用作疫苗抗原。而治疗性疫苗的作用对象则为感染的病原体,天然结构的病原体蛋白一般难以诱导机体产生特异性的免疫应答,必须经过分子设计和重新构建以获得与原天然病原体蛋白结构类似的靶蛋白。

(2) 诱导的免疫作用机制不同:预防性疫苗的受用者是健康人体,对已感染的患者却束手无策。而治疗性疫苗的受用对象是患者。他们往往有不同程度的免疫缺陷、免疫无能或免疫耐受,治疗性疫苗能"教会"人体免疫系统正确识别"敌人",打破机体的免疫耐受状态。预防性疫苗接种后主要产生的是保护性抗体,即激发体液免疫反应。而治疗性疫苗主要用于防治病原体感染,病原体一旦进入宿主细胞内,抗体的作用就减弱。治疗性疫苗应是以激发细胞免疫反应为主要目的,对胞内病原体可有免疫攻击作用。此外,治疗性疫苗有时兼具预防功能。

(3)监测指标不同:预防性疫苗接种后监测手段主要是看有无保护性抗体产生。可通过实验室进行监测,结果准确可靠。而治疗性疫苗接种后看疾病是否改善,需要结合临床症状、体征、疾病相关的实验指标进行综合测试,使用时可能有一定的不良反应,伴有不同程度的免疫损伤,因此,较为复杂且其准确性尚有争议。

治疗性疫苗使人们在患严重疾病之后通过激发的免疫力再次获得对疾病的控制力,可能改变疾病的病程和预后,甚至可能改写生命科学及医药治疗史。当前,治疗性疫苗已成为现代生物技术、免疫学及疫苗学发展的新领域。

第三节 佐 剂

一、概述

(一)佐剂的概念

佐剂(adjuvant)也称免疫佐剂,又称非特异性免疫增生剂。本身不具抗原性,但同抗原一起或预先注射到机体内能增强机体对该抗原的特异性免疫应答或改变免疫反应类型,发挥其辅佐作用。

(二)佐剂的作用机制

免疫佐剂的生物作用机制可能包括以下内容。

(1)抗原物质混合佐剂注入机体后,改变了抗原的物理性状,可使抗原物质缓慢地释放,延缓抗原的降解和排除,从而延长抗原在体内的滞留时间和作用时间,避免频繁注射从而更有效地刺激免疫系统。

(2)佐剂吸附了抗原后,增加了抗原的表面积,使抗原易于被巨噬细胞吞噬,提高单核-巨噬细胞对抗原的募集、处理和递呈能力。

(3)激活模式识别受体(PRR),促进固有免疫应答启动,激活炎性体(inflammasome)。

(4)佐剂可促进淋巴细胞之间的接触,增强辅助T细胞的作用,可刺激致敏淋巴细胞的分裂和浆细胞产生抗体,提高机体初次和再次免疫应答的抗体滴度。可改变抗体的产生类型以及促进迟发型变态反应的发生。

(三)选择良好佐剂的条件

(1)安全,且无短期及长期的毒副作用。

(2)佐剂的化学成分和生物学形状清楚,制备批间差异小且易于生产。

(3)与单独使用抗原相比,佐剂与抗原联用能刺激机体产生较强的免疫反应。用较少的免疫剂量即可产生效力。

(4)进入体内的佐剂可自行降解且易于从体内清除。

二、佐剂种类和特点

佐剂的种类繁多,目前尚无统一的分类方法,大致可分为以下几类。

(一)矿物质

矿物质佐剂是传统佐剂中的一类,包括 $AL(OH)_3$、磷酸铝和磷酸钙等。这类佐剂广泛使用于兽用疫苗的制备中,铝佐剂也是目前被 FDA 批准用于人体的两个疫苗佐剂之一。常用佐剂中效果较好的是 AL(OH)₃ 明胶和磷酸铝佐剂,其次是磷酸钙较常用。铝佐剂主要诱导体液免疫应答,抗体以 IgG1 类为主,刺激产生 Th2 型反应,还可刺激机体迅速产生持久的高抗体水平,也比较安全,对于胞外繁殖的细菌及寄生虫抗原是良好的疫苗佐剂。但其仍存在缺点:如有轻度局部反应,可以形成肉芽肿,极个别发生局部无菌性脓肿;铝胶疫苗怕冻;可能对神经系统有影响;不能明显地诱导细胞介导的免疫应答。

已批准的含铝佐剂疫苗包括 DTP、无细胞百日咳疫苗 DTP(DTaP)、b 型流行性感冒嗜血杆菌(HIB)疫苗(不是所有的)、乙型肝炎(HBV)疫苗,以及所有的 DTaP、HIB 或 HBV 的联合疫苗,还包括甲型肝炎疫苗、莱姆病疫苗、炭疽疫苗和狂犬病疫苗。

(二)油乳佐剂

主要有弗氏佐剂、MF-59、白油司班佐剂、佐剂-65、SAF 系列配方等。

1. **弗氏佐剂(FA)** 分为弗氏不完全佐剂(FIA)和弗氏完全佐剂(FCA)两种。弗氏不完全佐剂是由低引力和低粘度的矿物油及乳化剂组成的一种贮藏性佐剂。弗氏完全佐剂是在不完全佐剂的基础上加一定量的分枝杆菌而成。FCA 是 Th1 亚型细胞强有力的激活剂,能引起迟发型超敏反应,又可以促进细胞免疫,促进对移植物的排斥及肿瘤免疫,但其不良反应较大,可引起慢性肉芽肿和溃疡,且有潜在的致癌作用,故仅限用于兽医。

2. **MF-59** 一种鲨烯水包油乳剂,是一种有效且具有可接受的安全性。MF-59 可以增强流感疫苗的免疫原性,对于对抗潜在全国流行性流感病毒株特别有优越性,对于乙肝病毒也是一种比明矾更有效的佐剂。临床试验证明 MF-59 用于人是安全可耐受的,作为 HIV 疫苗用于新生婴儿也是安全的。1997 年由意大利首先批准上市,2005 年成为美国 FDA 批准上市的第二个用于人体的佐剂。

3. **白油司班佐剂** 是用轻质矿物油(白油)作油相,用 Span-80 或 Span-85 及 Tween-80 作为乳化剂制成的油乳佐剂,是当前兽医生物制品中最常用最有效的佐剂之一。佐剂-65 在机体内可被代谢而排出,不引起局部严重反应,抗体滴度超过 FCA 数十倍。

4. **SAF 系列配方** 由苏氨酰胞壁酰二肽、Tween-80、非离子嵌段表面活性剂、角鲨醇等组成。由于其中双亲性和表面活性剂的作用,抗原在乳鲨的表面排列,使抗原更好地靶向抗原递呈细胞,并更有效地递呈到淋巴细胞,可活化补体及诱导一系列的细胞因子产生。

(三)微生物类佐剂

1. **短小棒状杆菌(CP)** 经加热或甲醛灭活制成,对机体毒性低,没有严重的不良反应,能非特异性刺激淋巴样组织增生,加强单核巨噬细胞系统的吞噬能力,加速抗原处理,增加 IgM 和 IgG 的生成。

2. **卡介苗(BCG)** 是巨噬细胞的激活剂,同时还能刺激骨髓的多功能干细胞发育成为免疫活性细胞,从而明显提高机体的免疫力,但大量应用会引起严重的不良反应。

3. **胞壁酰二酞(MDP)及其合成的亲脂类衍生物、类化物** 调节及活化单核巨噬细胞,吸引吞噬细胞,进一步增强吞噬细胞和淋巴细胞活性,使其易捕获抗原。苏氨酰-MDP 有佐剂活性且无致热性,其配合物 SAF-1 可诱导许多抗原产生体液和细胞介导的免疫反应。

4. **细菌脂多糖(LPS)** 可起到多克隆 B 细胞有丝分裂原的作用,也可促进巨噬细胞等分泌单核因子,如白细胞介素-1,还可调节巨噬细胞表面 Ia 分子的表达,从而改变抗原的递呈。LPS 具有内毒素作用,所以不能直接用作人用疫苗佐剂。

5. **细菌毒素类** 现在所用的疫苗大都是通过注射的方法(肌内注射或皮下注射)。近年来,通过黏膜组织作用的疫苗受到了广泛重视。霍乱毒素(CT)、大肠埃希菌热稳定肠毒素(LT)及其衍生物是一种较好的黏膜佐剂。可经口服和鼻腔免疫。但两者均具有一定的毒副作用。目前无法应用于人类。但通过分子生物学技术将 CT 和 LT 改造成无毒而又保留佐剂性能是黏膜疫苗佐剂一个很有前景的研究方向。如通过定点突变修饰后产生的分子 LTK63 即显示良好的佐剂活性以及无毒的特点。

6. 脂溶性蜡质 D 是一种多肽糖脂,起佐剂作用的黏肽能够增强体液免疫应答并诱导细胞免疫。其机制、毒性尚不清楚。

(四)脂质体和 Novasomes

脂质体(Liposomes)是人工合成的双分子层的磷脂单层或多层微环体,能将抗原传递给合适的免疫细胞,促进抗原对抗原递呈细胞的定向作用。已证明,小于 5 μm 的脂质体微粒能被肠道集合淋巴结提取并传递给巨噬细胞。脂质体既无毒性,又无免疫原性,在体内可生物降解,不会在体内引起类似弗氏佐剂所引起的损伤,是一种优良的佐剂。Novasomes 是目前研制的一种新型脂质体样系统用于黏膜免疫,要比常规脂质体好。该系统为非磷脂的亲水脂分子,在体内的稳定性比常规脂质体好,而且价廉,易制备。

(五)细胞因子类

细胞因子在免疫应答多样性方面发挥重要作用,可调节抗体应答与细胞介导免疫应答的相互关系。细菌毒素与 CpG 均通过细胞因子发挥佐剂效应,而大多数细胞因子又具有调整和重建免疫应答的能力,因此可直接作为佐剂发挥作用。

GM-CSF 上市产品主要用于癌症化疗引起的骨髓抑制,文献报道其具有刺激骨髓粒细胞、单核细胞、巨噬细胞等活性,可以作为疫苗和单抗的复合佐剂。在上市适应证范围内有较好的耐受性。

白介素-2(IL-2)可以提高 T 依赖型和非依赖型反应。本品为抗炎介导剂。一期临床显示主要不良反应为严重的低血压,此外还有疼痛、呼吸和血液学改变,但是在低剂量时免疫刺激活性明显高于其不良反应。

白介素-12(IL-12)是一种非常有希望进入临床试验的细胞因子佐剂。用于加强 Th1 依赖型细胞介导的免疫,目前正在进行 AIDS 和肿瘤治疗的临床试验。

但是,所有这些分子都表现出剂量依赖的毒性,同时由于其蛋白质本身存在稳定性方面的问题,体内半衰期很短,使生产的费用相对较高,这些均限制了其在常规免疫中的使用。

(六)核酸类

目前把含有未甲基化的 DNA、细菌的质粒 DNA 以及人工合成的寡核苷酸全部统称为 CpGDNA,即核酸佐剂。它们可以诱导 B、T 淋巴细胞和巨噬细胞的增殖分化;诱导抗原递呈细胞分泌 IL-12 和其他细胞因子,形成免疫调节网络;刺激 NK 细胞分泌 IFN 及产生溶细胞活性。当与蛋白抗原的疫苗共同使用时,可以诱导细胞免疫为主的免疫反应。含有免疫刺激 CpG 基序的合成寡脱氧核苷酸(ODN)还能增强对口服、直肠或鼻腔内免疫的破伤风类毒素或流感疫苗的局部和全身免疫应答,是良好的 Th1 类候选人用疫苗佐剂。

此外,具有佐剂作用的物质还有中草药类(如蜂胶、皂苷、免疫刺激复合物 ISCOMS、多糖、糖苷及复方中药等)和一些化学物质(如左旋咪唑、西咪替丁红霉素等)。

三、佐剂的发展前景

人用疫苗佐剂的安全与有效性是不可或缺的两个方面,目前最常见的人用疫苗佐剂虽然仍是氢氧化铝和磷酸铝,但近年来,着眼于这两个方面的问题,人用疫苗佐剂的设计、研制和开发研究也取得了许多进展。目前人用疫苗佐剂研究的新方向包括 APC 佐剂、T 细胞佐剂、黏膜佐剂及结合物型佐剂的研究,它们从不同方面对综合解决佐剂的有效性与安全性问题展开研究。尽管人用疫苗佐剂研究中仍存在不少问题,随着对佐剂作用的分子机制、细胞因子的作用及参与免疫应答的不同类型

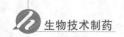

细胞的认识深化,以及对免疫与各种疾病的关系进一步了解,人用疫苗佐剂将为疫苗研制的突破做出更大的贡献。

第四节 各类常见疫苗举例及应用

一、病毒类疫苗

(一)脊髓灰质炎减毒活疫苗

1. **简介** 脊髓灰质炎是由脊髓灰质炎病毒引起的严重危害儿童健康的急性传染病,脊髓灰质炎病毒为嗜神经病毒,主要侵犯中枢神经系统的运动神经细胞,以脊髓前角运动神经元损害为主。患者多为 1～6 岁儿童,主要症状是发热,全身不适,严重时肢体疼痛,发生分布不规则和轻重不等的迟缓性瘫痪,俗称小儿麻痹症。

口服后对脊髓灰质炎三个型的病毒都能产生主动免疫,可诱发机体产生中和抗体及肠道局部免疫,因而减少人群中无症状的排毒者。用于预防脊髓灰质炎。

2. **制备与性状** 口服脊髓灰质炎减毒活疫苗(poliomyelitis vaccine oral)系用Ⅰ、Ⅱ、Ⅲ型脊髓灰质炎病毒减毒株,分别接种于原代猴肾细胞或人二倍体细胞培养,收获病毒液后制成的单价或三价液体疫苗,或将三价液体疫苗加工制成糖丸。本品的液体制剂为橘红色澄明液体,无异物、无沉淀。糖丸外观为白色。

3. **接种对象** 主要为 2 个月龄以上的儿童。

4. **接种方法** 液体制剂:2 滴/次,口服;糖丸:每次 1 丸,口服。基础免疫为 3 次,首次免疫从 2 月龄开始,连续口服 3 次,每次间隔 4～6 周,4 岁再加强免疫 1 次,每次人用剂量为 1 粒。其他年龄组在需要时也可以服用。遇周围有患者出现时,不管成人、儿童,过去有无免疫者均要再行免疫。

5. **不良反应** 本品不良反应少见,偶有发热、皮疹、腹泻、多发性神经炎等。一般不需特殊处理,必要时可对症治疗。

(二)水痘疫苗

1. **简介** 水痘是由水痘-带状疱疹病毒(VZV)初次感染引起的急性传染病,传染率很高。主要发生在婴幼儿,以发热及成批出现周身性红色斑丘疹、疱疹、痂疹为特征。冬春两季多发,其传染力强,接触或飞沫均可传染。易感儿发病率可达 95% 以上,学龄前儿童多见。水痘疫苗可刺激机体产生抗水痘病毒的免疫力,用于预防水痘。接种水痘疫苗是预防该病的唯一有效的手段,尤其是在控制水痘暴发流行方面起到了非常重要的作用。

2. **制备与性状** 1974 年,日本人高桥从一名患天然水痘男孩的疱液中用人胚肺细胞分离到 VZV,并在人胚胎肺细胞、豚鼠胚胎细胞和人二倍体细胞(WI-38)的培养物中通过连续繁殖减毒。该病毒通过人二倍体细胞培养物(MCR-5)经历进一步传代,建立疫苗毒种(Oka 株),是当今世界广为应用的疫苗毒种。本疫苗系采用国际通用的水痘病毒 OKa 减毒株,经 MRC-5 人二倍体细胞培养制成。冻干成品外观呈乳白色疏松体,溶解后呈淡黄色液体。

3. **接种对象** 建议无水痘史的成人和青少年应该接种,易感人群主要是 12 月龄～12 周岁的健康儿童。

4. **接种方法** 推荐 2 岁儿童开始接种。1～12 岁的儿童接种一剂量(0.5 ml);13 岁及以上的儿童、青少年和成人接种 2 剂量,间隔 6～10 周。儿童及成人均于上臂皮下注射,绝不能静脉注射。疫苗应通过提供的稀释液复溶,并应完全溶解。

5. **不良反应** 接种本疫苗后一般无反应,但在所有年龄组均有很低的综合反应原性,注射后偶见低热和轻微皮疹,但不良反应通常是轻微的且自行消失。

(三)狂犬病疫苗

1. **简介** 狂犬病是由狂犬病毒所致的自然疫源性或动物源性人畜共患急性传染病,流行性广,病死率极高。典型临床表现为恐水症,故狂犬病又称恐水病。初期对声、光、风等刺激敏感而喉部有发紧感,进入兴奋期可表现为极度恐怖、恐水、怕风、发作性咽肌痉挛、呼吸困难等,最后痉挛发作停止而出现各种瘫痪,可迅速因呼吸和循环衰竭而死亡。人狂犬病主要通过患病动物咬伤、抓伤或由黏膜感染引起,在特定的条件下还可通过呼吸道气溶胶传染。

接种本疫苗后,可刺激机体产生抗狂犬病病毒免疫力。诱导机体产生中和抗体。在感染早期,中和抗体具有重要保护作用,不仅可中和体内游离的病毒,还可以阻止病毒吸附在敏感细胞上,减少病毒的增殖、扩散。用于预防狂犬病。但中和抗体的作用有时间限度,在感染后期,一旦病毒侵入靶细胞,中和抗体则失去作用。故对疑有感染狂犬病毒者,被宠物咬伤、抓伤者及接触该病毒机会多的人,应尽早注射。

2. **制备与性状** 人用狂犬病疫苗既往种类较多,现今国内外多使用细胞培养疫苗。我国现在使用的有精制 VERO 细胞狂犬病疫苗和精制地鼠肾细胞狂犬病疫苗,系用狂犬病毒固定毒株接种于细胞,培养后,收获毒液,经病毒灭活、浓缩、纯化、精制并加氢氧化铝佐剂,全面检定合格后即为预防狂犬病的疫苗。人用精制 VERO 细胞狂犬病疫苗及精制地鼠肾细胞狂犬病疫苗均为轻度混浊白色液体,久放形成可摇散的沉淀,含硫柳汞防腐剂。

3. **接种对象** 一种是咬伤后(暴露后)预防。任何可疑接触狂犬病毒,如被动物(包括貌似健康动物)咬伤、抓伤(即使很轻的抓伤),皮肤或黏膜被动物舔过,都必须接种本疫苗。另一种则为无咬伤(暴露前)预防。在疫区有咬伤的高度危险或有接触病毒机会的工作人员,如疫区兽医、动物饲养管理人员、畜牧人员、屠宰人员、狂犬病毒实验人员、疫苗制造人员、狂犬患者的医护人员、岩洞工作人员,以及与其他哺乳动物接触频繁人员及严重疫区儿童、邮递员、去疫区旅游者,均应用狂犬病疫苗进行预防接种。

4. **接种方法**

(1)不分年龄、性别均应立即处理局部伤口(用清水或肥皂水反复冲洗后再用碘酊或乙醇消毒数次),并及时按暴露后免疫程序注射本疫苗。

(2)按标示量加入灭菌注射用水,完全复溶后注射。使用前将疫苗振摇成均匀液体。

(3)于上臂三角肌肌内注射,幼儿可在大腿前外侧区肌内注射。

(4)暴露后免疫程序一般咬伤者于 0 天(第 1 天,当天)、3 天(第 4 天,以下类推)、7 天、14 天、28 天各注射本疫苗 1 剂,共 5 针,儿童用量相同。

对有下列情形之一的,建议首剂狂犬病疫苗剂量加倍给予:①注射疫苗前 1 个月内注射过免疫球蛋白或抗血清者。②先天性或获得性免疫缺陷患者。③接受免疫抑制剂(包括抗疟疾药物)治疗的患者。④老年人及患慢性病者。⑤于暴露后 48 小时或更长时间后才注射狂犬病疫苗的人员。

(5)暴露前免疫程序于 0 天、7 天、28 天接种,共接种 3 针。

5. **不良反应** 注射后有轻微局部及全身反应,可自行缓解,偶有皮疹。若有速发型过敏反应、神经性水肿、荨麻疹等较严重不良反应者,可做对症治疗。

(四)甲型肝炎病毒疫苗

1. **简介** 甲型病毒性肝炎简称甲型肝炎,是由甲肝炎病毒(HAV)引起的一种急性传染病。临床上表现为急性起病,有畏寒、发热、食欲减退、恶心、疲乏、肝大及肝功能异常。甲型肝炎传染源通常是急性患者和亚临床感染者,患者自潜伏末期至发病后 10 天传染性最大,粪-口途径是其主要

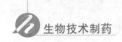

传播途径。

甲肝疫苗是用于预防甲型肝炎的疫苗,在中国已经成为儿童接种的主要疫苗之一。市场上的甲肝疫苗主要有甲肝灭活疫苗和减毒活疫苗两大类。由于制备原理的不同,在有效性和安全性上存在差异。相对于减毒活疫苗,灭活疫苗具有更好的稳定性,灭活苗和弱毒苗都是通过侵入人体,引起人体的免疫反应,从而使人体产生免疫记忆来达到免疫的效果。

2. 制备与性状 减毒活疫苗系将甲型肝炎病毒减毒株(H2株)接种人二倍体细胞,经培养、收获病毒、提纯,加适宜的稳定剂冻干制成,冻干疫苗应为乳白色疏松体,经溶解后为澄明无异物的近无色液体;灭活疫苗是应用灭活甲型肝炎病毒(HM175病毒株)制备而成。

3. 接种对象 凡是对甲肝病毒易感者,年龄在1周岁以上的儿童、成人均应接种。甲肝灭活疫苗适用于儿童、医务工作者、食品行业从业人员、职业性质具有接触甲肝病毒的人。

4. 接种方法 减毒活疫苗:加灭菌注射水完全溶解疫苗摇匀后使用。上臂外侧三角肌附着处,皮肤消毒待干后,皮下注射1次。灭活疫苗:基础免疫为1年剂量,在基础免疫之后6~12个月进行一次加强免疫,以确保长时间维持抗体滴度。成人和儿童均于三角肌肌内注射,绝不可静脉注射。

5. 不良反应 注射疫苗后少数可能出现局部疼痛、红肿,全身性反应包括头痛、疲劳、发热、恶心和食欲下降。一般72小时内自行缓解。偶有皮疹出现,不需特殊处理,必要时可对症治疗。

(五)乙型脑炎减毒活疫苗

1. 简介 流行性乙型脑炎(乙脑)是由乙脑病毒经蚊子传播的急性传染病,在人畜间流行。常累及患者的中枢神经系统,症状轻重不一,重型患者病死率很高,幸存者常残留有明显的后遗症。乙脑疫苗预防乙脑可收到明显的效果,1960年我国开始使用地鼠肾细胞组织培养灭活疫苗,一直沿用至今。20世纪80年代后期,我国又研制成功并使用乙脑减毒活疫苗。90年代末对乙脑减毒活疫苗的生产工艺进行改进,并纯化了乙脑减毒活疫苗,减少了不良反应。

接种疫苗后,刺激机体产生抗乙型脑炎病毒的免疫。可诱导机体产生中和抗体、血凝抑制抗体、补体结合抗体,具有中和乙型脑炎病毒的作用,可以抵抗外来乙型脑炎病毒的侵入,用于预防流行性乙型脑炎。乙型脑炎减毒疫苗免疫原性比灭活疫苗强而且稳定,免疫持续时间较长。

2. 制备与性状 将乙脑病毒SA14-14-2株(经人工减毒使之失去致病性仍保留免疫原性)接种于原代地鼠肾细胞,经培育繁殖后收获病毒,加入保护剂冻干制成。为淡黄色疏松体,复溶后为橘红色或淡粉红色澄明液体。

3. 接种对象 乙脑流行区1周岁以上健康儿童及由非疫区进入疫区的儿童和成人。

4. 接种方法 按标示量加入疫苗稀释剂,待完全复溶后使用。初免儿童于上臂外侧三角肌附着处,皮下注射0.5 ml。分别于2岁和7岁再各注射0.5 ml,以后不再免疫。

5. 不良反应 少数儿童可能出现一过性发热反应,一般不超过2天,可自行缓解。偶有散在皮疹出现,一般不需特殊处理,必要时可对症治疗。

(六)流感疫苗

1. 简介 流行性感冒(流感)是一种由流感病毒引起的可造成大规模流行的急性呼吸道传染病。流感与普通感冒相比,症状更加严重,传染性更强。流感病毒分甲、乙、丙三型。其中,甲型致病力最强,可感染动物和人类并引起流行甚至是世界范围内的大流行;乙型致病力稍弱,可引起局部流行。流感病毒经常发生抗原漂移和抗原转移,逃避机体免疫系统的防御,这也是造成大流行的原因。临床上对流感仍缺乏有效的药物进行治疗,流感疫苗在近30年的应用过程中,充分证明了接种流感疫苗对保护健康起很大作用。

接种流感疫苗有效减少发生流感的概率,减轻流感症状。但不能防止普通性感冒的发生,只能起到缓解普通性感冒症状、缩短感冒周期等作用。

2. 制备与性状　全病毒灭活疫苗、裂解疫苗和亚单位疫苗,国产和进口产品均有销售。每种疫苗均含有甲 1 亚型、甲 3 亚型和乙型 3 种流感灭活病毒或抗原组分。

流感全病毒灭活疫苗系用当年的流行株或相似株甲型、乙型流行性感冒病毒,分别接种鸡胚,培养后收获病毒液、经灭活、浓缩、纯化后制成。裂解型流感灭活疫苗是建立在流感全病毒灭活疫苗的基础上,通过选择适当的裂解剂和裂解条件裂解流感病毒,去除病毒核酸和大分子蛋白,保留抗原有效成分 HA 和 NA 以及部分 M 蛋白和 NP 蛋白,经过不同的生产工艺去除裂解剂和纯化有效抗原成分制备而成。裂解型流感疫苗可降低全病毒灭活疫苗的接种不良反应,并保持相对较高的免疫原性,但在制备过程中须添加和去除裂解剂。20 世纪 70 年代和 80 年代,在裂解疫苗的基础上,又研制出了毒粒亚单位和表面抗原(HA 和 NA)疫苗。通过选择合适的裂解剂和裂解条件,将流感病毒膜蛋白 HA 和 NA 裂解下来,经纯化得到 HA 和 NA 蛋白。亚单位型流感疫苗具有很纯的抗原组分。经证实,其免疫效果与裂解疫苗相同。

3. 接种对象　接种对象为易感者及易发生相关并发症的人群。如儿童、老年人、体弱者、流感流行地区人员等。

4. 接种方法　于流感流行季节前或期间进行预防接种。12～35 个月的儿童接种 2 次剂量,每剂 0.25 ml,间隔一个月。36 个月以上的儿童及成人,接种 1 次剂量,每剂 0.5 ml。儿童和成人均于上臂三角肌肌内注射,不能静脉注射。

5. 不良反应　流感疫苗接种后可能出现低热,而且注射部位会有轻微红肿、痛和痒等,一般很快消失。但这些都是暂时现象而且发生率很低,不需太在意。但少数人会出现高热、呼吸困难、声音嘶哑、喘鸣、荨麻疹、苍白、虚弱、心动过速和头晕,此时应立即就医。全病毒灭活疫苗对儿童不良反应较大,12 岁以下的儿童禁止接种此种疫苗。

(七)基因重组乙肝疫苗

1. 简介　乙型肝炎(乙肝)是由乙型肝炎病毒引起的、以肝脏为主要病变的一种传染病。我国是乙肝的高发区,人群中有 60% 的人被乙肝病毒感染,10% 的人呈乙肝表面抗原(HBsAg)阳性。乙肝病程迁延,易转变为慢性肝炎、肝硬化及肝癌,是一个严重的公共卫生问题。

注射乙肝疫苗是预防和控制乙肝的最有效的措施之一。乙型肝炎疫苗的研制先后经历了血源性疫苗和基因工程疫苗阶段。前者由于安全、来源和成本等原因已被淘汰。基因工程乙肝疫苗技术已相当成熟,中国自行研制的疫苗经多年观察证明安全有效,亦已批准生产。疫苗主要成分是 HBsAg,即一种乙肝病毒的包膜蛋白,并非完整病毒。这种表面抗原不含有病毒遗传物质,不具备感染性和致病性,但保留了免疫原性,即刺激机体产生保护性抗体的能力。

2. 制备与性状　基因工程乙肝疫苗即基因重组乙肝疫苗是利用转基因技术,构建含有乙肝病毒 HBsAg 基因的重组质粒,然后转染相应的宿主细胞,如酵母、CHO 细胞,在繁殖过程中产生于未糖基化的 HBsAg 多肽,经细胞破碎,颗粒形未糖基化的 HBsAg 多肽释放,经纯化,灭活,加氢氧化铝后制成。利用重组酵母生产的叫重组酵母乙肝疫苗,利用 CHO 细胞生产的叫重组 CHO 乙肝疫苗,剂量为每支 5 μg。疫苗外观有轻微乳白色沉淀。

3. 接种对象　中国大多数乙肝病毒携带者来源于新生儿及儿童期的感染。由此可见,新生儿的预防尤为重要,所有新生儿都应当接种乙肝疫苗。其次,学龄前儿童也应进行接种。第三是 HBsAg 阳性者的配偶及其他从事有感染乙肝危险职业的人,如密切接触血液的人员、医护人员、血液透析患者等。

4. 接种方法　乙型肝炎疫苗全程接种共 3 针,按照 0、1、6 个月程序,即接种第 1 针疫苗后,间隔 1 个月及 6 个月注射第 2 及第 3 针疫苗。新生儿接种乙型肝炎疫苗越早越好,要求在出生后 24 小时内接种。新生儿的接种部位为大腿前外侧肌内,儿童和成人为上臂三角肌中部肌内注射。

5. 不良反应　经过 20 多年大规模的使用和观察,目前还没有接种乙肝疫苗后有严重不良反应

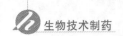

的病例。只有少数人接种后会产生接种部位红肿、疼痛、发痒、手臂酸重等症状,或者是产生低热、乏力、恶心、食欲不振等与一般疫苗相似的轻微反应。

二、细菌类疫苗

(一)卡介苗

1. 简介　结核菌是细胞内寄生菌,因此人体抗结核的特异性免疫主要是细胞免疫。接种卡介苗是用无毒卡介菌(结核菌)人工接种进行初次感染,卡介苗(BCG)是用于预防结核病的疫苗,使用活的无毒牛型结核杆菌制成。接种人体后,引起轻微感染,菌体经过巨噬细胞的加工处理,将其抗原信息传递给免疫活性细胞,使 T 细胞分化增殖,形成致敏淋巴细胞,当机体再遇到结核菌感染时,巨噬细胞和致敏淋巴细胞迅速被激活,执行免疫功能,引起特异性免疫反应,从而产生对人型结核杆菌的免疫力。所用牛型结核杆菌是在特殊的人工培养基上,经数年的传代,使其丧失了对人类的致病能力,但仍保持有足够高的免疫原性,成为可在一定程度上预防结核的疫苗,对于预防结核性脑膜炎和血行播散性结核有效。

2. 制备与性状　冻干卡介苗系用卡介菌经培养后收集菌体,加入稳定剂冻干制成。为白色疏松体或粉末,复溶后为均匀悬液。

3. 接种对象　出生 3 个月以内的婴儿或用 5 个单位结核菌素试验(PPD)阴性的儿童(注射后 48～72 小时局部硬结在 5 mm 以下者为阴性)。

4. 接种方法　预防结核病上臂外侧三角肌中部略下处皮内注射。10 次人用剂量卡介苗加入 1 ml 所附稀释剂,5 次人用剂量卡介苗加入 0.5 ml 所附稀释剂,放置约 1 分钟,摇动使之溶解并充分混匀。疫苗溶解后必须在半小时内用完。用灭菌的 1 ml 蓝芯注射器将随制品附带的稀释液定量加入冻干卡介苗安瓿中,放置约 1 分钟,摇动安瓿使之溶化,混匀后进行注射,每次 0.1 ml。

5. 不良反应　90% 以上的受种者会在接种局部出现红肿浸润,若随后化脓,形成小溃疡,持续数周至半年,最后愈合形成瘢痕,俗称卡疤。

(二)伤寒 Vi 多糖疫苗

1. 简介　伤寒是由高毒力、高侵袭性的肠道病原体伤寒沙门氏菌引发的严重全身性感染。伤寒杆菌通过粪口途径传播。虽然主要表现为地方性流行疾病,但伤寒杆菌具备流行潜力。患者表现可持续性高热(40～41 ℃)为时 1～2 周以上,出现特殊中毒面容,相对缓脉,皮肤玫瑰疹,肝脾肿大,周围血象白细胞总数低下,嗜酸性粒细胞消失,骨髓象中有伤寒细胞。

接种疫苗后,可诱导机体产生体液免疫应答,预防伤寒沙门氏菌引起的伤寒病。

2. 制备与性状　伤寒 Vi 多糖疫苗系用伤寒沙门氏菌培养液纯化的 Vi 多糖,经用 PRS 稀释制成。本品为无色澄明液体,不含异物或凝块。

3. 接种对象　主要接种对象是部队、港口、铁路沿线的工作人员,下水道、粪便、垃圾处理人员,饮食业、医务防疫人员及水上居民或有本病流行地区的人群。

4. 接种方法　上臂外侧三角肌肌内注射 0.5 ml,一次即可。

5. 不良反应　反应轻微,偶有个别短暂低热,局部稍有压痛感,可自行缓解。

(三)ACYW135 群四价脑膜炎球菌多糖疫苗

1. 简介　脑膜炎球菌为流行性脑脊髓膜炎(流脑)的病原菌。带菌者和患者是传染源。脑膜炎球菌经飞沫传染,也可通过接触患者呼吸道分泌物污染的物品而感染。本病的发生和机体免疫力有密切的关系,当机体抵抗力低下时,侵入鼻咽腔的细菌大量繁殖而侵入血流,引起菌血症和败血症,患者出现恶寒、发热、恶心、呕吐、皮肤上有出血性皮疹,皮疹内可查到本菌。严重者侵犯脑脊髓膜,发生化脓性脑脊髓膜炎。根据本菌的夹膜多糖抗原的不同,通过血凝试验分为 A、B、C、D 四个血清群,之后又发现了 X、Y、Z、29E、W135 等 5 个群。以 A、B、C 群为多见。

接种脑膜炎球菌多糖疫苗后,可使机体产生体液免疫应答,预防流脑的发生。脑膜炎球菌多糖疫苗分为单价 A 或 C、双价 A 和 C 及 4 价疫苗。目前最好的是四价疫苗。

2. 制备与性状 本疫苗系用 A、C、Y、W135 群脑膜炎奈瑟球菌培养液,经提纯获得的荚膜多糖抗原,纯化后加入适宜稳定剂(乳糖)冻干制成。成品外观为白色疏松体,加入所附稀释液复溶后为无色澄明液体。

3. 接种对象 目前在国内仅推荐本品在以下范围内 2 周岁以上儿童及成人的高危人群使用:一是旅游到或居住在高危地区者,如非洲撒哈拉地区(A、C、Y 及 W135 群脑膜炎奈瑟球菌传染流行区);二是从事实验室或疫苗生产工作可从空气中接触到 A、C、Y 及 W135 群脑膜炎奈瑟球菌者;三是根据流行病学调查,由国家卫健委和疾病控制中心预测有 Y 及 W135 群脑膜炎奈瑟球菌爆发地区的高危人群。

4. 接种方法 将上臂外侧三角肌附着处皮肤消毒后皮下注射本品。剂量:2 岁以上儿童和成人接种 1 剂,每次 0.5 ml。接种应于流脑流行季节前完成。

5. 不良反应 主要为接种部位 1～2 天的红肿和疼痛,全身不良反应主要为发热,大多数可自行缓解,并在 72 小时内消失。

(四)肺炎球菌结合疫苗

1. 简介 肺炎球菌,也称"肺炎链球菌"。早在 19 世纪,肺炎球菌已被发现会引起肺炎。肺炎球菌通常藏匿在人们的鼻咽部,可以通过咳嗽、打喷嚏、说话时释放的飞沫传染给其他人;一旦带菌者抵抗力降低,肺炎球菌就会趁虚而入,导致不同部位的一系列感染,包括中耳炎、肺炎、菌血症和脑膜炎。

在肺炎球菌结合疫苗问世之前,只有以肺炎球菌荚膜多糖为抗原成分的多糖疫苗。多糖疫苗只能诱导 B 细胞免疫,而不能诱导 T 细胞免疫,而且,接种多糖疫苗产生的抗体活性弱,并不能诱导免疫记忆。结合疫苗的抗原成分是以肺炎球菌荚膜多糖结合白喉变异蛋白一起构成的,因为有氨基酸类抗原物质参与,所以不仅能诱导 B 细胞免疫,也能诱导 T 细胞免疫。这样在 2 岁以下儿童体内可诱导有效的免疫应答,而 2 岁以下儿童恰恰是肺炎球菌的主要易感人群。

2. 制备与性状 七价肺炎球菌结合疫苗包含了 7 种主要的致病肺炎球菌荚膜多糖血清型:4,6B,14,19F,23F,18C,9V。各型多糖与 CRM197 载体蛋白(从白喉杆菌提取)结合后吸附于磷酸铝佐剂。

3. 接种对象 用于 3 月龄～2 岁婴幼儿、未接种过本疫苗的 2～5 岁儿童。

4. 接种方法 采用肌内注射接种。首选接种部位为婴儿的大腿前外侧区域(股外侧肌)或儿童的上臂三角肌。

5. 不良反应 对本疫苗中任何成分过敏,或对白喉类毒素过敏者禁用。

三、联合疫苗

(一)吸附百日咳、白喉、破伤风联合疫苗

1. 简介 百日咳、白喉、破伤风混合疫苗简称百白破疫苗,它是由百日咳疫苗、精制白喉和破伤风类毒素按适量比例配制而成,用于预防百日咳、白喉、破伤风三种疾病。目前一般认为对破伤风、白喉的免疫效果更为满意。目前使用的有吸附百日咳疫苗、白喉和破伤风类毒素混合疫苗(吸附百白破)和吸附无细胞百日咳疫苗、白喉和破伤风类毒类混合疫苗(吸附无细胞百白破)。

2. 制备与性状 吸附百日咳、白喉、破伤风联合疫苗系由百日咳菌苗原液、精制白喉类毒素及精制破伤风类毒素,加氢氧化铝佐剂制成。全细胞百白破三联混合剂(WPDT)和无细胞百白破三联

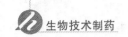

混合制剂（APDT）区别主要在于其中的百日咳菌体成分不同。前者由百日咳全菌体疫苗配制，除含有有效成分外还含有多种引起不良反应的有害成分如脂多糖等，预防接种后不良反应较多、较严重，给儿童的日常生活带来苦恼。后者配制时去除百日咳全菌体疫苗中的有害成分（如脂多糖等），保持免疫效果的同时，降低其严重的反应，更具安全性，没有毒性逆转。为乳白色悬液，放置后佐剂下沉，摇动后即成均匀悬液，含防腐剂。

3. 接种对象　3 月龄～7 周岁的儿童。

4. 接种方法　我国现行的免疫程序规定，新生儿出生后 3 足月就应开始接种百白破疫苗第一针，连续接种 3 针，每针间隔时间最短不得少于 28 天，在 1 岁半～2 周岁时再用百白破疫苗加强免疫 1 针，如果超过 3 岁则不应再接种百白破疫苗，应等 7 周岁时用精制白喉疫苗或精制白破二联疫苗加强免疫 1 针。吸附百白破疫苗采用肌内注射，接种部位在上臂外侧三角肌附着处或臀部外上 1/4 处。

5. 不良反应　局部可有红肿、疼痛、发痒、硬结，全身可有低热、疲倦、头痛等，一般不需特殊处理即自行消退。

（二）麻疹腮腺炎联合减毒活疫苗

1. 简介　麻疹腮腺炎联合减毒活疫苗，适应证为本疫苗免疫接种后，可刺激机体产生抗麻疹和流行性腮腺炎病毒的免疫力，用于预防麻疹和流行性腮腺炎。

2. 制备与性状　本品系用麻疹和腮腺炎病毒减毒株分别接种鸡胚细胞，经培养、收获单价病毒液以合适的比例混合并加适宜稳定剂后冻干而成。冻干疫苗呈乳酪色疏松体，经溶解后为橙红色澄明液。

3. 接种对象　年龄为 8 个月以上的麻疹和腮腺炎易感者。

4. 接种方法　于上臂外侧三角肌下缘附着处皮下注射 0.5 ml。

5. 不良反应　注射后一般无局部反应。在 6～10 天内，少数儿童可能出现一过性发热反应以及散在皮疹，一般不超过 2 天可自行缓解，通常不需特殊处理，必要时可对症治疗。

第五节　疫苗生产的质量控制

一、生产原料的质量控制

疫苗制品生产用原材料须向合法和有质量保证的供方采购，应对供应商进行评估，并与之签订较固定的供需合同，以确保其物料的质量和稳定性，使用之前由质量保证部门检查合格并签证发放。

（一）生产用水

水是生产用基本原料，自来水需净化处理，其质量应符合饮用水标准；去离子水应定期处理树脂，并检测电导率；蒸馏水应采用多效蒸馏水器设备，应符合无热源、无菌要求，超过一周不能使用。

（二）器材、溶液等原材料的供应

器材供应包括玻璃器皿、橡皮用具等，在使用前应严格清洗、灭菌，方可使用。溶液、培养基配置时所选的化学试剂，一般应为二级纯或三级纯试剂，变质潮解者不能使用。配制好的溶液应透明、无杂质、无沉淀、无染菌，pH 符合要求。

（三）动物源的原材料

使用时要详细记录，内容至少包括动物来源、动物繁殖和饲养条件、动物的健康状况。应符合

《实验动物管理规程》，用于疫苗生产的动物应是清洁级以上的动物。

(四) 菌种和毒种

用于疫苗生产的菌种、毒种来源及历史应清楚，由中国药品生物制品检定所分发或由国家卫生和计划生育委员会(现已改名为"国家卫生和健康委员会")制定的其他单位保管和分发。应建立生产用菌、毒种的原始种子批、主代种子批和工作种子批系统。种子批系统应有菌、毒种特征鉴定、传代谱系、菌、毒种是否为单一纯微生物、生产和培育特征、最适保存条件等完整资料。

(五) 细胞

生产用细胞应建立原始细胞库、主代细胞库和工作代细胞库系统。细胞库系统应有细胞原始来源、群体倍增数、传代谱系、细胞是否为单一纯化细胞系、制备方法、保存条件等完整资料。对于基因工程疫苗，作为表达载体的细胞，除应有上述基本特性的记录外，还应提供表达载体的详细资料，包括克隆基因的来源和鉴定，以及表达载体的构建、结构和遗传特性；应说明载体组成的各部分来源和功能，如复制子和启动子来源、抗生素抗性标志物等；提供构建中所有位点酶切图谱。对于宿主细胞，还应详细说明载体引入宿主细胞的方法和载体在宿主细胞内的状态，应提供载体和宿主细胞结合后的遗传稳定性资料，同时要详细叙述生产过程中启动和控制克隆基因在宿主细胞中表达所采用的方法和表达水平。

二、生产过程质量控制

生物制品的质量受从原材料投产到成品出厂整个生产过程中的一系列因素所决定，所以生物制品的质量是生产出来的，检定只是客观地反映及监督制品的质量水平。因此，在疫苗的生产制备过程中，只有实行GMP，对生产过程中每一步骤做到最大可能的控制，才能更为有效地使终产品符合所有质量要求和设计规范。在生产过程中必须严格按照《生物制品规程》和GMP的要求，遵从标准操作程序进行操作，其中对人员的素质、卫生及无菌的要求就显得尤为重要。

生产人员必须具备与本职工作相适应的文化程度和专业知识或经过培训能胜任本岗位的管理、生产和研究工作，并注意对其进行不断培训和考核以提高其业务能力；对患有特定传染病的人员，不得从事生产工作。对卫生及无菌管理都应按要求严格执行，包括对环境、工艺、个人卫生等各区域应达到规定的洁净度，洁净室内不得存放不必要的物品，特别是未经灭菌的器材和材料；由于污染的主要来源是操作人员，因此在洁净室里的工作人员应控制在最少数，并严格遵守标准操作程序进行操作；生产用的器具和材料，灭菌、除菌前和灭菌、除菌后应有明显标志，保证一切接触制品的器具材料都是严格灭菌的。

在生产过程中，无论是有限代次的生产还是连续培养，对材料和方法应有详细的资料记载，并提供最适培养条件的详细资料；在培养过程及收获时，应有灵敏的检测措施控制微生物污染；应提供培养生产浓度和产量恒定性方面的数据，并应确定废弃培养物的指标。对于基因工程疫苗，还应检测宿主细胞/载体系统的遗传稳定性，必要时做基因表达产物的核苷酸序列分析。

在疫苗的纯化过程中，其方法设计应考虑尽可能地去除杂质以及避免纯化过程可能带入的有害物质；纯化工艺的每一步均应测定纯度，计算提纯倍数、收获率等；纯化工艺中应尽量不加入对人体有害的物质，若不得不加时，应设法除尽，并在终产品中检测残留量；关于纯度的要求可视产品来源、用途、用法而确定，一般真核细胞表达的反复使用多次产品，要求纯度达98%以上，原核细胞表达的多次使用产品纯度达95%即可。

疫苗制品在出厂前必须按照《生物制品规程》的要求对其进行严格的质量检定，以保证制品安全有效。规程中对每个制品的检定项目，检定方法和质量指标都有明确的规定，一般分为理化检定、安全检定和效力检定三个方面。通过检定可以发现制品中存在的质量问题，从而促进质量的提高，而

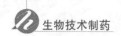

只有对生产全过程全面的质量管理,才能全面而有效地保证疫苗的质量水平,生产出好的疫苗制品,造福于人类。

复 习 题

【填空题】

1. 疫苗主要是由具有免疫保护性的抗原(antigen, Ag)如_____、_____、_____,或_____等与_____混合制备而成,此外还包含防腐剂、稳定剂、灭活剂及其他成分。

2. 减毒活疫苗分为_____和_____两大类,常用活疫苗有_____、_____、_____、黄热病疫苗、脊髓灰质炎疫苗、腺病毒疫苗、伤寒疫苗、水痘疫苗、轮状病毒疫苗等。

3. 联合疫苗包括_____和_____,前者可用以预防由不同病原微生物引起的传染病,如百白破联合疫苗可以预防白喉、百日咳和破伤风等3种不同的传染病。

4. 核酸疫苗又称为_____、_____或_____。

5. 疫苗制品在出厂前必须按照《生物制品规程》的要求对其进行严格的质量检定,以保证制品安全有效。规程中对每个制品的检定项目,检定方法和质量指标都有明确的规定,一般分为_____、_____和_____三个方面。

【名称解释】

1. 疫苗　　2. 疫苗学　　3. 亚单位疫苗　　4. 治疗性疫苗　　5. 佐剂

【简答题】

1. 简述疫苗的作用原理。
2. 简述灭活疫苗的特点。
3. 论述核酸疫苗的优势与不足。
4. 简述免疫佐剂的生物作用机制。
5. 简述狂犬病疫苗接种方法。

第八章

核酸类药物和基因治疗

内容及要求

本章的主要内容有核酸类药物以及核酸类药物的三类代表药物，即反义核酸药物、小干扰RNA药物、miRNA药物。介绍了基因治疗的现状、基因转移的方法以及基因治疗的应用与安全性。

1. 要求掌握核酸类药物概念、特点、分类和其两类代表药物，即反义核酸药物和小干扰RNA药物。

2. 熟悉基因治疗的现状、基因转移的方法。

3. 了解基因治疗的安全性。

重点、难点

本章重点是核酸类药物概念、特点、分类和基因治疗的方法与步骤。难点是小干扰RNA药物的作用机制和基因治疗中基因转移的方法。

第一节 核酸类药物

一、核酸类药物的定义

核酸类药物指的是由动物、微生物的细胞内提取的或者用人工合成方法制备的各种具有不同功能及药理活性的寡聚核糖核苷酸（RNA）或寡聚脱氧核糖核苷酸（DNA）。广义的核酸药物可包括核苷酸药物、核酸药物及含有不同碱基化合物的药物。依据核酸类药物的性质和功能可以分为两类：第一类为具有天然结构的核酸类物质，缺乏这类物质会使机体代谢失调，引发疾病，提供这类物质有助于改善机体的物质、能量代谢，加速损伤组织的修复，临床上已广泛应用于放射病、血小板减少、白细胞减少、慢性肝炎、心血管疾病等，该类核酸药物包括 ATP、辅酶 A、脱氧核苷酸、腺苷、混合核苷酸等；第二类为天然碱基、核苷、核苷酸结构类似物或聚合物，这一类核酸类药物是当今人类治疗病毒相关疾病、肿瘤、艾滋病等的重要手段，也是产生干扰素、免疫抑制的临床药物，包括氮杂鸟嘌呤、肌苷二醛、巯嘌呤、氟尿嘧啶等。狭义的核酸药物包括核酸适配体、抗基因、核酶、反义核酸、RNA 干扰剂及 miRNA 等，由于其具有特异性针对致病基因的靶向作用机制，因此核酸药物具有广泛的应用前景。

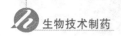

二、反义核酸药物

（一）反义技术的定义和分类

反义技术是一种新的药物研发方向，是指根据核酸杂交原理设计的针对特定靶序列的反义核苷酸，通过阻抑从 DNA 至 mRNA 的转录过程或从 mRNA 到蛋白质的翻译过程，而阻断细胞中的蛋白质合成。包括反义 RNA、反义 DNA 及核酶三种，它们可以通过人工或生物合成获得。

依据反义 RNA 的作用机制可将其分为三类：第一类能够直接作用于靶 mRNA 的 SD 序列和（或）部分编码区，直接抑制翻译，或与靶 mRNA 结合形成双链 RNA，从而易被 RNA 酶Ⅲ降解；第二类反义 RNA 与 mRNA 的非编码区结合，引起 mRNA 构象变化，阻碍翻译过程；第三类反义 RNA 则直接抑制靶 RNA 的转录。

反义 DNA 是指能与靶 DNA 或与靶 RNA 通过碱基互补配对结合，进而阻止靶基因转录和翻译的短核苷酸片段，主要指的是反义寡核苷酸。

核酶是具有酶活性的 RNA，主要参加 RNA 的加工和成熟。天然核酶可分为四类：第一类为异体催化剪切型，如 RNase P；第二类为自体催化剪切型，如植物类病毒、拟病毒及卫星 RNA；第三类为第一组内含子自我剪接型，如四膜虫大核 26S rRNA；第四类为第二组内含子自我剪接型。

（二）反义核酸药物的定义和特点

利用反义技术研制的药物即为反义药物，通常指的是人工合成的长度为 10～30 个碱基的寡核苷酸药物，包括 DNA 分子及其类似物。反义药物能与靶 mRNA 或靶 DNA 互补杂交，抑制或封闭基因的表达，或者诱导 RNase H 识别并切割 mRNA，在基因水平上干扰致病蛋白质的产生过程。反义药物与传统药物的作用对象和性质具有显著差异，具体表现为：作用于新的化学物质，核酸；作用于新的药物受体 mRNA 或 DNA；利用新的受体结合方式，碱基互补配对原则——沃森-克里克杂交；具有新的药物受体结合后反应，如 RNase H 介导的靶 RNA 的降解。当然，基于这些不同的作用特点，反义寡核苷酸药物与传统药物相比也有很多显著的特点：特异性强，一个 15 聚体的反义寡核苷酸含有 40 个左右的氢键位点，而传统小分子药物与靶点只有不超过 4 个的氢键形成；信息量较大，遗传信息从 DNA 转录成 mRNA，再从 mRNA 翻译成蛋白质，用互补寡核苷酸阻断某个蛋白的合成十分准确；以核酸作为靶点，和蛋白质靶点相比更容易设计药物分子；与传统药物相比，反义药物由于具有更强的特异性，所以疗效更高、毒性更低，因此可广泛应用于多种疾病的治疗，如传染性疾病、免疫疾病、肿瘤等。

（三）反义核酸药物的应用和面临的问题

1. 反义核酸药物的应用　到目前为止，医学界的诸多疑难杂症绝大多数都和体内的致病基因的表达有关，这些疾病包括肿瘤、类风湿疾病、重症肌无力、银屑病、非典型性肺炎、慢性结肠炎、艾滋病的并发症等。反义药物能迅速高效地抑制产生致病蛋白的基因，从根本上阻止致病蛋白的表达，从而达到治疗目的。1998 年，用于其他治疗手段不能耐受的，巨细胞病毒性视网膜炎的局部治疗反义药物福米韦生被美国 FDA 批准。在这之后的十几年内，反义药物被广泛地应用于肿瘤和病毒性感染疾病的临床治疗中，疗效显著。

2. 反义核酸药物面临的问题　反义药物发展至今也存在一些难以解决的问题：从药物研发角度来看，最优靶序列的筛选、寡核苷酸药物的膜透性、靶向性以及有可能产生的非反义作用（即脱靶效应）等问题仍广泛存在；从制备工艺的角度看，寡核苷酸药物的合成成本较高、缺乏简单有效的质量控制方法；从临床治疗的角度看，很多疾病如肿瘤、心脑血管疾病、代谢疾病、免疫疾病是多种致病基因共同作用的结果，很难找到一个关键基因作为靶标，必须将反义技术和蛋白质组学相结合才能合理地设计出反义药物。随着计算机辅助药物设计技术、生物信息学及生物芯片技术的发展，有可能帮助反义药物的设计、筛选。当然，随着药物制剂技术的不断发展，反义药物的靶向效率、制剂质量及安全性也会逐步提升。

三、小干扰 RNA 药物

（一）RNA 干扰的定义和发现过程

RNA 干扰（RNAi）是指在进化过程中高度保守的、由双链 RNA（dsRNA）诱发的、同源 mRNA 高效特异性降解的现象。小干扰 RNA（siRNA）有时称为短干扰 RNA 或沉默 RNA，是一个长 20～25 个核苷酸的双股 RNA，由 Dicer（RNase Ⅲ家族中对双链 RNA 具有特异性的酶）加工而成，可以阻断异常蛋白的产生。siRNA 最早是由英国的大卫·鲍尔科姆团队发现，是植物中的转录后基因沉默现象的一部分，其研究结果发表于《科学》杂志。2001 年，托马斯·塔斯卡尔团队发现合成的 siRNA 可诱导哺乳动物体内的 RNAi 作用，研究指出自然存在和人工合成的 siRNA 均能够有效阻止致病基因的表达，结果发表于《科学》杂志。这项发现引发了利用非天然的 RNAi 来进行生物医学研究与药物开发的浪潮。

（二）RNAi 的作用机制

病毒基因、人工转入基因、转座子等外源基因随机整合到宿主细胞基因组内，并利用宿主细胞进行转录时，常产生一些 dsRNA。宿主细胞对这些 dsRNA 迅即产生反应，其胞质中的核酸内切酶 Dicer 将 dsRNA 切割成多个具有特定长度和结构的小片段 RNA（21～23 bp），即 siRNA。siRNA 在细胞内 RNA 解旋酶的作用下，解链成正义链和反义链，继之由反义 siRNA 再与体内一些酶（包括内切酶、外切酶、解旋酶等）结合形成 RNA 诱导的沉默复合物（RISC）。RISC 与外源性基因表达的 mRNA 的同源区进行特异性结合，RISC 具有核酸酶的功能，在结合部位切割 mRNA，切割位点即是与 siRNA 中反义链互补结合的两端。被切割后的断裂 mRNA 随即降解，从而诱发宿主细胞针对这些 mRNA 的降解反应。siRNA 不仅能引导 RISC 切割同源单链 mRNA，而且可作为引物与靶 RNA 结合并在 RNA 聚合酶（RdRP）作用下合成更多新的 dsRNA，新合成的 dsRNA 再由 Dicer 切割产生大量的次级 siRNA，从而使 RNAi 的作用进一步放大，最终将靶 mRNA 完全降解（图 8-1-1）。

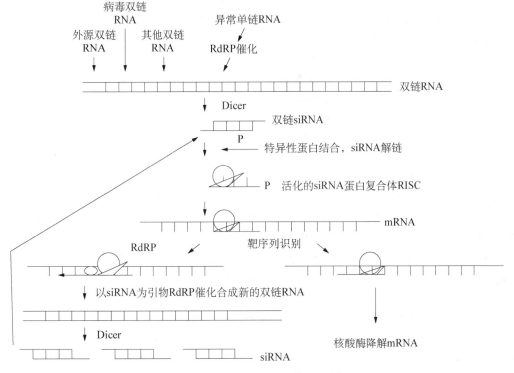

图 8-1-1　siRNA 的作用机制

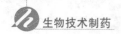

(三) RNAi 的特点

(1) 从 RNAi 的基因沉默机制来看 RNAi 属于转录后沉默。

(2) RNAi 的特异性很高,只是与之序列相应的单个内源基因的 mRNA 被降解。

(3) RNAi 抑制基因表达具有很高的效率,即相对很少量的 dsRNA 分子(数量远远少于内源 mRNA 的数量)就能完全抑制相应基因的表达,沉默是以催化放大的方式进行的,任何导致正常机体 dsRNA 形成的情况都会引起相应基因沉默。所以正常机体内各种基因有效表达有一套严密防止 dsRNA 形成的机制。

(4) RNAi 抑制基因表达的效应可以穿越细胞界限,在不同细胞间长距离传递和维持信号,甚至传播至整个有机体。

(5) dsRNA 不得短于 21 个 bp,并且长链 dsRNA 也在细胞内被 Dicer 酶切割为 21 bp 左右的 siRNA,并由 siRNA 来介导 mRNA 切割。而且大于 30 bp 的 dsRNA 不能在哺乳动物中诱导特异的 RNAi,而是细胞非特异性及全面的基因表达受抑制和凋亡。

(6) ATP 依赖性:在去除 ATP 的样品中 RNAi 现象降低或消失,表明 RNAi 是一个 ATP 依赖的过程,可能是 Dicer 和 RISC 的酶切反应必须由 ATP 提供能量。

(7) RNAi 发生于除原核生物以外的所有真核生物细胞内。

(四) siRNA 的设计及制备

1. siRNA 的设计　为了使设计的 siRNA 更有效地发挥基因沉默作用,设计时应注意如下问题。

(1) siRNA 都具有物种特异性,针对人体基因设计的 siRNA 不会沉默其他物种的同源序列。

(2) 靶标一般应在 CDS 区(蛋白质编码区)选择:设计 siRNA 时,需要准确知道靶 mRNA 序列。由于遗传密码的简并性和密码子的偏移,不能简单地通过蛋白序列准确地预测核苷酸序列。转录后的 RNA 前体通过剪接去除内含子,形成成熟的 mRNA,并且 siRNA 的功能是酶解 mRNA 序列,根据基因组序列设计的 RNA 序列有可能落在内含子区域,导致设计的 siRNA 无效,因此应该根据 mRNA 序列而不是基因组序列来设计 siRNA。

(3) 应注意 siRNA 的转染效率:siRNA 的分子量较低,结构简单,借助常用的转染试剂都能实现有效转染,但是在神经细胞和干细胞中不行。

2. siRNA 的制备方法

(1) 化学合成法:许多公司都可以根据用户要求提供高质量的化学合成 siRNA。主要的缺点是价格高,订制周期长,适用于已经找到最有效的 siRNA 的情况下,需要大量 siRNA 进行后续研究,不适用于筛选 siRNA 等长期研究。

(2) 体外转录:以 DNA Oligo 为模版,通过体外转录合成 siRNA,成本相对化学合成法而言较低,而且比化学合成法更快地得到 siRNA。不足之处是实验的规模受到限制,和化学合成相比还是需要占用研究人员相当的时间。优点是体外转录得到的 siRNA 毒性小,稳定性好,效率高,只需要化学合成 siRNA 用量的 1/10 就可以达到化学合成 siRNA 所能达到的效果,从而使转染效率更高。该法适用于筛选 siRNA,特别是制备多种 siRNA,不适用于需求量大的,一个特定的 siRNA 做长期研究。

(3) 用 RNase III 消化:长片断双链 RNA 制备 siRNA 消化法的主要优点在于可以跳过检测和筛选有 siRNA 序列的步骤,为研究人员节省时间和金钱。这种方法的缺点也很明显,就是有可能引发非特异的基因沉默,特别是同源或密切相关的基因。适用于快速研究某个基因功能缺失的表型,不适用于长期研究项目,或者是需要一个特异的 siRNA 进行研究。

（4）体内表达载体：其优点在于可以进行长期研究——带有抗生素标记的载体可以在细胞中持续抑制靶基因的表达，可持续数星期甚至更久。病毒载体也可用于 siRNA 表达，其优势在于可以直接高效率感染细胞进行基因沉默的研究，避免由于质粒转染效率低而带来的不便。适用于已知一个有效的 siRNA 序列，需要维持较长时间的基因沉默，不适用于 siRNA 序列的筛选。

（5）siRNA 表达框架：siRNA 表达框架（SECs）是一种由 PCR 得到的 siRNA 表达模版，包括一个 RNA pol Ⅲ 启动子，一段发夹结构 siRNA，一个 RNA pol Ⅲ 终止位点，能够直接导入细胞进行表达而无须事先克隆到载体中。这个方法的主要缺点是 PCR 产物很难转染到细胞中，不能进行序列测定。适用于筛选 siRNA 序列以及在克隆到载体前，最佳启动子的筛选，不适合长期抑制研究。

（五）siRNA 在药学中的应用

RNAi 在基因沉默方面具有高效、简洁的特点，所以是基因功能研究的重要工具。大多数药物属于标靶基因（或疾病基因）的抑制剂，因此 RNAi 模拟了药物的作用，这种功能丢失（LOF）的研究方法比传统的功能获得（GOF）方法更具优势。因此，RNAi 在今天的制药产业中是药物靶标确认的一个重要工具。同时，那些在靶标实验中证明有效的 siRNA 本身还可以被进一步开发成 RNAi 药物。

在药物标靶发现和确认方面，RNAi 技术已获得了广泛的应用。制药公司通常利用建立好的 RNAi 文库来引入细胞，然后通过观察细胞的表型变化来发现具有功能的基因。例如，可通过 RNAi 文库介导的肿瘤细胞生长来发现能够抑制肿瘤的基因。一旦发现的基因属于可与药物作用的靶标（如表达的蛋白在细胞膜上或被分泌出细胞外），就可以针对此靶标进行大规模的药物筛选。此外，被发现的靶标还用 RNAi 技术在细胞水平或动物体内进一步确认。在疾病治疗方面，多种双链小分子 RNA 或 siRNA 已经在进行临床试验，甚至已经用于一些疾病的临床治疗，如老年性黄斑变性、肌肉萎缩性侧索硬化症、类风湿关节炎、肥胖症等。帕金森病等神经系统疾病已经开始初步采用 RNAi。在抗病毒治疗方面，抗肿瘤治疗方面 RNAi 也已经取得了一些成果。现将目前国际上已经进入临床试验的 siRNA 药物总结如下（表 8 - 1 - 1）。

表 8 - 1 - 1　目前国际上已经进入临床试验的 siRNA 药物

siRNA 药物	企业	靶点	针对疾病
Bevasiranib	Opko Corporation	VEGF	湿性老年性黄斑变性、糖尿病黄斑水肿
ALN - RSV01	Alnylam 公司	病毒衣壳 N 基因	呼吸道合胞病毒疾病
Sirna - 027	Sima Therapeutics 公司	VEGFR1	湿性老年性黄斑变性
ALN - VSP02	Alnylam 公司	KSP 和 VEGF	肝癌
TD101	PC Project 与 TransDerm 公司	角蛋白基因 $K6\alpha$	先天性厚甲症
AkIi - 5	Quark 公司	肾细胞 P53	急性肾损伤
RTP - 801i - 14	Pfizer 公司专利	RTP801，调节 mTOR 和 HIF - 1 的表达	湿性老年性黄斑变性
CALAA - 01 Calando	Pharmaceuticals 公司	核糖核苷酸还原酶 M2 亚基	实体肿瘤
Anti - tat/rev shRNA	Benitec 公司和 Thecity of Hope National Medical Center	HIV 的 tat 和 rev	艾滋病相关淋巴瘤

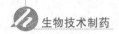

四、miRNA

(一) miRNA 的发现和定义

微 RNA(MicroRNA 或 miRNA)是一类由内源基因编码的长度约为 22 个核苷酸的非编码单链 RNA 分子,是发夹结构的 70～90 个碱基大小的单链 RNA 前体经过 Dicer 酶加工后生成。其研究被美国《科学》杂志列为 2002 年世界十大科技突破之首。早在 1993 年,Lee 等人在研究秀丽新小杆线虫的发育过程中发现了 *Lin-4* 基因的转录产物为 22 nt 的 RNA,此 RNA 不编码任何蛋白质,但能时序调控胚胎后期的发育。在 2000 年,莱因哈特等人同样又在线虫 *C. elegans* 中发现了第二个异时性开关基因 *Let-7*,它也能时序调控线虫的发育进程,能促进幼虫向成虫的转变,其转录产物是 21 nt 的 RNA 分子,在线虫 L3 早期表达量少,而在 L4 早期和成虫期表达量却很高。截至 2014 年,在动、植物以及病毒中已经发现有 28 645 个 miRNA 分子,大多数 miRNA 基因以单拷贝、多拷贝或基因簇的形式存在于基因组中,是身体调节基因表达的一个重要方式。据推测,miRNA 调节着人类三分之一的基因。

(二) miRNA 的作用方式及特征

1. miRNA 的作用方式　　miRNA 基因是一类高度保守的基因家族,按其作用模式可分为三种:第一种以线虫 *Lin-4* 为代表,作用时与靶基因不完全互补结合,进而抑制翻译而不影响 mRNA 的稳定性(不改变 mRNA 丰度),这种 miRNA 是目前发现最多的种类;第二种以拟南芥 miR-171 为代表,作用时与靶基因完全互补结合,作用方式和功能与 siRNA 非常类似,最后切割靶 mRNA;第三种以 *Let-7* 为代表,它具有以上两种作用模式:当与靶基因完全互补结合时,直接靶向切割 mRNA,例如,果蝇和 Hela 细胞中 *Let-7* 直接介导 RISC 切割靶 mRNA;当与靶基因不完全互补结合时,起调节基因表达的作用,如线虫中的 *Let-7* 与靶 mRNA 3′端非翻译区不完全配对结合后,抑制靶基因的翻译。

2. miRNA 的特征

(1) 广泛存在于真核生物中,是一组不编码蛋白质的短序列 RNA,它本身不具有开放阅读框架 (ORF)及蛋白质编码基因的特点,它们是由不同于 mRNA 的独立转录单位表达的。

(2) 通常的长度为 21～25 nt,但在 3′端可以有 1～2 个碱基的长度变化。

(3) 成熟的 miRNA 是由 Dicer 酶从折叠的发夹状转录前体的一条臂上切割得来。

(4) miRNA 定位于能潜在编码其前体发夹结构的蛋白质非编码区域。

(5) 成熟 miRNA 的序列和预测的发夹结构在不同物种间具有高度的特异性。

(6) 表达具有严格的时空性和组织特异性。

(三) miRNA 的功能

科学家已经开始认识到这些普遍存在的小分子在真核细胞基因表达调控中有着广泛的作用。

1. 调节细胞的早期发育　　第一个被确认的 miRNA——在线虫中首次发现的 *Lin-4* 和 *Let-7*,可以通过部分互补结合到目的 mRNA 的 3′非编码区(3′UTRs),以一种未知方式诱发蛋白质翻译抑制,进而抑制蛋白质合成,通过调控一组关键 mRNAs 的翻译从而调控线虫发育进程。

2. 参与细胞分化和组织发育　　bantam miRNA 是第一个被发现有原癌基因作用的 miRNA。除了 *Lin-4*、*Let-7*,已知还有一些 miRNAs 可能参与在细胞分化和组织发育过程中起重要作用的基因的转录后调控,如 mir-14、mir-23 等。

3. 对一部分 miRNA 的研究分析提示　　miRNA 参与生命过程中一系列的重要进程,包括细胞增殖、细胞凋亡、脂肪代谢和细胞分化等。此外,也有研究表明,2 个 miRNA 水平的下降和慢性淋巴细胞白血病之间显著相关,提示 miRNA 和癌症之间可能有潜在的关系。

由于 miRNA 存在的广泛性和多样性,提示 miRNA 可能有非常广泛多样的生物功能。尽管对 miRNA 的研究还处于初级阶段,但是据推测 miRNA 在高级真核生物体内对基因表达的调控作用可能和转录因子一样重要。有一种看法是:miRNA 可能代表在一个新的层次上的基因表达调控方式。然而,大多数 miRNA 的功能仍不清楚。

(四) miRNA 和 siRNA 的异同

1. miRNA 和 siRNA 的相同之处　首先,miRNA 和 siRNA 都是由 22 个左右的核苷组成;其次,它们都是 Dicer 酶的产物;第三,它们在起干扰、调节作用时都会和 RISC 复合体结合;最后,它们都可以在转录后和翻译水平抑制靶标基因的表达。

2. miRNA 和 siRNA 的差异　从起源阶段区分,siRNA 通常是外源的,如病毒感染和人工插入的 dsRNA 被剪切后产生外源基因进入细胞,而 miRNA 是内源性的,是一种非编码的 RNA;由 miRNA 基因表达出最初的 pri - miRNA 分子;按成熟过程区分,siRNA 的直接来源是长链的 dsRNA,经过 Dicer 酶切割形成双链 siRNA,而且每个前体 dsRNA 能够被切割成不定数量的 siRNA 片段,而 miRNA 是在细胞核中转录的较大的 pri - miRNA 经由 Drosha(一种 RNase Ⅲ 酶)和 Pasha(含有双链 RNA 结合区域)加工成为单链 pre - miRNA;接着,发夹状、部分互补的 pre - miRNA 在细胞质中被 Dicer(一种 RNase Ⅲ 酶)酶切割形成 miRNA;在生物体中的表达具有时序性、保守性和组织特异性;从功能上看,siRNA:它与 RISC(RNA 诱导的沉默复合物,使用的 AGO 蛋白家族的成分为 AGO2)结合,以 RNAi 途径行使功能,即通过与序列互补的靶标 mRNA 完全结合(与编码区结合),从而降解 mRNA 以达到抑制靶基因表达的目的;它通常用于沉默外源病毒、转座子活性。而 miRNA 和 RISC 形成复合体(利用的 AGO 蛋白家族成员为 AGO1)后,与靶标 mRNA 通常发生不完全结合,并且结合的位点是 mRNA 的非编码区的 3′端;它不会降解靶标 mRNA,而只是阻止 mRNA 的翻译,miRNA 能够调节与生长发育有关的基因。

(五) miRNA 的应用

1. miRNA 的检测　研究表明,miRNA 将在疾病,特别是癌症的诊断和治疗中起到积极的作用。与蛋白编码基因表达谱相比,用 miRNA 表达谱对癌症进行分型更加精确可靠。此外,在常规收集、福尔马林固定、石蜡包埋的临床组织标本中,miRNA 都表现出较高的稳定性,更进一步预示其作为诊断性分子标记的巨大潜能。因此,研究特定细胞 miRNA 的表达图谱、筛选未知 miRNA、探究每种 miRNA 的特定功能成为当前的研究热点。

目前常见的 miRNA 检测方法包括 Northern Blot、微阵列芯片、微球、实时定量 PCR 等技术。然而由于不同的原因,对其检测也存在一些问题:首先,由于 miRNA 本身碱基数过少,使得探针碱基序列的选择受限。并且不同 miRNA 具有不同的最适杂交温度,在相同的杂交条件下,往往会引起很大程度的错配杂交,从而限制了对于相似序列 miRNA 的高效识别。其次,由于 miRNA 存在序列的高度相似性,所以检测的特异性难以保证。

2. 基因的功能分析　miRNA 的上调可用于鉴定功能获得表型;抑制或下调可以研究功能缺失表型。上调与下调的结合可用于鉴定被特定 miRNA 调节的基因,以及特定 miRNA 参与的细胞进程。主要应用包括:miRNA 靶位点的鉴定和验证;筛选调节某个特定基因表达的 miRNA;筛选影响某个特定细胞进程的 miRNA。

3. miRNA 展望　miRNA 在细胞分化、生物发育及疾病发生发展过程中发挥着巨大作用。随着对于 miRNA 作用机制的进一步的深入研究以及利用最新的方法,如 miRNA 芯片等高通量的技术,对 miRNA 和疾病之间的关系进行研究,将会使人们对于高等真核生物基因表达调控网络的认识提高到一个新的层次。miRNA 可能成为疾病诊断的新的生物学标志物,也将成为开发核酸类药物和基因治疗的新靶点。模拟这一分子进行新药研发,可能会给人类疾病的治疗提供一种新的策略。

第二节 基因治疗

一、基因治疗的现状

(一)基因治疗的定义

基因治疗是指将外源正常基因导入靶细胞,以纠正或补偿因基因缺陷和异常引起的疾病,以达到治疗目的,就是将外源基因通过基因转移技术将其插入患者的适当的受体细胞中,使外源基因制造的产物能治疗某种疾病,也包括转基因等方面的技术应用。从广义说,基因治疗也可包括从 DNA 水平采取的治疗某些疾病的措施和新技术。

(二)基因治疗的策略

1. 基因矫正 纠正致病基因中的异常碱基,而正常部分予以保留。

2. 基因置换 指用正常基因通过同源重组技术,原位替换致病基因,使细胞内的 DNA 完全恢复正常状态。

3. 基因增补 把正常基因导入体细胞,通过基因的非定点整合使其表达,以补偿缺陷基因的功能,或使原有基因的功能得到增强,但致病基因本身并未除去。

4. 基因失活 将特定的反义核酸(反义 RNA、反义 DNA)和核酶导入细胞,在转录和翻译水平阻断某些基因的异常表达,而实现治疗的目的。

5. 自杀基因 在某些病毒或细菌中的某基因可产生一种酶,它可将原本无细胞毒或低毒药物前体转化为细胞毒物质,将细胞本身杀死,此种基因称为"自杀基因"。

6. 免疫治疗 免疫基因治疗是把产生抗病毒或肿瘤免疫力的对应抗原决定簇基因导入机体细胞,以达到治疗目的。如细胞因子(cytokine)基因的导入和表达等。

7. 耐药治疗 耐药基因治疗是在肿瘤治疗时,为提高机体耐受化疗药物的能力,把产生抗药物毒性的基因导入人体细胞,以使机体耐受更大剂量的化疗。如向骨髓干细胞导入多药抗性基因中的 $mdr-1$。

(三)基因治疗的发展和应用

20 世纪的最后几十年中,由于 DNA 测序技术的快速发展,最终使得我们在千年之交得到了第一个完整的人类基因组序列。基于此,新的分子遗传学研究确定了数以千计的造成人类疾病的基因突变。下面简要列出基因治疗解决的问题和研究成果,帮助大家了解基因治疗的发展。

(1) 1962 年,斯吉巴尔斯基等用人类 DNA 去转化人类细胞,发现 Ca^{2+} 有刺激 DNA 转入细胞的作用,为人工转移遗传物质迈出第一步。

(2) 1967 年,尼伦伯格提出遗传工程可用于人类基因治疗。

(3) 1968 年,伯内特等用 DEAE(二乙氨基乙醇)协同转移的方法将病毒导入培养细胞。

(4) 1972 年,格雷汉特等对磷酸钙介导的 DNA 转移过程进行了详细的研究,使这一技术得到普遍的接受和应用。

(5) 20 世纪 70 年代初,格拉斯曼和迪马克发明了用显微注射的方法转移基因。

(6) 1973 年,美国科学家和几名医师在德国进行了首次基因治疗试验。患者是一对体内缺乏一种稀有酶的姐妹。研究人员将一种携带有可使患者本身的酶恢复正常的病毒注入患者体内,试验无疗效也无不良反应。

(7) 1980 年,美国医师对 2 名严重珠蛋白生成障碍性贫血患者进行基因治疗,但也未能获得成功。

（8）1988年,美国国家卫生研究院重组DNA咨询委员会首次批准将标记基因导入肿瘤浸润淋巴细胞这一方案,结果显示对患者无毒性作用,基因治疗逐渐解禁。

（9）1990年9月,研究人员把腺苷脱氢酶基因转入患者体内,其症状明显缓解,治疗获得成功。

（10）1991年,复旦大学的研究人员进行了"成纤维残暴基因治疗血友病B"项目,此外还开展了针对肿瘤和血液病的基因治疗。

（11）2000年9月,一名18岁的男青年因基因治疗而死于美国费城。美国《科学》杂志曾连续刊登了美国FDA宣布暂时禁止某大学进行基因治疗试验的报导。

（12）2005年7月,全世界已获准的基因治疗临床试验方案达1076项,其中,66%是针对癌症的治疗。

现在,第一个被批准用于治疗遗传病的基因疗法已经上市,为 RPE65 基因突变的个体提供额外的正常拷贝,使患者可以合成正确的蛋白质,从而治疗遗传性视觉退化症。2017年10月19日,美国政府批准第二种基于改造患者自身免疫细胞的疗法,治疗特定淋巴癌患者。FDA在2017年10月传来喜讯,对基因疗法 Luxturna 表示一致认可,专家们建议 FDA 批准该特效药上市,这款药物将成为首个在美国获得批准的基因治疗药物。

1991年,我国科学家进行了世界上首例血友病B的基因治疗临床试验,已有4名血友病患者接受了基因治疗,治疗后体内IX因子浓度上升,出血症状减轻,取得了安全有效的治疗效果。随后,我国科学家利用胸腺激酶基因治疗恶性脑胶质瘤的基因治疗方案获准进入1期临床试验,初步的观察表明,生存期超过1年以上者占55%,其中1例已超过三年半,至今仍未见肿瘤复发。此外,采用血管内皮生长因子基因治疗外周梗死性下肢血管病的基因治疗方案也已获准进入临床试验。我国已有6个基因治疗方案进入或即将进入临床试验。

二、基因转移的方法

（一）常规的基因转移方法

1. **基因的分离与克隆**　应用重组DNA和分子克隆技术,结合基因定位研究成果,会有更多人类基因被分离和克隆,这是基因治疗的前提。在当代分子生物技术条件下,只要有基因探针和准确的基因定位,任何基因都可被克隆。此外,如今既可通过化学方法人工合成DNA探针,还可用DNA合成仪在体外人工合成基因,这些都是在基因治疗前,分离克隆特异基因的有利条件。

2. **外源基因的转移**　基因转移是将外源基因导入细胞内,其方法较多,常用的有下列几类。

（1）化学法:将正常基因DNA(及其拷贝)与带电荷物质和磷酸钙、DEAE-葡萄糖或与若干脂类混合,形成沉淀的DNA微细颗粒,直接倾入培养基中与细胞接触,由于钙离子有促进DNA透过细胞的作用,故可将DNA输入细胞内,并整合于受体细胞的基因组中,在适当的条件下,整合基因得以表达,细胞亦可传代。这种方法简单,但效率极低,一般1000～100 000个细胞中只有一个细胞可结合导入的外源基因。要达到治疗目的,就需要从患者获得大量所需的受体细胞。当然,也可以通过选择培养的方法来提高转化率。

（2）物理法:包括电穿孔法、直接显微注射法和脂质体法。

1）电穿孔法:是将细胞置于高压脉冲电场中,通过电击使细胞产生可逆性的穿孔,周围基质中的DNA可渗进细胞,但有时也会使细胞受到严重损伤。

2）直接显微注射法:是在显微镜直视下,向细胞核内直接注射外源基因。但一次只能注射一个细胞,工作耗力费时,此法用于生殖细胞时,有效率可达10%。直接用于体细胞却很困难。在动物实验中,应用这种方法将目的基因注入生殖细胞,使之表达而传代,这样的动物就称为转基因动物,如今成功使用得较多的是转基因小鼠,它可作为繁殖大量后代的疾病动物模型。

3）脂质体法:是应用人工脂质体包装外源基因,再与靶细胞融合,或直接注入病灶组织,使之

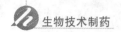

表达。

（3）同源重组法：是将外源基因定位导入受体细胞的染色体上，在该座位因有同源序列，通过单一或双交换，新基因片段替换有缺陷的片段，达到修正缺陷基因的目的。如在新基因片段旁组装 Neo 基因，则在同源重组后，细胞因有 Neo 基因，可在含有新霉素的培养基中生长，从而使未插入新基因片段的细胞死亡。对于体细胞基因治疗，体外培养细胞的时间不能过长，筛选量大，故在临床上的应用也受到了限制。

（4）病毒介导基因转移：前述的化学和物理方法都是通过转染方式的基因转移。病毒介导基因转移是通过转换方式完成基因转移，即以病毒为载体，将外源目的基因通过基因重组技术组装于病毒上，让这种重组病毒去感染受体宿主细胞，这种病毒称为病毒运载体。如今常用的有两种病毒介导的基因转移方法。

1）逆转录病毒载体：逆转录病毒虽是 RNA 病毒，但有逆转录酶，可使 RNA 转录为 DNA，再整合到宿主细胞基因组。逆转录病毒载体有以下的优点：首先，具有穿透细胞的能力，可使近 100% 的受体细胞被感染，转化效率高；其次，它能感染绝大多数动物物种和细胞类型，而无严格的组织特异性；再者，随机导入的病毒可长期保留，一般无害于细胞。但也存在缺点：这种载体只能把其 DNA 整合到分裂旺盛细胞的染色体，而不适合于那些不能分裂的细胞，如神经元。最严重的问题是，由于病毒自身含有病毒蛋白及癌基因，存在使宿主细胞感染病毒和致癌的危险性。因此，人们有目的地将病毒基因及其癌基因除去，仅留它们的外壳蛋白以保留其穿透细胞的功能，试图避免上述缺点，这种改造后的病毒称为缺陷型病毒。这样的病毒有助于 DNA 顺利进入宿主细胞的基因组，而该病毒则死亡。不幸的是，由于病毒整合基因组是随机的，所以还是可能激活细胞的原癌基因，以及因随机插入而发生插入突变。在逆转录病毒载体中，最常用于人类的是莫洛尼鼠白血病病毒的缺陷型。

2）DNA 病毒介导载体：DNA 病毒包括腺病毒、SV40、牛乳头瘤病毒、疱疹病毒等，一般这类病毒难于改造成缺陷型病毒。

（二）基因转移技术的发展

基因治疗作为一种新兴的治疗手段，近 20 年来，获得了医药领域专家的广泛青睐，成为了药物研发的重要组成部分。基因治疗技术已经从导入期进入成长期，作为一种处于成长期的应用技术，有多种实施技术路线及不同的原理，这就意味着我们很难用一种通用载体实现基因治疗药物的体内传递，如编码正常凝血所必需的蛋白质因子Ⅷ的基因突变会导致 A 型血友病。这种缺陷的遗传基础在 20 世纪 80 年代被发现后，科学家克隆了该基因的正常拷贝并将其插入培养的细胞中，从而制备因子Ⅷ。将纯化的因子Ⅷ注射给 A 型血友病患者，可以有效地治愈该疾病。但是患者本身不能生产有效的因子Ⅷ，因此需要周期性地接受注射。下一步的目标很明显，那就是将基因的正常拷贝直接放入患者体内。现在基因疗法已经成为现实，有多家公司正在争相推进"治疗一次使用终生"的治疗方案。

尽管目前临床研究中有大约 70% 的基因治疗采用的是病毒载体，这类载体也确实极大地促进了基因治疗技术的进步。但是其可能存在的致癌性和免疫原性、广泛趋向性以及有限的基因包载能力，大大降低了其临床应用的安全性，如 1999 年美国的"基辛格事件"和 2002 年法国的"基因治疗后诱发白血病事件"等，所以非病毒类基因载体已经成为这一领域中的研究热点和主流方向。其优点是：能够高效地包载基因片段；能够携带基因片段高效地跨过细胞膜，并从内涵体逃逸，最终大量进入细胞核；易于工业化生产且质量可控，无免疫反应，安全性高。

非病毒类基因载体主要是以高分子聚合物为载体直接包载/连接外源基因，通过复合物介导的与细胞膜或细胞内环境的适当反应而释放外源基因，是近年来基因治疗领域研究的热点问题。实验室研究和临床应用的商业化非病毒类基因载体主要是阳离子脂质体类和传统 PEI（聚乙烯亚胺）类；但是两者的细胞毒性均较大，降解速率缓慢，对细胞内环境响应性较差，转染效率较低。非病毒类载体在真正广泛应用于临床之前,还存在着巨大的技术障碍,其主要原因是:首先,载体降解速率缓慢,不能够迅速释放所包载的基因片段,或释放的外源基因不能够很好地解集聚,靶向转录活性区域(常染色质)的效率很低,在转录水平上严重影响了转染效率;其次,载体降解片段在胞质中可能会与mRNA发生相互作用,影响翻译过程,从翻译水平上也影响了转染效率。学者们针对非病毒类基因给药载体如何进一步提高转染效率,提出了现阶段设计和构建的核心策略和主要研究方向:①选取细胞特异性转录因子驱动外源基因的入核。②优化外源基因的细胞核内分布,靶向至转录活性区域。③细胞核蛋白和质粒通过物理简单复合方法以促进外源基因入核。④将小分子配体接到DNA分子上,以提高外源DNA分子入核。⑤采用聚合物纳米粒包载外源基因片段,将其转运到核特定区域。⑥通过改变核孔复合物结构,增加目的基因片段的入核效率。

三、基因治疗的安全性

基因治疗可分为生殖细胞基因治疗和体细胞基因治疗。广义的生殖细胞基因治疗以精子、卵子和早期胚胎细胞作为治疗对象。由于当前基因治疗技术还不成熟以及涉及一系列伦理学问题,生殖细胞基因治疗仍属禁区。在现有的条件下,基因治疗仅限于体细胞。从第一个基因治疗临床试验开始,人们虽然十分关注基因治疗的安全性,但临床前及临床试验都证明其总体安全性较好。直到1999年9月宾夕法尼亚大学人类基因治疗研究所给一位18岁的少年肝动脉灌注选用腺病毒作为载体的基因治疗药物时,发生该患者死亡的事件。这一事件使人们对基因治疗的安全性提出了疑问。目前人们主要从载体和基因表达产物两方面研究基因治疗的安全性。

(一) 载体的安全性

基因需要通过一定的载体导入体细胞内,最常用的为病毒载体和非病毒载体两类载体。

1. 病毒类载体的安全性

(1) 逆转录病毒载体:由于逆转录病毒可高效地将目的基因导入宿主细胞的基因组中,并形成长期表达,因而是治疗遗传病及慢性病的良好基因载体。动物试验和临床试验都没有发现与载体相关的严重毒副作用。人们对该载体安全性最大的疑虑是其随机整合有引起插入突变的可能性。

(2) 腺病毒载体:腺病毒是自然界广泛存在的病毒,野生型腺病毒致病力较弱,作为载体的缺陷型腺病毒,没有复制能力,其致病力更弱。有研究表明,早期腺病毒载体在大剂量应用时可产生肝毒性。由于腺病毒的基因不整合到宿主的基因组中,因此引起基因突变的可能性小。

(3) 腺相关病毒载体(rAAV):属单链DNA细小病毒,可整合到宿主的基因组中进行表达。临床前及I期临床试验中没有发现明显的毒性作用。肌内注射给予小鼠、大鼠、家兔及狗AAV载体,在大鼠及小鼠性腺中可见AAV序列存在。狗及家兔精液中未见AAV序列,但从性腺提取的DNA中发现有AAV序列,但随时间延长逐渐减少。进一步的分析显示AAV存在于睾丸基底膜及间质中,生精细胞内未见分布。通过肝动脉给予大鼠和狗,结果与肌内注射一致。这表明AAV基因通过生殖遗传至下一代的危险性较小。此外,单纯疱疹病毒及痘病毒载体也未发现明显的毒副作用。

(4) 载体病毒的免疫反应:机体可对各种病毒载体产生免疫反应,包括体液免疫和细胞免疫,这些免疫反应可导致机体的免疫抑制及过敏反应。机体对病毒载体产生免疫反应,可降低再次使用的转导效率,但不会完全阻止转导作用。腺病毒载体可能引起的休克综合征是由于短时间内大量给予腺病毒载体,使肝内受体结合饱和,而进入其他组织,引起全身免疫反应,大量细胞因子释放,血管内凝血,急性呼吸窘迫综合征及多器官衰竭。

2. 非病毒类载体的安全性 脂质体、纳米粒等,其安全性与所使用的载体种类有关,一般安全性较高。也有报道称,小包装体过量可引起炎症反应,包括网膜炎,提示小包装体具有外源性,但是针对这类小包装体的安全性仍有待进一步研究。

（二）基因表达的安全性

一般基因治疗中可以检测到表达出的目的蛋白，但低浓度及短的半衰期是检测的主要困难。异源性表达产物在机体内可引起免疫反应，产生中和抗体并诱发细胞毒性。基因疫苗可产生免疫反应以清除转染细胞。编码的自身蛋白，如细胞因子，可长期存在并长期指导蛋白质产生。编码细胞因子的质粒可能对免疫稳定产生持久性、系统性影响，尤其对正处在成熟过程中的小儿免疫系统可能产生持久性异常。一些自杀基因的应用可使抑癌基因受损而发生不良反应。基因表达产物尚可与胞内蛋白相互作用，产生不良反应。此外，由于目前对基因治疗产品的表达尚没有良好的调控手段，表达产物过多有可能导致内环境失衡，这也是基因治疗应考虑的问题之一。

（三）基因治疗安全性的评价

基因药物作为一种全新的药物，其安全性的评价分为特异性和非特异性两种。非特异性评价和所有的普通药物评价一样；特异性评价主要是指对载体安全性和表达蛋白毒性的评价。

基因药物安全性评价的一般方法、步骤如下。

1. 单次剂量毒性研究　评价系统和局部的毒性反应。常用非经胃肠道途径。

2. 重复剂量毒性研究　通常是对免疫系统反应的评价。一般包括体液免疫反应和细胞免疫反应。当转移的目的基因表达为自体蛋白时，应附加评价自身免疫反应。

3. 表达产物的组织分布研究　研究载体，表达产物在组织分布上的影响，并密切注意外源性基因整合人宿主基因组所可能产生的不良反应。

4. 药学安全性研究　主要为对心血管系统、中枢神经系统、呼吸系统影响的研究。在对大型动物毒性研究时，应密切观察体温、血压、心电图、临床体征等变化。

5. 生殖系统安全性研究　主要是指对生殖器官生育力的评价。

6. 基因毒性研究　常用检验手段为污染物致突变性检测实验（Ames 实验）、染色体畸变实验。

（四）保证基因治疗安全性的措施

在避免短时间大剂量使用基因治疗药物的前提下，基因治疗总体上的安全性较好，没有出现严重的毒副作用及肝、肾等重要脏器损伤。这也是支持基因治疗继续发展的重要原因之一。但基因治疗作为一个新生事物，人们对它的认识还不够深入，对以下问题还应给予充分的研究。

1. 病毒感染的靶向性　病毒及非病毒载体导入基因的靶向性较差，在将目的基因导入靶细胞的同时，大量目的基因进入非靶细胞，因而可能产生潜在的不良后果，因此要充分提高其靶向性。

2. 目的基因表达的调控　目前目的基因的表达无法控制，在基因治疗产品的构建中应尽量加入调控序列，使其表达受生理信号的调控。

3. 逃逸体内免疫监视　在构建中尽量减少引起免疫反应的部件。

4. 合理掌控不为人知的危险　由于基因治疗出现时间短，没有规模地使用，人们对其的认识有限，可能存在潜在的、没有被认识的危险性。包括是否会出现迟发毒性，载体病毒的隐性感染是否具有隐患。针对这一现实，美国 FDA 于 2002 年 6 月发布了基因治疗患者跟踪随访系统（GTPTS），要求对接受基因治疗的患者进行长期、全面的观察，全面收集分析各方面的安全信息，包括短期的、长期的、临床前、临床试验及上市后，以期了解基因治疗的安全情况。

（五）我国基因治疗品种审批中对安全性的基本要求

总体上必须确保基因治疗的安全与有效，要充分估计可能遇到的风险性，并提出相应的质控要求；其次，要促进基因治疗的研究，并加强创新。

1. 药学研究中要求杜绝危险物质进入机体　要求提交复制型病毒的检测，目的基因的稳定性，支原体、细菌、病毒等外源因子的检测结果，细菌基因组 DNA、RNA、蛋白残留量及热原质检结果。若用物理方法导入，须提供其基因导入效率、表达活性、导入细胞后基因的稳定性以及无重排或突变的证据,此外,还须提交详细方法、步骤。

2. 分子遗传学评估 须提交载体及目的基因导入靶组织与非靶组织的分布情况、基因的存在状态及表达情况。

3. 毒性反应的评估 须提交急性毒性(最大耐受量)及长期毒性试验,并提交毒性试验所用的剂量。

4. 免疫学的评估 无论病毒型与非病毒型载体系统,均需注意进入体内后的免疫反应。

5. 临床研究中强调风险性 对Ⅰ期临床研究的全过程进行严密监控。必须由临床与研制单位联合申请临床批件。

6. 临床研究方案制定及临床试验的组织要求 须提供基因导入后是否导入非靶组织的分子生物学检测的项目、方法及指标。若导入病毒或可能改变机体免疫状态的制剂,须针对性地提供观察人体免疫学方面的相关检测指标及对可能发生的免疫学反应的必要处理措施,随访的计划及实施办法,包括必须检测的项目。

总之,为避免基因治疗的风险,在应用于临床之前,必须保证转移和表达系统绝对安全,使新基因在宿主细胞表达后不危害细胞和人体自身,不引起癌基因的激活和抗癌基因的失活。

四、基因治疗的展望

基因治疗具有传统治疗手段不能比拟的显著优点:首先,基因治疗能够针对疾病发生、发展的原因,有望实现疾病的根本治愈;其次,基于核苷酸的互补配对原则,使其具有一定的天然靶向性;最后,和传统化学药物相比,其毒副作用较低。在对复合免疫缺陷综合征的治疗,肿瘤的治疗及其他遗传病的治疗中,基因治疗都得到了广泛的应用,并仍有巨大的潜力。然而,基因治疗的旅程到这里还没有结束。随着 CRISPR 的发现,生物学家可以直接编辑有缺陷的基因。下一代工具有可能可以像安装新软件一样简单地进行 DNA 编辑。可见,基因治疗正处在蓬勃发展之中。

复 习 题

【名词解释】
1. 反义技术　　**2.** RNA 干扰　　**3.** 基因治疗　　**4.** 同源重组　　**5.** 自杀基因

【简答题】
1. 请简述 RNA 干扰的特点。
2. 请简述基因治疗的主要策略。
3. 请简述外源基因转移方法的分类。

【论述题】
1. 试述 siRNA 的作用机制。
2. 试述设计构建非病毒类基因给药载体的策略和研究方向。

第九章

多肽类药物

导 学

内容及要求

本章主要内容包括多肽药物的概念、特点、种类和制备方法,多肽药物的稳定性及其影响因素和检测方法,多肽药物制剂和给药途径等,并介绍了部分多肽类药物在临床上的应用情况及其前景。

1. 要求掌握多肽药物的概念、特点、种类和制备方法,多肽药物的稳定性及其影响因素和检测方法。

2. 熟悉多肽药物制剂和给药途径。

3. 了解部分多肽类药物在临床上的应用情况及其前景。

重点、难点

重点是多肽药物的制备方法,包括分离纯化法、化学合成法和基因工程法;多肽药物的制剂按给药途径分两类,注射制剂包括微球、埋植剂、脂质体、纳米粒、原位水凝胶和微乳等,非注射制剂包括口服给药、鼻腔给药、肺部给药和经皮肤或黏膜给药途径。难点是影响多肽药物稳定性的因素,提高多肽药物稳定性的手段主要包括化学修饰法、基因工程法以及改变或优化制剂形式。

第一节 概 述

一、多肽药物的概念

多肽药物是指可用于疾病的预防、治疗和诊断的一种多肽类生物药物。多肽是由氨基酸通过肽键缩合而成的一类化合物。一般氨基酸残基数量在 10 个以下缩合而成的多肽称为寡肽。多肽与蛋白质本质上没有明确的界限,但一般把分子量在 10 000 Da 以下或由 50 个以下氨基酸组成的肽链称为多肽,把分子量在 10 000 Da 以上或由 50 个以上氨基酸组成的肽链称为蛋白质。与多肽相比,蛋白质具有更长的肽链,且结构更为复杂。蛋白质经部分水解可生成多肽。

自然界中存在大量的生物活性多肽,它们在生理过程中发挥着极其重要的作用,涉及分子识别、信号转导、细胞分化及个体发育等诸多领域,被广泛地应用于医疗、卫生、保健、食品、化妆品等多个方面。而药用多肽多数源于内源性肽和天然肽,结构清楚,作用机制明确,且易于合成和改造,具有巨大的开发价值。

二、多肽药物的特点

多肽药物具有特定的优势和临床应用价值,目前已经成为药物开发的重要方向。与一般有机小分子药物相比,多肽药物具有生物活性强、用药剂量小、毒副作用低、疗效显著等突出特点,但其半衰期一般较短,不稳定,在体内容易被快速降解。多肽药物临床试验通过率往往高于化学小分子药物,且药物从临床试验到批准上市所需时间相对较短。与蛋白类大分子药物相比,多肽药物免疫原性相对较小(除外多肽疫苗),用药剂量少,单位活性更高,易于合成、改造和优化,产品纯度高,质量可控,能迅速确定药用价值。多肽药物的合成成本也一般低于蛋白类药物。

三、多肽药物的种类

目前多肽药物的种类主要包括多肽疫苗、抗肿瘤多肽、抗病毒多肽、多肽导向药物、细胞因子模拟肽、抗菌性活性肽、诊断用多肽及其他药用小肽等。

1. 多肽疫苗　是目前疫苗研究的重要方向。目前主要是针对病毒的多肽疫苗进行了研发,包括人类免疫缺陷病毒和丙肝病毒等。

2. 抗肿瘤多肽　通过选择与肿瘤发生、发展和转移过程中密切相关基因或调控分子,筛选与其可特异性结合的多肽,抑制肿瘤细胞的生长、促进细胞凋亡,从而发挥抗肿瘤的作用。

3. 抗病毒多肽　从肽库中筛选获得可与宿主细胞特异性受体或者病毒蛋白酶等活性结合位点相结合的多肽,用于抗病毒的治疗。

4. 多肽导向药物　将具有结合能力的多肽,与细胞毒素或细胞因子等进行融合,将其导向至病变部位,发挥治疗作用,同时减少毒副反应。

5. 细胞因子模拟肽　指从肽库中筛选获得能够与细胞因子受体特异性结合,同时具有细胞因子活性的多肽。这些模拟肽的序列一般与细胞因子的氨基酸序列不同。

6. 抗菌性活性肽　从昆虫、动物体内筛选获得的具有抗菌活性的多肽分子,目前已筛选获得上百种。

7. 诊断用多肽　通过从致病体或肽库中筛选获得的多肽,用作诊断试剂,检测体内是否存在病原微生物、寄生虫等的抗体。包括肝炎病毒、人类免疫缺陷病毒、类风湿等抗体的检测。

第二节　多肽药物的制备

多肽药物的制备主要有分离纯化法、化学合成法和基因工程法等。其中,化学合成法是目前主要的制备方式,包括固相合成法和液相合成法,具有生产过程易控制、安全性相对较高的特点。

一、分离纯化法

自然界中广泛存在多肽类物质,因此多肽药物通常可从动植物和微生物中进行提取、分离和纯化获得。在提取过程中,首先选择富含此类多肽的生物材料,通过特定的人工液相体系将多肽或蛋白质的有效成分提取出来。在分离纯化过程中,根据多肽各自不同的理化性质选择不同的纯化方式,包括盐析法、色谱法、电泳法和膜分离法等。但由于多肽分子具有一定的相似性,单独使用分离纯化方法难以达到很好的效果,需要把这些方法进行组合实现多肽分子的分离纯化。

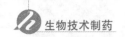

1. 盐析法　是指通过在溶液中加入无机盐,使某些高分子物质的溶解度降低沉淀析出,而与其他成分分离的方法。可用于蛋白质、多肽、多糖和核酸等的分离纯化。常用作盐析的无机盐有氯化钠、硫酸钠、硫酸镁、硫酸铵等。

2. 色谱法　是基于混合物各组分在体系中两相间分配系数的差异,使各组分得以分离的方法。用于多肽分离纯化的方法主要包括高效液相色谱(HPLC)、分子排阻色谱(size-Exclusion chromatography,SEC)、离子交换色谱(iron-exchange chromatography,IEC)、疏水色谱(hydrophobic interaction chromatography,HIC)、高效置换色谱(high-performance displacement chromatography,HPDC)等。

3. 电泳法　根据混合物中各组分携带的电荷、分子大小和形状等的差异,在电场作用下产生不同的迁移速度,从而对样品进行分离的技术。包括毛细管区带电泳(capillary zone electrophoresis,CZE)、胶束电动毛细管电泳(micellar electrokinetic capillary electrophoresis,MEKC)、毛细管等电聚焦电泳(capillary isoelectric focusing,CIEF)、毛细管凝胶电泳(capillary gel electrophoresis,CGE)等。

4. 膜分离法　是根据混合物中不同分子的粒径不同,通过半透膜时,实现选择性分离的技术。根据半透膜的孔径大小可分为:微滤膜(MF)、超滤膜(UF)、纳滤膜(NF)、反渗透膜(RO)等。膜分离都采用错流过滤方式。膜分离纯化技术可保护多肽的活性。

二、化学合成法

尽管多肽药物可以通过从生物体内分离纯化获得,但是天然存在的多肽分子含量少,无法完全满足临床应用的需求。因此,化学合成法成为多肽药物制备的主要方法。与一般化学小分子药物合成不同,多肽药物的化学合成法是通过氨基酸逐步缩合的化学反应来实现。该方法一般是从羧基端向氨基端,重复逐个添加氨基酸的过程。多肽的化学合成法分为液相合成法和固相合成法。

(一)固相合成法

1963年,Merrifield首次提出了多肽固相合成(solid phase peptide synthesis,SPPS)方法,该法合成方便、快速,成为多肽合成的首选,并且带来了多肽有机合成上的一次革命。Merrifield也因此获得了1984年诺贝尔化学奖。固相合成法的出现促进了肽合成的自动化。20世纪80年代初期,世界上第一台真正意义上的多肽合成仪出现,标志着多肽合成自动化向前迈出了一大步。

1. 基本原理　是先将目标多肽的第一个氨基酸的羧基以共价键的形式与不溶性固相载体连接,而氨基端则先被封闭基团保护;然后脱去氨基保护基团,使其与相邻氨基酸的羧基发生酰化反应,形成肽键,多次循环重复此操作步骤,以达到所要合成的肽链长度;最后将肽链从固相载体上裂解下来,经过纯化获得目标多肽。

2. 主要方法　根据氨基端保护基团的不同分为两类:α-氨基用Boc(叔丁氧羰基)保护的称为Boc固相合成法;用Fmoc(9-芴甲基氧羰基)保护的称为Fmoc固相合成法。Boc方法合成多肽,需要反复使用三氟乙酸(TFA)脱去Boc,然后用三乙胺中和游离的氨基末端,活化后偶联下一个氨基酸。但其缺点在于反复使用酸进行脱保护,会引起部分肽段从固相载体上脱落;合成的肽越大,丢失越严重。而且,酸催化还会引起侧链的一些不良反应,尤其不适于合成含有色氨酸等对酸不稳定的肽类。而Fmoc方法采用了碱可脱落的Fmoc为α-氨基保护基,最后用氢氟酸(HF)水解肽链和固相载体之间的酯键,得到目的肽。后者反应条件温和,对实验条件要求不高,得到了非常广泛的应用。

3. 主要过程　是一个重复添加氨基酸的过程。其主要由以下几个步骤组成。

(1)保护与去保护:游离氨基酸先用Boc或Fmoc基团进行氨基保护;当氨基酸添加完毕、新的肽键形成后,根据保护基团的不同,使用酸性或碱性溶剂去除氨基的保护基团。

(2)激活和交联:下一个氨基酸的羧基被活化剂所活化,然后与游离的氨基反应交联,形成肽键。上述两个步骤反复循环直至合成完毕。

（3）洗脱和脱保护：多肽从固相载体上洗脱下来，其保护基团被一种脱保护剂洗脱和脱保护。

4. 多肽固相合成的优点　多肽固相合成的优点主要表现在最初的反应物和产物都是连接在固相载体上，可以在一个简单的反应容器中进行所有的反应，简化并加速了合成步骤，便于自动化操作。由于固相载体共价连接的肽链处于适宜的物理状态，可以通过快速抽滤和洗涤完成中间的纯化，避免重结晶和分离步骤，大大减少了中间处理过程的损失。同时加入过量的反应物可进一步增加产率。

（二）液相合成法

1953 年，Vigneaud 等人采用液相合成的方法首次成功合成了催产素，标志着多肽液相合成法在合成多肽药物方面的巨大进步。多肽液相合成法是多肽合成的经典方法，直到现在仍然被广泛使用，尤其是大多数商品化多肽药物制备的首选方法。主要包括线性合成法和分段合成法两种。

1. 线性合成法　是将氨基酸逐个添加至多肽序列中，直至目标多肽全部序列合成完毕。该方法通常从 C 端开始，向不断增加的氨基酸组分中添加单个 α-氨基保护和羧基活化的氨基酸，在完成一轮反应后除去 N 端保护基。由于该方法操作烦琐，纯化困难，因此，线性合成法多适用于合成 10～15 个氨基酸的多肽，大规模生产时，一般只有 5 个或 6 个氨基酸的缩合。

2. 分段合成法　多肽液相分段合成法是指在溶液中多肽片段依据其化学专一性或化学选择性，自发连接成长肽的合成方法。它可用于长肽的合成，具有合成效率高、成本低、易于纯化、可大规模合成、反应条件多样等优点。常用的连接方式包括天然化学连接和施陶丁格连接。

天然化学连接是多肽分段合成的基础方法，是多肽合成技术中最有效的途径之一。通过以 C 端为硫酯的多肽片段与 N 端为半胱氨酸(Cys)残基的多肽片段在缓冲溶液中进行反应，得到以 Cys 为连接位点的多肽。但其合成的多肽必须含有 Cys 残基，因而限制了该方法的应用范围。其延伸方法包括化学区域选择连接、可除去辅助基连接和光敏感辅助基连接等，扩大了天然化学连接的应用范围。

施陶丁格连接方法是另一种以叠氮反应为基础的分段连接方法，通过以 C 端为膦硫酯的多肽片段与 N 端为叠氮的多肽片段进行连接，生成一个天然的酰胺键，连接产物中不含有残留原子，也不需要连接位点有 Cys，拓展了连接位点的范围，得到了广泛的应用。正交化学连接方法是施陶丁格连接方法的延伸，通过简化膦硫酯辅助基来提高片段间的缩合率。

三、基因工程法

除化学合成法之外，以基因工程法进行多肽的表达，已成为多肽药物制备的重要方法。与化学合成相比，基因工程法更适合于长肽的制备。基因工程法主要通过基因工程技术，将拟表达的多肽基因插入表达载体，导入宿主细胞中进行表达，然后通过分离纯化获得该多肽分子。根据宿主细胞的不同可分为原核表达和真核表达两种。

第三节　多肽药物的制剂

与传统小分子化学药物相比，多肽药物的稳定性较差，因此需要运用多种手段对多肽药物进行化学修饰和分子结构改造，以提高多肽的稳定性。多肽药物通常采用注射给药方式，而近年来非注射给药途径，包括口服给药、鼻腔给药、肺部给药和皮肤给药等也逐渐成为多肽药物重要的给药方式。

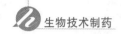
一、多肽药物的稳定性

目前多肽药物的临床应用越来越广泛,但是多肽药物与传统的化学小分子药物相比,稳定性较差。

多肽药物的稳定性是影响其疗效的重要因素。导致多肽不稳定的原因主要包括:①蛋白水解酶的破坏:体内存在大量的蛋白水解酶,尤其是胃肠道,当多肽分子进入体内后容易被酶解成小分子肽或氨基酸。②物理变化:包括变性、吸附、聚集或沉淀等,都会使多肽活性受到影响。③化学变化:包括氧化、水解、消旋、β-消除、脱酰胺反应、糖基修饰、形成错误的二硫键等,导致多肽结构改变和活性丧失。④受体介导的清除:较大分子量的多肽可通过受体介导的方式被特异性清除。⑤给药途径:不同的给药途径会影响到多肽药物的体内分布、代谢过程、生物利用度和药理作用等。因此需要采取多种手段提高多肽药物的稳定性,延长多肽药物的半衰期。其方法包括以下几种。

1. 化学修饰法　主要通过改变多肽分子的主链结构或侧链基团的方式进行,包括侧链修饰、骨架修饰、组合修饰、聚乙二醇(PEG)修饰、糖基化修饰和环化等。目前可用作多肽修饰剂的物质有很多,如右旋糖苷、肝素、聚氨基酸及 PEG 等,其中研究最多的是 PEG 修饰。PEG 是一种水溶性高分子化合物,具有毒性小、无抗原性、溶解性和生物相容性好等特点。PEG 与多肽结合后能够提高多肽的热稳定性,抵抗蛋白酶的降解,延长体内半衰期。糖基化修饰可影响多肽的空间结构、药代动力学特征、生物活性、溶解性、对蛋白酶的稳定性和凝聚性等,从而延长多肽的半衰期,同时也可与 PEG 联合修饰多肽,减少免疫原性等。环化则通过限制和稳定多肽的空间构象,增强多肽对蛋白酶的稳定性。

2. 基因工程法　通过基因工程技术进行定点突变或以融合蛋白表达的形式增加多肽的稳定性、生物活性,延长其半衰期。①定点突变,即替换引起多肽不稳定或影响活性的残基,或引入能增加多肽稳定性的残基,来提高多肽的稳定性。②基因融合,即通过将多肽基因与分子量大、半衰期长的分子进行融合表达,融合蛋白仍具有多肽分子的生物活性,其稳定性更好、半衰期更长。常用于融合的分子是人血清白蛋白。

3. 制剂方式　改变或优化多肽药物的制剂形式,可增加多肽药物的稳定性。①冻干法,由于多肽发生一些化学反应需水的参与,因此冻干可提高多肽的稳定性。②缓控释制剂,通过缓释或控释技术对多肽分子进行修饰,延缓药物的扩散或释放速度,稳定血药浓度,延长作用时间,从而达到增强疗效的目的。

二、多肽药物的检测

与传统小分子药物相比,生物样品中多肽药物的检测面临的难度较大,其主要原因有:多肽药物多为生理活性物质,结构特殊,稳定性差;生物体内存在大量干扰物质,如结构相同或相似的内源性蛋白多肽类物质;多肽药物生理活性强,用药剂量小,因此要求检查方法灵敏度高。常用的多肽药物检测方法如下。

1. 生物检定法　生物检定法可以用来研究多肽药物的生物活性及药物动力学。主要分两种方式:体内测定和体外测定。体内测定法最能反映多肽药物在动物体内的生物活性,但需要通过动物模型和外科手术,比较耗时,且观察结果具有主观性,因而变异性大,灵敏度低。体外测定法通常采用体外细胞培养技术,以细胞增殖、分化或细胞毒性为基础,以细胞数的增减为量效指标,来评价多肽药物的生物活性。该方法可靠,灵敏度高,其最大的优点是能够反映多肽的生物活性。

2. 免疫学方法　通过免疫学方法可测定多肽药物的免疫活性或结合活性。常用的方法有放射免疫测定(RIA)、化学发光免疫测定(FIA)和酶联免疫吸附测定(ELISA)等。其中 ELISA 法具有灵敏度高、重复性好、无放射性危害等优点,被广泛应用于药物动力学的研究。免疫学方法测定的是多肽的免疫活性而不是生物活性,而且不能同时测定代谢物,因此具有抗原决定簇的代谢片段可能会产生误差,同时也容易受到内源性物质的干扰。

3. **同位素标记示踪法** 通过将同位素标记于多肽分子上来进行示踪的方法,是多肽分子药代动力学研究的主要手段之一。具有灵敏度更高,操作便捷的优点,适于药物组织分布研究,但不适于人体药物代谢动力学的研究。通常有两种标记方法,内标法和外标法。外标法,又称化学联结法,常用化学法将^{125}I连接于多肽上,其相对简单而被广泛运用。外标法不可行时使用内标法(又称掺入法),即把含有同位素如^{3}H、^{14}C或^{35}S的氨基酸,加入生长细胞或合成体系中,获得含同位素的多肽分子,该方法复杂而应用受限。

4. **质谱分析** 质谱分析技术是多肽药物结构分析的重要手段。常用的质谱分析工具有:快原子轰击质谱(FAB-MS)、电喷雾质谱(ESI-MS)和基质辅助激光解析电离飞行时间质谱(MALDI-TOF-MS)等。快原子轰击质谱应用于小分子多肽药物的分析,可准确分析热不稳定以及难挥发的多肽药物。电喷雾质谱法则擅长测量大分子多肽药物及准确测定其分子量。如果与HPLC联用,可获得精确的分子结构信息及完整的氨基酸序列。基质辅助激光解析质谱则提供了一种更好的离子化方式,避免了多肽类药物直接进行离子化。

5. **核磁共振法** 核磁共振技术(nuclear magnetic resonance,NMR)作为一种重要的物理测试技术,广泛应用于解析化学物质结构和反应性能。该法可用于核定多肽的微观理化性质,能够检测一些不能用X射线晶体衍射分析方法检测的多肽。同时也可用于确定氨基酸序列和定量混合物中各组分的含量;NMR谱检测的某些指标还可反映多肽的生物功能,特别是酶促反应动力学过程等。

6. **色谱-光谱联用技术** 随着分析技术的发展,色谱-光谱联用技术逐渐发展成熟,使色谱分离和光谱鉴定成为连续过程,该技术是生物样品分析最常用的技术之一,在多肽分析中应用十分广泛。该项技术主要包括液相色谱-质谱联用技术(LC-MS)、毛细管电泳-质谱联用(CE-MS)、气相色谱-质谱联用(GC-MS)和液相色谱-核磁共振-质谱联用(LC-NMR-MS)等。

三、多肽药物制剂与给药途径

多肽药物的给药方式相对单一,通常采用注射给药方式,操作烦琐,患者依存性差,而随着科学技术的发展,注射剂控缓释技术以及口服给药、鼻腔给药、肺部给药和皮肤给药等其他非注射给药方式的研究逐渐成为多肽药物研究的热点。

(一)多肽药物注射制剂

多肽药物通常采用注射给药方式,主要剂型包括注射液针剂和冻干粉针剂。采用冻干工艺制备冻干粉针剂,相对而言可提高药物的稳定性,且便于运输和储藏,但需频繁给药,患者用药依存性差。近年来,通过引入控释或缓释技术,保护多肽药物在体内免于被快速降解、延缓药物释放、减少给药次数等。

1. **微球** 是药物溶解或分散在高分子材料中形成直径为$1\sim250~\mu m$的微小球状实体。多肽微球是指采用生物可降解聚合物,特别是以聚乳酸(PLA)和聚乳酸-羟基乙酸共聚物(PLGA)为骨架材料,包裹多肽药物制成的可注射微球制剂。这些聚合物具有良好的生物相容性和安全性,在体内降解后生成乳酸和羟基乙酸,最终代谢为二氧化碳和水被排出体外。目前多肽微球的制备方式主要有复乳-液中干燥法、喷雾干燥法、相分离法、乳化交联法、低温喷雾提取法和超临界流体技术等。

2. **埋植剂** 是指埋于皮下的一种微型给药载体。其优点在于:①载药量大;②药物零级释放;③埋植前无须用溶媒溶解;④可达到局部或全身用药的目的。埋植剂可用于多肽药物的递送系统。埋植剂所用的可降解聚合物包括2大类:①天然聚合物,包括明胶、葡聚糖、清蛋白、甲壳素等;②合成聚合物,包括聚乳酸、聚丙交酯、乳酸/乙醇酸共聚物(PLGA)、聚丙交酯乙交酯(PLCG)、聚己内酯和聚羟丁酸等。

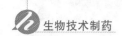

3. 脂质体　是由类脂质双分子层形成的封闭小囊泡,可作为药物载体包裹生物活性物质如蛋白质、多肽和寡核苷酸等。脂质体最常用的给药方式是静脉注射,另外还有口服给药等方式。脂质体的制备方式主要有物理分散法、两相分散法和表面活性剂增溶法。

4. 纳米粒　是粒径小于 $1\ \mu m$ 的固态胶体颗粒,由天然或人工合成的高分子聚合物构成。纳米控释系统具有许多优越性:①保护被包裹的药物,提高药物的稳定性和安全性;②具有靶向性,可通过血液循环靶向特定的组织和细胞;③提高药物的溶解度和溶出度;④具有缓释作用。纳米粒可用于静脉注射和肌内注射,还可用于口服。纳米粒口服后可通过小肠 Peyer 结摄取入血,具有较好的生物利用度。按纳米粒的制备过程不同可分为纳米球和纳米囊。

5. 原位水凝胶　是一类能以液体状态给药,并在用药部位感知响应立即发生相变,形成非化学交联的半固体给药系统。原位水凝胶具有多个优点:①具有凝胶制剂的亲水性三维网络结构;②组织相容性良好的;③与用药部位特别是黏膜组织亲和力强;④具有独特的溶液-凝胶转变性质;⑤制备工艺简便、使用方便。因此,原位水凝胶适于用作多肽药物的控释制剂,具有缓释作用,可减少给药剂量和不良反应。其独特的溶液-凝胶转变性质使其克服了微球和脂质体的缺点。制备水凝胶材料主要有两大类:一类是合成高分子,一类是天然生物材料如多糖和蛋白等。

6. 微乳　是由水、油、表面活性剂和助表面活性剂四部分组成的光学上均一、热力学稳定的液态体系,其粒径为 $10\sim100\ nm$,又称为纳米乳。微乳作为多肽药物转运系统,具有如下优点:①可将药物包封于内水相及表面活性剂层中,对多肽及蛋白质药物起到保护作用;②水包油(O/W)型微乳作为疏水性药物的载体,提高药物的溶解度和生物利用度,对于水溶性药物则可延长释放时间起到缓释作用;③与油剂相比黏度低,注射时不会导致剧烈疼痛;④热力学稳定,可高温灭菌,易于制备和保存;⑤微乳口服后可经淋巴吸收,克服肝脏首过效应;⑥微乳体系表面张力较低,易通过胃肠壁的水化层而与胃肠上皮细胞直接接触,促进药物的吸收和提高生物利用度。微乳根据结构可分为水包油型、油包水型(W/O)及双连续型。

(二)多肽药物非注射制剂

随着生物技术的发展,有越来越多的具有生物活性的多肽类药物进入临床。但是由于多肽本身的特性,比如稳定性差、易降解、半衰期短等,使得多肽药物临床应用的主要剂型仍为注射制剂,这也给临床用药带来了不便,尤其是需频繁给药的药物,导致患者依从性差、不良反应明显。近年来,随着制药工艺和药剂学的发展,多肽药物的给药途径已经向多元化方向发展,目前比较成熟的有口服、鼻腔、口腔黏膜、肺部以及透皮吸收等给药途径。

1. 口服给药　在所有给药途径中,口服给药一直是最常用、最受欢迎的给药方式。但多肽药物由于其自身特点,直接口服基本无效。其原因主要包括:①多肽分子量大,脂溶性差,难以通过生物膜屏障,导致胃肠道对多肽药物的低吸收性;②胃肠道中大量蛋白酶可对多肽分子进行快速的降解作用;③吸收后易被肝脏消除;④多肽分子本身的不稳定性。其中前两个是实现多肽药物口服给药的两大障碍。目前主要通过化学修饰、加入吸收促进剂、蛋白酶抑制剂、应用微粒给药系统、定位释药系统等途径来实现多肽药物的口服给药。

2. 鼻腔给药　是多肽药物给药的理想途径之一,其优点在于:①鼻黏膜部位细微绒毛较多,有较大的吸收表面积,同时毛细血管丰富利于药物的迅速吸收;②药物吸收后直接进入体循环,无肝脏首过效应;③操作方便,便于患者自我给药。主要剂型包括滴鼻剂和鼻喷雾剂,喷雾给药比滴鼻给药的生物利用度高 $2\sim3$ 倍。多肽药物直接进行鼻腔给药一般不易吸收,可使用吸收促进剂、酶抑制剂、化学修饰或应用微粒给药系统等促进黏膜对药物的吸收。

3. 肺部给药　人体肺部的吸收表面积巨大(约 $140\ m^2$),血流量达到 5 L/min。因而肺部给药具有鼻腔给药的优点,同时由于肺泡壁比毛细血管壁薄、通透性更好,更利于多肽药物的吸收。选择合适的给药装置将药物送至肺泡组织是肺部给药的关键,多肽药物肺部给药系统主要有干粉吸入剂和定量型气雾剂。干粉吸入剂携带方便,操作简单,且干燥粉末可增加多肽药物的稳定性。定量型气雾剂的研究已经逐渐臻于成熟,尤其是有关胰岛素肺部吸入制剂的研究已经取得一定成果。目前多肽药物进行肺部给药的前景良好,但是尚存在作用时间短、生理活性低、有免疫原性和剂量准确性差等问题。

4. 经皮肤或黏膜给药　该方法具有诸多优点,比如释药速度恒定可控、避免胃肠道对药物的影响和肝脏首过效应、延长药物的作用时间、提高药物生物利用度、使用方便等。但皮肤角质层是大多数药物尤其是大分子的多肽药物的天然屏障,其穿透性低成为多肽药物透皮吸收的主要障碍,尤其是对大分子的多肽药物。目前应用较多的是离子导入技术,即借助电流控制离子化药物释放速度和释放时间,促进药物进入皮肤。将离子导入技术与电穿孔、超声导入技术及化学渗透剂相结合,可使药物更好地透皮吸收。

第四节　多肽药物的临床应用与前景

多肽作为药物应用的研发时间虽然较短,但到目前为止,全球已有至少70多种人工合成或基因重组的小分子多肽药物被批准应用于临床,其中多数来源于天然多肽的活性片段或根据蛋白质结构设计而成。这些多肽药物在治疗糖尿病、肿瘤、心血管疾病、骨质疏松症、中枢神经系统疾病、肢端肥大症、免疫性疾病以及抗病毒、抗细菌及抗真菌等方面具有显著效果。

一、多肽药物的临床应用

(一)糖尿病

临床用于治疗糖尿病的多肽药物主要有艾塞那肽(Exenatide)、利拉鲁肽(Liraglutide)和普兰林泰(Pramlintide)等。艾塞那肽和利拉鲁肽主要用于2型糖尿病的治疗,前者能够模拟内源性GLP-1的糖调控作用,降低空腹和餐后血糖,并能够降低患者体重;而后者是一种GLP-1类似物,通过升高细胞内cAMP,诱导胰岛素释放,并以血糖依赖性方式降低胰高血糖素的分泌。普兰林泰是一种胰岛β细胞分泌的神经内分泌激素类似物,具有调节胃排空、防止餐后血糖升高等作用,用于成人1型和2型糖尿病的治疗。

(二)肿瘤

多肽药物阿巴瑞克(Abarelix)是一种合成的十肽,可通过直接抑制促黄体生成激素和卵泡刺激素分泌来减少睾丸睾酮的分泌,目前用于前列腺癌的姑息疗法;西曲瑞克(Cetrorelix)是一种LHRH拮抗剂,对各种激素依赖性疾病具有抑制作用,目前主要用于前列腺癌和子宫肌瘤等的治疗。除此之外,治疗肿瘤的多肽药物还有很多,如硼替佐米(Bortezomid)能够治疗多发性骨髓瘤和套细胞淋巴瘤;戈那瑞林(Gonadorelin)和亮丙瑞林(Leuprorelin)能够治疗前列腺癌和乳腺癌;米伐木肽(Mifamurtide)用于治疗可切除的骨肉瘤;乌苯美司(Ubenimex)用于治疗白血病等。

(三)心血管疾病

多肽药物比伐卢定(Bivalirudin)是一种直接凝血酶抑制剂,其有效抗凝成分为水蛭素衍生物片段,能够可逆性地短暂抑制凝血酶的活性位点,抑制凝血酶活性,临床用于预防血管成型介入治疗不稳定型心绞痛前后的缺血性并发症;卡培立肽(Carperitide)是由28个氨基酸组成的重组人心房利钠肽,用于治疗急性失代偿性心力衰竭;而依替巴泰(Eptifibatide)属于血小板糖蛋白Ⅱb/Ⅱa受体拮抗剂,能够抑制血小板凝集和血栓形成,临床用于急性冠脉综合征的治疗。

(四) 骨质疏松症

临床治疗骨质疏松的多肽药物主要有依降钙素(Elcatonin)和特立帕肽(Teriparatide)。依降钙素是鳗降钙素结构修饰物,能够抑制骨吸收,促进骨形成,减少钙从骨骼释放到血液中,并具有改善炎症和中枢性镇痛作用,可用于治疗骨质疏松及其引起的疼痛。特立帕肽是重组人甲状旁腺素的多肽片段,能够调节骨代谢,调节肾小管对钙和磷的重吸收及肠道对钙的吸收,用于绝经后妇女骨质疏松症及男性原发性骨质疏松症的治疗。

(五) 中枢神经系统疾病

多肽药物欣普善(Cerebroprotein Hydrolysate)是一种猪脑组织提取物,主要含神经多肽、核酸、神经递质等生物活性成分,能够调节神经发育,营养神经细胞,调节和改善神经元代谢,促进突触形成,诱导神经元分化,目前用于治疗早老性痴呆和血管性痴呆等疾病。

(六) 肢端肥大症

临床用于治疗肢端肥大症的多肽药物主要有兰瑞肽(Lanreotide)和奥曲肽(Octreotide)。兰瑞肽和奥曲肽均是生长抑素的八肽类似物,其作用机制同天然生长抑素相似,前者用于治疗外科手术和放疗效果不佳,或不适合外科手术及放疗的肢端肥大症患者,后者除了可以治疗肢端肥大症之外,还能够用于类癌瘤及血管活性肠肽瘤的治疗。

(七) 免疫性疾病

多肽药物胸腺五肽(Thymopentin)是从胸腺生成素Ⅱ中得到的含 5 个氨基酸的小肽,是胸腺生成素的活性中心,具有与胸腺素相同的免疫系统调节功能,目前用于治疗慢性乙型肝炎、原发或继发性 T 细胞缺陷病、自身免疫性疾病(如类风湿关节炎、系统性红斑狼疮等)、细胞免疫功能低下及肿瘤的辅助治疗等。

(八) 感染性疾病

1. 病毒感染　多肽药物恩夫韦肽(Enfuvirtide)是一种新型抗逆转录病毒药物,可抑制病毒与细胞膜融合,从而干扰并阻止 HIV-1 进入宿主细胞,抑制 HIV 复制,美国 FDA 批准其用于治疗 HIV 感染。

2. 细菌感染　多肽药物多黏菌素 E 甲磺酸钠(Colistimethate Sodium)是一种表面活性剂,可进入细菌细胞并破坏其细胞膜,临床用于治疗革兰阴性杆菌感染;达托霉素(Daptomycin)是利用玫瑰孢链霉菌发酵制得的环肽抗生素,对革兰阳性菌具有快速杀伤作用,并对多药耐药的金黄色葡萄球菌具有显著抑制作用,目前用于严重皮肤感染及葡萄球菌引起的菌血症的治疗;杆菌肽(Bacitracin)是从枯草杆菌中分离得到的多肽,目前用于治疗葡萄球菌属、溶血性链球菌以及肺炎链球菌等敏感菌所导致的皮肤软组织感染。

3. 真菌感染　多肽药物阿尼芬净(Anidulafungin)是一种半合成的棘球白素类抗真菌药物,能够抑制葡聚糖合成酶,从而导致细胞壁破损和细胞死亡,能够治疗食管念珠菌病;卡泊芬净(Caspofungin)是一种新型的棘白素类抗真菌药物,能够抑制真菌细胞壁重要成分的合成,临床用于治疗真菌感染、念珠菌感染和侵袭性曲霉病等。

(九) 其他

多肽药物在其他一些疾病的治疗及辅助治疗方面同样发挥了重要的作用。如精氨酸加压素(Arginine Vasopressin)用于预防和治疗术后腹胀和尿崩症;阿托西班(Atosiban)用于抑制宫缩,推迟早产;环孢素 A(Ciclosporin)用于抑制器官移植排斥反应等。

目前多肽药物在治疗糖尿病、肿瘤、心血管及中枢神经系统疾病等方面具有独特的优势,在未来的发展过程中将展现出重要的应用价值和广阔的发展前景。

二、多肽药物的临床应用前景

在过去的几十年间,多肽在医学和生物技术方面得到了极其广泛的应用。治疗用多肽的研究正在经历一场革命,各种多肽药物如雨后春笋般出现。目前全球药物市场上大约有 70 多种多肽药物,另有超过 200 种药用多肽正处在临床试验阶段,处于临床前试验阶段的药用多肽则超过 500 种。

目前多肽药物主要用于治疗肿瘤和代谢相关的重大疾病,如肥胖和 2 型糖尿病等,因而多肽药物拥有非常广阔的消费市场。治疗前列腺癌的多肽药物 Lupron 2018 年全球药品销售额排行第 150 位。治疗糖尿病的多肽药物 Lantus 2018 年全球药品销售额排行第 20 位。基于多肽药物的潜在价值,全球多肽药物市场会持续扩大,同时新型创新多肽药物的市场份额也将进一步增加。

目前全球多肽药物的市场每年约 200 亿美元,尽管与近万亿美元的全球药物市场相比,所占比重不到 2%,但其近年来保持着高速增长的趋势,获批上市和进入临床的多肽药物数量不断增加,在全球多肽药物市场中,美国和欧洲分别占有约 60% 和 30% 的市场份额,而亚洲和其他各地仅约占10% 的市场份额。其中,亚洲多肽药物市场又以日本为主,中国市场非常小,且主要为进口或仿制产品,还没有一个自主创新的多肽新药。中国仍需加大对创新多肽药物研发的投入和政策支持。

尽管多肽药物的研发势头迅猛,但依然存在一些关键性的技术难题。首先,多肽的合成需要依靠昂贵的螯合试剂、树脂和保护氨基酸,所以需要寻找更加廉价的合成及纯化方法;其次,为了促进多肽药物的膜渗透性,迫切需要发展不影响多肽的构象及生物学活性的新型修饰方法;再次,需要发展新的多肽传递和转运方式,维持多肽药物在体内的稳定性和活性。目前大约 75% 的多肽药物通过注射途径给药,发展多肽药物口服给药、鼻腔给药、肺部给药或皮肤给药将大大促进多肽药物的应用和市场推广。

当前多肽药物已成为全球新药研发的重要方向之一。随着多肽化学、生物有机化学、分子生物学等多学科的交叉和融合,以及多肽载体技术和基因重组技术的发展,多肽药物的研制将在降低多肽药物生产成本,提高稳定性和靶向性,延长作用时间,增加摄入和渗透性,优化给药方式等方面取得突破。而新技术、新方法的出现更将加快多肽药物的研发速率,拓展多肽药物的开发和应用范围。多肽药物必将具有更加广阔的临床应用前景。

复 习 题

【填空题】

1. 多肽药物的制备主要有＿＿＿＿＿、＿＿＿＿＿和＿＿＿＿＿等。其中,＿＿＿＿＿是目前主要的制备方式,包括固相合成法和液相合成法,具有生产过程易控制、安全性相对较高的特点。

2. 在分离纯化过程中,根据多肽各自不同的理化性质选择不同的纯化方式,包括＿＿＿＿＿、＿＿＿＿＿、＿＿＿＿＿和＿＿＿＿＿等。

3. 临床用于治疗糖尿病的多肽药物主要有＿＿＿＿＿、＿＿＿＿＿和＿＿＿＿＿等。

4. 目前大约 75% 的多肽药物通过＿＿＿＿＿给药,发展多肽药物＿＿＿＿＿给药、＿＿＿＿＿给药、肺部给药或皮肤给药将大大促进多肽药物的应用和市场推广。

【简答题】

1. 简述多肽药物的特点。
2. 导致多肽不稳定的原因有哪些?
3. 提高多肽药物稳定性的方法有哪些?
4. 多肽药物非注射制剂有哪些? 分别有什么优点?

第十章

治疗性抗体药物

第一节　概　　述

　　1975 年,Kohler 和 Milstein 创立杂交瘤技术,制备鼠源单克隆抗体,开创了单克隆抗体技术的新时代。随着分子生物学技术、抗体库技术、转基因技术的发展,单克隆抗体经历了嵌合单抗、人源化单抗、全人源单抗几个阶段。单克隆抗体以其特异性、均一性、可大量生产等优点,广泛用于疾病的治疗。目前已上市的抗体药物已达 53 个,其中抗肿瘤占 42.5%,免疫性疾病占 32.5%,器官移植和心血管各占 7.5%,感染性疾病占 2.5%(表 10-1-1)。抗体药物主要通过中和阻断作用、抗体依赖的细胞介导的细胞毒性(antibody dependent cell-mediated cytotoxicity,ADCC)、补体依赖的细胞毒性(complement dependent cytotoxicity,CDC)等机制杀伤靶细胞。为了增加抗体的效应功能,人们不断对抗体分子进行改造,其中,抗体药物偶联物(antibody-drug conjugate,ADC)、小分子抗体、双特异性抗体成为增强抗体治疗效果的主要研发方向。

表 10-1-1　历年上市抗体药物一览表

时间	药　　物
2015	Sccukinumab　Dinutuximab
2014	Ramucirumab　Siltuximab　Nivolumab　Pembrolizumab　Blinatumomab　Vedolizumab
2013	Itolizumab*　Obinutuzumab
2012	Mogamulizumab　Pertuzumab　Raxibacumab
2011	Belimumab　Belatacept　Aflibercept　Ipilimumab　Brentuximab　Mctuximab*
2010	Tocilizumab　Denosumab
2009	Ustekinumab　Ofatumumab　Golimumab　Canakinumab　Catumaxomab
2008	Certolizumab　Rilonacept　Nimotuzumab*
2007	Eculizumab
2006	Ranibizumab　Panitumumab
2005	Abatacept
2004	Cetuximab　Bevacizumab　Natalizumab
2003	Omalizumab　Tositumomab　Alefacept　 Efalizumab
2002	Ibritumomab　Adalimumab
2001	Alemtuzumab
2000	Gemtuzumab
1998	Basiliximab　Palivizumab　Trastuzumab　Etanercept　Infliximab
1997	Rituximab　 Dadizumab
1994	Abciximab
1986	Orthoclone

注:"*"表示未申请 FDA 批准;黑框表示已退市抗体。

一、抗体药物的发展史

1986 年,FDA 批准了第一个鼠源单克隆抗体药物 Muromonab-CD3(Orthoclone)上市,用于预防肾移植时急性器官排斥。从 20 世纪 90 年代以来,单克隆抗体产业进入快速发展时期。2014 年,全球销售额超过 50 亿美元的抗体药物达到 6 个(Adalimumab、Infliximab、Etanercept、Rituximab、Bevacizumab、Trastuzumab),其中阿达木单抗(Adalimumab)以 128 亿美元再拔头筹。随着肿瘤免疫治疗荣登 2013 年十大科学之首,抗体药物开发再掀高潮,2014 年上市的抗体药物就达 6 个,包括 2 个抗 PD-1 的肿瘤免疫检验点抗体药物 Nivolumab 和 Pembrolizumab。单克隆抗体类型也从鼠源单抗、改构单抗逐渐过渡到全人源单抗。

(一)鼠源单克隆抗体

迄今为止,FDA 仅仅批准了 3 个鼠源单克隆抗体。鼠源单克隆抗体是异源蛋白,具有免疫原性,易使人体产生抗鼠抗体免疫反应(HAMA);其次,鼠源单抗与 NK 等免疫细胞表面 Fc 受体亲和力弱,产生的 ADCC 作用较弱,而且它与人补体结合能力低,对肿瘤细胞的杀伤能力较弱;另外,鼠源单抗在人体循环系统中很容易被清除,半衰期短。因而,鼠源单抗在疾病的治疗上有较大的局限性,需要对它进行人源化改造。FDA 批准的第一个抗体药物 Orthoclone 就因其鼠源性于 2010 年退

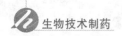

出市场。

(二) 人鼠嵌合抗体

人鼠嵌合抗体是指用人的恒定区取代小鼠的恒定区,保留鼠单克隆抗体的可变区序列,形成人鼠杂合的抗体。1994年上市的阿昔单抗(Abciximab)是人鼠嵌合单克隆抗体 7E3 的 Fab 片段,它与血小板表面的糖蛋白Ⅱb/Ⅲa受体结合,以阻断纤维蛋白原、血小板凝集因子和其他有黏性的分子与受体位点结合,从而抑制血小板聚集,防止形成血栓。与鼠源单抗相比,嵌合抗体大大减少了鼠源序列,但它仍保留着30%的鼠源序列,可引起不同程度的 HAMA 反应。1997年上市的利妥昔单抗(Rituximab)是嵌合抗体的代表,2013年全球销售额高达 85.8 亿美元。临床显示不同的嵌合抗体有着不同程度的免疫原性,所以有必要进一步降低鼠源性。

(三) 人源化抗体

由于嵌合抗体恒定区的人源化只是部分消除鼠单抗的异源性,可变区的鼠源序列仍可以诱导人体产生 HAMA 反应,因此需要对鼠源部分进行进一步人源化改造,主要方法包括表面重塑技术和重构抗体。重构抗体就是互补决定区(complementarity-determining region, CDR)移植,该方法是人源化单抗最常用、最基本的方法。将鼠抗体的 CDR 移植到人抗体的骨架区,这样人源化程度可达90%以上。1997年,第一个人源化单抗药物抗 CD25 单抗 Zenapax(Dadizumab)在美国上市,该抗体与白介素-2受体上的 CD25 又称 Tac 亚单位特异性地结合,从而抑制后者与白介素-2的结合,阻断激活状态下 T 淋巴细胞的扩增,可减少免疫应答致急性排异反应的发生。

(四) 全人源抗体

全人源抗体是用于人类疾病治疗的理想抗体,目前它主要通过3种途径来研制:噬菌体抗体库技术、核糖体展示技术和转基因小鼠制备技术。

1985年,Smith 将外源基因插入丝状噬菌体的基因,使目的基因编码的多肽以融合蛋白的形式展示在噬菌体表面,从而创建了噬菌体展示技术。Humira(阿达木单抗)就是利用噬菌体展示技术研发成功的第一个全人源单克隆抗体,适于类风湿关节炎等自身免疫疾病的治疗,2002年上市,近几年销售额一直位列第一。

1997年,Plückthun 实验室创建了核糖体展示技术。核糖体展示技术是将正确折叠的蛋白及其 mRNA 同时结合在核糖体上,形成 mRNA-核糖体-蛋白质三聚体,在无细胞体系中完成转录和翻译,使目的蛋白的基因型和表型联系起来,翻译出来的抗体可用抗原进行筛选。与噬菌体展示技术相比,具有建库简单、库容量大、分子多样性强、无需选择压力等优点。

1994年,Genpharm 公司和 Cell Genesys 公司宣布利用转基因小鼠生产出全人源抗体。转基因小鼠技术是用人免疫球蛋白基因位点取代鼠免疫球蛋白基因位点,形成转基因鼠,在抗原的刺激下,该转基因鼠可分泌合成全人源抗体。由于转基因小鼠产生的全人源抗体经历了正常装配和成熟的过程,因此具有功效高、靶亲和力强的优点;但也存在一些缺陷,即该技术生成的抗体具有不完全的人序列和鼠糖基化模式。

二、抗体药物的研发进展

目前抗体药物的研发趋势是通过构建各种形式的工程抗体来改善它们的特性和效能,主要有制备抗体药物偶联物,增加对靶细胞的杀伤;构建小分子抗体,使之有较好的肿瘤穿透性;制备双特异性抗体,同时结合两个不同的抗原表位;增加抗体的亲和力;改进抗体的 ADCC 或 CDC 效应;改变抗体的药代动力学,延长半衰期。

(一) 抗体药物偶联物

ADC 是一类新颖的治疗性抗体药物,正日益受到全球制药公司的关注。ADC 药物由单克隆抗体和强效毒性药物(toxic drug)通过生物活性连接器(linker)偶联而成,是一种定点靶向癌细胞的强效抗癌药物。由于其对靶点的准确识别性及非癌细胞不受影响性,极大地提高了药效并减少了毒副作用。

2000 年,FDA 批准的第一个 ADC 药物 Mylotarg 是抗 CD33 单抗与卡奇霉素(calicheamicin)的免疫偶联物,用于治疗复发和耐药的急性淋巴细胞性白血病。但因上市后未表现出预期的良好治疗效果,并且会导致更高的死亡率,于 2010 年退出美国市场。其后,FDA 分别于 2011 年和 2013 年批准了两个 ADC 药物上市(Adcetris 和 Kadcyla)。Adcetris 是抗 CD30 单抗与单甲基耳抑素(Monomethyl auristatin E,MMAE)的偶联物,用于治疗 CD30 阳性的霍奇金淋巴瘤和复发性间变性大细胞淋巴瘤,由于 Adcetris 良好的药效,未进行Ⅲ期临床试验就被 FDA 批准进入市场。Kadcyla 是靶向 HER2 的抗体(曲妥珠单抗)与微管抑制剂 DM1 的偶联药物,用于 HER2 阳性、晚期或转移乳癌患者的治疗。HER2 是人表皮生长因子受体家族中的一员,其表达状况与肿瘤发生密切相关。

目前,约有 45 个 ADC 药物处于临床开发,其中约 25% 处于Ⅱ期/Ⅲ期阶段,而临床前管线正在迅速扩张。

(二)小分子抗体

抗体及抗体偶联物均为大分子物质,难以通过毛细管内皮层和细胞外间隙到达组织深部的靶细胞,因此,研制小分子抗体药物对提高疗效有重要意义。质量较小的具有抗原结合功能的分子片段称为小分子抗体。小分子抗体较易穿透细胞外间隙到达深部的肿瘤细胞,另外与完整抗体相比小分子抗体的免疫原性较弱。常见的单价小分子抗体类型包括 Fab、Fv、scFv 及单域抗体等;多价小分子抗体有 $F(ab')_2$ 片段、双链抗体、三链抗体等。

Lucentis 是一种人源性血管内皮生长因子(vascular endothelial growth factor,VEGF)亚型单克隆抗体的 Fab 片段,它能通过与活化形式的 VEGF-A 结合,抑制 VEGF 和受体的相互作用,从而减少新生血管生成。2006 年,FDA 批准 Lucentis 用于治疗老年湿性黄斑病变,2012 年又批准了糖尿病性黄斑水肿适应证。

Anascorp 为刺尾蝎属(蝎子)免疫 $F(ab')_2$(马)注射剂,由经蝎毒免疫后的马血浆制成。它可以结合、中和毒素,使毒素再分布而远离靶组织,进而从机体消除。2011 年,Anascorp 作为首个用于刺尾蝎属蝎螫伤的特效治疗药物被 FDA 批准,但 Anascorp 对马血蛋白敏感人群可能会引起早发或迟发性的过敏反应。

(三)双特异性抗体

由于基因工程的发展,目前双特异性抗体已经研发出三功能双特异性抗体、串联单链抗体(串联scFv)、三价双特异性分子、IgG-scFv、DVD-Ig 等多种类型。

2009 年欧盟批准三功能双特异性抗体 Catumaxomab 上市,用于治疗上皮细胞粘附分子EpCAM 阳性肿瘤所致的恶性腹水。Catumaxomab 可以特异性地靶向 EpCAM 和 CD3 抗原,由于CD3 抗原表达于成熟 T 细胞表面,因此 Catumaxomab 可以使 EpCAM 阳性肿瘤细胞、T 细胞近距离接触,实现针对肿瘤细胞的免疫反应,并且 Catumaxomab 具有抗体 Fc 段,可以激活 NK 细胞表面的Fcγ 受体,产生 ADCC 或 CDC 效应,最终致使肿瘤细胞死亡。

2014 年底上市的 Blinatumomab 是一种串联单链抗体(串联 scFv),两个靶点分别是白细胞分化抗原 CD19 和 CD3,对急性淋巴细胞白血病和非霍奇金淋巴瘤具有很好的疗效。该抗体的上市具有重要的里程碑意义,有可能开启双特异性抗体的研发热潮。

三、我国抗体药物发展现状

单克隆抗体药物逐渐成为生物医药领域发展的主要方向。从全球市场来看,抗体药物成了国际

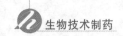

制药业争夺的焦点,并购成为国际制药业巨头快速切入抗体产业的捷径。此外,目前市场上75%的抗体药物将于2015年专利到期,这也给我国生物制药公司提供了介入抗体药物的时机。

我国目前共有19个单抗产品上市,其中进口产品11个,国内产品8个(表10-1-2)。目前在抗体领域发展的国内企业已有数十家,其中上海中信国健药业和上海赛金生物处于领先地位。

表 10-1-2　国内抗体药物产品

产品名称	生产单位	靶点
注射用重组改构人肿瘤坏死因子	上海维科生物制药有限公司	TNF
I-131 美妥昔单抗注射液	成都华神生物技术有限公司	
注射用重组人 II 型 TNF 受体-抗体融合蛋白	上海赛金生物	TNF
注射用重组人 II 型 TNF 受体-抗体融合蛋白	上海中信国健药业	TNF
重组抗 CD25 人源化单抗注射液	上海中信国健药业	CD25
注射用抗人 T 细胞 CD3 鼠单抗	武汉生物制品研究所	CD3
康柏西普眼用注射液	成都康弘生物科技有限公司	VEGFR
抗 IL-8 鼠单抗乳膏	大连亚威药业有限公司	IL-8

中国抗体制药发展的首要任务,首先是要通过加强抗体基础平台技术的改造和升级,缩短抗体药物的研发周期;第二,目前市售的抗体药物价格不菲,尤其是进口抗体药物,降低成本满足国内市场需求迫在眉睫;第三,全球抗体药物的80%以上的销售份额来自主要的5个靶点,做好这些靶点产品的升级或 me-better 将为中国诸多企业带来新的春天;最后,抗体作为靶向性药物,只有针对特异性靶点高表达的患者才具有较好的疗效,比如针对 HER2 阳性的患者,只有该基因表达和扩增明显才能对 trastuzumab 起到积极的治疗作用,因此伴随诊断方法的进步显得尤为重要。

第二节　基于单克隆抗体的肿瘤治疗方法

"免疫逃逸"是肿瘤发生过程中的重要标志和主要机制。肿瘤的免疫疗法(Immunotherapy)是通过增强机体对癌细胞的识别能力,利用机体自身的免疫能力对肿瘤进行清除。与手术、化疗、放疗等传统疗法相比,肿瘤免疫疗法具有肿瘤靶向性好、疗效持久,临床不良反应小等优点。目前,应用于临床的肿瘤免疫疗法主要有:细胞疗法、细胞因子和单克隆抗体。其中单克隆抗体的应用最为广泛。自1997年首个抗肿瘤抗体药物 Rituximab 上市以来,目前已有20余种单抗药物用于多种血液肿瘤、实体瘤的治疗,占已上市治疗性抗体的42.5%。随着近年来诸多新一代抗体如免疫检验点抗体、能够招募 T 细胞的双特异性抗体(Bi-specific T-cell engaging antibodies, BiTE)及抗体药物偶联物在多种恶性肿瘤治疗上的突破性进展,2013年 Science 评选的"年度十大科学突破"中肿瘤免疫疗法位列榜首。

基于单克隆抗体的肿瘤免疫治疗方法从作用方式上可以分为四种:肿瘤细胞的单克隆抗体靶向疗法、改变宿主体内应答、应用单克隆抗体运输细胞毒性分子和重塑 T 细胞(图10-2-1)。

一、肿瘤细胞靶向疗法

恶性肿瘤细胞表面表达着一些异于普通健康细胞的抗原,这些抗原可以作为单克隆抗体的良好靶点。体外与动物体内的实验显示,针对这些靶点的抗体可以引起细胞的凋亡,并通过补体介导的

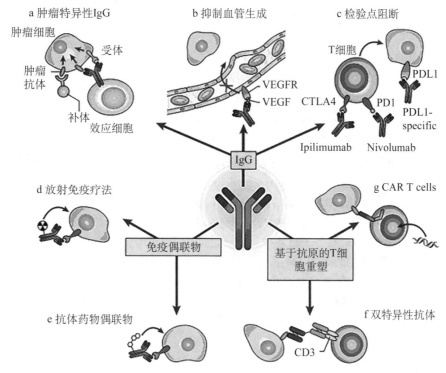

图 10 - 2 - 1 基于单克隆抗体的肿瘤治疗策略(Nature Reviews Cancer. 2015,15:361 - 370)

细胞毒性(CDC)以及抗体依赖细胞介导的细胞毒作用(ADCC)杀死靶细胞。但是在不同临床试验中,具体是哪一种机制更为重要还有待研究。近年的研究发现,对于 Trastuzumab 与 Cetuximab 而言,激活体内效应 T 细胞也是抗体药物杀伤肿瘤的重要机制。

值得注意的是,针对同一靶点的不同单抗药物,其作用机制并不一定完全相同,临床疗效与不良反应也有所差异。如 Trastuzumab 和 Pertuzumab 均靶向 HER2,但是两者的抗原识别表位不同,前者可抑制 HER2 受体的同源二聚化和异源二聚化,而后者只抑制 HER2 与 EGFR 或 HER3 的异源二聚化,因此两者在临床上联合用药具有协同效应;靶向 EGFR 的 Cetuximab、Panitumumab 和 Nimotuzumab 虽然抗原结合表位相同,但是由于亲和力和 IgG 亚型的差异,临床上引起的皮肤毒性也有所差异;Ofatumumab 和 Rituximab 均靶向 B 细胞抗原 CD20,但是由于 Ofatumumab 的结合表位不同和解离速度较慢,其在体外介导的效应功能更强。

二、改变宿主体内应答

(一)抑制肿瘤血管生成

1971 年,Folkman 提出了肿瘤的生长、转移依赖血管的概念,肿瘤的生长转移和新血管的生成有密切关系,其中血管内皮细胞生长因子(vascular endothelial growth factor,VEGF)及其信号途径在肿瘤血管生成中起关键作用。阻断该途径的任何环节均可有效抑制肿瘤血管的生成,进而抑制肿瘤的生长和转移。

近年来,已有多种以 VEGF/VEGFR 为靶点的抗肿瘤血管生成药物投入临床应用,其中 Bevacizumab 为第一个获批上市的抗肿瘤血管生成药物,与化疗药物联合使用,作为治疗转移性结直肠癌的一线药物。Bevacizumab 是一种 93% 人源化的鼠 VEGF 单克隆抗体,能够和人 VEGF A 的所

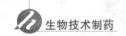

有亚型结合,阻断 VEGF/VEGFR 信号通路,抑制肿瘤血管生成。由于放、化疗诱导凋亡机制,肿瘤组织中的低氧分压诱导 VEGF 的表达,Bevacizumab 与放化疗药物的联用有效地预防此种继发性反应。

2011 年上市的 Aflibercept 是一种以基因工程手段获得的人 Fc 融合蛋白,这种杂交分子的药代动力学明显优于单克隆抗体,能更好地遏制肿瘤血管的发生并消退已形成的肿瘤血管。在肿瘤的临床治疗中,比 Bevacizumab 显示出更大的优势。2014 年上市的 Ramucirumab 是完全人源化的 VEGFR2 抗体,临床试验用于转移性乳腺癌和胃癌耐受性较好。

(二)T 细胞检验点阻断

人体免疫系统能够通过识别肿瘤特异性抗原,产生 T 细胞免疫应答清除肿瘤细胞。T 细胞表面受体识别由抗原递呈细胞(antigen-presenting cells,APCs)递呈的抗原肽-主要组织相容性复合体(MHC),使 T 细胞初步活化。然后,APC 表面的共刺激分子(配体)与 T 细胞表面的相应共刺激分子(受体)结合,使 T 细胞完全活化成为效应 T 细胞。除了共刺激分子,T 细胞表面还有共抑制分子。在正常生理情况下,共刺激分子与共抑制分子之间的平衡,即免疫检验点(immune checkpoint)分子的平衡,使 T 细胞的免疫效应保持适当的深度、广度,从而最大限度减少对于周围正常组织的损伤,维持对自身组织的耐受、避免自身免疫反应。然而,肿瘤细胞可异常上调共抑制分子及其相关配体,如 PD-1、PD-L1,抑制 T 细胞的免疫活性,造成肿瘤免疫逃逸,导致肿瘤发生、发展。越来越多的证据表明阻断共抑制分子与配体结合可以加强及维持内源性抗肿瘤效应,使肿瘤得到持久的控制(图 10-2-2)。

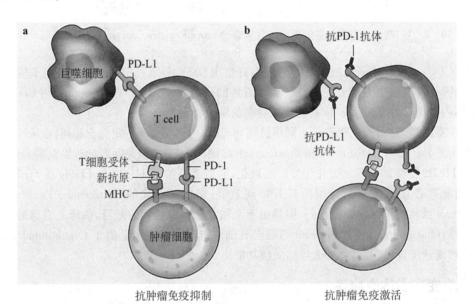

抗肿瘤免疫抑制   抗肿瘤免疫激活

图 10-2-2 免疫检验点阻断激活抗肿瘤免疫

目前临床研究最为透彻的免疫检验点分子有:细胞毒性 T 淋巴细胞相关抗原 4(cytotoxic T lymphocyte associated antigen 4,CTLA-4)、程序性死亡分子 1(programmed death 1,PD-1)/PD-1 配体(PD-1 ligand,PD-L1)。针对这些免疫检验点的抗体分子能阻断相关信号通路逆转肿瘤免疫微环境,增强内源性抗肿瘤免疫效应,这些抗体分子成为免疫检验点抗体。

CTLA-4 主要表达于活化的 T 淋巴细胞表面,可与抗原递呈细胞(APC)表面的协同刺激分子(B7)结合抑制 T 细胞活化。Ipilimumab(Yervoy,伊匹单抗)是一种全人源化单克隆抗体,靶向作用于 CTLA-4,通过作用于 APC 与 T 细胞的活化途径而间接活化抗肿瘤免疫反应,达到清除癌细胞的目的,是首个被 FDA 批准的能延长黑色素瘤患者生存期的免疫检验点抗体。

PD-1 表达于活化的 CD4+ T 细胞、CD8+ T 细胞、B 细胞、自然杀伤 T 细胞、单核细胞和树突状细胞上,PD-L1 是 PD-1 的主要配体,在许多恶性肿瘤中高表达,与 PD-1 结合后抑制 CD4+ T、CD8+ T 细胞的增殖和活性,负性调节机体免疫应答过程。PD-1/PD-L1 信号通路激活可使肿瘤局部微环境 T 细胞免疫效应降低,从而介导肿瘤免疫逃逸,促进肿瘤生长。Opdivo(Nivolumab) 是作用于 T 细胞、祖 B 细胞和巨噬细胞表面受体 PD-1 的免疫检验点抗体,于 2014 年在日本获批上市,用于不可切除的黑色素瘤。接着于 2015 年在美国上市,除了用于不可切除的黑色素瘤患者,还可用于 Yervoy 治疗后进展的黑色素瘤。另一个 PD-1 抑制剂单抗 Keytruda(Pembrolizumab)于 2014 年在美国上市,获批的适应证和 Opdivo 一样用于不可切除或转移的黑色素瘤。

三、运输细胞毒性分子

"智能炸弹(smart bomb)"被用来描述向癌细胞运输细胞毒性分子的单抗。这些细胞毒性分子包括放射性同位素、具有细胞毒性的小分子以及免疫系统里的细胞因子等。

使用单抗的放射免疫疗法有其独特的优势。首先,没有表达靶抗原的癌细胞也能被发射的辐射杀死,即所谓的旁观者效应;其次,放射性核素不会受制于癌细胞的多药耐药性——常规肿瘤化疗最重要障碍之一。放射性免疫疗法的缺点是,临床操作困难;且辐射可能会对放射敏感的正常组织产生毒性,尤其是骨髓。在淋巴瘤治疗中,放射性免疫偶联物的应用非常成功。在 2002~2003 年,2 个放射性标记的抗 CD20 单抗 ^{90}Y-ibritumomab tiuxetan(Zevalin)和 ^{131}I-tositumomab(Bexxar)分别被 FDA 批准用于淋巴瘤的治疗。Ibritumomab 是嵌合单抗 rituximab 的鼠源原型,与 DTPA 偶联后被 ^{90}Y 标记,构成 ^{90}Y-ibritumomab。^{131}I-Tositumomab 是由抗 CD20 单抗 B1 被 ^{131}I 标记后形成的放射性免疫偶联物,根据临床研究结果被批准用来治疗与 ^{90}Y-ibritumomab 相同的适应证。

抗体-药物偶联物是最近研发的极具前景的抗癌药物。它将带有细胞毒性的药物和具有特异性的抗体偶联,提高了特异性同时更好地杀死肿瘤细胞。此外免疫细胞因子如 IL-2 和 GM-CSF 也被结合用在抗体上,用于靶向肿瘤细胞,改变肿瘤微环境。

四、重塑 T 细胞

随着对癌细胞免疫逃逸机制认识的深入和肿瘤免疫治疗的兴起,激活 T 细胞的抗体药物研究备受重视。通常认为有效激活 T 细胞需要双重信号,第一信号来自抗原递呈细胞 MHC-抗原复合物与 T 细胞受体 TCR-CD3 的结合,第二信号为 T 细胞与抗原递呈细胞表达的共刺激分子相互作用后产生的非抗原特异性共刺激信号。由于多数癌细胞表面的 MHC 的表达下调甚至缺失,从而逃逸免疫杀伤。CD3×双功能抗体则能够分别结合 T 细胞表面 CD3 分子和癌细胞表面抗原,从而拉近细胞毒性 T 细胞与癌细胞的距离,引导 T 细胞直接杀伤癌细胞,不再受 T 细胞受体识别抗原的 MHC 分子的限制。这类抗体属于能招募 T 细胞的双特异性抗体(Bi-specific T-cell engaging antibodies,BiTE)。第一节介绍的 CD3-EpCAM 双特异抗体 Catumaxomab 和 CD3-CD19 双特异抗体 Blinatumomab 均属于具有 BiTE 结构的治疗性抗体药物。

还有一种重塑 T 细胞方法是嵌合抗原受体 T 细胞(chimeric antigen receptor T cells),即大名鼎鼎的 CAR-T 细胞。这类被修饰过的 T 细胞包含具有特异性的抗体可变区和 T 细胞激活的基序,能够进攻表达特异抗原的细胞,它不是一种抗体药物,而是基于单克隆抗体技术的免疫细胞疗法。CAR-T 细胞可以分裂生长,并保持肿瘤细胞特异性。目前 CAR-T 细胞疗法在临床试验中取得了非常显著的疗效。尽管随之而来的细胞因子风暴会带来一定危险,不过使用细胞因子的抗体可以减轻它的负面影响。CAR-T 细胞疗法的经验还在不断积累,未来这一技术将渐渐成熟。

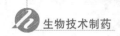

第三节 抗体药物偶联物

化疗依然是包括手术、放疗以及靶向疗法在内的最重要的抗癌手段之一。尽管高效细胞毒素很多,但癌细胞和健康细胞之间微小差别造成这些抗癌化合物毒副作用较大,限制了它们在临床上的广泛应用。鉴于抗肿瘤单克隆抗体对肿瘤细胞表面抗原的特异性,抗体药物已经成为肿瘤治疗的标准疗法,但单独使用时疗效经常不尽人意。抗体药物偶联物(antibody drug conjugate,ADC)把单克隆抗体和高效细胞毒素完美地结合到一起,充分利用了前者靶向、选择性强,后者活性高,同时又消除了前者疗效偏低和后者不良反应偏大等缺陷。其中抗体是 ADC 的制导系统,能够靶向性地把效应分子输送到肿瘤细胞,有效地提高了抗体本身对癌细胞的杀伤力。

一、抗体药物偶联物的结构特征与作用机制

(一)抗体药物偶联物的结构

ADC 由"抗体(antibody)""接头(linker)"和"效应分子(drug)"三个主要组件构成(图 10-3-1),和传统的完全或部分人源化抗体或抗体片段相比,ADC 因为能在肿瘤组织内释放高活性的细胞毒素从而理论上疗效更高;和融合蛋白相比,具有更高的耐受性或较低的不良反应。经过几十年的改进,抗体药物偶联物的设计已经逐步完善,成为目前肿瘤研究的重要方向和研究热点之一。

一个抗体分子上往往需要连接多个药物分子,但如果连接了过多的药物分子,ADC 就会加快聚合,失去对抗原的亲合性,在体内也会被识别成有害物质并被很快清除。一般情况下,每个单抗连接2～4 个药物分子可以平衡各方面的利弊,具有最佳的治疗效果。此外,为了避免干扰抗原识别,药物分子应该连接在单抗的重链区,不影响单抗与抗原的结合。可裂解的接头能够在目标细胞内将药物分子以完整的形式释放出来。

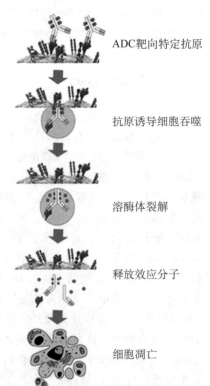

ADC靶向特定抗原

抗原诱导细胞吞噬

溶酶体裂解

释放效应分子

细胞凋亡

图 10-3-2 ADC 作用机制示意图

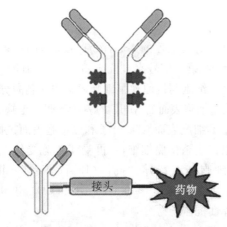

图 10-3-1 抗体药物偶联物结构示意图

(二)抗体药物偶联物的作用机制

ADC 药物要到达设计目标并发挥药效需经过以下四个步骤(图 10-3-2)。

(1)ADC 渗透到肿瘤组织与靶抗原结合,该过程受抗体分

子大小、对抗原的亲和力等影响。

（2）偶联物被靶向的细胞吞噬，研究表明仅有少部分 ADC 被细胞吞噬并发挥作用。

（3）溶酶体裂解 ADC。

（4）效应分子释放，诱导细胞凋亡。

（三）理想的 ADC 应该具有的分子特性

1. **稳定性** 理想的 ADC 药物必须在循环系统有足够的稳定性，过早的裂解会使效应分子在尚未到达目标组织时释放出来，产生对正常组织的毒性，而稳定性又和抗体的天然特征如鼠源或人源、分子大小、偶联物接头的稳定性、效应分子性质和个数等相关。

2. **渗透性** 由于肿瘤尤其是固体肿瘤组织的复杂性，良好的渗透性是生物抗体药有效抵达靶点组织的必备条件，通常渗透性和药物的分子量成反比。

3. **抗体对抗原适当的亲和力** 肿瘤细胞表达抗原的丰度和抗体对抗原的亲和力直接影响抗体药物偶联物的黏合效率，其中药物动力学又起到关键性作用。

4. **吞噬率** 包括抗体和抗原的天然性能等很多因素影响肿瘤细胞对抗体药物偶联物的吞噬率。

5. **效应分子的释放** 药物在肿瘤细胞内从偶联物上的脱离效果（通常通过溶酶体起作用）对 ADC 的疗效起关键性作用。

6. **效应分子的扩散** 鉴于细胞表面抗原表达丰度的不同导致细胞吞噬的不均一性，在很多情况下效应分子必须迁移到周围细胞才能杀伤这些癌细胞。再者，效应分子在细胞内也需要迁移到靶向区域比如细胞核（DNA）或微管等才能发生作用。

二、抗体的选择

抗体是抗体药物偶联物的制导部分，其选择对 ADC 的成功起关键作用。理想抗体是针对那些仅仅在肿瘤细胞表面表达，而在健康组织或细胞表面不表达的抗原。除此之外，抗体药物偶联物不仅能在肿瘤细胞内释放效应分子，也必须能保持抗体或抗体片段原有的特征。

ADC 的抗体部分至少具有三方面作用：①能有效地把偶联物输送到靶细胞表面，是"生物导弹"的制导系统。②诱导细胞吞噬，进入溶酶体并导致效应分子细胞内的有效释放。对于靶向造血分化抗原的抗体，内化过程有时需要补体的参与。③保持裸抗体的全部或部分性质，诱导抗体依赖性的细胞毒性（ADCC），也就是说单抗部分也是有效的药物。

目前常用的抗肿瘤单抗药物理论上都可以和药物偶联，制备抗体药物偶联物，靶向特异抗原高表达的肿瘤。单抗药物常用的靶点包括白细胞分化抗原 CD 分子、血管内皮生长因子（VEGF）、表皮生长因子受体（epidermal growth factor receptor，EGFR）家族、表皮生长因子受体 2（epidermal growth factor receptor 2，HER2）等。如第一个 ADC 药物 Mylotarg（Gemtuzumab ozogamicin）选择的抗体是 CD33 的单克隆抗体，主治急性髓细胞型白血病；第二个 ADC 药物 Adcetris（brentuximab vedotin）采用的抗体是人源 CD30 特异性的嵌合型 IgG1 抗体，用于治疗 CD30 阳性的霍奇金淋巴瘤和复发性间变性大细胞淋巴瘤；最近上市的 Kadcyla（T－DM1）采用的抗体 Trastuzumab（曲妥珠单抗）是 FDA 批准药物，其靶标是 HER2（图 10－3－3）。HER2 是 EGFR 成员，参与乳腺癌的发生。

三、效应分子的选择

化疗药物、毒素、放射性核素等对肿瘤细胞具有较大杀伤作用的细胞毒性物质理论上都可以作为抗体药物偶联物的效应分子。用于和单抗偶联的化疗药物的基本要求主要有三点：①作用机制清楚，如抗有丝分裂和 DNA 损伤剂等。②高活性，一般要求 EC90 小于 1 nmol/L。③可以采用化学方法偶联，并在肿瘤细胞内释放高活性的细胞毒素本身或其高活性衍生物。

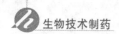

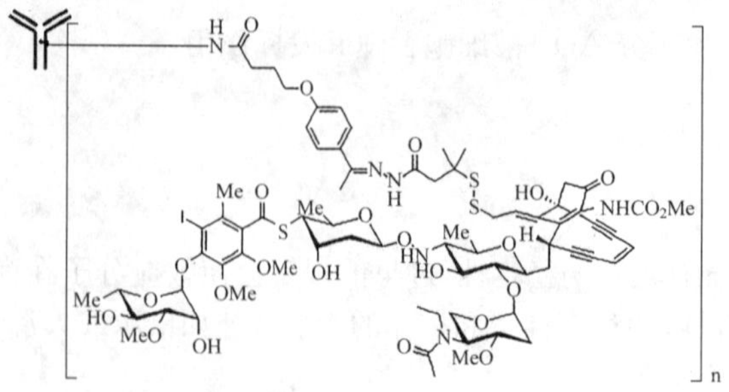

Gemtuzumab ozogamincin(Mylotarg)

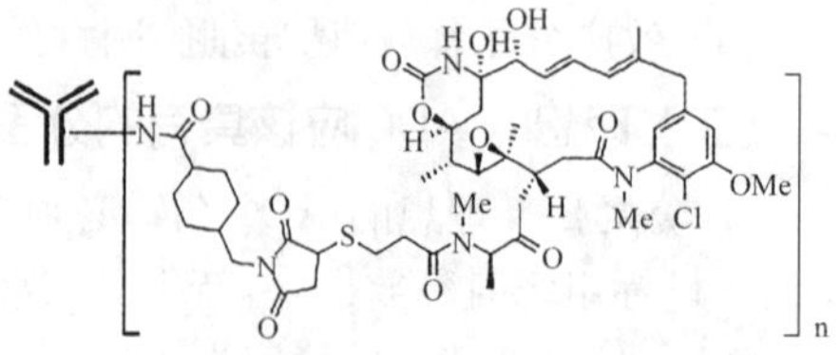

Trastuzumab emtansine(Kadcyla, T-DM1)

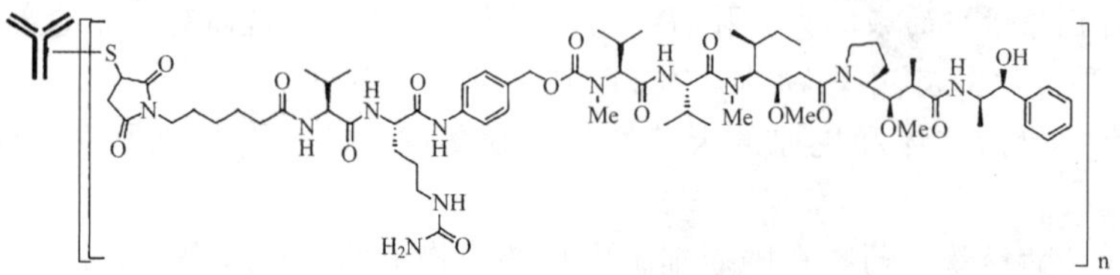

Brentuximab vedotin(Adcetris)

图 10-3-3　主要的抗体药物偶联物化学结构

目前最常用的 ADC 效应分子包括两类微管蛋白抑制剂 Auristatins 和美登素衍生物（Maytansine）。Auristatins 是全合成药物，化学结构相对容易改造，便于优化其物理性质和成药特征。用于和抗体偶联的 Auristatins 衍生物主要包括 Auristatin E（MMAE）和 Auristatin F（MMAF），Adcetris 采用的效应分子就是 MMAE。美登素发现于 20 世纪 70 年代初期，是从非洲灌木（*Maytenus ovatus*）树皮中分离得到的，抑制微管蛋白聚集，从而导致肿瘤细胞凋亡。DM1 是美登素（Maytansine）的衍生物，直接或间接地由双硫键（DMDS）或稳定硫醚键（SMCC）与抗体相连接，是 Kadcyla 采用的效应分子。

ADC 常用的另外一类效应分子是作用于 DNA 的细胞毒素（DNA 损伤剂），如 Calicheamicins（卡奇霉素）是天然的抗肿瘤抗生素，1987 年自土壤微生物（*Micromonospora echinospora* ssp. Calichensis）中分离提取获得，是一族既有广谱抗菌活性又能强效杀伤多种肿瘤细胞的抗生素细胞毒素。卡奇霉素和 DNA 双螺旋结构的小沟结合，通过 Bergman 环化反应产生苯环双自由基，切割 DNA 双螺旋骨架并杀伤肿瘤细胞。卡奇霉素是 Mylotarg 的效应分子。

四、接头的选择

ADC 的接头极为关键，早期的 ADC 如 Mylotarg，最大的问题在于在血液中不稳定，连接单抗和小分子的链接被血液中的内源性蛋白酶破坏，提前释放出小分子，导致了与单独使用化学治疗时同样的不良反应。接头至少要符合两个标准：①在体内足够稳定，不会在血液循环中脱落，避免因效应分子脱落产生毒性；②在靶点有效地释放效应分子。接头从性能上可以分为两大类：可裂解性接头和稳定性接头，可裂解性接头又包括化学裂解性接头和酶催化接头两种。

（一）化学裂解性接头

可裂解性接头裂解并释放出药物分子的原理是基于血液和细胞液的环境不同。链接在血液中稳定（血液的 pH＝7.3～7.5），但是在进入细胞后由于 pH 较低，就会断裂（核内体的 pH＝5.0～6.5，溶酶体的 pH＝4.5～5.0）。早期 ADC 发展的链接是腙，腙在弱酸性条件下可以断裂，而在中性条件下稳定。然而，腙键接头选择性相对较低，在循环系统中能释放一定的细胞毒素从而半衰期较短。

二硫键接头是目前抗体药物偶联物领域常用的化学可裂解接头之一,其依据是二硫键能在细胞内还原的环境中被分解,而在循环系统中保持稳定的特征。在细胞内,尤其是相对缺氧环境的肿瘤细胞内还原剂谷胱甘肽的浓度要高一千倍(毫摩尔数量级),以致 ADC 化合物在肿瘤细胞内顺利裂解,释放细胞毒素。为了避免在血液中裂解,提高 ADC 的稳定性,通常在二硫键接头的一端引入一个或两个甲基修饰。

腙键或二硫键接头不仅可以单独使用,联合应用有时能提高释放细胞毒素的效率,产生更好的疗效(双功能接头)。Mylotarg 就是采用二硫键和腙键联用的 NDMDS 接头,连接人源化单克隆抗体 CD33 IgG4k 和卡奇霉素(Calicheamicin)。

(二)酶裂解性接头

化学裂解链接的最大问题是在血浆里不稳定,用肽将抗体和小分子药物连接起来能获得更好的药物释放控制。在一些癌变组织中,较高水平的溶酶体蛋白酶能将药物从载体中释放出来。由于 pH 环境和血清蛋白酶抑制剂,蛋白酶在细胞外一般没有活性,所以肽键在血清中有很好的稳定性。

含有缬氨酸-瓜氨酸(vc)的二肽接头是目前应用最广泛的接头之一,利用还原单抗的二硫键产生多个游离巯基,比如还原抗 CD30 的单抗 cAC10 能得到 8 个游离巯基,而这些巯基可以与马来酰胺基团作用,生成 cAC10 - vc - MMAE 也就是 Adcetris。该类 ADC 在抗原诱导内化后,肿瘤细胞内高度表达的组织蛋白酶、血浆酶切断二肽(vc)和苯胺之间的两个酰胺键,释放细胞毒素 MMAE。与化学裂解性接头相比,酶催化接头对循环系统有更高的稳定性。

(三)非裂解性接头

Kadcyla(T - DM1)中硫醚键接头的发现纯属偶然,T - DM1 原本是计划用来作为对照实验,但是非常意外,这种非裂解硫醚链接的 ADC 非常有效,而且半衰期显著延长。其释放机制是当 ADC 内化后,单抗部分在溶酶体中降解,释放出连有赖氨酸残基的美登素衍生物,然而药物的化学修饰并没有消除生物活性(也只有这种情况下才可以使用非裂解链接)。可能因为可离子化的赖氨酸的存在,美登素衍生物不能通过细胞膜,因而无法渗透到相邻细胞并显示细胞毒性。所以这类 ADC 对不同细胞株的广谱性还有待确认。有数据表明,以 T - DM1 为代表的含有稳定性接头的 ADC 药物显示更高的稳定性和耐受性。

与二肽酶催化接头相比,适应于稳定接头的效应分子有很大随机性,到目前为止还没有一个明显规律可循。

(四)没有接头的偶联物

药物还可以直接通过共价键连接到单克隆抗体或抗体片段,并显示类似活性。这类 ADC 化合物的设计原理和采用稳定硫醚键接头的偶联物相仿,ADC 内化并分解后,释放具有高活性的含有氨基酸残基片段的效应分子。其中连接药物和抗体之间的隔离区越短越有益于偶联物的稳定性和药效。

因为靶点清楚、技术成熟、选择性好等优点,抗体药物偶联物研究在未来几年里预计继续成为抗癌领域的研究热点。成功的 ADC 药物设计不仅要优化每个 ADC 组件,把每个部分连接起来的方式和细节也同等重要,比如偶联位点和药物数量的控制。Ambrx 公司通过在抗体的特定位点引入带有特殊基团的非天然氨基酸,实现药物和抗体的位点特异性偶联,得到单一的同源偶联物,除了提高抗体的稳定性以外,这种控制位点的偶联对 ADC 的均一性和批量生产也有关键作用。

第四节　抗体药物的质量控制

治疗性抗体药物因其特异靶向性、明确的作用机制和疗效等优势,在自身免疫、肿瘤、感染性疾

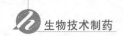

病的治疗领域应用广泛,是目前国内外生物药中增长最快的领域。随着近年来各类技术的进步,各类新结构、新靶点、全人源、糖基化改造的具有经典 IgG 免疫球蛋白分子结构抗体药物不断涌现,同时又衍生出包括抗体融合蛋白、抗体类偶联药、双特异抗体、抗体片段和复方抗体(antibody cocktail)等众多新型抗体类生物治疗产品,可以说抗体类生物治疗药物是迄今为止结构最为复杂的药物。药品的规范生产与质量控制与其安全有效性息息相关,欧美药典中均设有对此类药品质量控制的总体要求,2015 年版《中国药典》在进一步保障药品安全和提高质量控制水平的编制指导思想下,也纳入对单克隆抗体类生物治疗药物的总体要求。

确保抗体药物质量可控、安全有效最低标准的前提是研发与生产的主体应具有"质量源于设计(quality by design)""风险评估(risk assessment)"的基本理念,并建立行之有效的"质量管理体系(quality management system)"。由于抗体类生物治疗药物种类多样,为便于理解,本节侧重于以哺乳动物细胞大规模培养技术制备的 IgG 型单克隆抗体,所包括的分析方法、基本原则也可适用于其他相关分子,例如,IgM 或其他同种型的抗体,抗体片段和 Fc-融合蛋白(或以原核表达系统制备的此类产品)。当抗体药物的活性成分是一种偶联抗体时,这些分析可在纯化抗体未修饰/偶联之前进行。

一、抗体药物的制造

(一)制造的基本要求

抗体药物的生产过程包括利用重组 DNA 等生物技术将所需基因克隆后,插入宿主细胞筛选和培养,在对目标产品的产量和质量进行优化后,进行放大规模发酵或细胞培养生产。其化学属性与其他蛋白质相似,因此其生产中工艺验证、纯化、分析技术、环境控制、无菌生产、质控体系等环节在理论上类似于重组 DNA 产品。

合理的工艺设计是单克隆抗体生产的保障,可利用缩小规模的过程模型和实验设计,制定工艺操作参数以及明确影响工艺过程的变量。应在产品研发早期阶段即开始关注生产工艺的确定,并应在获准上市之前完成对生产工艺的全面验证,这也是制定工艺过程控制和终产品质量控制标准的基础。

1. 工艺验证 在产品研发过程中,需要对生产工艺从如下几个方面进行验证:①生产工艺的一致性,包括发酵或细胞培养,纯化以及抗体片段获得的裂解或消化方法。②感染性因子的灭活或去除。③有效去除产品相关杂质和工艺相关的杂质(如宿主细胞蛋白和 DNA、蛋白 A、抗生素、细胞培养成分等)。④保持单克隆抗体的特异性和特异的生物学活性。⑤非内毒素热原物质的去除。⑥纯化用材料的重复使用性(如色谱柱填料),在验证中应确认可接受标准的限度。⑦抗体偶联药物的偶联方法,或根基于品种质量属性的其他抗体修饰方法。⑧生产中所需的一次性材料也要进行规范的监控。

2. 产品表征分析 应采用现有先进的分析手段,从物理化学、免疫学、生物学等角度对产品进行全面的分析,并提供尽可能详尽的信息以反映目标产品内在的天然质量属性。这些表征分析包括但不仅限于结构完整性、亚类,氨基酸序列,二级结构,糖基化修饰,二硫键,特异性,亲和力,特异的生物学活性和异质性,以及是否与人体组织有交叉反应。对于通过片段化或偶联修饰的产品,要确定使用的工艺对抗体质量属性的影响,并建立特异的分析方法。还需采用合适的方法评价产品在设定有效期内的稳定性。

3. 其他要求 ①中间品:如果需要储存中间品,必须经过稳定性资料来确定失效日期或储存时间。②生物学活性:测定依据单克隆抗体预期的作用机制或作用模式(可能不仅限于一种),建立相应的生物学分析方法。③参比品:选择一批已证明足够稳定且适合临床试验的一个批次,或用它的一个代表批次作为参比品用于鉴别、理化和生物学活性等各种分析,并应按表征分析要求对其进行全面的分析鉴定。④批次的定义：一个批次的界定需要贯穿于整个工艺过程中。⑤工艺变更：在产品研发过程中以及上市之后，如果生产工艺发生变更，遵循 ICH Q5E"生物技术产品/生物制品在生产工艺变更前后的可比性"原则，应对变更前后的产品进行可比性研究。可比性研究的目的在于确保生产工艺变更生产的药物质量、安全性和有效性。

(二) 抗体药物生产的细胞系

通过以下方法来确定单克隆抗体生产细胞系的适用性。

（1）细胞系历史的文件记录，包括细胞永生化或转染及克隆步骤。

（2）细胞系的特征（如表型、同工酶分析、免疫化学标记和细胞遗传学标记）。

（3）抗体的相关特征。

（4）抗体分泌的稳定性，涉及在常规生产的最高群体倍增水平或代次及以上时，抗体各种质量属性的表征、抗体分泌表达水平和糖基化情况。

（5）对重组 DNA 产品，在常规生产的最高群体倍增水平或代次及以上时，宿主/载体遗传学和表型特征的稳定性。

(三) 细胞库

应分别建立原始细胞库、主细胞库、工作细胞库的三级管理细胞库；如生产细胞为引进，应分别建立主细胞库、工作细胞库的两级管理细胞库。一般情况下，主细胞库来自原始细胞库，工作细胞库来自主细胞库。各级细胞库均应有详细的制备过程、检定情况及管理规定，应符合《中国药典》"生物制品生产用动物细胞基质制备及检定规程"的相关规定。

(四) 细胞培养和收获

对限定细胞传代次数的生产（单次收获），细胞在培养至与其稳定性相符的最高传代次数或种群倍增时间后，或根据所确定的固定收获时间，一次收获所有产物；对细胞连续传代培养生产（多次收获），细胞在一段时间内连续性培养（与系统的稳定性和生产的一致性相符）并多次收获。在整个培养过程中需监测细胞的生长状况，监测频率及监测指标根据生产系统的特点来确定。

每次收获以后均需检测抗体含量、内毒素及支原体，并在合适的阶段进行常规或特定的外来病毒检查。如果检测到任何外源病毒，必须停止收获，并仔细分析确定在工艺中造成污染的原因。

(五) 纯化

经验证的纯化工艺，已能够证明有效去除和(或)灭活感染性因子，以及去除产品相关杂质与工艺相关杂质，并得到具有稳定质量及生物学活性的纯化抗体。纯化的单克隆抗体经无菌过滤装入用以贮存的容器中，即成为原液或原料药。如有必要，在纯化的单克隆抗体中可以加入稳定剂或赋形剂。应采用适当方法对原液的生物学负载和细菌内毒素，纯度，分子完整性和生物学活性等质量属性进行检测，在有必要时应与参比品进行比较。原液必需贮存在对生物负载和稳定性经过确认的条件下。

(六) 半成品

对于一些产品，在制备成品之前，如需对原液（可以是冻融之后的）进行稀释或加入其他必要的赋形剂制成半成品，则应采用相应的检测方法并确定可接受的标准，以保证半成品的安全、有效。

(七) 成品

成品由原液（可以是冻融之后的）或半成品经无菌过滤后分装于无菌容器中制成。将分装后的无菌容器密封以防污染，如需冷冻干燥，先进行冷冻干燥再密封。应采用适当方法对成品的质量进行检测。

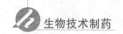

二、产品检定

原液/原料药以及成品的质量标准是对预期产品进行全面质量控制的重要组成部分。根据产品质量属性和工艺能力的特征,应采用包括但不仅限于以下所列的检验项目设立相应产品的质量标准。

(一) 鉴别

采用已通过验证的目标产品专属性方法对供试品进行鉴定,如采用包括但不仅限于 CZE、cIEF、CEX - HPLC,肽图或免疫学方法等将供试品与参比品比较。应符合已验证的系统适应性要求,测定结果应在该产品规定的范围内。

(二) 纯度分析

采用适宜的方法检测分子大小分布,如凝胶过滤对单体、聚合体或片段的定量层析分析,并通过适当的经过验证的方法,如采用包括但不仅限于在非还原或还原条件下的 CE - SDS、HIC - HPLC、RP - HPLC、CEX - HPLC 等不同分离、分析机制方法进行检测。应符合已验证的系统适应性要求,供试品测定结果应在该产品规定的范围内。

(三) 异质性分析

1. 电荷变异体 通过适当的经过验证的方法,如采用包括但不仅限于 CZE、cIEF、CEX - HPLC 等方法进行检测。

2. 糖基化修饰和唾液酸分析 通过适当的经过验证的方法,对供试品的糖基化成分进行分离、标记,并采用包括但不仅限于如 CE 或 HPLC 等方法进行检测。

3. 应用于修饰抗体的检测 根据所修饰抗体的类型、修饰特性,采用适合的方法进行检测,或与参比品进行比较,应符合已验证的系统适应性要求,供试品测定结果应在该产品规定的范围内。

(四) 杂质

1. 产品相关杂质 通过适当的经过验证的方法,对供试品氧化产物、脱酰胺产物或其他结构不完整性分子进行定量分析;如目标产品为经过修饰的抗体的类型,则应根据该修饰后分子特性,采用适合的方法对相应的特殊杂质进行检测,或与参比品进行比较。应符合已验证的系统适应性要求,供试品测定结果应在该产品规定的范围内。

2. 工艺相关杂质 用适当的方法对供试品宿主蛋白、蛋白 A、宿主细胞和载体 DNA 及其他工艺相关杂质进行检测。如目标产品为经过修饰的抗体的类型,则应根据该修饰工艺,采用适合的方法对相应的特殊杂质进行检测,或与参比品进行比较。应符合已验证的系统适应性要求,供试品测定结果应在该产品规定的范围内。

(五) 效力分析

1. 生物学活性 依据单克隆抗体预期的作用机制和工作模式,采用相应的生物学测定和数据分析方法,将供试品与参比品进行比较,应符合已验证的系统适应性要求,供试品测定结果应在该产品规定的范围内。

2. 结合活性 依据单克隆抗体预期的作用靶点和工作模式,采用相应的结合活性测定和数据分析方法,将供试品与参比品进行比较,应符合已验证的系统适应性要求,供试品测定结果应在该产品规定的范围内。

(六) 总蛋白含量

根据产品质量属性,建立特异的含量方法,如在确定消光系数后采用分光光度法进行测定,供试品含量应在规定的范围内。并建议采用其他绝对含量溯源方法进行校正。

　　其他常规质量控制项目还包括外观及性状、溶解时间、pH、渗透压、装量、不溶性微粒检查、可见异物、水分、无菌检查、细菌内毒性和异常毒性检查等。

　　本节内容以哺乳动物细胞大规模培养技术制备的 IgG 型单克隆抗体为依据，描述了抗体药物从细胞株、生产工艺过程控制、目标产品表征分析至放行控制等总体质量要求，但相应具体抗体类生物治疗药物品种及其各类衍生物，应结合其本身特殊的关键和预期的质量属性，确定质量控制关键点，并研究建立适合的分析方法、质控方案与质量标准，以求切实可行的确保其有效、质量可控。

第五节　抗体药物实例

一、阿达木单抗

　　肿瘤坏死因子（TNF）- α 不仅作用于肝细胞 C 反应蛋白（CRP），促进白细胞和血管内皮载附、渗透导致局部炎症和血管翳形成，还能作用于破骨细胞、滑膜细胞、软骨细胞产生金属蛋白酶和胶原酶等炎性产物，破坏软骨引起骨侵蚀，使滑膜细胞、软骨细胞、成纤维细胞产生炎性因子，进一步加重组织损伤。TNF - α 治疗有助于控制类风湿关节炎（RA）的进展，有效改善患者的临床症状，在 RA 等风湿性疾病治疗中的作用已得到公认。

　　阿达木单抗（Adalimumab）为首个成功开发的重组全人源化免疫球蛋白（IgG）单克隆抗体，陆续在全球多个国家和地区上市用于 RA、强直性脊柱炎（AS）、银屑病（Ps）、银屑病关节炎（PsA）、幼年特发性关节炎（JIA）和克罗恩病（CD）等治疗；用于 RA 治疗适应证目前在我国也已获得批准。

　　阿达木单抗对可溶性 TNF - α 具有很高的亲和力，通过阻断 TNF - α 与其受体 p55 和 p75 的相互作用可有效抵消 TNF - α 生物学功能，且免疫原性低，半衰期长。迄今为止，阿达木单抗已在各类 RA 患者，如既往甲氨蝶呤治疗失败者或未曾接受过甲氨蝶呤治疗的早期患者，以及既往抗 TNF - α 治疗失败者中进行了多项临床研究。阿达木单抗对各类 RA 患者均能显著和长期改善患者症状、体征，提高患者生活质量，具有良好的安全性和耐受性。

二、利妥昔单抗

　　利妥昔单抗（Rituximab，RTX，商品名美罗华）是 1997 年被批准用于治疗肿瘤的抗 CD20 人鼠嵌合型单克隆抗体，其在治疗 B 细胞性淋巴瘤中已显示出优越的疗效和良好的治疗耐受性。随着对 B 细胞及其作用机制认识的深入，利妥昔单抗的治疗范围已从 B 细胞恶性肿瘤扩展至类风湿关节炎、特发性血小板减少性紫癜、系统性红斑狼疮等自身免疫性疾病。

（一）B 细胞性恶性肿瘤

　　1. 非霍奇金淋巴瘤（NHL）　大约 85% 成人淋巴瘤来源于 B 细胞，且约 95% 的 B 细胞性淋巴瘤 CD20 阳性。利妥昔单抗清除 B 淋巴细胞的机制包括：①补体依赖的细胞毒性效应（CDC），利妥昔单抗与补体 C1q 结合，使补体蛋白质固定在抗体包被的肿瘤细胞表面，介导补体依赖的细胞毒作用。②抗体依赖性细胞介导的细胞毒性效应（ADCC），利妥昔单抗 Fc 片段与各种效应细胞 Fc 片段受体结合激活效应细胞释放具有细胞毒性物质，介导抗体依赖的细胞毒途径。由于 Fc 受体多态性，患者对利妥昔单抗的敏感程度亦会不同。③直接诱导 B 淋巴细胞的凋亡。

　　2. 淋巴细胞白血病（CLL）　Brieno 等治疗 50 例患者（其中 40 例 CLL），第 1 次静脉输注 375 mg/m²，第 2 次起从 500 mg/m² 增加至 2 250 mg/m²，患者表现出明显的量效反应关系，最低剂量反应率 22%，最大剂量反应率 75%。MD Anderson 癌症中心研究组通过氟达拉滨＋环磷酰胺与利妥昔单抗联用可增加 CR 率，也有学者认为联合化疗会增加血液学毒性，CLL 的治疗应考虑到疾病的预后

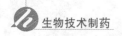

因素和生存质量。

(二) 自身免疫性疾病

1. B淋巴细胞与免疫异常　B淋巴细胞是获得性免疫应答的主要成员之一,其发育过程主要经历以下几个阶段:前B淋巴细胞、未成熟B淋巴细胞、初始B淋巴细胞、成熟B淋巴细胞和记忆B淋巴细胞,最终分化成产生抗体的浆细胞。CD20＋B淋巴细胞参与免疫包括:产生免疫球蛋白,通过免疫球蛋白发挥作用;B淋巴细胞自身抗原的递呈,对其他免疫细胞的调节;B淋巴细胞影响树突状细胞等其他抗原递呈细胞,B淋巴细胞可分泌白介素(IL－4、IL－10)等细胞因子作用于其他免疫细胞,B细胞和T细胞之间的异常的相互作用对免疫性疾病的发生和发展是至关重要的。利妥昔单抗是针对B淋巴细胞表面CD20分子的单克隆抗体,能与细胞表面CD20分子高亲和力结合,从而导致被结合的B淋巴细胞的清除,使体内B淋巴细胞数量大幅减少。

2. B细胞清除在自身免疫性疾病中的应用

(1) 系统性红斑狼疮:Leandro等对6例传统的免疫抑制剂治疗无效活动性红斑狼疮患者行利妥昔单抗＋CTX治疗,其中3例伴Ⅳ型狼疮性肾炎。1例有中枢神经系统疾病,治疗后2例患者抗dsDNA抗体滴度明显降低,4例患者血红蛋白和血沉明显改善,2例肾脏病变有所改善,无明显不良反应。这种联合治疗方案可以更好地预防HACAs的产生,并能有效清除记忆性B细胞。利妥昔单抗治疗SLE的前景是乐观的。但目前的文献报道多以个例报道为主,缺乏大型的前瞻性、随机对照、多中心临床试验。关于是否与其他细胞毒药物或激素联用,是否有某种或某些临床表现的SLE患者的治疗效果比其他患者更明显,治疗终点如何选择,是否联用细胞毒药物或预全量利妥昔单抗治疗是否可阻止HACAs的产生,在大多数接受利妥昔单抗治疗的患者,6个月后B细胞会重新回到周围血液中,这是否会导致疾病的复发,再次治疗的时机及剂量,这些问题都需要进行对照试验或经验的积累。

(2) 类风湿关节炎(RA):De Vita等报道5例对联用MTX与环孢素无反应的活动性进行性侵蚀RA女性患者,其中2例使用抗TNF治疗无效。在接受单独的抗CD20治疗(每周RTX375 mg/m² 静脉滴注,共4周),结果2例患者发现有明显的改善(分别为ACR 70与ACR 50),2例有效(ACR 20),1例无效。X射线数据也显示了患者的RA滑膜炎与进展性骨侵蚀损害得到了缓解。在2006年的美国风湿病学会大会上公布的数据显示,使用利妥昔单抗重复治疗可以使类风湿关节炎患者的生活质量得到持续改善。

三、曲妥珠单抗

曲妥珠单抗(Herceptin/赫赛汀)是一种人源化针对HER－2受体的单克隆抗体,2002年美国FDA批准Herceptin使用,曲妥珠单抗通过拮抗肿瘤细胞生长信号传导从而抑制肿瘤生长、影响细胞周期、下调肿瘤细胞表面HER－2蛋白质表达及减少VEGF产生等途径发挥作用,适用于HER－2过表达的乳腺癌。临床应用显示Herceptin能有效治疗HER－2高表达的乳腺癌,提高患者生活质量。Herceptin作为第一个乳腺癌靶向治疗药物,主要通过与HER－2受体结合内吞进入肿瘤细胞核内,从而阻断了HER－2循环到肿瘤细胞膜,使HER－2蛋白质加速旁路降解,最终抑制肿瘤细胞向恶性表型转导。此外,Herceptin作用于人体免疫细胞,产生抗体依赖性细胞毒效应(ADCC),使免疫细胞聚集并攻击杀死肿瘤细胞。

Herceptin是一种新型选择性强、高效、低毒的靶向治疗药物,能够克服HER－2过表达的乳腺癌细胞对放疗、化疗、内分泌治疗的耐受,增强其他辅助治疗的疗效,曲妥珠单抗治疗HER－2阳性转移性乳腺癌患者临床疗效可观,其疗效远超过了传统的化疗药物。除耐受性较好外,HER－2阳性转移性乳腺癌患者使用曲妥珠单抗联合化疗获得了更好的生存优势,尤其是接受Herceptin与紫杉醇联合化疗的乳腺癌HER－2过表达患者。报道显示,3/4处于乳腺癌发展期的人群中,使用曲妥珠单抗疗效提高 50%,且生存率显著提高 25%。总而言之,无论作为一线还是二线用药,无论是单用还是联合应用,转移性乳腺癌使用曲妥珠单抗治疗均达到理想的临床效果。Herceptin 最严重的不良反应是心功能不全,但紫杉类与 Herceptin 联合应用不增加心脏毒性,紫杉醇与 Herceptin 联合应用作为转移性乳腺癌 HER-2(＋)患者的一线治疗方案已经获得 FDA 认可与批准,并确认 Herceptin 可单用于乳腺癌 HER-2 过表达前期治疗失败的患者,可见,Herceptin 可单独应用,也可以结合化疗,均可显著提高患者生存率,延长缓解期,使 HER-2 阳性的乳腺癌转移患者受益。Herceptin 也常用于其他部位的肿瘤,如头颈肿瘤、胃癌等,即将被用于转移性或进展期胰腺癌的治疗。

复 习 题

【简答题】

1. 用于肿瘤免疫治疗的抗体药物从作用方式上分为哪几种? 分别举例说明。
2. 何谓免疫检验点抗体? 目前临床研究最为透彻的免疫检验点分子有哪些?
3. 举例说明什么是能招募 T 细胞的双特异性抗体(BiTE),其具有哪些优点。
4. 简述抗体药物偶联物的结构和作用机制。
5. 理想的抗体药物偶联物应该具有的分子特性有哪些?
6. 常用的抗体药物偶联物的效应分子有哪些?
7. 抗体药物偶联物接头选择的标准及种类是什么?

第十一章

细胞因子类药物

第一节 概 述

一、概念

细胞因子是免疫原、丝裂原或其他刺激剂诱导机体各种细胞分泌的多肽类或蛋白质分子,绝大多数细胞因子为分子量小于 25 kDa 的糖蛋白,由机体微量产生,它们在不同的细胞间充当化学通信分子,通过与特异性细胞表面受体结合诱导细胞效应,从而激活各种细胞内信号转导事件。

从分子结构来看,细胞因子都是小分子的多肽,多数由 100 个左右氨基酸组成。细胞因子都是通过与靶细胞表面的细胞因子受体特异结合后才能发挥其生物学效应,这些效应包括促进靶细胞的增殖和分化,增强抗感染和杀肿瘤细胞效应,促进或抑制其他细胞因子的合成,促进炎症过程,影响细胞代谢等。细胞因子的这些作用具有网络性的特点,即每种细胞因子可作用于多种细胞;每种细胞可受多种细胞因子的调节;不同细胞因子之间具有相互协同或相互制约的作用,由此构成了复杂的细胞因子免疫调节网络。目前人们对这一网络的认识远未清晰明了。

　　细胞因子构成了生物药物中最为重要的一类。作为免疫和炎症应答的调节物,细胞因子活性的控制对于集体针对各种医学状态的反应性起主要的影响。给予特定细胞因子可以增强机体对很多感染因素和癌症细胞的免疫反应。细胞因子已广泛应用于疾病的预防、诊断和治疗过程中。随着分子生物学、细胞生物学及基因重组等各项生物工程技术的突飞猛进,目前大多数细胞因子的制备均可利用基因工程技术而获得。自干扰素成为第一个得到美国 FDA 批准上市的细胞因子药物,多种细胞因子的应用在临床特别是肿瘤生物领域取得较好的效果,其以低剂量、高疗效的特点受到了人们的广泛关注。未来,会有更多的细胞因子药物在临床治疗中得到更广泛的应用。

二、分类

(一) 按来源分

　　1. 淋巴因子　主要由淋巴细胞产生,包括 T 淋巴细胞、B 淋巴细胞和 NK 细胞等。重要的淋巴因子有 IL - 2、IL - 3、IL - 4、IL - 5、IL - 6、IL - 9、IL - 10、IL - 12、IL - 13、IL - 14、IFN - γ、TNF - β、GM - CSF 和神经白细胞素等。

　　2. 单核因子　主要由单核细胞或巨噬细胞产生,如 IL - 1、IL - 6、IL - 8、TNF - α、G - CSF 和 M - CSF 等。

　　3. 非淋巴细胞、非单核-巨噬细胞产生的细胞因子　主要由骨髓和胸腺中的基质细胞、血管内皮细胞、成纤维细胞等细胞产生,如 EPO、IL - 7、IL - 11、SCF、内皮细胞源性 IL - 8 和 IFN - β 等。

(二) 按功能分

　　1. 白细胞介素(IL)　介导白细胞间相互作用的细胞因子,迄今发现 IL - 1 至 IL - 26。

　　2. 集落刺激因子(CSF)　刺激造血细胞形成细胞集落,参与造血功能的细胞因子,如 GM - CSF、G - CSF、M - CSF、EPO、TPO 等。

　　3. 干扰素(IFN)　抵抗病毒的感染,干扰病毒复制的细胞因子,包括 IFN - α、IFN - β、IFN - γ。

　　4. 肿瘤坏死因子(TNF)家族　可直接诱导肿瘤细胞凋亡的细胞因子,包括 TNF - α、TNF - β、TRAIL(TNF-related apoptosis inducing ligand)、FAS 配体等。

　　5. 趋化因子　具有趋化作用的细胞因子,能吸引免疫细胞到免疫应答局部,参与免疫调节和免疫病理反应。分为 CXC、CC、C、CX3C 亚家族。

　　6. 生长因子　对各种细胞具有促生长作用的细胞因子,如表皮生长因子、胰岛素样生长因子、血管内皮细胞生长因子等。

三、作用方式及特点

　　细胞因子的作用方式:①自分泌作用;②旁分泌作用;③内分泌作用。若某种细胞因子作用的靶细胞即是其产生细胞,则该细胞因子对靶细胞表现出对生物学作用称为自分泌效应,如 T 淋巴细胞产生的白细胞介素-2(IL-2)可刺激 T 淋巴细胞本身生长。若细胞因子的产生细胞不是靶细胞,但两者邻近,则该细胞因子对靶细胞变现出对生物学作用称为旁分泌效应,如树突细胞产生的 IL-12 可支持近旁的 T 淋巴细胞增殖及分化。少数细胞因子如 TNF、IL-1 在高浓度时也可通过进入血液(体液)途径作用于远处的靶细胞,则表现为内分泌效应。

　　细胞因子的作用不是孤立存在的,它们之间可通过合成分泌的相互调节、受体表达的相互控制、

生物学效应的相互影响而组成细胞因子网络。主要表现为以下几个方面：①一种细胞因子可诱导或抑制另外一些细胞因子的产生；②某些细胞因子可调节自身或其他细胞因子受体在细胞表面的表达；③某些细胞因子之间可产生协同效应、相加效应或拮抗作用。细胞因子的作用特点：多效性（一种细胞因子作用于多种靶细胞）、重叠性（几种不同细胞因子作用于同一靶细胞）、协同性（一种细胞因子强化另一种细胞因子的功能）、拮抗性（某种细胞因子抑制其他细胞因子的作用）。近几年来，随着对细胞因子研究的不断深入和分子生物学的迅速发展，大量的细胞因子得以快速克隆和定性分析。许多重组细胞因子已在一些动物疾病预防、免疫治疗和构建新一代基因工程疫苗等方面显示出广阔的应用前景。

四、细胞因子受体

细胞因子是由多种细胞产生的，具有广泛调节细胞功能作用的多肽分子，细胞因子不仅作用于免疫系统和造血系统，还广泛作用于神经、内分泌系统，对细胞间相互作用、细胞的增殖分化和效应功能有重要的调节作用。细胞因子发挥广泛多样的生物学功能是通过与靶细胞膜表面的受体相结合并将信号传递到细胞内部，启动复杂的细胞内分子间的相互作用，最终引起细胞基因转录的变化。因此，了解细胞因子受体的结构和功能对于深入研究细胞因子的生物学功能是必不可少的。随着对细胞因子受体的深入研究，发现了细胞因子受体不同亚单位中有共享链现象，这对阐明众多细胞因子生物学活性的相似性和差异性从受体水平上提供了依据。绝大多数细胞因子受体存在着可溶性形式，掌握可溶性细胞因子受体产生的规律及其生理和病理意义，必将扩展人们对细胞因子网络作用的认识。检测细胞因子及其受体的水平已成为基础和临床免疫学研究中的一个重要的方面。

根据细胞因子受体 cDNA 序列以及受体胞膜外区氨基酸序列的同源性和结构特征，可将细胞因子受体主要分为四种类型：免疫球蛋白超家族（IGSF）、造血细胞因子受体超家族、神经生长因子受体超家族和趋化因子受体。此外，还有些细胞因子受体的结构尚未完全搞清，如 IL-10R、IL-12R 等；有的细胞因子受体结构虽已搞清，但尚未归类，如 IL-2Rα 链（CD25）。每个超家族的各个成员表现出 20%～50% 的同源性，保守氨基酸通常位于分离带或对应受体分离结构域的簇。多数受体表现为具有多个结构域，某些情况下单个受体可以包含有两个或者多个超家族的结构域特征，例如，IL-6 受体含有造血因子和免疫球蛋白超家族的特征域，使其成为两个超家族的成员。

细胞因子受体中的共享链：大多数细胞因子受体是由两个或两个以上的亚单位组成的异源二聚体或多聚体，通常包括一个特异性配体结合 α 链和一个参与信号的 β 链。α 链构成低亲和力受体，β 链一般单独不能与细胞因子结合，但参与高亲和力受体的形成和信号转导。通过配体竞争结合试验、功能相似性分析以及分子克隆技术证明在细胞因子受体中存在着不同细胞因子受体共享同一种链的现象。

在自然状态下，细胞因子受体主要以膜结合细胞因子受体（mCK-R）和存在于血清等体液中可溶性细胞因子受体（sCK-R）两种形式存在。细胞因子复杂的生物学活性主要是通过与相应的 mCK-R 结合后所介导的，而 sCK-R 却具有独特的生物学意义。sCK-R 水平变化与某些疾病的关系日益受到学者们的重视。

第二节　重组人干扰素

一、概述

干扰素（IFN）是第一个被发现的细胞因子家族。1957 年研究者发现易感动物细胞暴露于定居病毒时,这些细胞立即获得了对其他病毒攻击的抗性。这种抗性源自被病毒感染的细胞所分泌的一种物质,这种物质被命名为"干扰素"。干扰素是由病毒或其他 IFN 诱生剂刺激单核细胞和淋巴细胞所产生的一组具有多种功能的分泌性蛋白质(主要是糖蛋白),它们在同种细胞上具有广谱的抗病毒、影响细胞生长以及分化、调节免疫功能等多种生物活性。干扰素是一种广谱抗病毒剂,但并不直接杀伤或抑制病毒,而主要是通过与敏感细胞质膜表面的特异性受体结合而启动其生物学效应,使细胞产生抗病毒蛋白,从而抑制病毒的复制。多个物种能产生完整的干扰素体系,人类至少可以产生三类:IFN-α、IFN-β 和 IFN-γ。由不同部位的细胞分泌形成:α-(白细胞)型、β-(成纤维细胞)型、γ-(淋巴细胞)型。干扰素的相对分子质量小,对热较稳定,4 ℃可保存很长时间,−20 ℃可长期保存其活性。经近 30 年的临床研究和临床应用,干扰素已成为一种重要的广谱抗病毒、抗肿瘤治疗药物。

干扰素在整体上不是均一的分子,根据干扰素的产生细胞、受体和活性等综合因素将其分为两种类型。第一类是天然 IFN,种类繁多,相对分子量不同,抗原性亦不同。按动物来源可分为人 IFN(HuIFN)、牛 IFN(BovIFN)等;第二类是指基因工程 IFN,即以基因重组技术生产的 IFN。这类重组 IFN 具有与天然 IFN 完全相同的生物学活性。根据 IFN 蛋白质的氨基酸结构、抗原性和细胞来源,将人细胞所产生的几种 IFN 分为 IFN-α、IFN-β 和 IFN-γ。在此 3 型 IFN 中又因其氨基酸顺序不同,可分为若干亚型,IFN-α 至少有 20 个以上的亚型,而 IFN-β 则有 4 个亚型,IFN-γ 只有 1 个亚型。IFN-α 的亚型有 IFN-α1、IFN-α2、IFN-α3 等或 IFN-α1b、IFN-α2a、IFN-α2b、IFN-α2c 等。

可以采用各种生物分析方法或者免疫分析体系检测和定量干扰素。但即使有了这些分析方法,干扰素最初的纯化、定性和医学应用依旧非常困难,因为机体天然产生这些调节蛋白的量微乎其微。20 世纪 70 年代早期,随着动物细胞培养技术的发展,能够生产高浓度 IFN 的细胞得以鉴定,方使得某些干扰素(多数为 IFN-α)能得到适当的量。但是直到基因工程的出现,所有的 IFN 才能足量产生以满足纯化和应用的要求。

二、干扰素的性质与分类

IFN-α 主要由人白细胞产生,IFN-β 主要由人成纤维细胞产生,均表现出较强的抗病毒作用。IFN-α 和 IFN-β 具有显著的氨基酸同源性(30%),与同一受体结合,引起相同的生物活性并具有酸稳定性。由于这些原因,有时候 IFN-α 和 IFN-β 被遗弃并称为"Ⅰ型干扰素"或者"酸稳定干扰素"。IFN-γ 由 T 细胞产生,表现出较强的免疫调节作用,它与另外一种受体结合,诱导不同的生物活性谱,因此常被称为Ⅱ型干扰素。用仙台病毒刺激白细胞可以产生 IFN-α,用多聚核苷酸刺激成纤维细胞则可以产生 IFN-β,而用抗原刺激淋巴细胞则会产生 IFN-γ。

(一) IFN-α

人源 IFN-α 分子由 165/166 个的氨基酸组成,无糖基,相对分子量约 19 kDa。在刚被发现后的许多年里,IFN-α 一直被认为是单基因产物,但 20 世纪 70 年代起采用高分辨层析技术进行的纯化证明其是复合产物。在人类至少有 24 个相关的、编码至少 16 种不同成熟 IFN-α 产物的基因或者伪基因存在。

人 INF-α 由 2 个亚族(subfamily)组成,分别称为 IFN-α1 和 IFN-α2,其中 IFN-α1 至少由 20 个有功能的基因组成,其结构上有两个特点:①第 139~151 之间的氨基酸领域有较高的保守性;②IFN-α 分子含有 4 个半胱氨酸,第 1 和 98/99 之间,第 29 和 138/139 之间有分子内二硫键结合。第 1 和 98/99 之间二硫键的结合与其生物活性无关。IFN-α2 亚族有 5~6 个基因成员,目前只发现 1 个有功能的基因,其余是假基因。

（二）IFN-β

IFN-β通常由成纤维细胞产生，是第一个被纯化的IFN。IFN-β分子含166个氨基酸，有糖基，相对分子量为23 kDa，与IFN-α的氨基酸序列有60%~70%的相似性，基因的碱基序列有30%~40%的相似性。成熟的IFN-β分子含有一个二硫键，糖侧链通过一个N-糖苷键与80位的天冬酰胺残基相连。糖链存在使部分纯化过程可通过凝集素亲和层析而变得方便，其三级结构主要包括5个α螺旋片段，其中3个批次平行，另外两个与它们反向平行。人IFN-β分子含有3个半胱氨酸，分别在17、31和141位氨基酸。31与141位半胱氨酸之间形成的分子内二硫键对于IFN-β生物学活性有着非常大的影响，cys141被Tyr替代后则完全丧失抗病毒作用，cys17被ser替代后不仅不影响生物学活性，反而使IFN-β分子稳定性更好。但是人IFN-β分子中的糖基对生物学活性无影响。

人α和β型IFN分别位于人9号染色体，并连锁在一起。IFN-α基因至少有20个，成串排列在同一个区域，无内含子，同种属IFN-α不同基因产物其氨基酸同源性≥80%。IFN-β基因只有1个，无内含子。现代研究表明，IFN-α和IFN-β具有相同的受体，分布相当广泛，如结合相同的受体，将发挥相似的生物学效应。

（三）IFN-γ

IFH-γ通常被称为"免疫IFN"，最初从人外周血淋巴细胞通过刀豆凝集素A及染料亲和层析与凝胶过滤色谱纯化得到。这种IFN主要由淋巴细胞产生，当这些细胞接触到递呈抗原时，IFH-γ合成即被诱导，其他的细胞因子包括IL-2和IL-12也能够在某些情况下诱导IFH-γ的产生。成熟的IFH-γ分子由143个氨基酸组成，糖蛋白，以同源双体形式存在，其生物学作用有严格的种属特异性。INF-γ基因定位于第12号染色体，与α和β型IFN基因完全不同，在氨基酸序列上与α和β型也无同源性，而且三者的理化性质也大不相同。IFN-α/β在pH 2~10以及热（56℃）条件下仍稳定，而IFN-γ则很易丧失活性。人IFN-γ受体基因定位于第6号染色体，IFN-γ受体分布也相当广泛，其N末端与IFN-α/β受体有一定的同源性，具有种属特异性。目前认为人IFN-γ受体可能存在第二条链。

所有的IFN通过结合高亲和力的细胞表面受体发挥它们的生物效应，结合后引发信号转导，最后导致一些IFN反应基因的表达水平改变，正调节和负调节都存在。所有IFN刺激基因都有一个特点，即上游存在干扰素刺激反应原件（ISRE）。信号转导最后导致特异性调节因子与ISRE结合，激活IFN敏感基因。诱导的基因产物随后介导抗病毒、免疫调节以及其他IFN诱导的特征性效应。IFN-α、β和γ的种属特异性不同，IFN-α和IFN-β的种属特异性并不严格，如人IFN-α不仅对猴有效，对家兔也有效，且对牛肾细胞也有较高的感受性，但IFN-β对牛肾细胞感受性较低。与此相对应，IFN-γ则具有严格的种属特异性，如人的IFN-γ对猴则无效。

三、干扰素的生物学活性与临床应用

干扰素诱导广泛的生物效应，具有抗病毒繁殖、抗细胞分裂增殖及调节机体免疫三大基本功能。不同类型的IFN因其性质、结构等差异，其生物学活性及临床应用也有所不同。

（一）抗病毒作用

IFN作为一种广谱抗病毒的细胞因子药物，其抗病毒作用并不是直接杀伤或抑制病毒，而是通过诱导细胞合成抗病毒蛋白（AVP）发挥效力。IFN首先作用于细胞的IFN受体，经信号转导等一系列过程，激活细胞基因表达多种抗病毒蛋白，诱导细胞产生抗病毒活力从而实现对病毒的抑制作用。

IFN抗病毒的作用特点：①间接性：通过诱导细胞产生抗病毒蛋白等效应分子发挥抗病毒作用。

②广谱性:抗病毒蛋白属于广谱性酶类,对多数病毒均有一定抑制作用。③种属特异性:一般在异种细胞中无活性,而在同种细胞中活性较高。④发挥作用迅速:IFN 既能限制病毒扩散又能中断受染细胞的病毒感染。在感染初期,即体液免疫和细胞免疫发生作用之前,干扰素发挥了重要的抗感染作用。此外,IFN 还可增强自然杀伤细胞(NK 细胞)、巨噬细胞和 T 淋巴细胞的活力,从而起到免疫调节作用,并提高机体抵抗力。

由于干扰素几乎能抵抗所有病毒引起的感染,如水痘、肝炎、狂犬病等病毒引起的感染,因此它是一种抗病毒的特效药。目前,IFN-α 用于治疗乙型、丙型肝炎疗效是肯定的。病毒唑联合 IFN-α治疗丙型肝炎,对于 40%慢性丙型肝炎患者具有不同程度的疗效。而且,基因重组技术为保障 IFN的临床推广应用提供了广阔的天地。例如,新开发的一种药物聚乙二醇干扰素,由于其独特的药动学特点,在机体内耐受性要优于普通干扰素,临床试验中显示出比普通干扰素更好的疗效。聚乙二醇干扰素联合利巴韦林治疗慢性丙型肝炎被证明是目前的最佳疗法,也是中国市场上第一个长效IFN 类药物可以在丙肝病毒基因分型基础上进行抗病毒治疗。此外,IFNα 还可以用来治疗尖锐湿疣、流行性感冒、带状疱疹、病毒性角膜炎等常见病毒性疾病。

(二)免疫调节作用

免疫系统细胞在受到抗原、促有丝分裂或肿瘤细胞等刺激时,或在自发情况下可以产生干扰素,如产生 IFN-γ 及少量的 IFN-α 和 IFN-β。IFN 对于整个机体的免疫功能(包括免疫监视、免疫防御、免疫稳定)均有不同程度的调节作用。对巨噬细胞,IFN-γ 可促进巨噬细胞吞噬免疫复合物、抗体包被的病原体和肿瘤细胞。并可使巨噬细胞表面 MHC Ⅱ类分子的表达增加,从而增强其抗原递呈能力。IFN-γ 对淋巴细胞的作用可受剂量和时间等因素的影响而产生不同的效应。应用低剂量IFN 或者在抗原致敏之后加入 IFN 能产生免疫增强的效果,而在抗原致敏之前使用大剂量 IFN 或将 IFN 与抗原同时投入则会产生明显的免疫抑制作用。研究表明,IFN-γ 有刺激中性粒细胞,从而增强其吞噬能力的作用;IFN-γ 也可以使某些正常不表达 MHC Ⅱ类分子的细胞(如血管内皮细胞、某些上皮细胞和结缔组织细胞)表达 MHC Ⅱ类分子,从而发挥抗原递呈作用。

临床研究表明,通过观察接受 IFN 治疗的肿瘤患者,其周围血淋巴细胞的 NK 活力有明显增加,甚至在每日注射 IFN 长达 9 个月的患者,这一增加仍然持续。在用大剂量的人 IFN-α 制剂治疗病毒性疾病的过程中,也发现接受 IFN 治疗患者的周围血淋巴细胞对植物血凝素(PHA)的反应受到抑制。此外,IFN 可用于治疗多发性硬化病;IFN 可以治疗慢性肉芽肿;利用 IFN 的免疫调节作用还可用于脓毒性休克、类风湿关节炎的治疗等。

(三)抗肿瘤作用

干扰素的两个性质——抗病毒和抗肿瘤活性——使它们成为极具吸引力的治疗疾病的候选药物。IFN 有明显的抗肿瘤作用,可以抑制某些 RNA 或 DNA 肿瘤病毒在试管内的细胞转化作用。IFN 不仅能抑制细胞的 DNA 合成,还能减慢细胞的有丝分裂速度。而且,这种抑制作用有明显的选择性,对肿瘤细胞的作用比对正常细胞的作用强 500~1 000 倍。IFN-α2 作为单一制剂在临床上对毛细胞白血病、AIDS 相关的卡波西肉瘤、慢性髓性白血病(CML)、细胞淋巴瘤和 T 细胞淋巴瘤、黑色素瘤等具有良好的治疗活性。这些发现使得干扰素成为第一个能够提高肿瘤患者生存率的人体蛋白质,在世界范围内获准上市。

IFN 抗肿瘤机制主要表现在:①抗增殖和凋亡作用。干扰素调控基因表达、调节细胞表面蛋白质表达、激活与细胞生长相关的酶,因此干扰素参与肿瘤细胞增殖速度、凋亡以及功能活性的改变。②通过调节免疫应答间接抗肿瘤。如 IFN-α/β 杀伤肿瘤细胞主要是通过促进机体免疫功能,提高巨噬细胞、NK 细胞和细胞毒 T 淋巴细胞(CTL)的杀伤水平。还能促进主要组织相容性抗原(MHC)的表达,使肿瘤细胞易于被机体免疫力识别和攻击。③血管生成抑制作用。

随着干扰素的治疗,肿瘤内皮细胞表现出微血管创伤和凝结坏死。IFN-α会在干扰素敏感细胞中直接下调血管生成蛋白 bFGF 的表达,以降低肿瘤细胞的生长。

IFN 对部分肿瘤疗效确切,尤其在肿瘤负荷小鼠作用明显。抗肿瘤 IFN 已应用于乳腺癌、骨髓癌等多种癌症的临床治疗。目前多主张 IFN-α 长期低剂量使用,同时配合采用瘤内或区域内给药,并与放疗、化疗合用效果更佳。IFNγ 单独应用对抗肿瘤无效,但与一些细胞因子合用则有抗肿瘤活性。如 IFNγ+TNF 配合其他化疗药物治疗胃肠道肿瘤、黑色素瘤和肉瘤有一定的治疗作用。

(四) IFN 临床应用的不良反应

1. 发热　初次用药时常出现高热现象,以后逐渐减轻或消失。

2. 感冒样综合征　多在注射后 2～4 小时出现。有发热、寒战、乏力、肝区痛、背痛和消化系统症状,如恶心、食欲不振、腹泻及呕吐。治疗 2～3 次后逐渐减轻。对感冒样综合征可于注射后 2 小时,给对乙酰氨基酚等解热镇痛剂对症处理,不必停药;或将注射时间安排在晚上。

3. 骨髓抑制　出现白细胞及血小板减少,一般停药后可自行恢复。治疗过程中白细胞及血小板持续下降,要严密观察血象变化。

4. 神经系统症状　如失眠、焦虑、抑郁、兴奋、易怒、精神病。出现抑郁及精神病症状应停药。

5. 癫痫、肾病综合征、间质性肺炎和心律失常等　出现这些疾病和症状时,应停药观察。

6. 诱发自身免疫性疾病　如风湿性关节炎、红斑狼疮样综合征、甲状腺炎、血小板减少性紫癜、溶血性贫血和血管炎综合征等,停药后可减轻症状。

四、干扰素的生产工艺

最初,因为受到各种条件的限制,干扰素的制备主要来源是人体细胞。但由于成本高、活性组分纯度低、不稳定等缺点,限制了干扰素等使用。后来科学家从基因工程方面进行研究,研制出了干扰素第二代产品。作为蛋白质类药物,IFN 主要存在生物半衰期短和活性不稳定的问题,前者要求患者进行频繁注射,后者则存在药物在大剂量或长期使用时产生较大不良反应的可能性,因此开发长效和高效的 IFN 是目前的发展方向。

IFN 制剂按制备方法的不同,可分为人天然 IFN 和利用基因工程生产的重组 IFN 两大类。目前市场上能大量供应的天然 IFN 只有由类淋巴母细胞产生的 IFN(IFN-αN1),其为多亚型的混合物,而临床常用的主要是重组制剂,如 INFα2a、α2b 和 α1b。

(一) 生物来源提取法

人天然 IFN 是通过相应诱生剂刺激人外周血细胞,促其分泌 IFN,然后将培养物离心、分离获得上清液,再通过纯化技术从人体白细胞中提取获得,不仅量少,且含有较多杂质,导致纯度低、活性低。此外,由于提取纯化技术的差异,无统一的质量标准,使得不同厂家、不同批号 IFN 的疗效差异很大。因此,上述缺点限制了传统 IFN 的生产和发展。

(二) 基因工程提取法

由于天然干扰素在应用中的限制,20 世纪 70 年代起科学家开始探索干扰素的基因工程生存,目前是生存干扰素的重要方法,与血源性干扰素相比,具有无污染、安全性高、纯度高、生物活性高、成本低等优点,从而进入大规模的产业化生产阶段。基因工程 IFN 即指将目的干扰素 DNA 分子进行克隆、重组,构建表达载体,并用工程菌表达,基因工程 IFN 的产量是传统技术所不能比拟的,并广泛应用于临床,目前已成为当代生物技术药品中,在临床及研究中应用最广泛的细胞激活素。

1. 基因的克隆、基因文库的构建和调用　克隆到 IFN 的基因序列,并将其构建成文库,以便于随时调取和使用,是基因工程 IFN 的制备的第一步。IFN 的基因文库构建一般是用诱导剂对可以产生 IFN 的肿瘤细胞株进行诱导,从中抽提 mRNA,通过相应的引物对 IFN 的 mRNA 进行反转录-PCR 扩增,将其与一定的质粒相连接后用合适的宿主菌进行培养、扩增即可。

2. 目的基因表达的方法　早期,大肠埃希菌都被用作表达外源基因的主要宿主菌,并成功地表达了多种外源性蛋白,但是由于大肠埃希菌不能表达结构复杂的蛋白质,且分泌型表达的天然产物产量较低。因此,以大肠埃希菌作为基因表达的宿主菌有其相对局限性。近年来,酵母被开发作为外源基因表达系统越来越多地受到广泛关注。其优点为:①其属于单细胞低等真核生物,有原核生物易于培养、繁殖快、便于基因工程操作和高密度发酵等特性。②酵母有适于真核生物基因产物正确折叠的细胞环境和糖链加工系统。③能分泌外源蛋白到培养液中,利于纯化。哺乳动物细胞具有翻译后加工过和修饰过程,包括糖基化、磷酸化、酰胺化以及经蛋白酶水解后转变为活性形式,产生的外源蛋白质更接近人的天然蛋白质,通过分离步骤即可获得充足蛋白质,从活性方面比较,远胜于酵母表达系统。缺点是需要昂贵的培养条件、培养周期长、产量低、易污染、产物不易纯化,操作烦琐,因而难以满足大规模的实际应用。

3. IFN 的提取、纯化和鉴定　对 IFN 的提纯可分为粗提和进一步纯化。对 IFN 的分离纯化方式是根据其分子的理化性质与生物学特性来决定的。分离纯化的方法包括离子交换层析、反相色谱、亲和层析、凝胶过滤等多种方式,一般为先采取低分辨率操作单元(如沉淀超滤、吸附等)去除非蛋白质类杂质,之后再采用高分辨率操作单元(如离子交换层析和亲和层析)进行进一步纯化。而后采用凝胶过滤,以达到最大的分离纯化效果。

4. 质量控制　为了保证基因重组 IFN 在产业化生产中的质量,在其出厂前的成品质量控制主要包括:①生物活性测定:需通过动物体内试验和细胞培养,进行体外效价测定。②理化性质测定:包括特异性、非特异性鉴别;相对分子质量的测定;等电点测定以及肽图的分析、氨基酸组成分析等。③重组 IFN 的浓度测定和相对分子质量的测定:一般应用双缩脲法进行分析。④纯度分析:即采用SDS-PAGE、等电聚焦、各种 HPLC、毛细管电泳等方法进行含量测定。⑤杂质检测:即用免疫分析法检测对除 IFN 以外的其他蛋白质和利用热原法等检测非蛋白质杂质的存在。

第三节　重组人白细胞介素

一、概述

白细胞介素(IL),简称白介素,最初因由白细胞产生又在白细胞间发挥作用而得名于 1979 年第二届国际淋巴因子专题的讨论会上,人们将来自单核-巨噬细胞、淋巴细胞所分泌的参与免疫调节、造血以及在炎症反应中起作用的因子,正式命名为白介素,并沿用至今。IL 现在是指一类分子结构和生物学功能已基本明确,具有重要调节作用统一命名的细胞因子。IL 在传递信息,激活与调节免疫细胞,介导 T、B 细胞活化、增殖与分化及在炎症反应中起重要作用,是淋巴因子(lymphokine)家族中的成员,由淋巴细胞、巨噬细胞等产生。白细胞介素的生理学特点:①产生细胞与作用细胞多样,有些白介素可由 2 种以上免疫细胞产生;一种白介素可对多种细胞发挥作用。②合成分泌快,大多为近距离发挥作用,降解快。③分子质量小,生物学作用强,白介素多为小分子糖蛋白,体内含量极微,但发挥作用很显著。

白介素诱导的生物效应广泛、多样且非常复杂。研究者在对免疫应答的研究中发现该类细胞因子调节众多的生理和病理过程,发现在各种刺激物处理的细胞培养上清中存在许多具有生物活性的分子,就以测得的活性进行命名,十几年陆续报道了近百种因子。后来借助分子生物学技术进行比较研究发现,以往许多以生物活性命名的因子实际上是能发挥多种生物学效应的同一物质。为了避免命名的混乱,在名称后加阿拉伯数字编号以示区别,如 IL-1、IL-2……新确定的因子依次命名。几乎所有的白介素都是可溶性分子(IL-1 有一种形式是细胞缔合的)。它们通过与靶细胞表面的特异受体结合引发生物学反应。大多数白介素显示旁分泌活性(即靶细胞紧邻其生成细胞),也有一些具有自分泌活性(比如,IL-2 能刺激其产生细胞的生长和分化)。其他的白介素则更多地显示出系统内分泌效应(如 IL-1 的一些活性)。大多数白介素引发生物效应的信号转导机制现已被大致了解。在许多情况下,受体结合与胞内酪氨酸磷酸化事件相关联,另外一些情况下,特异胞内基质的丝氨酸和苏氨酸残基也发生磷酸化。对于一些白介素来说,受体结合触发可变信号转导事件,包括促进胞内钙离子浓度升高,或诱导磷脂酰乙醇胺(PE)水解释放二酰甘油(DAG)。

二、重要人白细胞介素的特性

(一)IL-1

1. IL-1 的性质　IL-1 又名淋巴细胞刺激因子(LAF),内源性热原或异化产物。它有着广泛的生物学活性,IL-1 有两种不同形式:IL-1α 和 IL-1β。虽是两个不同的基因产物,前者由 159 个氨基酸组成,后者含 153 个氨基酸,氨基酸序列的同源性也只有 20%,但它们都与相同的受体结合,并诱导相似的生物活性。主要由活化的单核-巨噬细胞产生,但几乎所有的有核细胞,如 B 细胞、NK 细胞、角质细胞、树突状细胞、中性粒细胞、内皮细胞及平滑肌细胞等都可以产生 IL-1。在正常情况下,只有皮肤、汗液和尿液中含有一定量的 IL-1,而绝大多数细胞只有在受到抗原或丝裂原等外来刺激后,才能合成和分泌 IL-1。

IL-1 通过与存在于敏感细胞表面的特异细胞表面受体(IL-1R)结合引发其特征性的生物活性,IL-1R 几乎存在于所有有核细胞表面,且每个细胞的 IL-1R 数目不等,少则几十个(如 T 细胞),多则数千个(如成纤维细胞)。IL-1R 分为两种类型:一种为 IL-1R1,为 80 kDa 的跨膜糖蛋白,是 IgG 超家族的一员。由于其伸入细胞质内的肽链部分较长,起着传递活化信号的作用,主要在成纤维细胞、角质形成细胞、肝细胞和内皮细胞表达;另一种为 IL-1R2,因其胞内部分的肽段较短(29 氨基酸),则不能有效地传递信号,而能够将胞外部分的肽链释放到细胞外液中去,并以游离形式与 IL-1 结合,发挥负反馈作用。主要表达于 B 淋巴细胞,骨髓细胞和多形核白细胞。IL-1 介导的信号转导机制还有待阐明,可能涉及包括 G 蛋白在内的许多不同的信号转导通路,IL-1 还可能通过诱导磷脂酰乙醇胺水解而激活蛋白激酶 C。

2. IL-1 的生物学活性　IL-1 介导广泛的生物学活性:①是前炎症细胞因子,促进多种物质的合成,比如类廿烷酸,还有蛋白酶和其他与炎症介质产生有关的酶,是其主要生物学功能;②与其他细胞因子一道,在活化 B 淋巴细胞过程中起作用,也可能在活化 T 淋巴细胞中起作用;③与 IL-6 一起诱导肝细胞急性期蛋白的合成;④作为造血细胞生长/分化的共刺激因子。

IL-1 的众多生物活性中,究竟哪种占相对主导地位很大程度上取决于既定情况下的量。低浓度时主要通过旁分泌作用,如诱导局部炎症。浓度升高时更多以内分泌方式作用,诱导系统效应如肝脏合成急性期蛋白,还引起发热(也因此得名"内源性热原")等。

(1) 局部作用:局部低浓度的 IL-1 主要发挥免疫调节作用。①与抗原协同作用,可使 CD4+ T 细胞活化,诱使 IL-2R 表达;②促进 B 细胞生长和分化,也可促进抗体的形成;③促进单核-巨噬细胞等 APC 的抗原递呈能力;④可与 IL-2 或干扰素协同增强 NK 细胞活性,吸引中性粒细胞,引起炎症介质释放,从而使趋化作用增加;⑤可刺激多种不同的间质细胞释放蛋白分解酶并产生一些效应。例如,类风湿关节炎的滑膜病变(胶原破坏、骨质重吸收等)就是由于关节囊内 Mφ 受刺激后活化并分泌 IL-1,使局部组织间质细胞分泌大量的前列腺素和胶原酶,分解破坏滑膜;⑥对软骨细胞、成纤维细胞和骨代谢也有一定影响。

(2) 全身性作用:动物实验证明,IL-1 的大量分泌或注射可以通过血循环引起全身反应,有内分泌效应。①作用于下丘脑可引起发热,具有较强的致热作用。这种作用与细菌内毒素明显不同:内毒素致热曲线为双向,潜伏期至少为 1 小时,而 IL-1 致热曲线为单向、潜伏期 200 分钟左右。内毒素耐热性较好,而 IL-1 对热敏感,易被破坏。给家兔反复注射内毒素可出现耐受,但对 IL-1 不会耐受。②刺激下丘脑释放促肾上腺皮质素释放激素,使垂体释放促肾上腺素,促进肾上腺素释放糖皮质激素,同时对 IL-1 有反馈调节作用。③作用于肝细胞使其摄取氨基酸的能力增强,进而合成和分泌大量急性期蛋白,如 α2 球蛋白、纤维蛋白原、C 反应蛋白等。④使骨髓细胞库的中性粒细胞释放到血液,并使之活化,增强其杀伤病原微生物的能力。⑤与 CSF 协同可促进骨髓造血祖细胞增殖能力,使之形成巨大的集落,还可诱导骨髓基质细胞产生多种 CSF 并表达相应受体,从而促使造血细胞定向分化。

3. IL-1 生物技术 最初在许多临床试验中,许多 IL-1 都未发现明显的抗肿瘤效应,且所有患者都有发热、寒战和其他流感样症状,但鉴于其在介导急性/慢性炎症中的作用,且其对免疫系统的特殊生物活性,如果下调 IL-1 的水平,也许会对改善临床上严重的炎症有效。目前已经利用基因重组技术,成功克隆出 IL-1 受体拮抗剂阿那白滞素(Kineret),该产品是一个重组的人 IL-1 受体的拮抗剂,由基因工程大肠埃希菌产生。分子量 17.3 kDa,含有 153 个氨基酸。该拮抗剂与天然拮抗剂不同的是,在其氨基端加了一蛋氨酸残基,现已批准投放市场,并与甲氨蝶呤合用治疗中重度类风湿关节炎患者。

(二) IL-2

1. IL-2 的结构和性质 IL-2 又名 T 细胞生长因子,是白介素家族中研究最多的一种。它是首个鉴定的 T 细胞生长因子,在免疫应答中起中心作用。IL-2 主要由 T 细胞(特别是 CD4＋T 细胞)受抗原或丝裂原刺激后合成,B 细胞、NK 细胞及单核-巨噬细胞亦能产生 IL-2。人 IL-2 是一条包含 133 个氨基酸的单链多肽。它是一个糖蛋白,糖链部分通过 O-糖苷键连接于第 3 个苏氨酸残基。天然 IL-2 在 N 端含有糖基,但糖基对 IL-2 的生物学活性无明显影响。成熟 IL-2 的分子质量根据糖基化程度不同波动于 15～20 kDa。X 射线衍射分析表明该蛋白是一个球形结构,包含 4 个 α 螺旋。这个蛋白不含有任何 β 构象,第 58 位和第 105 位半胱氨酸间有一个稳定二硫键。IL-2 具有一定的种属特异性,人类细胞只对灵长类来源的 IL-2 起反应,而几乎所有种属动物的细胞均对人的 IL-2 敏感。

IL-2 的靶细胞包括 T 细胞、NK 细胞、B 细胞及单核-巨噬细胞等。这些细胞表面均可表达 IL-2 受体(IL-2R)。IL-2R 包含 3 条多肽链:1 条为 α 链,分子量 55 kDa;1 条为 β 链,分子量 75 kDa;另 1 条为 γ 链,分子量 64 kDa。α 链的胞内区较短,不能向细胞内传递信号,而 β 链和 γ 链的胞内区较长,具有传递信号的能力。若 3 种肽链单独与 IL-2 结合,亲和力较低,只有当 3 种肽链同时表达时才能产生高度亲和力。

2. IL-2 的生物活性

(1) 促 T 细胞生长作用:IL-2 是一种具有多种活性的细胞因子,现代免疫学研究表明,IL-2 是 T 细胞在体外长期生长所必需的因子,各种刺激物活化的 T 细胞一般不能在体外培养中长期存活,但加入 IL-2 则能使其较长时间的持续增殖,因此被命名为 T 细胞生长因子。IL-2 是 TC 的细胞成熟因子,可以促进已活化的 T 细胞增殖并分化成熟为效应的 TC 细胞和 TD 细胞,但静止的 T 细胞表面不表达 IL-2R,对 IL-2 没有反应;受丝裂原或其他刺激活化后 T 细胞才能表达 IL-2R,成为 IL-2 的靶细胞。IL-2 还可诱导 T 细胞表面 IL-2R 的表达增加,还可刺激其他细胞因子(TNF、IFNR)的分泌。IL-2R 受体在 T 细胞上的表达是一过性的,一般会在活化后 2～3 天达到高峰,6～10 天消失。随着 IL-2 受体的消失,T 细胞即失去对 IL-2 的反应能力。因此,要维持正常 T 细胞在体外长期生长,必须持续存在丝裂原或其他刺激物,以维持 IL-2R 的表达。

(2) 对 B 细胞的作用:IL-2 对 B 细胞的生长及分化均有一定促进作用,可促进 B 细胞表达 IL-

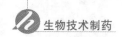

2R,促使B细胞增殖和产生免疫球蛋白,并可诱导B细胞由分泌IgM向分泌IgG2转换。重组IL-2可刺激某些中枢神经细胞的生长和成熟,并作用于吗啡肽受体,产生镇痛作用。

(3)抗肿瘤作用:肿瘤的生长、发展与宿主免疫状态密切相关,其中细胞免疫在肿瘤免疫中起着重要作用,IL-2为辅助性T淋巴细胞(TH)分泌的具有广谱免疫增强作用的淋巴因子,可增强细胞毒性T淋巴细胞(TC)、自然杀伤细胞(NK)的功能,后者具有显著增强的直接杀死肿瘤细胞和病毒感染细胞的能力,是细胞免疫的关键性因子。当细胞免疫功能低下,机体对突变细胞的监视和杀伤清除能力降低时,则会导致肿瘤的生长。已有实验表明,IL-2在体外可诱导PBMC或肿瘤浸润淋巴细胞(TIL)成为淋巴因子激活的杀伤细胞(LAK)。因此,IL-2的抗肿瘤作用主要是通过诱导部分淋巴细胞转化为LAK细胞杀伤肿瘤细胞。除此之外,IL-2的抗肿瘤作用还与其诱导NO的产生有关。

3. IL-2的生产 同大多数其他细胞因子一样,正常情况下IL-2只微量产生,因此当初对它进行临床评价及应用是不可能的。基因重组IL-2的临床应用与天然IL-2相同,但用量低且不良反应小,因此是临床应用的主要产品。虽然酵母和哺乳动物细胞已成功表达了重组人IL-2,但大量生产重组IL-2主要还是使用大肠埃希菌工程菌,所产生抗体的比例比天然IL-2产率高很多,长期应用IL-2时应测定其抗体。

在IL-2基因产物的提纯和复性过程中,二硫键配错或分子间形成二硫键都会使IL-2的活性降低。目前已应用点突变技术,将第125号位半胱氨酸突变为丝氨酸或亮氨酸,使其只能形成一种二硫键,从而保证了在IL-2复性过程的活性。另有报道表明,用蛋白工程技术生产新型rIL-2,将IL-2分子第125位半胱氨酸改为丙氨酸,突变后IL-2的活性比天然IL-2有明显增加。有报道称用PEG对IL-2加以修饰,不影响生物学活性,同时可延长半衰期7倍左右。

4. IL-2的临床应用 IL-2在机体复杂免疫网络中起中心调节作用,它能诱导和激活机体多种免疫细胞发挥效应。IL-2产生或表达异常与临床多种疾病有密切关系,通过测定人外周血、尿液中IL-2水平,或激活淋巴细胞上清液中IL-2水平,可为疾病的早期诊断、预后及疗效观察提供可靠数据。

目前,单独使用IL-2或与LAK细胞等联合使用治疗肿瘤取得了一定的疗效,用于病毒感染、免疫缺陷病及自身免疫病的治疗也存在较好的前景。

(1)抗肿瘤:20世纪80年代早期进行的实验表明,体外与IL-2共孵育的淋巴细胞可杀死一系列培养的肿瘤细胞系,其中包括黑素瘤细胞和结肠癌细胞,后者对常规治疗反应很差。后续的研究显示,IL-2激活的NK细胞(即LAK细胞)介导了肿瘤细胞的破坏。目前,LAK/IL-2对肾细胞癌、黑素瘤、非霍奇金淋巴瘤、结肠直肠癌有较明显疗效,对肝癌、卵巢癌、头颈部鳞癌、膀胱癌、肺癌等则表现出有不同程度的疗效。值得注意的是,IL-2的抗肿瘤作用通常都需要较大剂量,常伴随着较严重的药物不良反应。

(2)抗感染:尽管抗生素已经使人们对各种感染因子(主要是细菌)都有医学控制的可能,但现有的治疗手段仍对许多致病原没有效果。这些致病原大多数是非细菌性的(如病毒、真菌和寄生虫,包括原生动物)。IL-2本身无直接抗病毒活性,但其通过增强CTI、NK活性以及诱导IFN-γ产生而发挥抗病毒作用。因此,在临床上可用于病毒、细菌、真菌或原虫导致的感染,如AIDS、活动性肝炎、结核杆菌感染、结节性麻风、单纯疱疹病毒感染等。

(3)作为免疫佐剂:IL-2可作为佐剂增强机体对疫苗的免疫应答。应用IL-2作为佐剂可与免疫原性弱的亚单位疫苗联合应用,用于提高机体保护性免疫应答的水平。

但是,IL-2的不良反应也日益引起人们的注意:IL-2可引起严重的不良反应,包括心血管、肝或肺部的并发症,通常需要立即终止治疗。也可能产生发热、呕吐等一般症状,还可导致水盐代谢紊乱和肾、肝、心、肺等功能异常;最常见、最严重的是毛细血管渗漏综合征,使患者不得不中止治疗。

IL-2 的不良反应常与 IL-2 的剂量及用药时间呈相关,停止用药后症状多迅速减轻或消失。这些不良反应可能是由 IL-2 直接引起,也可能是由给予 IL-2 以后导致合成增加的其他一系列细胞因子引起,这一系列包括 IL-3、IL-4、IL-5 和 IL-6、TNF 以及 IFN-r 在内,可能在给予 IL-2 后所产生的整体治疗中起直接的作用。

(三) 其他主要的 IL 概述

1. IL-11 白介素 11 是一种多效性的细胞因子,骨髓基质细胞产生,具有多种生物功能,如刺激巨核细胞的成熟和分化,升高血小板计数;保护胃肠道黏膜;下调致炎性细胞因子。人 IL-11 基因位于 19 号染色体长臂 13 区(19q13.3~q13.4),基因长约 7 kb,含有 5 个外显子和 4 个内含子。IL-11 可刺激浆细胞增殖及 T 细胞依赖的 B 细胞发育;促进巨核细胞的形成及成熟,提高外周血血小板数目;与 IL-3 和 IL-4 协同作用刺激休止期造血干细胞的增殖;影响红细胞的生成及分化;调节肝细胞血浆蛋白基因的表达,诱导急性期蛋白生成。

2. IL-3 由于 IL-3 可刺激多能干细胞和多种祖细胞的增殖与分化,又称为多重集落刺激因子和造血细胞生长因子。人类的 IL-3 基因位于第 5 号染色体长臂区,相对分子质量为 25~28 kDa。IL-3 的主要生物学活性为:刺激造血干细胞的增殖;刺激粒细胞、单核细胞、红细胞、巨噬细胞系的祖细胞之集落形成;刺激肥大细胞的增殖;加强巨噬细胞的吞噬功能。由于 IL-3 对早期阶段造血细胞的作用较广,临床上常用于放疗或化疗后患者造血系统的重建或骨髓增生不良症,IL-3 还可用于自身骨髓移植与抗癌治疗后防止白细胞减少症。

3. IL-4 也被称为 B 细胞刺激因子,可以由多种细胞生成,主要是由激活的 T 细胞、肥大细胞及嗜碱性粒细胞产生。成熟人 IL-4 是分子量为 15~19 kDa 的糖蛋白分子,由 129 氨基酸残基组成,含 6 个半胱氨酸,该蛋白形成一个紧密球形结构,由 4 个阿尔法螺旋和一段短的(两条链的)贝塔层。IL-4 对多种细胞类型有多种活性:促进 B 细胞增殖,但其作用远弱于 IL-2;可促进 T 细胞增殖、生长和分化,发挥 T 细胞生长因子的作用;抑制巨噬细胞的活性;促进 B 细胞进行抗体类型转换,生产 IgE;IL-4 与 IL-3 可协同维持和促进肥大细胞的增殖,并与 IL-3 和 G-CSF 等协同,刺激骨髓 GM 前体细胞增殖,促进红细胞和巨核细胞前体细胞集落形成。重组 IL-4 在临床上主要用于治疗某些癌症和免疫缺陷病。IL-4 本身没有抗癌活性,其肿瘤抑制作用为通过激活 CD4 细胞,可以引起多种淋巴因子和化学趋向因子释放,从而使多种效应细胞聚集于肿瘤附近的淋巴结。而这些炎症性反应有利于诱导肿瘤特异的、系统的和持续的免疫反应。IL-4 作为肿瘤免疫调节剂已进入 II 期临床试验。此外,还开始进行治疗免疫缺陷症的临床试验。

4. IL-10 白介素-10 是一种多细胞源、多功能的细胞因子,由 Th2 细胞克隆分泌,调节细胞的生长与分化,参与炎性反应和免疫反应,是目前公认的炎症与免疫抑制因子。在肿瘤、感染、器官移植、造血系统及心血管系统中发挥重要作用,与血液、消化尤其是心血管系统疾病密切相关。IL-10 基因定位于第 1 号染色体,其基因组合 5 个外显子和 4 个内含子。由于不同糖基化可使相对分子质量有所差别,在 35~40 kDa,通常为二聚体酸性条件下不稳定。IL-10 能够抑制活化的 T 细胞产生细胞因子,从而抑制细胞免疫应答,因此曾称为细胞因子合成抑制因子(CSLF)。

IL-10 在各种疾病的发病机制中均有很重要的作用,并分为 IL-10 表达过多疾病和 IL-10 表达减少疾病。在 IL-10 表达过多的疾病中,可以看到 IL-10 引起的免疫抑制作用和一些肿瘤生长,如红斑狼疮、EBV 相关淋巴瘤、皮肤恶性瘤属于这类疾病。在免疫麻痹形成、创伤后临时免疫缺陷的发生、重大手术、烧伤、休克,以及高风险能够致命的细菌/真菌感染等情况中,IL-10 发挥着决定性作用。巨噬细胞来源的 IL-10 也与年龄相关的免疫缺陷有一定关系。在 IL-10 相对或绝对缺乏的疾病过程中,会存在持续的免疫激活,从而导致慢性炎性肠病(如克罗恩病)、银屑病、类风湿关节炎以及器官移植后疾病。

5. IL-12 白介素-12 是具有广泛生物学活性的细胞因子,是体内最主要、最强的 T 细胞生长

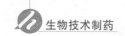

因子,主要由 B 细胞和单核-巨噬细胞产生的一种异型二聚体,40 KD(p40)和 35 KD(p35)的 2 个亚基通过二硫键相连接。IL-12 可刺激活化型 T 细胞增殖,促进 Th0 细胞向 Th1 细胞分化,也可诱导和增强 NK 细胞和 CTL 的细胞毒活性,增强对肿瘤细胞的 ADCC 效应,还可以促进多种细胞因子及其受体的表达。IL-12 主要作用于 T 细胞和 NK 细胞,曾经被命名为细胞毒性淋巴细胞成熟因子(CLMF)和 NK 细胞刺激因子(NKSF)。IL-12 可刺激活化型 T 细胞增殖,诱导 CTL 和 NK 细胞的细胞毒活性,并促进其分泌 IFN-γ、TNF-α、GM-CSF 等细胞因子。

IL-12 在抗肿瘤免疫及抗感染免疫中都起着重要作用,特别是 IL-12 可协同 IL-2 促进 CTL 和 LAK 细胞的生成,这提示 IL-12 与 IL-2 联用有望构成一种更有效的肿瘤免疫治疗方法。IL-12 具有调节 Th1/Th2 细胞免疫应答的作用,研究表明,这种细胞因子的减少或缺失导致 Th2 细胞的优势分化,从而诱发哮喘发生,深入研究 IL-12 在哮喘中的发病机制,有可能为哮喘的防治提供新思路。IL-12 还可能作为有效的疫苗佐剂,并在一些动物实验中得到证实。

第四节　肿瘤坏死因子

一、概述

1975 年 Carswell 等人发现接种卡介苗的小鼠注射细菌脂多糖后,血清中出现一种能使多种肿瘤发生出血性坏死的物质,将其命名为肿瘤坏死因子(tumor necrosis factor, TNF)。它是由激活的巨噬细胞、T 淋巴细胞及 TNK 细胞产生的一种能直接杀伤肿瘤细胞的糖蛋白,是具有广泛生物学功能的一种可溶性细胞因子。其家族包括两个相关的调节因子——TNF-α(恶液质素)和 TNF-β(淋巴毒素)。前者由单核-巨噬细胞产生,后者由 T 淋巴细胞产生。人 TNF-α 和 TNF-β 基因均位于第 6 号染色体上,紧密相邻,中间仅隔 1 100 碱基对。TNF-α 的生物学活性占 TNF 总活性的 70%~95%,因此目前常说的 TNF 多指 TNF-α,对其研究要远远多于淋巴毒素。

TNF 是主要由含 212 个氨基酸的 Ⅱ 型横跨膜蛋白组成的稳定同源三聚体,TNF-α 与 TNF-β 氨基酸水平仅有约 36% 的相似性,绑定于同一受体,具有非常相似的生物活性,但它们却显示有限的同源序列。存在于细胞上的 TNF 受体主要有 TNFR Ⅰ 和 TNFR Ⅱ 两种,血清中存在的是可溶性的 TNFR(sTNFR Ⅰ, sTNFR Ⅱ)。TNF 与其相应受体的相互作用不仅对多种肿瘤细胞有细胞毒作用。还与炎症、发热反应、关节炎、败血症以及多发性硬化等疾病有密切关系。20 世纪 80 年代因为发现晚期肿瘤患者发生的恶病质(表现为进行性消瘦、脂肪重新分布等)与 TNF 的作用有关。目前已经能用基因工程的方法大量生产 TNF,并发现除能杀伤瘤细胞外,TNF 还有多种生物学作用。TNF 是第一个用于肿瘤生物疗法的细胞因子,但因其缺少靶向性且有严重的不良反应,目前仅用于局部治疗。

二、肿瘤坏死因子的性质与结构

(一) TNF-α

人 TNF-α 基因长约 2.76 kb,由 4 个外显子和 3 个内含子组成,与 MHC 基因群密切连锁,定位于第 6 对染色体上。人 TNF-α 前体由 233 个氨基酸组成(26 kDa),其中包含由 76 个氨基酸残基组成的信号肽,在 TNF 转化酶 TACE 的作用下,切除信号肽,形成成熟的 157 个氨基酸残基的 TNF-α(17 kDa)。

由 TNF-α 诱导的生物学效应的确切范围取决于多种因素,最主要的就是 TNF-α 生成的水平。低浓度时,TNF-α 以胖分泌和自分泌方式作用于局部,主要影响白细胞和内皮细胞。在这种情况下，TNF-α的活性与免疫和炎症的调节相关。然而在一些情况下，比如在眼中的革兰阴性菌感染时会产生大量的TNF-α。这时TNF-α进入血液，以内分泌的方式发挥作用。TNF-α的系统效应（系统是指与整个机体有关，而不局限于特定区域或器官），包括严重的休克，大都是有害的。整个系统如果持续处于高水平的TNF-α中还会导致其他的效应，比如对全身代谢的影响。

（二）TNF-β

又名淋巴毒素α(LT-α)。人TNF-β基因定位于第6号染色体，由1.4 kb mRNA编码。TNF-β分子由205个氨基酸残基组成，含34氨基酸残基的信号肽，成熟型人TNF-β分子为171个氨基酸残基，分子量25 kDa。TNF-β与TNF-αDNA同源序列达56%，氨基酸水平上相似性约为36%。

三、肿瘤坏死因子受体生物学功能

（一）分类

TNF的生物学功能是通过细胞表面相应的受体来实现的，TNFα和TNFβ有两个相同的受体，分子量分别是55 kDa(TNFR Ⅰ，p55，CD120a)和75 kDa(TNFR Ⅱ，p75，CD120b)。两类受体胞外区同源性为28%，胞内区没有同源性，提示两者介导了不同的信号传递途径。Ⅰ型受体可能在溶细胞活性上起主要作用，Ⅱ型受体可能与信号传递和T细胞增殖有关。两类TNF-R均包括胞膜外区、穿膜区和胞质区三个部分，可能与TNF-α和TNF-β都结合。

（二）生物学功能

TNFR Ⅰ和TNFR Ⅱ分别介导了不同的生物学活性，TNFR Ⅰ参与活化NFκB，诱导凋亡，诱导IL-6，介导炎症反应，促进成纤维细胞增殖等；而TNFR Ⅱ主要负责胸腺细胞的增殖，抑制造血和调节内皮细胞或中性粒细胞活性等。TNFR Ⅰ和TNFR Ⅱ的生物学功能不是独立的，许多生物学活性是由两者共同完成的，如细胞毒性和肝脏毒性等。另一方面，TNF/TNFR系统不仅是重要的炎症因子，同时对细菌感染，某些自身免疫疾病和退化性疾病有保护功能，TNFR的生物学活性不仅取决于影响TNF/TNFR平衡的诸多因素，而且也受遗传和环境因素，细胞分化的不同时期以及细胞因子网络间的信息传递等的影响，因此对TNFR的生物学功能应从整体的观点进行分析。

（三）可溶性TNF-R

TNFR的胞外区在特定的情况下可以脱落下来，形成可溶性受体(sTNFR)，sTNFR不再介导信号传递，但仍能与TNF结合。一般认为sTNFR具有限制TNF活性或稳定TNF的作用，同时在细胞因子网络中有重要的调节作用。sTNFR可与TNF结合形成复合物，当血清中sTNFR与TNF比例不同时，sTNFR可以有不同的生物学效果：①TNF拮抗剂(sTNFR过量)，中和血清中TNF，阻断TNF的生物学活性；②TNF的载体蛋白(TNF过量)，稳定其生物学活性，与TNF结合后，削减血清中TNF的峰值，然后低浓度可控制性地释放TNF，延长TNF的半衰期。炎症、内毒素血症、脑膜炎双球菌感染、HIV感染、肾功能不全时以及肿瘤时可见其升高。可溶性TNF-R可有效地减轻佐剂性关节炎和败血症休克的病理表现。

四、肿瘤坏死因子的生物学活性与临床应用

TNF-α与TNF-β的生物学作用极为相似，这可能与其受体的同一性有关。TNF在体内的效应呈剂量依赖性，低剂量时主要通过自分泌和旁分泌作用于局部白细胞和内皮细胞，参与局部炎症反应；中等剂量TNF可进入血液循环，参与全身抗感染，可导致发热、抑制骨髓、激活凝血系统等；极高剂量TNF(如内毒素性休克)可导致明显的全身毒性反应，引起循环衰竭，甚至弥散性血管内凝血(DIC)、多脏器功能衰竭而导致死亡。TNF的生物学活性似无明显的种属差异性。

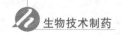

(一)杀伤或抑制肿瘤细胞

TNF 在体内、体外均能杀死某些肿瘤细胞,或抑制增殖作用。肿瘤细胞株对 TNF-α 敏感性有很大的差异,TNF-α 对极少数肿瘤细胞甚至有刺激作用。体内肿瘤对 TNF-α 的反应也有很大的差异,与其体外细胞株对 TNF-α 的敏感性并不平行。TNF 杀伤肿瘤的机制还不十分清楚,与补体或穿孔素(perforin)杀伤细胞相比,TNF 杀伤细胞没有穿孔现象,而且杀伤过程相对比较缓慢。TNF 杀伤肿瘤组织细胞可能与以下机制有关。

1. 直接杀伤或抑制作用　TNF 与受体结合后向细胞内移,被靶细胞溶酶体摄取导致溶酶体稳定性降低,各种酶外泄,引起细胞溶解。TNF 也可通过改变靶细胞糖代谢,使细胞内 pH 降低,最终导致细胞死亡。用放线菌素 D 和丝裂霉素作用肿瘤细胞,可明显增强 TNF 杀伤肿瘤细胞活性。

2. 免疫调节作用　TNF 的免疫调节作用旨在促使 IL-1、粒细胞-巨噬细胞集落刺激因子和 IFN 的释放,增强 T 细胞、NK 细胞、巨噬细胞和粒细胞等杀伤肿瘤的活性作用。TNF 作用于内皮细胞,能诱发实验肿瘤结节的出血坏死,促进血小板和中性粒细胞聚集。

3. 血管损伤和血栓形成　TNF 作用于血管内皮细胞,损伤内皮细胞或导致血管功能紊乱,使血管受损和血栓形成,造成肿瘤组织的局部出血、缺血、缺氧而坏死。

(二)免疫与炎症

低浓度时,TNF-α 能激活一系列白细胞,调节特异和特异性免疫中的选择性元件。包括:①激活各种吞噬细胞,包括巨噬细胞、多形核白细胞和嗜中性粒细胞;②增强嗜酸性粒细胞和巨噬细胞对致病原的毒性作用;③发挥有些类似于 I 型干扰素的抗病毒活性,能提高敏感细胞表面 I 类 MHC 抗原的表达;④促进 IL-1 依赖的 T 淋巴细胞的增殖。将 TNF 与内皮细胞共培养预处理可诱使其增加 MHC I 类抗原、ICAM-1 的表达以及 IL-1、IL-8 和 GM-CSF 的分泌,并促进中性粒细胞黏附到内皮细胞上,从而刺激机体局部产生炎症反应,TNF-α 的这种诱导作用要强于 TNF-β。TNF 还可刺激单核细胞和巨噬细胞分泌 IL-1,并调节 MHC II 类抗原的表达。因此,TNF-α 可以促进免疫和炎症的各个方面。阻断它的活性,比采用抗 TNF-α 的抗体,显示能降低机体防范和破坏致病原的能力。

(三)抗感染

TNF 具有类似 IFN 抗病毒作用,通过阻止病毒蛋白合成、病毒颗粒的产生和感染性,来抑制病毒的复制,并与 IFN-α 和 IFN-γ 协同抗病毒作用。如抑制疟原虫生长,抑制腺病毒 II 型、疱疹病毒 II 型病毒复制。目前,TNF 抗病毒机制还不十分清楚。

第五节　集落刺激因子

一、概述

集落刺激因子(colony-stimulating factor,CSF)是指一类可刺激骨髓多能造血干细胞向粒单系祖细胞集落分化,使其发育成熟并在体外可刺激集落形成的造血调控生长因子。根据集落刺激因子的作用范围,分别命名为粒细胞 CSF(G-CSF)、巨噬细胞 CSF(M-CSF)、粒细胞和巨噬细胞 CSF(GM-CSF)和多能集落刺激因子,又称白细胞介素-3 等。它们对不同发育阶段的造血干细胞起促增殖、分化及成熟的作用,并增强其成熟细胞功能。广义上,凡是刺激造血的细胞因子都可统称为 CSF,如刺激红细胞生成素(Epo)、刺激造血干细胞的干细胞因子(SCF)等均有集落刺激活性。由于生物工程技术的进步,目前上述各种 CSF 已经进入临床,目前在临床使用的多为基因工程重组的产品。在血液病的治疗,对肿瘤化疗后引起的粒细胞减少症均有明显的防治效果,促进白细胞尽快恢复,使化疗或放疗顺利按计划进行,提高疗效。

二、粒细胞集落刺激因子的性质与结构

(一)粒细胞集落刺激因子

G-CSF 体内来源广泛,造血细胞中的单核-巨噬细胞以及非造血细胞如血管内皮细胞、成纤维细胞、间皮细胞、血小板和胎盘绒毛核心细胞等在一定条件下都可产生一定量的 G-CSF,甚至某些恶性肿瘤也能分泌 G-CSF。人类有两种不同的 G-CSF 基因 cDNA,均有 30 个氨基酸的先导序列,分别编码 207 个和 204 个氨基酸的前体蛋白;G-CSF 基因可以合成两种不同的多肽,其差别在于 3 个氨基酸的有无,分别由 174 个氨基酸和 177 个氨基酸组成且后者的活性仅为前者的 1/20;人 G-CSF 基因全长 2.5 kb,含 5 个外显子和 4 个内含子,分子量为 19.6 kDa,人 G-CSF 基因位于第 17 号染色体,与 IL-6 无论在基因水平还是氨基酸水平上都有很高同源性,小鼠与人类 G-CSF 基因也约有 73% 同源性。

(二)动员机制

传统认为,G-CSF 的生物学信号是通过与效应细胞表面特异的粒细胞集落刺激因子受体(G-CSFR)结合而产生。但目前研究表明,G-CSF 的动员效应与造血祖细胞(HPC)表面是否有 G-CSFR 无关,而是通过影响造血干/祖细胞表面黏附分子的表达及功能,特异性诱导粒系祖细胞的增殖、分化及成熟,并抑制外周血动员的造血干/祖细胞的凋亡;下调骨髓微环境内皮细胞黏附分子的表达,促进基质金属蛋白酶(MMP)释放及降解细胞外基质起作用的。

三、粒细胞集落刺激因子的生物学活性与临床应用

G-CSF 主要作用于中性粒细胞系造血细胞的增殖、分化和活化。GM-CSF 作用于造血祖细胞,促进其增殖和分化,其重要作用是刺激骨髓细胞增加中性粒细胞、单核-巨噬细胞、T 淋巴细胞数量,促进成熟细胞向外周血释放,并能增强中性粒细胞的吞噬作用,促进巨噬细胞及嗜酸性粒细胞的多种功能。

(一)治疗白血病

G-CSF 用于治疗慢性、特发性中性粒细胞减少症,GM-CSF 则在治疗艾滋病伴发的白细胞减少症的临床治疗中取得切实的疗效。G-CSF、GM-CSF 在白血病治疗中的辅助作用也逐渐被人们所认识。临床应用结果显示 G-CSF、GM-CSF 可促进白血病化疗后中性粒细胞减少的恢复,并降低中性粒细胞减少的持续时间。

(二)干细胞移植

近年来,自体或异基因外周血干细胞移植已渐渐代替自体骨髓移植,成为癌症、造血系统疾病等的重要治疗手段。G-CSF 的应用,可促使外周血中造血干祖细胞数量增加,减少同时应用细胞毒性干细胞动员剂所带来的骨髓抑制的不良反应,使得外周血干细胞的动员采集变得安全、高效,使造血干细胞移植的概念发生了本质的变化,造血干细胞的获取由骨髓变成了外周血,使移植变得更安全。

(三)恶性实体瘤放化疗

随着干细胞研究的发展,G-CSF 作为干细胞动员剂,大大地提高了某些肿瘤的治疗效果。临床应用显示,在恶性实体瘤化疗结束 24 小时或 48 小时后应用 G-CSF,可显著缩短化疗后中性粒细胞减少的程度,保证化疗如期进行。

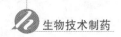
(四) G-CsF 的不良反应

研究表明,G-CSF 的毒副作用极小。常见的不良反应有恶心、呕吐、骨痛、脱发、腹泻、寒战、肌痛、头痛、皮疹等,其中过敏反应多发于用药后的 30 分钟内;无流感样症状、胸膜炎和心包炎等全身反应;偶有血压暂时下降的不良反应,但无须治疗;可出现轻度和中度的尿酸、乳酸脱氢酶和碱性磷酸酯酶可逆性升高,但均为一过性。另外,药物可加重原已存在的炎性改变,如湿疹、牛皮癣、血管炎等。

四、粒细胞集落刺激因子的制备

基因重组人 G-CSF(rhG-CSF)系利用基因工程技术构建人 G-CSF 基因的重组质粒,然后转化到大肠埃希菌工程菌中,使其高效表达人 G-CSF,经发酵、分离、纯化制成。作为造血生长因子类药物研发领域的先锋,美国的 Amgen 公司生产的 G-CSF 于 1991 年率先通过 FDA 批准上市,应用于临床,用于化疗的辅助治疗,减轻癌症化疗的主要不良反应——中性粒细胞减少症。1995 年,我国首次批准国产 rhG-CSF 产品进入临床试用,至今国内已有十几家公司的 rhG-CSF 制剂应用于临床。RhG-CSF 的结构与天然人 G-CSF 略有不同,但其生物活性相似,用重组人造血增效因子和干细胞因子分别与 G-CSF 联合使用,都有明显协同作用,但动员剂联合应用或某一种动员剂动员作用最佳目前并没有公认标准。

复 习 题

【简答题】

1. 细胞因子的概念、分类及生物学活性分别是什么?
2. 试述细胞因子是如何介导和调节特异性免疫应答的。
3. 试列举一例已经商品化的细胞因子并说明其用于治疗病毒感染性疾病的作用机制。

第十二章

治疗性激素

导 学

内容及要求

本章主要介绍了几种常用的治疗性激素类药物,包括胰岛素、人生长激素、促性腺激素及甲状旁腺激素类药物的结构、制备方法、优化方向和临床应用等方面。

1. 要求掌握重组激素类药物(包括重组胰岛素、重组人生长激素、重组促性腺激素等)的优势及特点和重组胰岛素以及胰岛素类似物的制备方法。

2. 熟悉重组人生长激素的临床应用及不良反应等。

3. 了解甲状旁腺激素多肽片段的制备方法等。

重点、难点

重点是重组激素类药物(包括重组胰岛素、重组人生长激素、重组促性腺激素等)的优势及特点。难点是应用基因重组技术制备重组激素类药物的方法。

第一节 概 述

激素(hormones)是由人或动物的内分泌腺或某些高度分化的内分泌细胞分泌的一类含量极微,但是具有高效能生物活性的物质,是重要的调节因子。它以体液为媒介,经血液循环或组织液移动至靶器官或组织,起到传递信息、调节机体生理活动的作用。激素的特点主要有三方面:①含量少,仅在特定的组织细胞产生;②通过体液被运送至靶器官或组织;③作用大,效率高。

激素根据其化学性质不同,可分为含氮类激素和类固醇类激素。前者包括胺类激素和肽类及蛋白质类激素两大类,其中胺类激素大多数为氨基酸的衍生物,例如肾上腺素、去甲肾上腺素、甲状腺激素等;肽类和蛋白质类激素中各激素的分子量差异较大,激素种类较多,分泌部位分布较广,常见的有下丘脑调节肽、神经垂体激素、胰岛素、降钙素等。类固醇激素则指以脂质为原料合成的具有环戊烷多氢菲母核的脂溶性化合物,包括皮质醇、雌二醇、醛固酮、孕激素等。

激素作用范围广,但不参加具体的代谢过程,它只对特定的代谢和生理过程起调节作用,从而使机体的活动更适应于内外环境的改变。例如,调节细胞和组织的物质代谢及能量代谢,进而为机体提供能量,维持功能平衡;促进细胞的生长、分化和成熟,维持各组织、器官的正常生长发育及成熟,

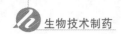
影响衰老过程;影响神经系统整体的发育及其活动;促进生殖细胞和器官的发育与成熟,进而调节生殖过程。激素在生理状态下的分泌量均极微,但其调节作用却极其显著。正常情况下各种激素可以保持平衡,如因某种原因使平衡被打破(某种激素过多或过少)就会造成内分泌失调,进而出现相应临床表现,最终可导致各类型疾病的发生。例如胰岛素分泌量减少可导致糖尿病;生长激素分泌量减少可使生长发育受阻,导致侏儒症;甲状腺素分泌过少易引发肥胖、嗜睡等症状;性腺激素的紊乱可导致身体发育受到影响,甚至影响生育能力。

激素类药物在治疗此类由于体内激素含量改变而引起的疾病上发挥着不可替代的作用,并且临床上还可通过测定某些激素水平对疾病进行诊断。临床上激素常用于严重感染的辅助治疗、炎症及防止炎症后遗症、抗休克、替代疗法等。由于激素在人体内的含量极少,难以满足临床需要,因此利用基因工程手段进行大规模生产已成为一种安全经济的策略。目前应用该技术研发生产的重组胰岛素、人生长激素、人促卵泡激素等相关药物已成功应用于临床。因其使用相对安全,供应量充足,基因工程生产的激素类药物越来越受到制造商和患者的青睐。

第二节　胰岛素及其类似物

一、胰岛素

(一)糖尿病与胰岛素

糖尿病是以慢性高血糖为特征的代谢性疾病。高血糖则是由胰岛素分泌缺陷或胰岛生物功能受损,或两者兼有引起的。人的胰岛主要由 A、B 和 D 三种细胞组成,其中 B 细胞分泌胰岛素。长期存在的高血糖能够导致各类型器官组织,特别是眼、肾、心脏、血管、神经的慢性损伤,进而引发组织器官的功能障碍。糖尿病主要分为 1 型和 2 型,两种类型均存在明显的遗传异质性。其中 1 型糖尿病多发于儿童和青少年,也可发生于各年龄段,它是由胰岛素分泌绝对不足引起,发病较急,容易引发酮症酸中毒。该类患者必须依靠胰岛素维持生命,所以又名为胰岛素依赖型糖尿病(insulin-dependent diabetes mellitus, IDDM)。2 型糖尿病原名为成人发病型糖尿病,发病时间多为 35～40 岁之后,占糖尿病患者总数的 90%以上。与 1 型糖尿病患者不同,2 型糖尿病患者患病原因主要是机体对胰岛素敏感性下降,胰岛素效果较差,因此是一种相对不足的状态。所以,2 型糖尿病又名为非胰岛素依赖型糖尿病(non-insulin-dependent diabetes mellitus, NIDDM)。虽然 2 型糖尿病是非胰岛素依赖型糖尿病,但是很多病情进入后期,血糖已经无法受其他手段控制的患者,仍需使用胰岛素进行治疗。

(二)胰岛素发展史

1921 年,加拿大的两位科学家 Frederick Banting 和 Charles Best 从狗和牛的胰腺组织中提取了能够降低血糖的物质,命名为胰岛素并成功运用于临床,成为医学史上一个伟大的里程碑,由此获得了 1923 年诺贝尔生理学或医学奖。

1923 年,礼来公司上市世界上第一支动物胰岛素——因苏林,并在随后的 50 年中,至少挽救了 3 000 万糖尿病患者。

1965 年,我国中科院生化研究所、北京大学化学系及中科院有机化学研究所通力合作于 9 月 17 日成功用人工方法合成了具有生物活性的结晶牛胰岛素,实现了世界上首次人工合成蛋白质的壮举。

过去的胰岛素制剂大多从猪或牛胰岛中提取制成,猪胰岛素与人胰岛素的氨基酸序列中存在 1

个氨基酸的不同,可能引起免疫反应。制剂中未分离出的杂质也能导致免疫反应,还有可能导致注射部位脂肪萎缩,出现水肿等不良反应。

从 1979 年开始,科学家试图将 DNA 重组技术应用于生产人胰岛素。1982 年,第一个通过 DNA 重组技术生产的人源化胰岛素被正式批准用于临床治疗。80 年代到 90 年代,科学家进一步通过对人胰岛素蛋白的氨基酸序列的修饰,获得了作用更快、活性更强的人胰岛素类似物(insulin analogue)。

(三)胰岛素基本结构

胰岛素是由氨基酸组成的双链(A、B 链)蛋白质类激素,分子量为 5 734 Da,等电点为 5.35,A 链和 B 链中分别含有 21 和 30 个氨基酸。A、B 链之间由两个二硫键连接,分别为 A7 - B7 和 A20 - B19,并且 A 链的第 6 和第 11 位氨基酸残基之间也由二硫键连接。不同种属的胰岛素除 A 链的 4、8、9 和 10 位及 B 链 3、9、29 和 30 位外,其他氨基酸序列基本相同。胰岛素的一级结构与其生物活性密切相关。如用胰蛋白酶水解胰岛素时在去掉 B 链 C 端的肽链后其生物活性只剩 1%;B23 甘氨酸、B24 苯丙氨酸等均为维持胰岛素生物活性所必需;二硫键被还原使胰岛素裂解为 A 链和 B 链后,胰岛素的生物活性完全丧失。

表 12 - 2 - 1 动物胰岛素与人胰岛素的氨基酸序列比较

	A8	A10	B30
人胰岛素	苏氨酸(Thr)	异亮氨酸(Ile)	苏氨酸(Thr)
猪胰岛素	苏氨酸(Thr)	异亮氨酸(Ile)	丙氨酸(Ala)
牛胰岛素	丙氨酸(Ala)	缬氨酸(Val)	丙氨酸(Ala)

动物提取的胰岛素因氨基酸序列和结构上与人胰岛素略有区别(表 12 - 2 - 1),因此具有抗原性,应用于人体时可能激发免疫反应,影响治疗效果。近年来,国内外学者应用基因工程技术,以大肠埃希菌为宿主细胞,成功生产出重组人胰岛素。重组人胰岛素的氨基酸序列和结构与人胰岛素完全相同,但生产过程中的宿主 DNA 和宿主细胞蛋白质仍可导致免疫反应的发生,需在生产过程中对其严格把控。

二、传统技术制备动物胰岛素

由于猪胰岛素和人胰岛素的氨基酸序列极其相近,因此在 20 世纪 70 年代早期,研究人员通过利用酶法和化学法对猪胰岛素进行改造,获得了半合成人胰岛素。现今技术可从 10 g 纯化猪胰岛素制得 7 g 人胰岛素。此种方法使得大规模生产人胰岛素变得简单、经济,但是价格上没有竞争力。

三、重组技术制备人胰岛素及胰岛素类似物

(一)DNA 重组技术生产人胰岛素

基因工程技术的应用为生产人源胰岛素带来了希望。基因重组技术生产的人源胰岛素与动物源胰岛素相比供量充足,免疫反应小。因此,DNA 重组技术生产的人胰岛素为糖尿病患者提供了可靠保证。

用于生产重组人胰岛素的方法主要有以下几种。

1. AB 链合成法 将人工合成的人胰岛素 A 链和 B 链基因分别与半乳糖苷酶基因连接,形成融合基因后,再分别在大肠埃希菌(Escherichia coli)中表达 A 链和 B 链。产物经分离纯化后,在适

宜的氧化条件下共同保温,经过重折叠和化学氧化作用,使二硫键形成,得到完整的人胰岛素。但是,由于人胰岛素的 A 链和 B 链上共存有 6 个半胱氨酸残基,因此体外连接时二硫键的正确配对率较低,通常只有 10%～20%,导致此法生产的人胰岛素成本较高,目前此法已被淘汰。

2. 反转录酶法　此法仿照人胰岛素的天然合成途径。在人体内,胰岛 B 细胞首先合成前胰岛素原,前胰岛素原经过剪切一部分氨基酸后成为胰岛素原,胰岛素原经过进一步水解加工后生成成熟胰岛素和连接肽——C 肽。其中,C 肽没有生物学活性。在本法中,首先将合成的人胰岛素原 cDNA 转化到大肠埃希菌,得到表达产物胰岛素原。然后利用工具酶切除胰岛素原上的 C 肽后,得到人胰岛素。由此得到的胰岛素能形成良好的空间构象,且 3 对二硫键的正确配对率相对较高,折叠率高,但是工艺路线依然繁琐。

3. 酿酒酵母菌(*Saccharomyces cerevisiae*)制备法　酵母表达系统由信号肽、前肽序列、微小胰岛素原和蛋白酶切位点构成。首先,前肽序列指导微小胰岛素原的分泌。在分泌过程中,微小胰岛素原形成二硫键后在正确的酶切位点上切除前体肽链。分泌至细胞外的就是具有正确构象的微小胰岛素原。最后,经过外部一系列修饰,微小胰岛素原最终成为人胰岛素。此法的缺点是胰岛素的表达低,酵母所需的发酵时间长。

虽然重组胰岛素与天然人胰岛素结构相同,但由于存在许多由大肠埃希菌衍生的杂质,故能引起免疫反应。因此,产物必须经过严格的纯化过程才能应用于临床。其中,凝胶过滤、离子交换色谱和反相高效液相色谱等分离方法已被引入生产过程,以期得到更高纯度的胰岛素制剂。

(二)胰岛素类似物

人胰岛素蛋白的结构和氨基酸序列经局部修饰改造后,可得到胰岛素类似物(insulin analogues)。此类物质的特点是既可模拟正常胰岛素的分泌,也可模拟胰岛素的生物学功能,并且活性更强。

20 世纪 90 年代末,科学家在对胰岛素的研究中发现,对胰岛素的肽链进行修饰可能改变胰岛素的理化特征,从而研制出较传统人胰岛素更适合人体生理需要的速效胰岛素和超长效胰岛素类似物,并成功运用于临床。

临床上常用的速效胰岛素是门冬胰岛素。利用生物技术将人胰岛素 B 链上的第 28 位脯氨酸由天门冬氨酸替代即为门冬胰岛素,然后通过基因重组技术,由酵母生产。门冬胰岛素形成六聚体的倾向比人胰岛素低,因此可以快速与胰岛素受体结合,缩短起效时间,能够更好地模拟餐食的胰岛素分泌模式,控制餐后血糖效果好。

临床上常用的同为速效胰岛素的还有赖脯胰岛素和赖谷胰岛素。赖脯胰岛素是由人胰岛素的 B 链第 28 位的脯氨酸和第 29 位的赖氨酸进行对调得到。赖谷胰岛素是用赖氨酸取代了人胰岛素 B 链第 3 位的天冬氨酸,同时用谷氨酸取代了 B 链第 29 位的赖氨酸。

甘精胰岛素属长效人胰岛素类似物,是利用甘氨酸替代胰岛素 A 链第 21 位的门冬氨酸,同时在 B 链的第 30 位氨基酸后的羧基末端增加两个精氨酸修饰得到。此种修饰可使胰岛素的等电点由 5.4 上升至中性,使其在酸性条件下可溶,在生理的近中性条件下结晶。在进入体内后,因酸性溶液被中和因而形成细微沉积物,进而持续释放少量甘精胰岛素,从而延长其起效时间,减少患者用药次数。

同为长效人胰岛素类似物的还有地特胰岛素(insulin detemir)。它是在胰岛素 B 链第 29 位上利用酰基化连接一个 N - 16 -烷基酸的 14 碳游离脂肪酸而得到。因为体内的白蛋白能与脂肪酸竞争性结合,结果使胰岛素受体与脂肪酸的结合减少,同时其自身也能聚合,可以进一步减少药物与胰岛素受体的结合,从而延长药物半衰期。

第三节 人生长激素

一、人生长激素简介

(一)人生长激素发展史

人生长激素(human growth hormone，hGH)是一种肽类激素，由垂体分泌和贮存，可刺激生长，细胞繁殖和细胞再生。

20 世纪 20 年代，科学家发现切除年幼动物的脑垂体后，动物的生长发育停止，这使科学家意识到生长激素的存在。

20 世纪 40 年代，华裔科学家从牛的垂体中提取出能够促进生长的强效蛋白质，将其命名为生长激素。但是由于动物生长激素的氨基酸序列与人类不同，所以无法应用于临床。

20 世纪 60 年代，研究人员首次报告从已死亡的人类脑中提取得到的 hGH 在临床上可以使身材矮小的患者身高增加，并且能够明显改善组织的生长情况。但是供体的受限，产量的稀缺和提取过程中尸源性激素带来的各种传染病最终使得此种方法被停止使用。

20 世纪 80 年代，基因重组技术使得大规模生产人生长激素成为可能。通过合成人生长激素的 DNA 片段，与载体连接，转化到大肠埃希菌后，经培养、发酵及后续处理即可得到目的产物——重组人生长激素。

进入 20 世纪 90 年代，随着基因重组技术的不断完善，最新一代 rhGH 与人垂体分泌的生长激素完全一致，这极大地保证了产品的质量和效果。1996 年 8 月，美国 FDA 正式批准临床上可以使用 hGH 治疗所有 hGH 不足的患者，包括幼儿和正常成年人。

(二)生长激素的基本结构

人生长激素的基因定位于 17 号染色体，其编码产物是由 191 个氨基酸残基组成的球形蛋白，分子量约为 22 kDa，在 55～165 位和 182～189 位的氨基酸之间有 2 个分子内的二硫键，蛋白等电点为 5.2。在人体内，hGH 具有 4 个 α 螺旋，这使生长激素容易与靶蛋白结合。在人垂体和体液中，75% hGH 以 22 kDa 的形式分泌，10%以 20 kDa 的形式分泌，此外，还有少量分子量大于 22 kDa 的生长激素，总共含有 100 种以上的 hGH 分子。这种差异是由转录过程中 mRNA 的剪切不同，翻译后加工方式不同和蛋白质与蛋白质相互作用所致。不同种属动物之间生长素的化学结构与免疫原性具有较大的差异，因此除部分猴科动物外，其他动物的生长激素对人无效。

就蛋白质序列和化学结构上来说，hGH 和人催乳素(hPRL)以及绒毛膜促乳素在演化上同源，所以两者在作用上有一定程度的重叠性。hGH 以节律性脉冲的方式分泌释放至循环系统，尤其是夜间 11:00～凌晨 2:00 点分泌最多。此外，运动或餐后也可以发生短时间高浓度的分泌。hGH 分泌受到下丘脑分泌的生长激素释放和生长激素释放抑制激素的调节，还可以被其他激素，如雌激素、睾酮、甲状腺激素等影响，同时也能被性别、年龄和昼夜节律影响。因此，长期日夜颠倒，生活饮食不规律，会影响身体发育。hGH 在青少年期分泌量最多，随着年龄的增长，分泌量逐渐减少。

(三)生长激素的作用与机制

hGH 能促进生长发育，调节体内新陈代谢，是体内代谢途径中重要的调节因子和应激激素之一，参与应激反应。其生理功能如下。

1. 影响生长发育　hGH 广泛影响机体各组织器官尤其是骨骼、肌肉和内脏器官的生长发育，可直接或间接使全身多数器官细胞的大小和数量增加，促进生长。如果妊娠阶段缺乏 hGH，可引起

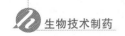

宫内发育不良;人在幼年时如果缺乏 hGH,则生长发育迟缓,导致身材矮小,为"垂体性侏儒症";如果分泌过多,则可出现全身各部过度生长,为"巨人症"。成年后出现 hGH 分泌过多会导致肢端肥大症。

2. 影响蛋白质代谢　加速组织器官的蛋白质合成,并抑制蛋白质的分解,尤其促进肝外组织的蛋白质合成,减少尿氮,增加抗体形成。

3. 影响脂肪代谢　hGH 可激活对激素敏感的脂肪酶,增强脂解作用;可对抗胰岛素的促进脂肪合成的作用,进一步减少机体脂肪含量。

4. 影响糖代谢　hGH 能抑制外周组织摄取和利用葡萄糖,减少葡萄糖的消耗,升高血糖水平。hGH 也可通过降低外周组织对胰岛素的敏感性而升高血糖,使能量来源由糖代谢转向脂肪代谢。

生长激素受体(GH-R)是一种单链跨膜蛋白,由 620 个氨基酸残基组成,是细胞因子/血因子受体超家族的成员之一。hGH 与 GH-R 的胞外区域的 GHBP(受体结合蛋白)结合,引起 GH-R 的二聚化,使 GH-R 构象变化,从而激活包括 JAK2 在内的多条信号传导通路,引起多种生物学效应。

二、重组人生长激素

(一) 重组人生长激素的发展和制备方法

1985 年,由礼来公司生产的人类第一支基因重组人生长激素(rhGH)上市。但当时生产的 rhGH 有 192 个氨基酸,比真正的 hGH 多了一个甲硫氨酸(蛋氨酸),且受限于当时的提取技术,产品中所含的杂蛋白较多,极易产生免疫反应。尽管临床证实 rhGH 与提取的人生长激素的生理活性完全一致,但是在患者使用超过半年时间时,抗体的产生率高达 70%~90%,所以目前该产品已退市。

其后,由其他研究人员共同对 rhGH 进一步进行研发,得到的 rhGH 序列和结构与 hGH 完全相同,临床证实其生理活性与提取的人 hGH 完全一致。

20 世纪 90 年代出现的 rhGH 是用分泌型大肠埃希菌表达得到的。该方法是先化学合成人生长激素的 DNA 片段,然后利用分子克隆技术扩增、克隆,得到完整的 hGH 基因。将 hGH 基因与具有高表达、高分泌启动子和信号序列的分泌型载体连接后转化大肠埃希菌,培养,发酵。在 hGH 分泌过程中信号肽被切除,成为成熟的 rhGH。因为 rhGH 在细胞质表达,所以利于消除临床应用上的抗原性,又有利于提取纯化。产物 rhGH 的蛋白质结构与天然 hGH 完全一致,并且生物学作用也完全一致,是目前临床中最为理想的产品。

传统的利用大肠埃希菌生产人生长激素方法有两种,一是将其分泌至胞外上清中,虽然纯化方便,但表达量低(10%左右),且容易引起产物的降解;二是在胞内高效表达,表达量可达 40%以上,但易形成包涵体,需要进行变复性等操作,纯化工艺烦琐,活性蛋白得率低。近年来利用周质腔分泌表达是大肠埃希菌表达系统新的发展方向,其主要特点是:蛋白质以可溶形式表达,具有较高的生物活性;周质腔中蛋白水解酶相对较少,提高了重组蛋白的稳定性;消除了被分泌蛋白对细胞本身的毒性作用;表达的蛋白易于后续的分离纯化。

由于 rhGH 在体内的半衰期较短,需每日注射,因此使用范围被极大限制。近些年来研究者试图通过对 rhGH 的结构进行修饰,以获得活性更好、药效更强的化合物。目前解决这一问题的研究方向是利用聚乙二醇(PEG)对 rhGH 进行修饰。最早有关 PEG 修饰的 rhGH 报道源自美国的研究,包括后续也有一些关于 PEG 衍生物对 rhGH 进行化学修饰的报道,但是结果都不是特别理想,主要存在的问题是:在形成 PEG 化 rhGH 时所用的某些连接键可能在体内水解断裂,降低药物稳定性;PEG 的结合使 rhGH 的生物活性降低,需要增加药物剂量;生产工艺复杂,质量难以控制,难以大规模生产。

除了大肠埃希菌外,目前用于临床的 rhGH 还可由芽孢杆菌系统表达得到,但工业生产上仍以大肠埃希菌表达系统较多。

(二)临床应用

美国 FDA 批准生长激素适应证:儿童生长激素缺乏症(GHD)、慢性肾功能不全肾移植前、HIV 感染相关性衰竭综合征、Turner 综合征身材矮小、成人 GHD 替代治疗、Prader-Willi 综合征、小于胎龄儿(SGA)、特发性矮小症(ISS)、短肠综合征和 SHOX 基因缺少但不伴 GHD 患儿。近年来还发现,rhGH 在抗衰老、减肥治疗方面取得了较突出的疗效,荷兰的一项研究提示,rhGH 对智力发育有一定促进作用。其他适应证:肝功能衰竭;扩张型心肌病;烧伤、严重外伤、手术后、全静脉营养等;提高免疫功能;抗衰老,某些不孕症。

第四节 促性腺激素

促性腺激素是由一大类蛋白质激素组成,主要功能是调节脊椎动物性腺发育,促进性腺生成并分泌性激素,直接或间接调节生殖功能。促性腺激素主要包括有卵泡刺激素(follicle-stimulating hormone, FSH,又称促卵泡激素)、黄体生成素(luteinizing hormone, LH)和人绒毛膜促性腺激素(human chorionic gonadotropin, HCG),前两者由垂体前叶分泌,后者由胎盘分泌。以上三者任何一种分泌不足都严重影响生殖功能。促性腺激素类药物主要用于各种内源性促性腺激素分泌不足的替代治疗。

一、卵泡刺激素、黄体生成素、人绒毛膜促性腺激素

FSH、LH 和 HCG 这三种激素都是由 α 和 β 两个肽链通过非共价键的方式结合而成的糖蛋白。它们的 α 肽链相同,在人类中由 92 个氨基酸组成,而在几乎所有其他脊椎动物物种中由 96 个氨基酸组成(糖蛋白激素不存在于无脊椎动物中),而 β 肽链的不同决定了其各自的功能特异性。

FSH 由垂体前叶的促性腺细胞合成和分泌,分子量大约为 35.5 kDa,是一种糖蛋白异二聚体。FSH 的 β 肽链(FSHβ)共有 111 个氨基酸,其序列和结构决定了 FSH 特异的生物学功能。FSHβ 负责与促卵泡激素受体(follicle-stimulating hormone receptor, FSHR)相互作用,从而发挥生理功能。在人类中,编码 FSH 的 α 肽链(FSHα)的基因位于染色体 6q14.3,经过转录翻译得到的 FSHα 会在两种类型的细胞中表达,表达量最多的是垂体前叶的嗜碱性粒细胞。编码 FSHβ 的基因定位于染色体 11p13,表达量受促性腺激素释放激素(gonadotropin-releasing hormone, GnRH)的调节。FSH 是促进精子生成和卵母细胞发育成熟的主要激素。无论是在男性还是女性中,FSH 都能刺激原始生殖细胞的成熟。在男性中,FSH 主要作用于睾丸细精管体壁层中的足细胞,促进精细胞的固定、滋养,在精子发生过程中促使精细胞转化为精子。在女性中,FSH 主要作用于卵巢卵泡精层细胞,促进这些细胞的有丝分裂和卵泡的生长发育。

LH 由垂体前叶的嗜碱性细胞分泌,分子量约为 30 kDa,是一种二聚体大分子糖蛋白。LH 的 β 亚基(LHβ)共有 120 个氨基酸,通过特异性地与 LH 受体——黄体生成素受体(luteinizing hormone receptor, LHR)相互作用,发挥生理功能。在男性体内,LH 促进睾丸间质细胞合成睾酮;在女性体内,LH 水平急剧上升引发排卵,促进黄体发育分泌黄体酮。LHβ 与 FSHβ 之间组分的不同导致 LH 的半衰期只有 20 分钟,远低于 FSH 的 3~4 小时。

HCG 是受精卵生成后由胎盘分泌的异二聚体糖蛋白激素。HCG 由 237 个氨基酸组成,分子量约为 36.7 kDa。HCG 的 β 亚基(β-hCG)含有 145 个氨基酸,由 6 个高度同源的基因编码。HCG 从胎盘滋养层细胞分泌后,通过血循环进入卵巢,刺激黄体分泌孕酮维持黄体功能。在受孕后 60~70 天,HCG 分泌达到高峰,之后逐渐降低并维持至分娩,在此期间起到促进胚泡发育、维持妊娠的

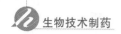

作用。

二、促性腺激素类药物的生产与临床应用

20世纪初,研究人员发现切除狗的脑垂体后,其生殖器官萎缩并无法性成熟。最早的垂体源性促性腺激素制剂,是以尸体垂体为原料制备的促性腺激素hPG。它在1962年首次成功诱导性腺激素不足的妇女生育,并在其后的30～40年中在世界各地区广泛用于治疗不育症。促性腺激素类药物还可用于辅助生殖治疗,如体外受精(*in vitro* fertilization,IVF)。即若女性因输卵管阻塞或其他原因导致受精障碍,可使用FSH刺激卵泡发育,从而增加卵巢取出卵子(卵母细胞)的数量。然后将取出的卵子在体外与相应的精子结合并培育至胚胎囊胞形成,再移植入母体子宫内。

促性腺激素的获得方式主要有两种,既可以从妇女的尿液中提取得到,也可以使用重组DNA技术从转基因细胞培养物中提取得到。hPG制剂的主要有效成分是FSH和LH,同时含有其他的致病性杂质。因此,hPG制剂在澳大利亚、法国、英国等国家引起了用药者严重的不良反应,即克-雅病(Creutzfeldt-Jakob disease,CJD),最终导致了该制剂停止使用。

第一代尿源性FSH(urinary FSH,u-FSH)制剂是从绝经后妇女尿中分离制备得到,名为人绝经尿促性腺激素(human menopausal gonadotrophin,HMG),主要有效成分为FSH和LH。世界卫生组织认为只要提供足够的FSH活性,且FSH和LH的比值在0.1～10的制剂均可以用于临床治疗。1950年,雪兰诺公司在意大利注册了HMG制剂,并开始临床试验。多个国家的临床结果证实由于促性腺激素过低而无法排卵的妇女在采用HMG治疗后,可以成功排卵并妊娠。此后,以色列和意大利分别于1963年和1965年正式批准HMG上市销售。HMG也可与HCG联用,从而刺激精子生成,治疗男性生育力低下或不育症,也可用于治疗促性腺激素低下引起的无排卵妇女的不育症。20世纪70年代,通过使用抗LH多克隆抗体免疫柱层析的方法,可以有效地将制剂中的LH进行分离去除,但仍无法去除其他尿蛋白,由此得到第二代u-FSH。第三代u-FSH制剂即HP-FSH,是在第二代制剂的基础上进一步高度纯化得到。此类药物主要用于治疗男性或妇女由FSH水平低或分泌不足引起的不育症,可作为FSH低或缺乏的替代治疗。

尿源性HCG是从孕妇尿液中经用苯甲酸、高岭土或硅藻土吸附提取后精制得到的。高活性的HCG常采用常规阴离子交换色谱或亲和色谱技术分离得到。

三、重组促性腺激素

尽管目前已出现第三代u-FSH制剂,且纯度极高。但研究人员发现,在多个国家出售的HP-FSH中,依然可以检测到多种非促性腺激素蛋白杂质,而且这些杂蛋白均有生物学活性,且与多种疾病发生相关。因此,利用基因重组技术获得高纯度人源化FSH是患者新的希望。

通过基因重组技术,将编码人FSHα和β亚基的基因与适合的表达载体进行连接,将得到的重组质粒转染中国仓鼠卵巢细胞(Chinese Hamster Ovary cell,CHO),即可表达得到rFSH。雪兰诺公司于1995年首先注册了重组人FSH制剂(rhFSH),在欧盟以Gonal-F为商品名上市。欧加农公司(已并入默克/默沙东公司)紧随其后,于1996年以商品名Puregon注册上市。Gonal-F是以两个表达载体分别表达α和β亚基,Puregon是以一个表达载体同时表达两个亚基。两种生产方法得到的终产物在结构上与天然FSH完全相同,但糖基化程度略有不同。糖基化程度是影响FSH生物学活性的主要因素,因此控制产品糖基化程度是生产的关键。

2010年第一个rFSH长效制剂注册上市。其采用定点突变技术和基因重组技术,将FSHβ和HCGβ的羧基端肽链(CTP)相连接,得到两者的融合蛋白,再将α亚基和FSHβ-HCGβ融合蛋白在CHO中共表达,即可得到长效rFSH。与野生型rFSH相比,长效rFSH的体外生物学活性基本不变,但是体内生物学活性的持续时间延长了10倍左右。单次注射即可在一周时间内维持血药浓度在治疗水平以内。

目前,尚有一些新型的长效 rFSH 处于研究阶段。例如,在 FSH 的亚基上连接 N-糖基化位点,将 α 和 β 亚基融合为单链,或是将 FSH 与免疫球蛋白的恒定区片段(Fc)融合进而制备融合蛋白FSH‐Fc 等。

重组人源化 HCG 和重组人源化 LH 也是在 CHO 细胞中合成,再经一系列纯化过程制备得到高纯度产品。同样,研究人员也试图将 HCG 与 Fc 进行融合从而制备融合蛋白 HCG‐Fc,以延长HCG 在血液中的半衰期。

重组 HCG 适用于辅助生殖技术计划中,促进卵泡最终成熟和早期的黄体化。重组 LH 和 FSH同时给药具有刺激卵泡发育的潜在能力,适用于 LH 严重缺乏的低促性腺激素患者。

重组促性腺激素的优点还包括以下几方面。

1. 纯度高 高纯度 HP‐FSH 制剂活性成分可高于 95%。与之相比,DNA 重组技术生产的rFSH 制剂活性成分可高于 99%。且由于 rFSH 纯度高,因此较少引起局部和全身变态反应,安全性较好。

2. 比活性高 HP‐FSH 的比活可达到 9 000 U/mg,而 Gonal‐F 和 Puregon 的比活均可达到13 000 U/mg,生物利用率高。

3. 可供利用性和一致性好 HP‐FSH 的生产需要每日收集绝经后妇女尿液,尿液的尿量大小和收集次数均受限制,而 rFSH 可以克服以上问题。

4. 增加患者的舒适度 多数尿源促性腺激素制剂需肌内注射。重组促性腺激素制剂纯度极高,可选择皮下注射。皮下注射对患者有明显益处,患者可选择自身注射。

5. 有效性高 近年研究表明,与 u‐FSH 相比,r‐FSH 对增加临床妊娠率疗效更好;对 IVF 患者同样如此,因而在应用辅助生殖技术治疗的患者,为刺激卵巢,建议使用 rFSH 而不是 u‐FSH。

第五节 其他批准用于临床的重组激素

许多激素类药物在 DNA 重组技术建立之前虽已应用于临床治疗,但安全性较差。在重组激素出现后,基于其安全性更佳,越来越受到患者欢迎。近年来,研究者仍不断探索更多品种的重组激素的研发生产,以便应用于临床治疗,为患者造福,重组人甲状旁腺激素就是其中之一。

一、甲状旁腺激素

甲状旁腺激素(parathyroid hormone, PTH)是由颈部的甲状旁腺主细胞合成和分泌的含有 84个氨基酸残基的多肽类激素。在甲状旁腺主细胞中首先合成含 115 个氨基酸的前甲状旁腺激素原,然后该物质裂解成为含 90 个氨基酸的甲状旁腺激素原,最后进一步裂解成为含 84 个氨基酸的PTH。PTH 的分子量约为 9.4 kDa,等电点为 9.58。其 N 末端含有 2 个 α 螺旋,该螺旋能参与 PTH与受体的结合。第 1~27 位氨基酸残基决定了 PTH 的生物学活性。第 4 位谷氨酸和第 20 位精氨酸之间形成盐键,盐键被破坏后会导致蛋白构象的改变,使激素丧失活性。而第 30~34 位的氨基酸残基参与刺激 DNA 的合成与软骨细胞和破骨细胞的增生。PTH 对骨重建具有双重作用,小剂量时促进骨形成,而大剂量时则抑制成骨细胞。PTH 通过腺苷酸环化酶‐cAMP 信号转导途径调节一些因子的合成和分泌,促进骨生长。PTH 与靶细胞上 PTH 受体结合后,激活 cAMP 和 PLC 信号转导途径,调节钙磷代谢平衡。PTH 对钙磷平衡的调节方式主要是升高血钙和降低血磷,前者主要作用的靶器官是骨和肾脏。通过动员骨钙入血,影响肾小管对钙的重吸收和对磷酸盐的排泄,从而调节血钙和血磷的稳态。

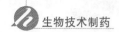

二、甲状旁腺激素多肽片段

人体内血液循环中的 PTH 除了结构完整的 PTH 外,至少还存在有其他三个形式:甲状旁腺激素片段、氨基端甲状旁腺激素片段和羧基端甲状旁腺激素片段。其中前两种存在形式具有生物学功能,且如果甲状旁腺激素肽链是在第 34~37 个氨基酸的位置断裂,其氨基端残基仍然具有完整的甲状旁腺激素的全部生物活性。

因此,应用 DNA 重组技术生产合成的是具有天然 PTH 的全部生物活性的 PTH 1~34 (Recombinant Human Parathyroid Hormone 1~34, rhPTH 1~34)氨基片段。rhPTH 1~34 具有与天然 PTH 氨基端第 1~34 个氨基酸序列相同的结构,可以与 PTH 受体结合,发挥 PTH 对血钙和血磷的调节作用,同时避免了 PTH 羧基端肽链对骨代谢的不利影响。重组人甲状旁腺激素 1~31 (rhPTH 1~31)是另一种甲状旁腺激素多肽片段,具有与天然 PTH 氨基端第 1~31 个氨基酸序列相同的结构。rhPTH 1~31 的成骨作用和 rhPTH 1~34 一样强,但 rhPTH 1~31 仅通过激活腺苷酸环化酶- cAMP 信号转导途径而发挥作用,而 rhPTH 1~34 亦能刺激磷脂酶 C(PLC)的作用。

PTH 1~34 以商品名特立帕肽注册上市,用于治疗绝经后妇女的骨质疏松症,包括原发性或性功能减退性骨质疏松症的男性患者,以及治疗长期全身性的与糖皮质激素诱导有关的骨折高危险性疾病。特立帕肽具有与天然 PTH 的 N 端氨基端第 1~34 个氨基酸序列相同的结构,通过特异性与 PTH-1 受体结合而发挥作用。与天然 PTH 相比,该药物对骨和肾脏具有相同的生理作用。

特立帕肽的主要缺点是半衰期短,必须像胰岛素一样每日注射一次,加重了患者的身体、心理和经济负担。因此,研究人员正试图通过构建 PTH 与其他蛋白(如 Trx、HAS 等)的融合蛋白去克服这一缺点。

--- 复习题 ---

【A 型题】

1. 以下不是胺类激素的是:　　　　　　　　　　　　　　　　　　　　　　　　　　　　（　　）
   A. 胰岛素　　　　　　B. 肾上腺素　　　　　　C. 去甲肾上腺素　　　　D. 甲状腺激素
2. 首个用人工方法合成有生物活性的结晶牛胰岛素的国家是:　　　　　　　　　　　　（　　）
   A. 美国　　　　　　　B. 丹麦　　　　　　　　C. 中国　　　　　　　　D. 英国
3. 用于生产重组人胰岛素的方法不包括:　　　　　　　　　　　　　　　　　　　　　（　　）
   A. AB 链合成法　　　 B. 反转录酶法　　　　　C. 酶法和化学法　　　　D. 酿酒酵母菌制备法
4. 哪个物种的生长激素对人类有效?　　　　　　　　　　　　　　　　　　　　　　　（　　）
   A. 牛　　　　　　　　B. 猴　　　　　　　　　C. 马　　　　　　　　　D. 猪
5. 生长激素分泌最多的时间点是:　　　　　　　　　　　　　　　　　　　　　　　　（　　）
   A. 21:00~23:00　　　 B. 23:00~凌晨 2:00　　 C. 2:00~4:00　　　　　　D. 4:00~6:00
6. 以下不是生长激素的功能的是:　　　　　　　　　　　　　　　　　　　　　　　　（　　）
   A. 影响蛋白质代谢　　B. 影响脂肪代谢　　　　C. 影响生长发育　　　　D. 影响生育
7. 重组人源化生长激素是在以下哪种细胞中合成?　　　　　　　　　　　　　　　　　（　　）
   A. 大肠埃希菌细胞　　B. 酿酒酵母细胞　　　　C. 中国仓鼠卵巢细胞　　D. 牛细胞
8. 以下不是 rhGH 的生产方法的是:　　　　　　　　　　　　　　　　　　　　　　　（　　）
   A. 分泌至胞外上清　　　　　　　　　　　　　　B. 胞内高效表达
   C. 利用囊泡分泌表达　　　　　　　　　　　　　D. 利用周质腔分泌表达

9. 以下不是常见的促性腺激素的是： （   ）

    A．FSH   B．HCG   C．hGH   D．LH

10. LH 是由以下哪种细胞分泌而来？ （   ）

    A．促性腺细胞   B．嗜碱性细胞   C．胎盘滋养层细胞   D．内分泌细胞

11. 重组人源化 HCG 是在以下哪种细胞中合成？ （   ）

    A．大肠埃希菌细胞   B．酿酒酵母细胞   C．中国仓鼠卵巢细胞   D．牛细胞

12. 重组促性腺激素的优点不包括： （   ）

    A．产量高   B．纯度高   C．比活性高   D．有效性高

13. 应用 DNA 重组技术生产合成的是具有天然 PTH 的全部生物活性哪个片段？ （   ）

    A．PTH 1～32   B．PTH 1～33   C．PTH 1～34   D．PTH 1～35

14. 以下是以一个表达载体同时表达 FSH 的 α 亚基和 β 亚基生产得到的药物是： （   ）

    A．Gonal-F   B．Puregon

    C．Elonva   D．Teriparatide Forteo

【名词解释】

1. 胰岛素依赖型糖尿病   **2.** 非胰岛素依赖型糖尿病

【简答题】

1. 用于生产重组人胰岛素的方法主要有哪些？简要说明其原理。

2. 简述甘精胰岛素的结构特点和其作用时间长的原因。

3. 简述分泌型大肠埃希菌合成 rhGH 的方法和优点。

4. 简述重组促性腺激素的优点。

第十三章

血液制品和治疗用酶

导学

内容及要求

本章主要介绍了临床常用的血液制品以及治疗用酶。其中,血液制品包括人工血液代用品和各类凝血因子制剂。

1. 要求掌握生物技术人工血液代用品的种类、特点及意义和治疗血友病常用的凝血因子制剂的种类及制备方法。
2. 熟悉血友病的病因及分型和治疗用酶的临床应用。
3. 了解治疗用酶的种类。

重点、难点

重点是生物技术人工血液代用品的种类、特点及意义和治疗血友病常用的凝血因子制剂的种类及制备方法。难点是生物技术人工血液代用品的种类及制备方法。

第一节　血液代用品

一、血液

血液是人体和其他动物的体液之一,是生物体重要的组成部分,其生理功能主要是向细胞提供必需的物质,如营养物质和氧气,同时将代谢废物从相同的细胞中转运出去,并维持体温和液压。在脊椎动物中,血液的主要成分为血浆和血细胞。血浆是血液中的液体成分,其92%的体积是水,其余部分由大量无机物和有机物组成,主要功能是运载血细胞,运输维持人体生命活动所需的物质和体内产生的代谢物等。血细胞主要由红细胞、白细胞和血小板组成。脊椎动物中,含量最丰富的是红细胞。红细胞通过其携带的血红蛋白与呼吸气体可逆地结合而促进氧气输送,加大氧气的溶解量。此外,红细胞还能排出部分二氧化碳、调节体内酸碱平衡。白细胞的作用是吞噬异物并产生抗体,它在机体损伤治愈、抵抗感染和寄生虫及对疾病的免疫方面都发挥重要作用。血液中白细胞的数量通常是疾病的指标,当白细胞作为健康免疫反应的一部分时其含量经常增加,当白细胞数量降低时则表明免疫系统变弱。血小板的作用是凝血和止血,修补破损的血管,此外在炎症反应、血栓形成及器官移植排斥等生理和病理过程中发挥作用。全血经心脏,通过心血管系统,在全身范围内不断循环往复,沟通人体内各部分及人体与外界环境,维持内环境稳态。在有肺的动物中,动脉血将氧气传送到身体组织,静脉血液携带二氧化碳和细胞产生的代谢废物,从肺部排出。

二、血型

血型(blood groups)是指血液成分(包括红细胞、白细胞、血小板)表面的抗原类型。通常所说的血型通常是指红细胞膜上特异性抗原的类型,抗原物质可以是蛋白质、糖类、糖蛋白或者糖脂。通常一些抗原是来自同一基因的等位基因或密切相关的几个基因的编码产物,这些抗原就组成一个血型系统。人与人之间的血型并不相同,目前已经发现并为国际输血协会承认的血型系统共有 35 种,被人们所熟知的是 ABO 血型系统,在此基础上,还有 Rh 血型等分型。ABO 血型是根据红细胞膜上是否存在抗原 A 与抗原 B 而将血液分成 4 种血型。红细胞膜上仅有抗原 A 为 A 型,只有抗原 B 为 B 型,若同时存在抗原 A 和 B,则为 AB 型,两种抗原均没有的为 O 型。不同血型的人血清中含有不同的抗体,但不含有对抗自身红细胞抗原的抗体,如在 A 型血血清中只含有抗 B 抗体。

三、血液代用品

由于战争、疾病、自然灾害等原因使血源不足的问题暴露于世人眼中,而血型配型过程烦琐、血液的贮存时间短、传染病病原体污染血源现象的日趋严重使血液的安全性问题受到各方面的广泛关注。健康人献血虽能一定程度上缓解临床用血的压力,但是单纯依靠健康人献血已不能从根本上解决临床血源短缺和用血安全等问题。2014 年我国人口献血率仅为 0.95%,显著低于世界高收入国家的 4.54%,且我国的临床用血量每年以 10%～15% 的速率快速增长,这表明我国健康人献血量远不及临床用血量。此外,有报道称我国临床还存在不合理用血的现象,这加剧了血液供需的不平衡。并且由于一些宗教信仰的存在,部分患者拒绝接受输血。因此,寻找一种与血液具有相同功能的代替品——人工血液代用品,显得尤为重要。

血液代用品(blood substitute)是指能够运载氧气(O_2)、维持血液渗透压和酸碱平衡及扩充血容量的人工制剂。目前临床常用的人工血液代用品主要有血浆代用品——血浆扩容剂(如右旋糖苷、明胶、葡聚糖、羟乙基淀粉、甘露醇等)、红细胞类血液代用品——有机化学合成的高分子全氟碳化合物类(perfluorocarbon,PFC)、血红蛋白类和其他红细胞类人工血液代用品。白细胞代用品和血小板代用品研究较少,目前还未应用于临床。

(一)一般适用于临床的人工血液代用品

一般适用于临床的人工血液代用品主要分为两种,即血浆扩容剂和 PFC。前者能维持血液胶体渗透压,排泄较慢,无毒,无抗原性。作用是维持血液渗透压、酸碱平衡及血容量。此类制剂在出血、烧伤、脓毒症或休克后通过提供血管液体容积来维持血压,改善微循环。主要包括多糖类和蛋白质类物质,如明胶、葡聚糖、羟乙基淀粉、白蛋白和 γ-球蛋白等。但此类制剂的缺点是不具有携氧能力,有引发超敏反应发生的危险性,并且价格比较昂贵。

PFC 是一种具有携氧功能的高分子有机化合物,是一类直链或环状碳氢化物的氟取代物,它的所有氢原子部分或全部被氟原子取代,是红细胞类代用品的一种。目前研究最多的全氟碳化合物主要有全氟萘胺(perfluorodecalin,PFD)、全氟三丙胺(perfluorotripropylamine,PFTPA)和全氟三丁胺(perfluorotributylamine,PFTBA)。PFC 能有效地溶解气体(O_2、CO_2 等),黏度低,具有化学和生物学惰性,能够通过加热进行消毒,可大规模生产。此类制剂的缺点是不能直接溶于血浆。PFC 在经表面活性剂卵磷脂乳化后需与抗生素、维生素、营养素和盐混合,在可以执行天然血液的重要功能后才能经静脉输入体内。尽管此类制剂在贫血治疗上无法提供帮助,但在冠状血管成形术过程中可作为携氧剂使用。第一种获得批准上市的携氧血液代用品是日本生产的商品名为 Fluosol-DA-20

的氟碳化合物乳剂,其成分为 14% 全氟萘烷、6% 全氟三丙胺、蛋黄磷脂和油酸钾等。1979 年日本福岛医科大学将此种人造血液用于临床手术中代替输血,效果良好;同年 5 月进行第二次应用,再度成功。它于 1989 年被美国 FDA 批准应用于临床冠状动脉血管成形术中。但是由于其使用的复杂性(冷冻储存和复温)和不良反应,该药品于 1994 年被 FDA 撤销使用。然而,Fluosol-DA 仍然是 FDA 唯一完全批准的携氧血液代用品。另一种商品名为 Perftoran 的 PFC 类药物在俄罗斯作为医用血液代用品获批应用,其主要成分为氟萘烷和氟甲基一环己基哌啶,应用该制剂的患者人数超过 2 000 名。

(二)生物技术人工血液代用品

生物技术人工血液代用品主要包括白细胞类血液代用品、血小板代用品和红细胞类血液代用品。其中因为抗感染药物发展迅速,且白细胞抗感染过程较为复杂,所以白细胞代用品研究较少。而血小板代用品主要用于凝血,研究药物大多处在临床前试验阶段。目前世界上研究的应用生物技术制备的人工血液代用品主要为红细胞类人工血液代用品,即血红蛋白类和其他红细胞类人工血液代用品。与简单的扩容剂相比,生物技术人工血液代用品除了能维持渗透压、酸碱平衡和血容量以外,还具有较好的携氧能力,体内半衰期相对较长,不良反应小,能更好地减轻患者负担,提高患者生活质量。与氟碳化合物等高分子化合物相比,生物技术人工血液代用品可以直接输注人体,患者无须呼吸纯氧以提供氧气溶解量,不需使用表面活性剂,从而避免流感综合征、肝淤血以及面临感染等多种不良反应。由此可见,生物技术人工血液代用品的发展前景更为广阔,是未来人工血液代用品研究的发展方向。

1. 血红蛋白类人工血液代用品　人体内的血红蛋白(hemoglobin, Hb)是红细胞的主要组成部分,是一种含 Fe^{2+} 的复合变构蛋白,由两个 α 亚基和两个 β 亚基构成,每个亚基由一条肽链和一个血红素分子构成。在与人体环境相似的电解质溶液中,血红蛋白的四个亚基可以自动组装成 $\alpha_2\beta_2$ 形态,具有携带氧气(O_2)和部分二氧化碳(CO_2)的功能,能够维持血液酸碱平衡。当 Hb 中的 Fe^{2+} 被氧化为 Fe^{3+} 时,该蛋白将失去传递氧的能力。

血红蛋白类血液代用品是以血红蛋白为基质的携氧剂(hemoglobin-based oxygen carriers, HBOCs),也称为血红蛋白类氧载体。天然血红蛋白(natural hemoglobin)目前主要来源于人或哺乳动物的血液。尽管来源相对较广,但天然血红蛋白作为人工血液代用品仍存在供氧功能低、改变血浆渗透压、具有肾毒性及升压效应和易氧化生成有毒物质等不足之处。

由此,研究人员采用多种方式对天然血红蛋白分子进行修饰改造,以试图获得更适合临床应用的血红蛋白。

(1) 化学修饰血红蛋白:对血红蛋白进行化学修饰的主要目的是稳定血红蛋白的四聚体结构、延长半衰期、避免出现肾毒性和免疫毒性、提高输氧能力。常用的修饰方法有:分子内交联、分子间聚合、与惰性高分子聚合物共轭等。该类血红蛋白的制造已形成一套完整的体系,目前的研究重点在于双功能试剂的研究和开发新的价格更低、效果更好的交联剂、修饰剂。

1) 交联血红蛋白(intramolecular crosslinked hemoglobin):是指利用交联剂与 Hb 进行反应,使 Hb 的 α 亚基或 β 亚基之间进行分子内交联,从而得到具有稳定四聚体结构的交联血红蛋白。其作用机制是在 Hb 内部增加原子键,使其分子力加强,难以解聚。第一代常用的交联剂有双阿司匹林(DBBS)、戊二醛(GDA)、开环棉子糖和聚乙二醇(PEG)等。

2) 多聚血红蛋白(polyhemoglobin):是指在分子内交联的基础上采用交联剂使血 Hb 间形成共价键以聚合形成较大的分子,稳定 Hb 四聚体结构的同时延长其半衰期。其作用机制是在 Hb 分子间增加共价键,使其分子量增加。目前进入临床试验的血液代用品有 poly-SFH-p、戊二醛聚合牛血红蛋白等。常用的交联试剂是醛类,如戊二醛(GDA)、5-磷酸吡哆醛(PI-P)等。Hemopure 是戊二醛交联聚合的牛血红蛋白,具有较低的氧亲和力,能够有效地向组织供氧,可以在 2~30 ℃保存 3 年以上,污染率较低。在 2001 年于南非上市,2011 年 7 月获准在俄罗斯用于急性贫血的治疗,在 FDA

的批准下正在进行Ⅲ期临床试验。Hemolink使用开环棉子糖作为交联剂,分子内交联后分子间聚合形成128~600 kDa的聚合物,最终形成包括约40%的四聚体和约55%的聚合物在内的混合物。该产品主要被开发用于向器官和组织供氧,据称其优点是比一般血液制品的污染率低,可用于任何血型,并且产品有效期更长。但是在2002年Hemolink被FDA推迟批准上市,并要求其研发公司修改其关键临床试验设计。截至2020年,该药物仍未上市。

3) 共轭血红蛋白(conjugated hemoglobin):是指将聚乙二醇(PEG)、聚氧乙烯、葡聚糖(DX)、右旋糖酐等可溶性惰性大分子聚合物与Hb共价偶联,以增加分子量,延长半衰期,减少解聚,降低肾毒性。第二代共轭血红蛋白是以酶为主要交联对象,包括超氧化物歧化酶(SOD)和过氧化氢酶(CAT)在内的交联剂可使血红蛋白更能有效地携氧-释氧,同时在SOD和CAT的作用下,超氧阴离子自由基将被催化生成H_2O_2,然后分解成水和氧气,减少了O_2^-的生成,降低缺氧导致的局部贫血和组织损伤的发生。并且SOD和CAT还能清除血红蛋白生成的自由基,进而降低高铁血红蛋白的形成。

(2) 微囊化血红蛋白(encapsulated hemoglobin):即人工红细胞(artificial red blood cell,ARBC),是模拟天然红细胞膜和红细胞内的生理环境,用仿生高分子材料将血红蛋白包裹起来制备而成。20世纪80年代,研究人员首次制备出由磷脂、胆固醇、脂肪酸等组分构成的脂质体包裹血红蛋白(liposome encapsulated hemoglobin,LEH)。LEH应用磷脂双分子层包裹血红蛋白后不影响血红蛋白对氧气的运输和释放,并可降低抗原性,延长半衰期,延缓升压效应,降低肾毒性。目前,微囊型血红蛋白代用品主要分为两类,分别为脂质体血红蛋白微囊和可降解聚合物型血红蛋白微囊。前者一般是将血红蛋白包裹在单层或双层的卵磷脂和胆固醇中,从而降低其抗原性,提高其浓度,降低肾毒性,并且不影响氧气的传输和释放。然而,由于磷脂材料微囊难以收集和纯化,可被网状内皮系统摄取并扰乱内皮系统功能,微囊内葡萄糖、高铁血红蛋白还原物不能与微囊外进行物质交换等问题,限制了LEH的生产和大规模应用。可降解聚合物型血红蛋白微囊采用仿生原理将血红蛋白及红细胞系统的各种酶类包裹于具有良好生物相容性的可生物降解聚合物中,该类聚合物表面呈多孔性,允许小分子在微囊内外穿梭,故反应原料可以进入,反应产物可以释放,解决了微囊内产物蓄积导致的反馈抑制,是一种更加理想的血液代用品。目前该类型微囊的主要研究方向是聚乳酸(PLA)、聚乳酸乙醇酸(PLGA)等化合物作为微囊材料的可行性。

(3) 基因重组血红蛋白(recombinant hemoglobin,rHb):即用基因重组技术获得的人血红蛋白。应用基因重组技术可在大肠埃希菌、酵母菌、昆虫细胞和转基因动植物中表达天然血红蛋白,也可应用基因重组或突变的方法,根据需要改变血红蛋白的结构和特性,获得修饰的重组人血红蛋白。该项技术的优点在于可大量提供人血红蛋白,从根本上解决血源受限的问题,同时可最大限度地降低病原微生物污染的可能性。

1) 大肠埃希菌表达rHb:应用基因工程大肠埃希菌表达人血红蛋白最早出现于20世纪80年代,随后研究人员解决了β亚基在其中高效表达的问题。最初,大肠埃希菌单独表达α亚基或β亚基时,其表达量为10%~20%,经处理后在体外可折叠成四聚体。通过对β亚基基因的定点突变,可降低其表达产物的氧亲和力,从而得到更接近于天然Hb的rHb。进一步研究发现,在合成的α、β亚基基因间掺入酶切位点后与载体连接,可解决α亚基和β亚基同时等比例、高效率表达的问题。最终研究人员研究出将α、β亚基在同一细胞内共同表达,并且直接折叠生成与Hb结构一致的$\alpha_2\beta_2$四聚体的方法,但其表达量仅为2%~10%。

2) 真菌表达rHb:酵母宿主细胞的表达产物为可溶的功能性rHb。表达的rHb具有与天然Hb一致的N-末端残基。还可将携带有α、β亚基基因的质粒通过同源重组整合到真菌的染色体上,使表达重组血红蛋白成为宿主稳定的遗传性状,但是表达量仅为1%~3%。虽然在真菌中的血红蛋白表达量比在大肠埃希菌中低,但真菌不含内毒素,所以生产的血红蛋白毒副作用较小。

3) 转基因动物表达 rHb:脊椎动物的 Hb 均由 2 个 α 和 2 个 β 亚基构成,长期的进化使得一些种属的 Hb 氨基酸序列和二级结构发生了改变。目前已成功利用转基因鼠和转基因猪表达人 Hb,前者表达量可达 70%~80%,且对小鼠无不良影响,后者表达量可高达 90%,并可稳定传代。由于鼠的血容量太小,其实际应用价值不高。美国于 1991 年成功培育出人 Hb 的转基因猪,表达的人 Hb 占猪总 Hb 的 10%~15%,并可望继续提高。用转基因动物生产的人 Hb 没有出现修饰和结构异常,但产物中混有杂合分子,需使用离子交换层析等技术将人 Hb 分离出来。

4) 转基因植物表达 rHb:法国科学家成功利用转基因烟草表达了人 Hb。尽管其表达产量较低,此类表达系统依然有着其他转基因生物系统无法比拟的优势:①转基因植物能够通过对真核生物蛋白质多肽准确地翻译后加工,从而完成复杂的蛋白质构型重建,使其拥有与天然蛋白质相同的生物活性。②转基因植物不受环境和资源等因素的限制,可以大规模生产,因而能够控制生产成本。③植物属于可再生资源,造成的环境污染远小于其他转基因生物系统。

因此,尽管转基因植物系统表达人 Hb 产量较低,但仍是一个具有广阔发展前景的研究方向。如何提高产量,进一步降低成本,是此类表达系统正在改进的目标。

rHb 优于化学修饰产品,因其产物无须进一步修饰,可大量生产,但其依然存在两大问题,一是 rHb 所处环境中缺乏可调节 Hb 对氧亲和力的 2,3-二磷酸甘油酸,因而对氧亲和力高,无法有效向组织输氧;二是 rHb 在生产过程中易形成 αβ 二聚体,从而引发肾毒性。1991 年 Stomatogen 公司于对其产品 Optro™ 进行 I 期临床试验,结果与分子内交联 Hb 相类似。1995 年 Optro™ 完成 II 期临床试验,但最终由于不良反应较大而试验终止。

2. 其他红细胞类人工血液代用品　除 Hb 以外,目前研究的其他红细胞类血液代用品主要是人工改造的万能型红细胞和造血干细胞培养的定性红细胞,它们完全具备正常人红细胞的功能。

(1) 人工改造的万能型红细胞:人类血型的不同主要是由于红细胞膜上特异性抗原不同,因此可以根据红细胞膜表面的分子结构,利用工具酶将细胞膜表面的糖链全部去掉,或仅去掉 A 型、B 型红细胞表面糖链上比 O 型血多余的糖分子,使其与 O 型红细胞表面的糖链结构变得一致,人工制备出 O 型(万能型)红细胞。1991 年美国纽约血液中心的 J. Goldstein 等研究人员用生物化学方法从 Santos 咖啡豆中纯化 α-半乳糖苷酶,去除了 B 抗原糖链末端的 α-半乳糖,实现了 B→O 的血型改造 (enzymatically converted group O cells, ECORBCs)。但是目前尚不能有效地将 A 型红细胞转变为 O 型红细胞,原因是自然界的 α-N-乙酰半乳糖胺酶含量很少,并且也无法将 Rh 阳性红细胞转变为 Rh 阴性红细胞。研发高纯度、高产量的血型转变工具酶以及建立最佳酶促反应体系是此法今后的研究方向。

目前研究发现,对红细胞血型抗原进行化学修饰,也能降低红细胞 A、B、AB、MNS 等血型的抗原性,最常用的化学材料是聚乙二醇(PEG)及其衍生物。甲氧基聚乙二醇(mPEG)修饰红细胞是近几年的研究热点,结合了 mPEG 的蛋白表面能形成一个柔性的亲水性 mPEG 外壳,可以有效遮蔽抗原位点,并且还能保持蛋白的正常功能。但是 mPEG 的长期摄入对人体的影响和 mPEG 遮蔽红细胞血型抗原后,对红细胞正常生物功能的影响需要进一步进行探讨。

(2) 造血干细胞培养定向红细胞:造血干细胞培育出的人造血细胞(包括大量的红细胞和少量的粒细胞前体)是最接近天然血液的人工血液代用品,因为各类血细胞均来源于同一种骨髓造血干细胞,并且在输血的安全性和预防血源性感染等方面也具有一定优势。诱导造血干细胞(HSC)体外红系定向培养成熟红细胞的研究方向有很多,其中最具代表性的方法是:2005 年 Giarratana 等报道的与基质细胞共培养产生成熟红细胞,2006 年 Miharada 等报道的在无饲养细胞时生产去核红细胞,以及 2008 年 Fujimi 等报道的利用与巨噬细胞共培养通过脐血 CD34+细胞大量培养红细胞。尽管培养方法日趋成熟,但想达到实际输血量,其成本过高。并且在分化体系中鼠源饲养层是最常用的诱导方法,这就使此类方法具有鼠源基因污染细胞的可能。降低应用成本,是其临床推广的关键。

3. 血小板类人工血液代用品 血小板代用品目前处于临床前和临床试验阶段,还未应用于临床。血小板代用品研究的热点是血小板膜类和胶原纤维类代用品。血小板膜类代用品有:血小板反复冻融制备成血小板膜微囊、人工合成磷脂制备的微囊、不溶性血小板细胞膜微囊、血小板膜糖蛋白Ⅰb脂质体、血小板膜糖蛋白Ⅰa/Ⅱa脂质体、血小板膜糖蛋白Ⅰa/Ⅱa-Ⅰbα脂质体、血小板膜糖蛋白Ⅱb/Ⅲa脂质体等;胶原纤维类代用品有:RGD共价交联的脂质体、纤维蛋白原包裹的白蛋白微囊、纤维蛋白原交联的红细胞。通过近几十年的研究,多种人工合成的血小板代用品尽管只能部分代替正常血小板的止血功能,但由于其具有可灭菌、易储存运输、免疫原性低可反复输入等优点,可望解决目前临床上对血小板需求。

(三)人工血液代用品的临床应用

人工血液代用品有着广阔的临床应用前景。目前已进入临床试验的人工血液代用品的适应证主要是损伤造成的急性失血和休克紧急救治,除此以外还可应用于败血症休克、局部缺血组织灌流、具有多种红细胞抗原抗体患者、肿瘤治疗和有宗教信仰的患者等。

第二节 凝血因子和血友病

一、凝血因子

血液凝固(blood coagulation)是血液由液态转变为不能流动的凝胶态,形成血块的过程,它是高等生物自身止血、修复受损的主要生理功能。在生物学上,凝血过程高度保守。在所有的哺乳动物中,凝血过程都涉及细胞(血小板)和蛋白(凝血因子)成分。凝血过程可由两种途径激活,一种是当血液暴露于组织因子时(即外源性激活途径),另一种是血液暴露于血浆因子时(即内源性激活途径),其中外源性激活途径反应速度快于内源性激活途径。这两种途径都主要涉及三个机制:一是受伤位点血小板通过活化、黏附和聚集进而填补血液渗透位点;二是血管通过局部收缩减少血流量;三是经过一系列凝血因子相继激活,最终将血浆中的可溶性纤维蛋白原转变为不溶性的纤维蛋白。

血浆与组织中直接参与血液凝固的物质,统称为凝血因子(coagulation factors)。公认的凝血因子有12种,按国际命名法用罗马数字进行编号为凝血因子Ⅰ~ⅩⅢ,激活后的凝血因子,在其名字的右下方以字母"a"标注(其中的凝血因子Ⅵ为活化的凝血因子Ⅴa,因此Ⅵ被舍去)。此外,参与凝血的还有前激肽释放酶和高分子激肽原等大分子辅助因子。

二、血友病

(一)血友病的概念

血液凝固的过程依靠大量的凝血因子,辅助因子和血小板,凝血过程中任何凝血因子和血小板数量或活性受损,都会导致凝血功能发生严重障碍。其中,血小板减少会导致贫血或各种出血情况,凝血因子减少会导致血友病。血友病(hemophilia)是临床上常见的一类出血性疾病,是由于先天性遗传缺陷导致凝血功能障碍的出血性疾病。该病的共同特征是活性凝血酶生成障碍,凝血时间延长,终身具有轻微创伤后出血倾向,重症患者没有明显外伤也可发生"自发性"出血。

(二)血友病的分型

血友病是一种遗传病,包括血友病A、B和C三种分型,其中以血友病A型较为常见。

(1)A型或甲型血友病患者缺乏凝血因子Ⅷ。

(2)B型或乙型血友病患者缺乏凝血因子Ⅸ。

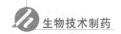

（3）C 型或丙型血友病患者缺乏凝血因子Ⅺ。

根据凝血因子在体内浓度不同，可以将血友病患者分为三种级别，即凝血因子浓度低于 1 U/dL 为重度血友病，浓度在 1～5 U/dL 范围内为中度血友病，在 5～25 U/dL 范围内为轻度血友病，在 25～40 U/dL 范围内为亚临床型。A 型血友病为典型的性染色体隐性遗传病，发病原因是 X 染色体长臂末端(Xq28)FⅧ:C 表达基因突变或缺失所致。因此，该病是由女性传递，男性发病。患病男性与正常女性婚配，子女中男性均正常，女性为患病基因携带者；正常男性与传递者女性婚配，子女中男性半数发病，女性半数为患病基因携带者；患者男性与传递者女性婚配，子女中男性半数发病，女性半数患病，半数为患病基因携带者。若无家族史，其病发可能是基因突变所致。B 型血友病遗传方式与 A 型血友病相同，但在女性患病基因携带者中，由于因子Ⅸ水平低于正常值，因此有出血倾向。C 型血友病遗传方式为常染色体不完全隐性遗传，男女均可患病，若临床遇到女性血友病患者，应考虑为 C 型血友病。C 型血友病发病原因是因子Ⅺ缺乏导致血液凝血活酶形成发生障碍，凝血酶原不能转变为凝血酶，纤维蛋白原也不能转变为纤维蛋白而易发生出血。

（三）血友病的治疗

由于血友病是遗传所致，因此目前尚无根治的方法，转基因治疗仍在试验阶段，主要治疗方法仍是终身凝血因子替代疗法。现阶段遗传性血友病的治疗方法主要包括：局部止血和替代疗法。其中凝血因子替代疗法可以选择输血浆、冷沉淀物、因子Ⅷ、Ⅸ 浓缩剂凝血酶原复合物（PPSB）和重组 FⅧ。而替代治疗的不良反应主要有溶血、易被传染肝炎和获得性免疫缺陷综合征（艾滋病，AIDS）等传染性疾病。

（四）血友病常用治疗药

1. 凝血因子Ⅷ

（1）凝血因子Ⅷ的结构与功能：完整的凝血因子Ⅷ由 2 个不同基因的产物组成，即因子Ⅷ和多拷贝的威勒布兰特因子（vWF）。人凝血因子Ⅷ（FⅧ）在凝血反应中，在存在有 Ca^{2+} 和磷脂的情况下，能将活化 FX 的效率提高 1 万倍以上，使凝血过程得以延续。A 型血友病是由凝血因子Ⅷ缺乏所致，当 FⅧ:C 水平达到正常人的 3‰～5‰ 时，患者一般不会有自发性出血，外伤或手术时才出血；但重型患者，出血频繁，需替代治疗。因此静注 FⅧ制品进行替代治疗，进而提高 A 型血友病患者体内 FⅧ的水平是当前的主要治疗手段。

FⅧ基因位于 X 染色体长臂末端(Xq28)，由 26 个外显子组成，编码一条由 2 351 个氨基酸组成的前体多肽。该前体在去除 N 端的一个包含有 19 个残基的信号肽后，成为由 2 332 氨基酸组成的成熟蛋白。FⅧ蛋白由 3 个 A 结构域、1 个 B 结构域、2 个 C 结构域及 3 个富含负电荷的 AA 残基共同组成，其中 B 区与 FⅧ活性无关。从血浆中及从重组细胞培养上清中分离纯化得到的 FⅧ是由 2 条肽链所组成，重链由 A1 - A2 - B 或 A1 - A2 组成，轻链由 A3 - C1 - C2 所组成，两条肽链间由 Ca^{2+} 连接，分泌入血后，FⅧ通过轻链上的 AA 残基与 vWF 紧密结合形成复合体。

正常人血浆中的Ⅷ因子是一种糖蛋白，包含有低分子量及高分子量两种成分。低分子量具有凝血活性（Ⅷ:C），高分子量成分具有Ⅷ因子的相关抗原（ⅧR:Ag）及 VW 因子（ⅧR:VWF），可纠正血管性假性血友病的出血时间。目前认为正常的 VWF 有稳定 FⅧ:C 的作用，当 VWF 缺乏时即可影响 FⅧ:C 的活性，故本病发病可能是由于Ⅷ:C 因子有缺陷，或是整个因子Ⅷ复合物有缺陷。

（2）FⅧ制剂种类：目前 FⅧ制剂主要包括冷沉淀制剂、浓缩制剂和重组 FⅧ制剂。

1）冷沉淀制剂：新鲜血浆于 6 小时内、−30 ℃冻结后于 0～8 ℃融化并产生沉淀。沉淀的主要成分为 FⅧ、纤维蛋白原和纤维结合蛋白等。此法获得的 FⅧ制剂活性比原血浆提高 7～20 倍，具有效力大而容量小的优点。冷冻干燥存于 −20 ℃ 以下可保存 25 天以上，适用于轻型和中型患者。

2）浓缩制剂：以上述冷沉淀为原料，经各种生物纯化技术分离纯化制备得到的是 FⅧ浓缩剂，一般为冻干制品。此法获得的 FⅧ制剂活性比原血浆提高 30～80 倍。此法进一步的研究方向是提高纯化效率,以去除更多的杂蛋白。国内药典规定,冻干人凝血因子Ⅷ由健康人血浆经分离、提纯,并经病毒去除和灭活处理、冻干制成。含适宜稳定剂,不含防腐剂和抗生素。静脉输入后的半衰期为 4～24 小时,平均约为 12 小时。10％～20％的 A 型血友病患者在长期应用冷沉淀制剂后会产生特异性抗 FⅧ抗体,此时可应用大剂量或改用纯化的 FⅧ浓缩制剂进行治疗。

3) 重组 FⅧ制剂:应用基因重组技术生产获得的重组 FⅧ制剂从 1987 年始,已试用于临床,其优点是不受病毒污染,药代动力学试验表明其与血浆 FⅧ的生物半衰期极其相似,亦无明显的毒副作用,在纯度、抗原性、安全性等方面具有极高的优势。注射用重组人凝血因子Ⅷ Antihemophilic Factor(拜科奇)于 2000 年获得美国 FDA 和欧盟 EMEA 批准上市。目前,该药物已被批准在超过 54 个国家使用,是我国首个获得国家食品药品监督管理局(SFDA)批准的在国内上市的重组人凝血因子。

但是重组 FⅧ产品也同样具有一些缺点:首先,野生型 FⅧ的 cDNA 分子较大,在真核细胞中表达量较低,制备较难;其次,个别几种已经上市的重组 FⅧ制剂中含有人血清白蛋白作为稳定剂,这就使其存在感染病毒的可能性。

前文提到 FⅧ分子中的 B 区与 FⅧ活性无关,并且研究者进一步发现敲除 B 区后得到的突变子与野生型 FⅧ具有相同的生物学特性,半衰期、凝血酶酶切产物、凝血酶活化效率、与 vWF 的结合能力等理化性质与野生型 FⅧ也没有差别,并且敲除 B 区后 FⅧ分子的稳定性和表达率均有所提高。因此,B 区缺失型重组 FⅧ制剂目前是人们研究的热点。由瑞典法玛西亚(Pharmacia & Upjohn)公司研制的 Refacto 正是此类药物,目前已经进入Ⅱ/Ⅲ期临床试验研究阶段。

2. 凝血因子Ⅸ

(1) 凝血因子Ⅸ的结构与功能:凝血因子Ⅸ(FⅨ)同时参与内源性凝血系统与外源性凝血系统。B 型血友病是由于编码 FⅨ的基因突变引起血液中 FⅨ的活性降低或含量减少导致的先天性凝血机制障碍。因此,FⅨ制剂可用于治疗 B 型血友病。

FⅨ是凝血系统的丝氨酸蛋白酶之一,是维生素 K 依赖因子,在体内由肝细胞合成后经多种化学修饰成为成熟蛋白后被分泌到血液中。FⅨ最初是一种酶原,是无活性的前体,在去除其信号肽并糖基化后被 FⅪa(内源性途径)或 FⅦa(外源性途径)切割产生双链形式,其中双链通过二硫键连接。在 FⅨ激活后,在 Ca^{2+}、膜磷脂和 FⅧa 存在的情况下,它会水解 FⅩ中的一个精氨酸-异亮氨酸键,激活 FⅩ形成因 FⅩa。FⅨ基因位于人染色体 Xq27.1,全长约 33.5 kb,包含有 8 个外显子,mRNA 长 2 775 bp,蛋白由 415 个氨基酸残基组成。成熟蛋白从 N 端开始分别为 GLA 结构域、EGF1、EGF2、连接肽、激活肽和进行催化切割的 C-末端胰蛋白酶样肽酶结构域。

(2) 凝血因子Ⅸ制剂种类:FⅨ制剂主要有 FⅨ复合物、高纯度 FⅨ制剂及重组 FⅨ制剂。

1) FⅨ复合物:我国目前生产的 FⅨ制剂主要是人凝血酶原复合物(human prothrombin complex, PCC)。PCC 是将血浆中 FⅧ部分去除后得到的制品,主要治疗成分是 FⅡ、FⅦ、FⅨ和 FⅩ。主要用于治疗先天性和获得性 FⅨ缺乏症(B 型血友病),以及 FⅡ、FⅦ、FⅩ 缺乏症;抗凝剂过量;维生素 K 缺乏症;肝病导致的出血患者需要纠正凝血功能障碍时;各种原因所致的凝血酶原时间延长而拟行外科手术患者,但对凝血因子Ⅴ缺乏者可能无效;治疗已产生 FⅧ抑制物的 A 型血友病患者的出血症状;逆转香豆素类抗凝剂诱导的出血。但由于 PCC 成分复杂,故易导致血栓形成,并且由于来源于血浆,因此易导致患者被病毒感染。我国生产的 PCC 取自健康献血员的新鲜分离液体血浆、冰冻血浆,用直接凝胶吸附法或低温乙醇和聚乙二醇法自血浆中分离蛋白并用无机盐吸附法、离子交换吸附法和扩张床吸附技术(expand bed adsorption, EBA)等方法进行提纯。经灭活病毒后配制成规定浓度的溶液,加适量稳定剂(如肝素),除菌滤过,无菌灌装,不含防腐剂和抗生素,冷冻干燥真空密封制备而成。药品于 2～8 ℃避光保存和运输。目前国内只有两家企业生产人凝血

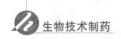

酶原复合物。

2)高纯度FⅨ制剂:高纯度FⅨ可应用亲和层析法与离子交换层析法相结合,大批量从血浆中分离得到。该工艺可用于大规模工业生产。在进行亲和层析前,可以先用有机溶剂/去污剂混合物(S/D)法灭活病毒,因此产品纯度高、安全性好,与新鲜血浆相比纯度提升了1万倍以上。

3)重组FⅨ制剂:2014年3月,美国FDA批准百健艾迪公司(Biogen Idec, Inc.)生产的重组FⅨ(商品名为Alprolix)上市。Alprolix含人类IgG1的Fc区段,故可与Fc受体结合,反复进入血液循环,延迟免疫球蛋白的溶酶体衰解,从而延长其血浆半衰期,延长凝血作用时间。所以Alprolix不但可以预防B型血友病患者出血,减少出血频率,还能减少注射次数,提高患者生活质量。

3. 凝血因子Ⅶ

(1)凝血因子Ⅶ的结构与功能:凝血因子Ⅶ(FⅦ)与FⅨ一样,也是凝血系统的丝氨酸蛋白酶之一,是一种单链糖蛋白的酶原,由406个氨基酸组成,能启动外源性凝血级联反应。FⅦ的肽链主要包含N-端的Gla区、类表皮生长因子EGF-1和EGF-2区以及C端的丝氨酸蛋白酶区,被激活时152位的精氨酸(Arg)和153位的异亮氨酸(Ile)之间的肽键断裂,同时位于135位和262位的半胱氨酸形成二硫键连接轻链和重链,最终形成活化FⅦ参与凝血过程。重链部分残基是FⅦ具有催化作用的功能区,FⅦ半衰期为4~6小时,血浆含量较低。

在血友病患者的治疗过程中,5%~25%的A型血友病患者会产生抗FⅧ抗体,而B型血友病患者产生抗FⅨ抗体的概率为3%~6%,这极大地增加了患者的治疗难度。若出现上述情况,患者可以选择直接完全去除体内的凝血因子抗体、提高凝血因子浓缩物的用药剂量和采用其他替代药剂进行治疗这三种方法进行解决。目前临床常使用FⅦ进行替代治疗,其机制可能是活化的FⅦ可在血小板表面激活生成少量的FⅩa,从而生成大量的凝血酶,直接激活凝血连锁反应的最终步骤,不依赖于FⅧ和FⅨ的存在。

(2)凝血因子Ⅶ制剂种类:1986年在冷泉港会议中Berkner等研究人员报告了在BHK细胞中表达重组FⅦ的方法,该方法也是目前市场上销售的诺和诺德公司生产的重组FⅦ药物(商品名NovoSeven)的生产方法。NovoSeven在1996年由FDA批准上市销售,其生产流程主要是人FⅦ基因在BHK细胞中被表达后以单链形式分泌到培养基质中,然后进一步裂解成具有活性的双链形式,即重组FⅦ。目前,研究人员正进一步试图在CHO中表达重组FⅦ,实验证实产量高达到5.3 mg/L,且具有生物学活性。

(五)血友病治疗药物的质控

除重组产品外,冷沉淀剂是所有凝血因子产品剂型的基础,监控好冷沉淀制剂质量有利于监控凝血因子制品的生产质量。目前主要可以从原料血质量控制、制备过程控制和保存、应用控制三个方面控制冷沉淀剂质量。对于重组产品来说原辅料、包材、菌种、发酵液、原液、半成品和成品均需严格把关,符合国家药典或注册的要求。

第三节 治疗用酶

酶是指由活细胞产生的,具有生物催化功能的高分子物质,主要参与生物体内物质代谢和能量代谢,其化学本质主要是蛋白质,少数是核糖核酸,具有高度的专一性,只催化特定的反应或产生特定的构型。治疗用酶是用于治疗疾病的酶类物质,其应用始于20世纪80年代。由于酶自身的催化作用,少量的酶制剂即可在生物pH条件及正常体温中能产生很强的定向生理效应,发挥较好的治疗效果。随着现代生物技术的发展,酶工程技术的进步,治疗用酶的应用范围亦越来越广。

一、治疗用酶的一般特征

治疗用酶是用于治疗疾病的酶类药物。绝大部分天然酶作为药物有很多缺点,如生物 pH 条件下稳定性差、具有抗原性易引起免疫反应、分子量大不易进入患病细胞以及需要辅因子协助等。因此,临床应用的治疗用酶应克服以上缺点,具备一些特定的药物性能、药物剂型要求:①在生物 pH 条件及正常体温下,具有较高的稳定性和活力;②对底物有较高的亲和力,当药物到达治疗部位后须具有足够的活性;③不受产物、体液中正常成分、处方中其他药物组分、容器或包装材料的影响;④在机体内具有较长的半衰期,可以缓慢地被分解或排出体外;⑤在生理条件下,酶促反应不可逆;⑥制剂要求高纯度,不含毒性,免疫原性低或不含免疫原性;⑦无须外源辅助因子;⑧便于贮存、使用和流通。

二、治疗用酶的来源

治疗用酶的来源广泛,主要来源于动物、植物、微生物以及基因工程技术。其中,动物来源的治疗用酶经常受品种、运输、贮存、原料选择和产量的限制;植物来源的治疗用酶经常受植物原料采集季节、地域和产量的限制;而微生物来源的治疗用酶因其产量大、品种多、成本低、可综合利用等优点成为现今治疗用酶的主要生产手段;通过基因工程技术,不仅可以大量生产以前难以获得的品种或更有效地生产现有的品种,更能生产经过结构改造甚至天然不存在的酶,并能将其进行产业化。因此,利用基因工程技术研发新的酶类药物,加速其产业化成为近年来世界各国的研发方向。

三、治疗用酶的种类

治疗用酶种类繁多,可以按照其化学本质分类,也可以按其作用用途进行分类。按照化学本质分类主要分为蛋白类酶和核酸类酶(R-酶)。其中,蛋白质酶主要包括氧化还原酶类、转移酶类、水解酶类、裂合酶类、异构酶类和合成酶类(连接酶类);核酸类酶主要包括分子内催化 R-酶和分子间催化 R-酶。按照作用用途分类主要分为消化系统疾病治疗酶类、消炎及水肿治疗酶类、冠心病治疗酶类、抗肿瘤治疗酶类、促进纤维蛋白溶解(用于治疗血栓塞病)的酶类、遗传性缺酶症的酶替代疗法酶类、五官科疾病治疗酶类、用于皮肤科疾病纤溶疗法的治疗酶类及其他用途酶类。目前,各种治疗用酶的临床应用范围不断扩大,已从单一酶的使用发展为复方制剂的使用。

四、治疗用酶的生产

治疗用酶的生产方式主要有三种,分别为生物提取法、生物合成法和化学合成法。其中,生物合成法是目前酶生产的主要方法。

生物提取法应用时间最长,且根据酶的来源不同而具体方法不同:当提取的治疗用酶为动物来源时,提取的组织需尽量新鲜,将组织血液洗去后切成小块,然后进行匀浆或分解即得到粗提液;当提取对象为植物来源时,由于植物不同组织物质差异较大,故很难期望一种方法进行提取;当提取对象为微生物来源时,可通过超声、压榨、匀浆、研磨或酶解细胞壁破碎细胞后通过离心得到粗提液。提取得到的粗提液需进一步浓缩及纯化,常用的浓缩及纯化方式为离子交换层析和亲和层析。

生物合成法首先需要通过各种手段获得性状优良的产物工程菌,然后在生物反应器中对其培养,最后经分离纯化得到目的酶类。

化学合成法目前发展较快的一种酶合成方法,但由于其合成时要求单体的纯度较高,因此成本较高,只能合成化学结构已经清楚的酶类,这极大地限制了该种方法的应用。

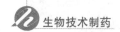

五、治疗用酶的临床用途

(一) 酶替代治疗

遗传性酶缺陷病指的是因机体内酶基因突变,使体内某些酶缺乏或活力异常,不能发挥生理功能,造成关键产物或底物的不足或过多积累,从而引起机体代谢异常,造成器官组织的损害。目前,该类疾病可通过补充相应的缺陷酶,通过重启相应代谢过程改善临床症状,此种方法即为酶替代治疗。其疗效与酶的特性、来源直接相关。采用酶替代疗法治疗的患者并不能将疾病彻底根除,正如糖尿病需要定期注射胰岛素一样,只能通过定期注射缓解症状,此类药物生产厂家较少,因此总体治疗费用较高。目前临床上常用于此功效的酶类有腺苷脱氨酶、β-葡糖脑苷酯酶、α-半乳糖苷酶、α-L-艾杜糖醛酸酶和酸性神经酰胺酶等(表 13-3-1)。

表 13-3-1 临床常用替代治疗用酶

缺乏的酶	治疗用酶	批准时间(年)	适应证	患者临床表现	药物临床评价
腺苷脱氨酶(Adagen, ADA)	牛 ADA	1990	严重复合免疫缺陷综合征(SCID)	患者不能抵抗任何微生物的感染,只能在无菌条件下生活	使缺少 ADA 患者的 T、B 细胞功能恢复,起到缓解症状作用
葡糖脑苷酯酶	β-葡糖脑苷酯酶	1991	Gaucher's Ⅰ型(戈谢症Ⅰ型)	肝脾肿大、贫血、骨骼破坏、生长发育落后、骨痛	国内外患者应用药物伊米苷酶 ERT 治疗 1~2 年后,血红蛋白和血小板均显著增加,肝、脾体积显著缩小,部分患者骨痛缓解,发育速度加快
α-半乳糖苷酶	α-半乳糖苷酶	2003	Farbry's 症(法布莱症)	肢体末端间歇性的疼痛,皮肤上呈现暗红色斑点且多半分布于下腹部到大腿之间,成年后,出现进行性的肾脏、心血管及脑血管病变	目前已完成的Ⅱ、Ⅲ期临床试验中,绝大多数患者血浆中 Gb3 水平以及心脏、肾脏和皮肤中的沉积显著降低,且维持在较低水平,患者的临床症状和体征明显改善或消失,如周围神经痛、腹痛、腹泻和血管角质瘤等
α-L-艾杜糖醛酸酶	α-L-艾杜糖醛酸酶	2003	Hurler 和 Hurler-Scheie 型黏多糖贮积病Ⅰ型	内脏病变、骨骼畸形和智力障碍方面的症状较严重	改善呼吸道和肺功能,增加关节运动范围
酸性神经酰胺酶	重组人酸性神经酰胺酶(rhAC)	2019(FDA 已授予快速通道)	Farber disease	酸性神经酰胺酶缺乏导致神经酰胺在细胞内积聚,神经酰胺具有促炎和促凋亡作用	在法韦尔病小鼠模型中,减少了神经酰胺的积累和相关组织炎症

(二) 治疗性酶

随着科学技术的进步,酶类在治疗上的应用也随之飞速发展。提纯的酶制剂出现以后,加速了研究人员对酶促反应、底物和整个生理过程中的作用机制的进一步研究。据不完全统计,目前已有100 多种治疗用酶应用于临床,其中疗效明确、使用安全的品种有 70 多种,制剂品种已超过 700 种。常用的治疗用酶包括消化系统疾病治疗用酶,消炎、水肿治疗用酶,血栓栓塞症治疗用酶,抗肿瘤治疗用酶,冠心病治疗用酶和其他用途治疗用酶等(表13-3-2)。利用基因组学的研究成果开发基因工程酶类药物,利用化学修饰对酶进行分子改造,以提高酶的稳定性是酶类药物的研究方向。

表13-3-2 临床常用治疗性酶分类

类别	品名	收录药典	来源	作用机制与临床应用
消化系统疾病治疗用酶	胃蛋白酶	英国(BP2008)欧洲(EP6)日本(2015年版)中国(2010年版)	动物组织(猪胃黏膜)	水解大多数高分子天然蛋白质,如角蛋白、黏蛋白、精蛋白等,产物多为胨、肽和氨基酸的混合物。主要用于治疗消化不良及病后恢复期消化功能减退等
	胰酶	美国(USP28)英国(BP2008)日本(2015年版)中国(2010年版)	猪胰脏	可促进蛋白质、淀粉及脂肪的消化。用于治疗消化不良、食欲不振。尤其适合慢性胃炎、肝脏病和糖尿病患者的消化障碍
	β-半乳糖苷酶	日本(2015年版)	米曲霉	水解乳糖,助消化
消炎、水肿治疗用酶	胰蛋白酶	美国(USP28)英国(BP2008)欧洲(EP6)中国(2010年版)	牛胰脏	胰蛋白酶为肽链内切酶,可使天然蛋白、变性蛋白、纤维蛋白和黏蛋白等水解为多肽或氨基酸。由于血清中含有非特异性抑肽酶,故胰蛋白酶不会消化正常组织。临床用于脓胸、血胸、外科炎症、溃疡、创伤性损伤、瘘管等所产生的局部水肿、血肿、脓肿和呼吸道疾患溶解黏痰和脓性痰
	木瓜蛋白酶	美国(USP28)英国(BP2008)	木瓜果汁	木瓜蛋白酶能够将纤维蛋白酶原激活成为纤维蛋白溶酶,溶解病灶内的纤维蛋白、血凝块和坏死物质,加速伤口愈合。木瓜蛋白酶常用于治疗水肿,炎症以及驱虫(线虫)等疾病
血栓栓塞症治疗用酶	尿激酶	英国(BP2008)欧洲(EP6)日本(2015年版)中国(2010年版)	健康人尿液、基因重组	尿激酶作用于内源性纤维蛋白溶解系统,能催化裂解纤溶酶原成纤溶酶,后者不仅能降解纤维蛋白凝块,亦能降解血循环中的纤维蛋白原、凝血因子Ⅴ和凝血因子Ⅷ等,从而发挥溶栓作用。主要用于血栓栓塞性疾病的溶栓治疗和人工心瓣膜手术后预防血栓形成,保持血管插管和胸腔及心包腔引流管的通畅等
	纤溶酶原激活剂	美国(USP28)英国(BP2008)欧洲(EP6)	基因重组	纤溶酶原激活剂和纤维蛋白结合后被激活,诱导纤溶酶原成为纤溶酶,溶解血块,但对整个凝血系统各组分的系统性作用轻微,不会出现出血倾向。用于急性心肌梗死的溶栓治疗和血流不稳定的急性大面积肺栓塞的溶栓疗法
抗肿瘤治疗用酶	门冬酰胺酶	中国(2010年版)	基因重组	某些肿瘤细胞缺乏门冬酰胺酶合成酶而不能利用门冬酰胺,须依赖宿主供给。给予门冬酰胺酶后,细胞外液中的门冬酰胺水解成门冬氨酸,遂使肿瘤细胞缺乏门冬酰胺,蛋白合成受影响,肿瘤细胞生长抑制,最后导致死亡,正常细胞则不受影响。临床上主要用于白血病的治疗

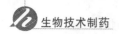

（续表）

类别	品名	收录药典	来源	作用机制与临床应用
冠心病治疗用酶	透明质酸酶	英国(BP2008) 欧洲(EP6) 中国(2010年版)	睾丸	透明质酸酶可随机裂解透明质酸、软骨素和硫酸软骨素中的β-N-乙酰己糖胺-[1→4]糖苷键。主要用作药物扩散剂,可用于治疗心肌缺血
其他用途治疗用酶	凝血酶	日本(2015年版) 中国(2010年版)	猪、牛血浆	凝血酶科促使纤维蛋白原转化为纤维蛋白,应用于创口,使血液凝固而止血。临床用于手术中不易结扎的小血管止血、消化道出血及外伤出血等

（三）药物增效作用治疗用酶

20世纪60年代研究人员首次报告,患者同时服用四环素和糜蛋白酶后,四环素的血药浓度明显升高。在随后的几年中,许多研究人员以此为基础,进一步研究此种现象发生的原因,最终得出结论,即糜蛋白酶既能增加注射部位的药物扩散作用,又能增加膜的渗透作用,因而使抗生素有更强的组织穿透性,从而提高其血药浓度。近年来,越来越多的基础实验和临床研究证明,酶对许多药物如抗肿瘤药、抗生素、激素、细胞毒性药物等均具有增效作用。

目前治疗酶对药物的增效作用的相关机制尚不清楚,但这一发现可能为治疗用酶开拓新的领域。即在酶与治疗药物的联合应用时降低药物的给药浓度,进而降低药物的不良反应和毒性反应,提高患者的生活质量。近年来,生物技术的飞速发展使生产更加安全、廉价的酶类药物成为可能。因而,可以预见酶类药物在未来具有广阔的发展前景。

复 习 题

【A 型题】

1. 以下哪种不是一般适用于临床的人工血液代用品?　　　　　　　　　　　　　　（　　）
   A. 右旋糖酐　　　　　　　B. 明胶　　　　　　　　C. PFC　　　　　　　　D. 交联血红蛋白

2. 以下哪种不是天然血红蛋白的缺点?　　　　　　　　　　　　　　　　　　　　（　　）
   A. 供氧功能低　　　　　　B. 肾毒性　　　　　　　C. 升压效应　　　　　　D. 易引起免疫发应

3. 以下哪种不是化学修饰血红蛋白?　　　　　　　　　　　　　　　　　　　　　（　　）
   A. 交联血红蛋白　　　　　B. 多聚血红蛋白　　　　C. 共轭血红蛋白　　　　D. 微囊化血红蛋白

4. 以下哪种不是基因重组血红蛋白常用表达系统?　　　　　　　　　　　　　　　（　　）
   A. 大肠埃希菌　　　　　　B. 真菌　　　　　　　　C. 支原体　　　　　　　D. 转基因动物

5. 以下哪种红细胞血型改造成功?　　　　　　　　　　　　　　　　　　　　　　（　　）
   A. B→O　　　　　　　　　　　　　　　　　　　B. A→O
   C. B→AB　　　　　　　　　　　　　　　　　　D. Rh 阳性→Rh 阴性

6. 以下凝血因子用于治疗 A 型血友病的是:　　　　　　　　　　　　　　　　　（　　）
   A. 凝血因子Ⅶ　　　　　　B. 凝血因子Ⅷ　　　　　C. 凝血因子Ⅸ　　　　　D. 凝血因子Ⅺ

7. 我国生产人凝血酶原复合物不包括以下哪种凝血因子?　　　　　　　　　　　　（　　）
   A. FⅦ　　　　　　　　　　B. FⅧ　　　　　　　　C. FⅨ　　　　　　　　D. FⅩ

8. 以下哪种是凝血因子Ⅶ的治疗对象?　　　　　　　　　　　　　　　　　　　（　　）

　　A．A 型血友病　　　　　B．B 型血友病　　　　C．C 型血友病　　　　D．A 和 B 型血友病

9. 以下哪种是治疗用酶的主要生产手段？　　　　　　　　　　　　　　　　　　　　（　　）

　　A．动物来源　　　　　　B．植物来源　　　　　C．微生物来源　　　　D．基因工程技术

10. 以下哪种不是治疗用酶的临床用途？　　　　　　　　　　　　　　　　　　　　　（　　）

　　A．药物替代治疗　　　　B．治疗性酶　　　　　C．药物减效作用　　　D．药物增效作用

11. 以下哪种不是常用于替代治疗的酶类？　　　　　　　　　　　　　　　　　　　　（　　）

　　A．胃蛋白酶　　　　　　B．腺苷脱氨酶　　　　C．β-葡糖脑苷酯酶　　D．α-半乳糖苷酶

【名词解释】

1. 血液代用品　　**2.** PFC　　**3.** 共轭血红蛋白　　**4.** 微囊化血红蛋白　　**5.** 血友病　　**6.** 治疗用酶

【简答题】

1. 简述微囊化血红蛋白的分类及优势。

2. 简述治疗用酶需要具备的特定的药物性能要求。

3. 简述糜蛋白酶作为增效作用治疗用酶的作用机制。

第十四章

海 洋 药 物

第一节 概 述

海洋占地球表面积的 71%,约为 3.61 亿 km^2。海洋的平均深度为 4 km,最深的海沟可达到 10 km 以上,远远超过陆地上最高山峰的高度。海洋水量约 13.7 亿 km^3,浩瀚无际的海洋蕴藏了丰富的生物资源、矿物资源和动力资源。早在 20 世纪,人们就对含量巨大的海洋药用生物资源进行了大规模的研究和开发,新的发现不断拓展着新的研究领域,研究水平也随着新技术的出现而不断提高。如今研究和开发利用丰富的海洋资源已经成为一种潮流和趋势。进入 21 世纪后,海洋药物的研究在国际上更是受到了未曾有过的高度重视,各路学者们不断地发挥其聪明才智来开发海洋药物这个巨大的资源宝库。自海洋研究兴起以来,众多研究成果的积累以及技术的不断进步使得未来的海洋药物研究与开发可以站在一个更高的起点上快速发展,进而必将成为创新药物的重要源泉,为人类的健康事业做出更大的贡献。

一、海洋药物发展背景

最初人类对海洋生物的利用是用作食物果腹,此后逐渐认识到海洋生物的毒性以及药用价值,而对海洋生物药用价值的认识可以追溯到几千年前。中国最早的药学专著、成书于汉代的《神农本草经》就有关于海洋药物的记载,这些古代的典籍记载为现代海洋药物的研究提供了宝贵的资料。

现代海洋药物的发展有着极其严峻的历史背景和紧迫的社会需求。由于人类自己的不当行为,人类所生存的陆地环境日益恶化,陆生资源逐渐匮乏,各种对人类生命健康造成严重威胁的疑难病症频繁发生。在这样的大背景下,人们把目光集中于海洋,并对其寄托了解决人类资源危机的希望。在漫长的生存斗争中,人类已经战胜或者控制住了许多疾病,但疾病仍然对人类有着严重的威胁。曾被制服的疾病卷土重来,如结核病;新的疾病不断滋生,最近 30 年内所报道的就有埃博拉出血热、川崎病、艾滋病、罗斯河热等。如今,世界上平均每年新增 2～3 种病毒病。人类通过与疾病长期斗争,只消灭了天花一种病毒病,而近 30 年里却又出现了 20 种目前还无法治疗的病毒疾病。此外,人类寿命逐渐延长,老年性疾病也日益突出,包括阿尔茨海默病、帕金森病、冠心病、白内障等。随着现代生活方式逐渐变化,又出现了不少"现代文明病",例如,工业污染引起的畸形、致癌;生活水平提高而引发的新陈代谢病(糖尿病、肥胖症等);各种神经精神性疾病等。可以说,人类与疾病的斗争仍未有尽头,前方的路任重而道远。人们在密切关注植物与微生物等这样天然药物资源的同时,将发现新的有效药物的希望寄托于开拓新的海洋药物资源。海洋药物是人类抗争疾病历史的必然选择。

现代海洋药物的研究开始于 20 世纪 40 年代,并于 20 世纪 60 年代逐渐兴起。特别是 20 世纪 60 年代以来,由于"回归大自然"的社会需求,"向海洋寻药"已经变成了国际医药界的热门话题,海洋药物渐渐发展成为令人瞩目的新药研究方向。一些沿海国家,如美国、英国、法国、澳大利亚、中国,以及北欧诸国,都先后将海洋药物的研究列入国家重大科技发展计划,并开展了大量的海洋药用资源的生物、化学以及药理、毒理学研究。

现代海洋药物的迅速发展有其相应的学科背景。19 世纪末至 20 世纪初,随着近代化学、生物学以及医学的发展,有机化学领域里的天然有机化学得以迅速发展。陆地生物,特别是植物天然产物以及其天然药物方面的研究取得了一系列的重大成果,天然产物的研究范围由原先的陆地逐渐拓展至海洋生物领域。早期,有不少学者都发表了有关海洋生物药用前景的论文和专著。例如,美国学者 Halstead 等广泛调查了海洋有毒生物,出版了《世界有毒及有毒腺的海洋生物》,并先后出版 3 本专著总结了 3 000 年以来的大量古代资料以及近代 20 余年的科学文献,指出有特异生理活性的物质分布在各门类的海洋生物中,特别是在海洋动物中。这些论著吸引了科学家的广泛兴趣,对海洋天然产物化学、海洋药学以及毒理学的发展起到了有影响力的推动作用。自 20 世纪 60 年代开始,美国、日本等国的学者开展了采集海洋生物和筛选生物活性的工作,并进行了化学、药理及毒理的研究。但由于采集时常有困难,再加上人们对海洋动植物的分类学研究不比陆地动植物清楚,致使其化学成分的分离鉴定比陆地动植物更加复杂,因此海洋动植物的研究进展较为缓慢。20 世纪 60—70 年代以来,生物技术、分离纯化技术以及分析检测技术有了长足的发展与进步,直接推动了人类对海洋生物的认识研究以及综合开发利用,同时使得海洋药物的研究开发进入飞速发展的新阶段。到了 80 年代,科学家们在该领域的研究已经积累了一定的经验,再加上新技术和新方法的应用,使得海洋天然产物化学的研究出现了新的高潮。在海洋药物研究初期,研究工作主要集中于海洋产物的新结构发现以及具有独特结构的化合物的合成。80 年代以后,在海洋天然产物生物活性方面的研究引起了学术界的重视,并渐渐形成一个明确的方向——海洋生物药学。起初,生物活性的研究主要集中在神经系统的膜活性毒素和离子通道活性,抗病毒、抗肿瘤以及抗炎等方面。90 年代以后,随着生物和分子药理学实验的发展进步,重组 DNA 以及基因分析技术的出现,有越来越多的分

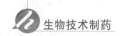

子受体用于海洋天然产物的药理活性研究,进而发现了海洋天然产物各种各样的生物活性,海洋药物的研究开发进入了新阶段。

二、海洋药物发展的药用生物资源基础

海洋药物研究的源头为海洋生物,而海洋生物生活于海洋水体环境中。海洋是一个具有巨大的时空尺度的复杂开放系统,由物理、化学、生物、地质过程偶联起来。海洋不但制约了世界气候、大气层、水循环、矿质循环等许许多多的自然过程,而且还是人类赖以生存的资源宝库。海洋提供了大气中70%的氧气,吸收的二氧化碳是大气容量的60倍,并且吸收了80%的太阳能,调节了大气湿度和地球表面温度。生活在海洋中的生物具有特殊的新陈代谢机制,能将阳光转换为化学能和各种特殊的细胞产物。海洋环境赋予了海洋生物丰富的化学成分多样性以及物种多样性,并为人类提供了巨大的药用生物资源。

海洋占地球表面积的71%,海洋的水体体积为生物圈的95%,海洋的生物种类占地球生物物种的80%,而海洋中的生物总量占地球总生物量的87%。海洋不仅是地球万物的生命之源,也是地球上生物资源最丰富的区域,是一个巨大的资源宝库。例如,目前发现的33个动物门中,海洋生境拥有32个,其中15个门是海洋所特有;陆地生境只有18个门,其中仅有1个门为陆地特有。这表示海洋是保存了地球上绝大部分生物多样性的地方。

海洋生物按生物学特征分为海洋动物、海洋植物以及海洋微生物三大类。海洋植物仅生存于有足够阳光能够进行光合作用的上层区域,包括海洋低等植物与海洋高等植物两大类。低等植物以海藻为主,而高等植物以被子植物(如红树植物)与蕨类植物为主。海洋动物生活范围更加广泛,在海洋的各个深度都可以寻到其踪迹。海洋微生物主要包括细菌、真菌、病毒以及放线菌等,大部分的海洋微生物和其他生物都存在着共生、寄生、附生或共栖关系,海洋微生物种数较为庞大,现已知种类达100万种以上。

海洋生物除了具有丰富的物种多样性,还有着丰富的生态多样性和遗传多样性。海洋生物的生态系统多样性和海洋生物群落多样性有关。海洋生物群落,如珊瑚礁生物群落、红树林生物群落、近海生物群落和大洋生物群落等,根据其栖息的环境而分为了不同的类型,每个都有代表性和典型性。

除了物种、遗传和生态多样性以外,化学成分的多样性更加重要。海洋生物的生长发育和代谢与海洋环境密切相关。在不同的地区,海洋环境表现出巨大的差异性,有寡营养、少光照、缺氧、高盐、高温高压以及低温等特点。在这种特殊环境中,海洋生物为了在生存竞争中求得一席之地,在长期的进化演变中产生了种类繁多、结构新颖以及功能特殊的代谢产物或生理活性物质,逐渐形成复杂的化学生态学特征。海洋生物的次级代谢产物的生物合成途径与酶反应系统和陆地生物差异极大,使得海洋生物产生结构新颖、生物活性多样并且显著的海洋天然产物,为新药的研究和开发提供大量的模式结构和药物前体。现有研究成果表明,海洋生物多样性以及生物活性物质的结构多样性远超陆生生物,这些活性物质正是人类进行药物研究开发以及用作药物的化合物基础。

需指出的是海洋生物资源中低等海洋生物在海洋食物链中拥有重要的地位,有着关键的化学生态学作用。为了在严酷的海洋环境中生存下来,很多海洋生物在生命过程中会代谢产生一些有着特殊结构、生物活性显著的小分子化合物质,即为次生代谢产物。这些次生代谢产物通过麻痹和毒杀的方式来抵御海洋环境的捕食者、竞争者以及捕猎猎物,或者用以防范天敌的进攻,避免海洋微生物的附着,以及物种间的信息传递。现代药理研究证明,很多低等海洋生物含有的次级代谢产物对人类多种疾病都有着很好的药理作用,它们是海洋药物研究开发的重要药用资源。

三、海洋药物发展的主要成就

在经历了半个多世纪的发展之后,海洋天然产物和海洋药物的研究取得了巨大进展,已对海洋药用生物资源进行了大规模的筛选和开发利用工作,并涉及了大多数已知的海洋生物种类。其中,

由于热带海洋无脊椎动物有着丰富的生物多样性和化学多样性,相对被研究的最为充分。随着研究不断深入,涉及的海洋生物逐渐向深海、极地、高温、高寒等极端环境下的生物资源方面拓展。科学家们从海绵、珊瑚、软体动物、棘皮动物、苔藓虫和海藻等海洋生物中分离鉴定出 2 万余种新型化合物,其中近半数都具有各种生物活性,大量化合物具有抗肿瘤、抗病毒、抗菌、驱虫、抗心脑血管病、免疫调节、抗老年痴呆等作用,如萜类、甾体类、肽类、生物碱类、酰胺类、内酯类等,展现出广阔的药用开发前景。其中,大约 0.1% 的海洋天然产物有着新颖的结构和独特的活性,极具研究开发潜力,是药物研究中的重要先导化合物来源。自 1974 年阿糖腺苷 Ara-A(抗病毒药物)及阿糖胞苷 Ara-C(抗肿瘤药物)成为处方药以来,国际上公认的有 3 个系列的海洋药物投入市场,并进行了大规模应用,即阿糖腺苷 Ara-A(抗病毒药物)、头孢菌素类 cephalosporins(抗菌药物)和阿糖胞苷 Ara-C(抗肿瘤药物)及其衍生物系列。2004 年,来自于海洋芋螺的毒肽(芋螺毒素)被开发成为镇痛药物,并由美国 FDA 批准 Elan 公司上市,药物是 ziconotide 鞘内输注液,用于治疗用其他治疗方法耐受或无效患者的慢性严重疼痛;2007 年,抗癌药物 ET-743(Yondelis®)获得欧盟批准可用于治疗软组织肉瘤,这是来源于海鞘的生物碱类抗癌药,2009 年又被获批用于治疗卵巢癌。目前每年有数百种有进一步研究价值和开发前景的物质不断被发现,从全球角度看,海洋药物研究的领域十分活跃。因此,我们有充分的理由相信在短时间内,一定会有几种新的海洋药物问世并投放入市场。

目前,虽然海洋天然产物的数量增长很快,但却只占到陆地生物中所发现化合物数量的 10%。从已研究的生物资源数量上看,当前已被研究过的海洋生物仅有几千种,不到总数的 1%。由此可见,海洋生物的研究与开发有着巨大的潜力和发展空间,利用各种现代化生物技术的组装与集成对海洋药用生物资源进行合理的利用来实现其可持续发展已经成为国际社会的共识。微生物工程、代谢工程、基因工程、细胞工程、功能基因组学和蛋白质组学这些现代生物技术将会对海洋药用生物资源的保护和高效利用产生重要作用。

四、海洋药物发展中的制约因素

随着海洋天然产物研究的逐渐发展,科学家们从海洋生物体内鉴定出越来越多的天然活性成分。然而,发现天然的具有生物活性的物质只是药物研究的开始,要最终发展成一种药物还需要药物化学、毒理学、药代动力学、药理学、临床医学的系统研究。在这些系统研究中,需要解决药源及药物本身稳定性的问题以及毒力与效力的关系,还要解决人类临床应用中存在的各种问题。只有这些问题都被解决才能真正成为一种药物。此外,一些海洋生物活性物质具有已知的或者潜在的毒副作用,使其应用受到限制。

海洋这个特殊的生态环境,使得海洋生物活性物质具有许多独特的性质。它们种类繁多,活性高,多数结构特异并复杂,而且往往含量很少,事实上绝大多数的海洋生物活性物质含量极微。如西加毒素,在鱼体内含量为 $1 \times 10^{-9} \sim 10 \times 10^{-9}$,即为从 1 000 kg 鱼肉中仅能获得 1 mg 西加毒素。这说明对大部分活性物质而言,直接利用海洋生物作为原料进行分离提取很难成功,因此获得足够量的活性物质一直是转化为实际应用的关键因素之一。有些海洋生物的自然资源原本就很少,而活性天然产物的含量又很低,使得海洋药用生物资源的开发和利用有很大限制。此外由于特殊的生活环境,海洋生物含有的微量生物活性物质又因各种因素的变化,其质与量都有明显变化,因此,直接由原生海洋生物形成制药产业相当困难。

海洋药物的研究与开发还有投资大、周期长的特点。当前开发的热点除了对已知的海洋药用生物的研究外,多集中于对海洋药用生物资源的调查与筛选。目前对海洋生物资源的大规模筛选和研究大部分集中在发达国家中,以美国、日本和俄罗斯为主。由于海洋环境和资源的特殊性,对海洋药用生物资源的调查研究所需条件远远比陆生生物更加困难,使得海洋药物的研究需要高投入。美国、日本和欧盟在本领域中起步早,发展较快,并且成果显著,始终处于领先地位。美国是世界上最

早开展现代海洋药物研究的国家。美国国家研究委员会和国立癌症研究所每年各有 5 000 多万的经费用于海洋药物研究开发,美国国立卫生研究院的海洋药物研究资金为其研发资金份额的 11% 以上,与植物药、合成药基本持平。巨大的投入获得了丰厚的回报。目前,仅在在美国国立癌症研究所一家中进行临床疗效评价的海洋抗癌药物就至少有 6 种。除了治疗癌症,海洋药物对治疗其他多种疾病亦显示出巨大的潜力和广阔的应用前景,例如从加勒比海的一种柳珊瑚中所发现的活性成分有很强的抗炎活性,因此被用于皮肤过敏性疾病的治疗。欧盟在 1989 年实施海洋科学和技术计划,其中设有一项重点资助专项,名为"从海洋生物中寻找新药"。该计划的第三阶段,由 8 个国家的 19 个海洋药物科学研究机构共同实施对海洋药物的开发,形成了分工明确的系统工程,每年的研究经费达 1 亿多美元。而日本的研究中心每年用于海洋药物研究的经费也达到 1 亿多美元。因此,海洋药物研究的大发展与该领域经费的高投入是密不可分的。

五、海洋药物与海洋药物学

目前在学术界,关于海洋药物和海洋药物学等概念的界定还未有统一定论,在此根据多种参考文献及研究工作提出了相关概念的定义与内涵。

海洋药物(drug from the sea, marine drug)指来源于海洋的药物,以海洋生物含有的有效成分为基础研制开发的药物。中国传统意义上的海洋药物是以海洋生物及矿物经加工处理后直接成药,或者经过了组方配伍所制成的复方制剂;而现代意义上的海洋药物属于西药范畴,指以海洋生物中的活性天然产物为基础,经人工合成或提取分离制得的化学成分药物。目前在未特殊说明时,"海洋药物"一词一般指现代意义的药物概念。

海洋药物学(marine pharmaceutics, marine pharmacology)是研究海洋药物的一门学科。它指以海洋生物为源头,从中进行筛选和分离海洋活性天然产物,从而发现和优化药物先导化合物,揭示药物作用机制,阐释药物结构与功能的关系,研制和开发海洋创新药物,以及研究和探索海洋药物的生物学、药学以及工程化理论与技术。

海洋药物学的研究领域涉及众多相关的学科,其研究所涉及的内容十分广泛:①利用多种生物筛选模型(如抗菌、抗病毒、抗肿瘤、抗氧化、驱虫、免疫调节等活性筛选模型)以及技术,对海洋生物进行系统的活性筛选和评价,进而发现具有生物活性的海洋生物样品。②运用色谱的分离方法和技术并结合活性追踪分离方法,对具有生物活性的海洋生物样品进行分离,得到活性部位和活性单体化合物;应用波谱技术,并与化学方法结合,对化合物的化学结构和空间立体构型进行测定。③以活性单体化合物为先导结构,进行结构修饰或结构改造,研究化学结构与活性的关系,来发现活性更强但毒性更小的新的活性成分,为研究开发新药提供先导化合物。④对先导化合物进行新药临床前研究,在此基础上进行临床试验,申报新药。⑤采用多种方法,如人工养殖、化学合成和生物工程(基因工程、发酵工程和细胞工程等)技术以提供大量化合物,解决药源问题。⑥利用多种生物技术进行海洋生物化学生态学、分子生物学、基因组学、蛋白质组学以及生物信息学等方面的研究,为海洋药物研究开拓新的药用生物资源。

第二节　经典海洋药物

一、海洋药物研究概况

(一)历史进程

回顾现代海洋药物的整个发展历史,早期有很多重要的发现和成就一直引领、激励着后来的研究者。

1945 年,Emerson 等科学家发表"海洋药理活性物质"的综述论文,第一次展现出海洋天然产物的药用潜能。同年,Brotzu 从意大利撒丁岛的海洋污泥中分离出一株海洋真菌;1953 年,Abranham 从中分离得到头孢菌素 C,该化合物经水解获得的头孢烯母核在此后成为头孢霉素类抗生素的合成材料。这一发现奠定了头孢菌素 C 系列抗生素的基础,并对后来海洋药物的发现起到了巨大的鼓舞作用。

1950—1956 年,Bergmann 从加勒比海海绵中发现特异海绵核苷,这成为后来重要的抗癌药物以及抗病毒药物的先导化合物,为 Ara-C 和 Ara-A 这两类海洋药物的问世奠定了基础,这一发现也是现代海洋药物研究成功的典范。

1964 年,科学家们对河豚毒素(TTX)的结构测定成功。1972 年,Kishi 用化学合成法合成河豚毒素并研究其立体结构。河豚毒素的合成成功对整个海洋天然产物的研究都起到了积极的促进作用。

1965 年,Arigoni 报道了第一个海洋二倍半萜结构,不仅拓展了人们对于海洋天然产物结构的认识,还在 20 世纪 60 年代末至 70 年代初的时间里形成了海洋天然产物研究的第一个热潮。

1969 年,有报道称从加勒比海柳珊瑚中分离得到高含量的前列腺素 15R-PGA$_2$,这一发现极大地刺激了化学界对于来自海洋生物的活性物质的兴趣,并被认为是现代海洋药物发展的一个触发点,还对海洋生物次级代谢产物的研究起到推动作用。同一年,Baslow 的《海洋药物学》(*Marine Pharmacology*,1977 年再版)出版。这本书总结了前人的研究成果,并预测了海洋生物的广阔前景,对海洋天然产物化学、毒理学和海洋药物学的发展起到了巨大的鼓舞作用。

到 20 世纪 80 年代,该领域的研究已有了相当多的积累。再加上新技术和新方法的应用,海洋药物研究出现了新高潮。但是,由于海洋生物的采集有时十分困难,分类学研究也不如陆地动植物清楚,且海洋生物的化学成分复杂且微量存在,因此研究进展较为缓慢。海洋天然产物是海洋药物研究的基础。发展初期,化学家们的注意力主要集中于新结构的发现以及具有独特结构天然产物的合成上,忽略了药理活性的筛选和研究。80 年代以后,对海洋天然产物的生物活性研究才渐渐有了明确的方向,就是海洋生物药学。因为早期对海洋有毒生物及其毒素的研究发展较快,因此在海洋生物药学发展初期,生物活性方面的研究主要集中于神经系统的离子通道活性、膜活性毒素等方面,此后逐步开展了抗病毒、抗炎、抗肿瘤等活性方面的研究。

20 世纪 90 年代以来发现了海洋天然产物多种多样的生物活性。到目前为止,从海洋细菌、放线菌、真菌、海藻、海绵、软珊瑚、棘皮动物、苔藓动物、被囊动物、后鳃亚纲软体动物等海洋生物中分离得到超过 2 万种新化合物,已发现一批重要的具有抗菌、抗炎、抗病毒、抗癌、驱虫等各种活性的海洋天然产物。

已发现的海洋来源的化合物中有超过 0.1% 的化合物具有新颖的结构以及显著的生物活性,有望成为重要的药物先导化合物或者是有潜力的药物。除了已发表大量的学术论文,关于海洋天然产物方面的专利也逐渐增多。20 世纪 90 年代,美国癌症研究中心批准了 5 种海洋药物进入抗癌临床试验,另有 10 余种进行临床前研究。目前,在国际上公认的已经投放市场的海洋药物有以下几种:头孢菌素类抗生素,是源于海洋真菌的系列抗菌药物;Ara-A 及其类似物,是源于海绵的系列抗病毒药物;源于海绵的抗癌药物 Ara-C 以及源于芋螺的镇痛药物芋螺毒素等。

近 20 年来,对海洋药物先导化合物的发现和此后的临床前以及临床研究发展十分迅速。全球在临床前研究的海洋先导化合物中涉及抗菌、抗炎、抗病毒、驱虫、抗凝血和抗血小板等活性,作用于心血管、免疫、内分泌、神经等系统,还有其他混合的作用机制。最新统计数字表明,除了已经开发成功进入临床的药物以外,已有 34 种药物先后进入临床研究,同时还有数百种化合物处于临床前研究阶段。

从生物来源的角度看,进入临床研究的候选药物以及正处于临床前研究的药物先导化合物主要是来源于海洋无脊椎动物,尤其是海绵、软体动物以及被囊动物(尾索动物),有少数来源于海藻、海洋脊椎动物和微生物。海绵、软体动物和被囊动物(尾索动物)为主要的药源生物。从化学结构角度来说,这些先导化合物和药物的结构类型多种多样,包括肽类、甾体类、核苷类、内酯类、萜类、酰胺类、鞘糖脂类、聚醚类以及杂环类等。其中肽类化合物,尤其是环肽类最多。从药理角度来说,抗癌药物所占比例最大,作用于微管蛋白聚合、DNA合成、蛋白质合成、新生血管合成、信号转导通路等多种靶点。其中大部分是海洋天然产物的直接应用或者是其结构的修饰产物(结构类似物以及半合成衍生物)。

我国近年来也有10多种抗病毒、抗炎、抗肿瘤、抗动脉粥样硬化和抗老年痴呆等疾病药物处于临床前及临床研究阶段。

(二) 抗癌药物先导化合物的发现

尽管人类已经对癌症展开了广泛并且深入的研究,但在最近的五十年里,美国基于年龄的癌症死亡率并没有明显的降低。各个研究机构对天然产物作为抗癌新药的资源做了系统评价,虽然已发现了一些重要新药,并在治疗像白血病等广泛分布的癌症方面疗效很高,但是在目前应用的抗增殖或细胞毒药物中仅有少数一些对最常见的慢性增殖肿瘤显示有临床效果。对于这一问题,美国国家癌症研究所(NCI)在1985—1990年这5年间逐步地淘汰掉鼠白血病P-388抗癌药物筛选系统,并建立由60株人的肿瘤细胞组成的体外初筛平台来取而代之。利用这一平台对化合物进行筛选,可使化合物获得活性"指纹图谱",在和化合物数据库进行比对时便可获得有关且有用的信息。针对天然产物的抗肿瘤活性,NCI建立了有效的体内和体外评价体系,且同样在海洋抗肿瘤候选新药的发现和优化中得到了应用。除了NCI使用的细胞筛选模型,许多医药企业和研究机构的实验室还用癌细胞增殖和分化中的特定分子作为靶点,研发了完善的分子及生化筛选技术。这些研究再加上高通量筛选新技术的应用,毫无疑问将引导以海洋药物为基础的新型低毒化疗制剂的发现。

几十年来,从各类的海洋生物中发现了一批具有应用前景的抗癌药物先导化合物。例如,系列大环内酯化合物Bryostatins,从总合草苔虫 B. neritina 中分离得到。其中,Bryostatin 1可以和蛋白激酶C(PKC)结合调节PKC的功能(图14-2-1)。它能诱导分化癌细胞,能诱导或抑制其他组织和器官产生各种因子。除此以外,Bryostatins 1有免疫调节作用,即可以激活免疫系统杀死恶性肿瘤细胞,并增加病患外周白细胞对IL-2诱导增殖的反应性,还可以促进LAK活性。

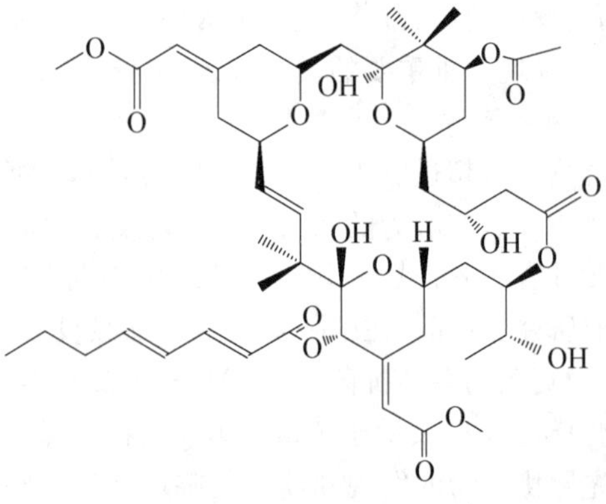

图 14-2-1 Bryostatin 1

从加勒比海海鞘 Trididemmum solidum 中分离得到了环缩肽类化合物 Aplidine(Dehydrodidemnin B,脱氢膜海鞘素 B)和 Didemnin B(膜海鞘素 B),且体内筛选的结果显示有强烈的抗P-388白血病和 B-16 黑色素瘤活性(图 14-2-2)。尽管在临床研究中 Didemnin B 由于较强的毒副作用和其他的一些原因最后被淘汰,但是该化合物对海洋抗癌药物的研究和开发具有里程碑的意义。Aplidine 在体内和体外的抗肿瘤筛选中均显示出具有比 Didemnin B 更强的抗肿瘤活性,是目前进行深入研究的热点化合物之一。

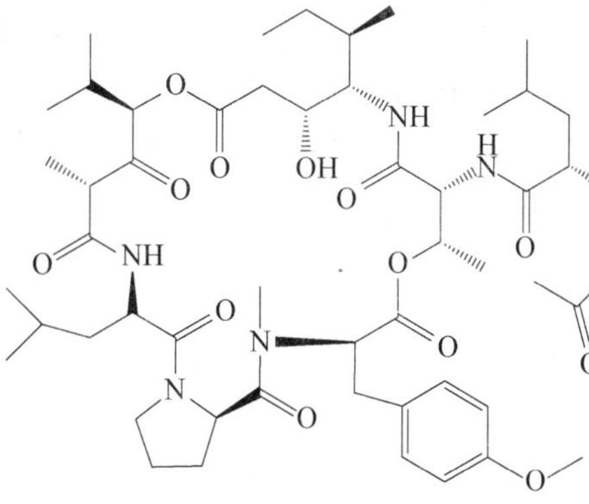

图 14-2-2 Aplidine

从来源于印度洋的耳状截尾海兔 *Dolabellaauricularia* 中获得了线性缩肽 Dolastatins 类化合物(图 14-2-3)。这类化合物能够抑制微管聚合并促进其解聚,还可以干扰肿瘤细胞的有丝分裂,并且对多种癌细胞有诱导凋亡的作用,是一类来源于海洋生物的新型细胞生长抑制剂。其中 Dolastatins10 和 15 对于卵巢癌等癌细胞能够产生很强的抑制作用。作用于微管的药物可以明显地降低肿瘤血管的血流量,而 Dolastatin10 甚至可以降低肿瘤 90% 的血流量。这一发现为实体瘤的治疗以及抗转移药物的研究提供了新途径。此外,在许多种类的海洋生物中还发现了很多化合物,这些化合物都显示出了更进一步的抗癌活性研究价值。

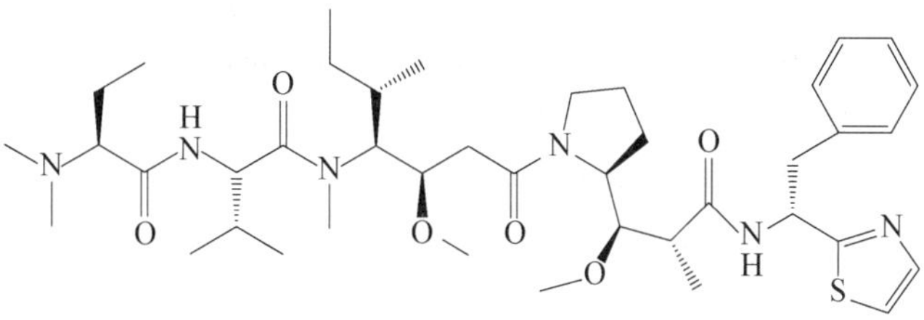

图 14-2-3 Dolastatin 10

(三) 抗菌药物先导化合物的发现

抗生素在产生巨大疗效同时,也由于滥用而产生了耐药性。使得以前看来只是普通的感染,现在也无法得到有效的治疗。例如,肠球菌在以前只是一种低级别的病原体,但现在却已经成为美国第三大最常见医源性感染疾病的病因。目前,葡萄球菌 *Staphylococcus aureus* 的威胁更加令人担忧。1941 年,世界范围内的所有 *S. aureus* 对青霉素 G 都敏感,但是到 1992 年时,95% 该种致病菌的菌株都有了耐药性。万古霉素是糖肽类抗生素,是治疗抗甲氧苯青霉素葡萄球菌感染的首选药物,却已经在许多治疗中失效,这引起人们对新型"超级细菌"(对现有的各种抗生素均有耐药性)的恐慌。临床上目前所出现的一些耐药性细菌感染事件迫使人们快速并且持续地开发新类型抗生素,来跟上细菌对抗生素敏感性不断变化的脚步。

海洋天然产物中有相当一部分的化合物具有抗菌活性。例如有研究表明与海洋动植物共附生

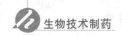
的微生物是很丰富的抗菌资源,有日本学者发现大约有 27% 的海洋微生物代谢产物有抗菌活性。

抗菌类药物中最为重要的是头孢菌素类抗生素。它的先导化合物头孢菌素 C 就属于从海洋微生物中发现的天然产物。该化合物对耐青霉素葡萄球菌具有抗菌活性,在针对药效学进行的结构改造中发现,头孢菌素 C 水解后产生的 7-氨基头孢烷酸再进行结构修饰,可以获得明显增强了药物活性的系列抗菌药物。目前,头孢菌素类是最大的一类抗生素药物。

最近 30 年以来,由于免疫缺陷患者数在一定程度上的显著增加,会威胁生命的真菌感染频率也急剧上升。根据调查,在感染 HIV 的患者里有 84% 口咽部感染有真菌假丝酵母 Candida sp.,并且有 55% 已经发展成为临床鹅口疮。对于新的抗真菌药物,发现的过程还十分缓慢。即使对氟康唑这种较新的唑类药物来说,也已发现了数量惊人的抗性菌株。开发如此困难,其中一个主要原因为真菌属于真核生物,和其人类宿主拥有许多共同特征。解决该问题的一个合理方法是用真菌特定的生化和分子特性当做靶点进行研究。现在从海洋中已发现了很多有研究价值的抗真菌活性化合物,一些已成为药物先导化合物。例如,抗真菌剂 15G256γ,是从海洋真菌 Hypoxylon oceanicum 中发现的一种新型环酯肽类化合物,它可以抑制真菌细胞壁的合成。

(四) 抗病毒药物先导化合物的发现

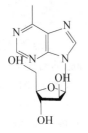

图 14-2-4　Ara-A

病毒寄生于宿主细胞内,其增殖复制依赖宿主的细胞代谢系统,但在病毒基因提供的遗传信息调控下来合成病毒的核酸和蛋白质,再于胞质内装配为成熟的感染性病毒体,并以各种方式从细胞释放出来感染其他细胞。抗病毒感染的途径有很多,如直接抑制或者杀灭病毒、干扰病毒吸附、抑制病毒生物合成、阻止病毒穿入细胞或增强宿主抗病毒能力等。

Ara-A 是一种源于海洋低等无脊椎动物海绵中的天然产物(图 14-2-4)。它不仅是第一个核苷类抗病毒药物,也是首个可以进行静脉注射的抗病毒药物,此基础上,科学家们又研究开发出一系列抗病毒的核苷类药物,包括抗 HIV,如阿昔洛韦等。

近年来已从海洋生物中发现了许多特殊结构的天然产物,具有显著的抗病毒活性。如小分子蛋白质 cyanovirin-N(CY-N),发现于蓝细菌 Nostoc ellipsosporum,有较强的抗 HIV 作用,较低浓度下就可以完全抑制 HIV-2 病毒株的感染性,因而有望变成新的抗艾滋病的药物制剂。该化合物有 101 个氨基酸,现已通过大肠埃希菌的基因工程成功表达。

(五) 抗炎药物先导化合物的发现

炎症和疼痛是很多慢性疾病的症状表现。对于像类风湿关节炎和肠炎综合征这样的自身免疫性疾病,存在一个严重问题,即现有药物很难治愈。很多与炎症性疾病有关的不适症状都是由炎症自身引起的,因此人们付出很大努力来寻找更加有效的抗炎新药。

海洋生物中发现的一批抗炎活性化合物中最引人注目的是 Manoalide(图 14-2-5),它是从海绵 Luffariella variabilis 中分离获得的二倍半萜类化合物,是磷脂酶 A_2(PLA$_2$)抑制剂。可用于治疗骨关节炎的氨基葡萄糖硫酸盐是由甲壳质水解得到的单糖类衍生物,它可以显著减轻患者的炎症

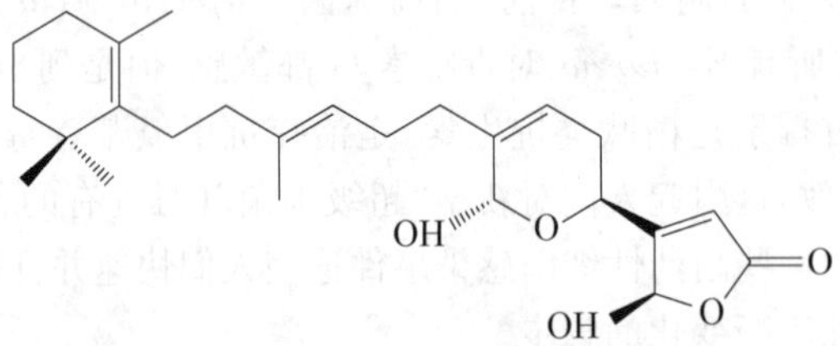

图 14-2-5　Manoalide

和疼痛。此外，从海绵 *Petrosia contignata* 中研究人员分离出一种高度氧化的甾醇类化合物，显示有抗炎活性，其结构的类似物很快会作为候选药物进入临床试验。

（六）驱虫及抗疟药物先导化合物的发现

海洋生物中已有一些具有强驱虫、抗疟作用的化合物被发现，例如红藻海人草（*Digenea*），被广泛用作驱肠虫药，含有的有效成分是 α-kainic acid（α-红藻氨酸，海人藻酸）。从海绵中也获得了一系列具有该方面活性的化合物。例如从海绵 *Amphimedon* sp. 中发现的 Amphilactams，是具有烯胺内酯特殊骨架类型的化合物，对寄生线虫 *H. contortus* 具有杀虫活性；从海绵 *Cymbastela hooperi* 中获得的四环二萜 Diisocyanoadociane 有强杀疟原虫活性，具有开发潜力（图 14-2-6）。

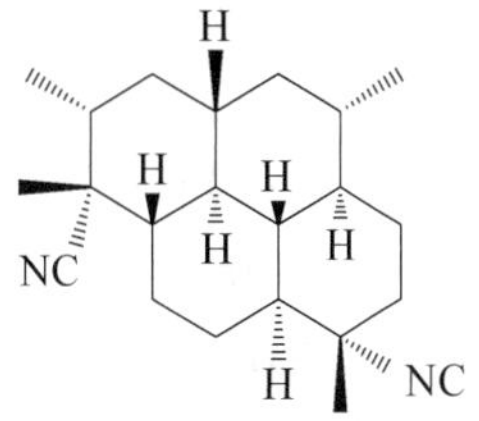

图 14-2-6　Diisocyanoadociane

二、海洋抗癌药物

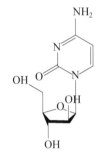

图 14-2-7　Ara-C

Ara-C（阿糖胞苷）和 Ara-A（阿糖腺苷）是临床上最早应用的核苷类药物（图 14-2-7）。Ara-C 是抗癌药物，通过在体内转化为三磷酸酯再结合进细胞 DNA 链，对 DNA 聚合酶产生抑制作用。目前临床上用 Ara-C 治疗急性白血病，对急性粒细胞白血病的疗效最好，对少数实体瘤也有作用。Ara-C 和 Ara-A 的先导化合物是特异海绵核苷类化合物，来源于海洋低等无脊椎动物海绵 *Cryptotheca crypta* 的次级代谢产物。

Ara-C 是一种人工合成的嘧啶核苷，在 1961 年被成功合成出来，1969 年被美国国食品药品管理局批准，于 20 世纪 80 年代上市。Ara-C 是急性骨髓样白血病最重要的化疗制剂。

Ara-C 是 S 期专一性性代谢细胞毒剂。Ara-C 在转运到细胞内形成三磷酸盐 Ara-CTP 时会与三磷酸核苷 dCTP 进行竞争，进而抑制 DNA 聚合酶活性以及 DNA 的合成。Ara-C 和脱氧胞苷的结构非常相似，并且拥有相同代谢途径。Ara-C 利用其核苷形式转运至细胞内，再通过细胞内系列酶的作用进行转变，成为其活性代谢产物三磷酸盐 Ara-CTP。在增殖细胞中，Ara-CTP 会与细胞内的三磷酸核苷的 dCTP 竞争性参与 DNA 复制，从而导致子链 DNA 的合成在 Ara-CTP 部位被终止。此外，Ara-C 可以通过阻断由拓扑异构酶 I 介导的 DNA 分子再连接来抑制 DNA 修复。Ara-C 的细胞毒性依赖于 DNA 合成，因此 Ara-C 引起细胞死亡的最大效应在细胞周期中的 S 期。在急性白血病中，患者的白血病细胞在细胞周期的活跃期发生选择性溶胞作用，而 G_0 期细胞对一些包括 Ara-C 在内的细胞生长抑制剂无应答。然而对于慢性淋巴白血病，Ara-C 可使静止期的细胞死亡。慢性淋巴白血病是无痛的恶性肿瘤，可以通过白血病淋巴克隆进行扩张，并导致 G_0 静止期细胞在血液、骨髓和其他髓外部位（例如肝、脾和淋巴结）中积累。[3]H 标记检测发现白血病淋巴细胞对胸腺嘧啶脱氧核苷的融合率很低；流式细胞检测发现新合成的 DNA 极少，说明处于增殖期的细胞极少。目前慢性淋巴细胞白血病的首选治疗药物是核苷酸类似物，如氟达拉滨（F-Ara-A）。增殖的白血病细胞产生细胞毒性的主要原因是核苷类似物（如氟达拉滨和 Ara-C）融合进 DNA 分子中。有研究显示，杀死静止期细胞的机制包括抑制 RNA 合成、抑制 DNA 修复、下调生存蛋白（Bel-2）和激活凋亡前体蛋白（Apaf-1）等。

Ara-C 在临床上因为一些不利因素的影响而限制了应用。例如，Ara-C 在肝、脾和胃肠道黏膜层中的快速脱氨基作用严格限制了其应用。Ara-C 血浆半衰期非常短，而且系统暴露量低，因此必须采用持续静脉滴注或者复杂的给药方式才能获得最好的疗效。目前有大量工作致力于提高 Ara-C 的治疗效果，探讨 Ara-C 口服给药的前药策略并取得一定进展，但至今未有一种制剂被获

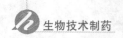

准应用。因此 Ara-C 的药物输送仍然有待改进。

三、海洋抗感染药物

(一)抗菌药物 Cephalosporin

Cephalosporin(头孢菌素)类抗生素是临床常用的抗生素,使用量位列第二,仅次于 Penicillin(青霉素)类。它和 Penicillin 类抗生素同属 β-内酰胺类化合物,但与 Penicillin 不同的是 Cephalosporin 类不会被 β-内酰胺酶水解,因此不会产生耐药性,可治疗很多对 Penicillin 耐药的细菌性感染。

(二)Cephalosporin 类药物的发展

Cephalosporin 类药物的先导化合物来源于海洋真菌的次级代谢产物 Cephalosporin C,于 1948 年被成功分离(图 14-2-8)。起初,由于 Cephalosporin C 含量极低且抗菌活性不高,人们并未多加注意。后来发现该化合物对耐 Penicillin 的葡萄球菌有抗菌作用,且对人毒性极低,因而引起生物医药界注意。药理学研究表明 Cephalosporin C 毒性低,可以使大鼠逃脱因链球菌和耐 Penicillin 葡萄球菌的感染而造成的死亡。但 Cephalosporin C 抗菌效力低,若直接用作药物则用药剂量必须很大,因此不能作为临床使用的抗菌药物。

图 14-2-8　Cephalosporin C

随后的研究发现,Cephalosporin C 相比于 Penicillin 有较为明显的优势:Cephalosporin C 对酸较稳定;水解不会产生青霉胺;不会被 Penicillin 酶水解。Abraham 等对 Cephalosporin C 的构效关系进行了研究。研究发现了能够保持 Cephalosporin C 抗菌药效的药效基团,即 7-氨基头孢烷酸(7-ACA)。7-ACA 抗菌母核结构是后来的 Cephalosporin C 类抗生素共同结构。经过水解,Cephalosporin C 可以得到头孢烯母核 7-ACA,以此为原料,再经过对 C-7 位氨基和 C-3 位侧链的修饰可以合成一系列衍生物。正是这样后来才从中开发出一代又一代的 Cephalosporin 类抗生素。

1962 年科学家们研制出第一个临床应用的 Cephalosporin 类药物,并于 1964 年上市。1962 年,第一代 Cephalosporin 类抗生素头孢氨苄(Cephalexin)问世,该药物为口服品种。此后第一代该类药物如头孢羟氨苄(Cefadroxil)、头孢噻吩(Cephalothin)、头孢拉啶(Cefradin)和头孢唑啉(Cefazolin)等相继问世。这些药物显示出和广谱青霉素有相同的抗菌谱,并对大多数革兰阳性球菌都有抗菌活性。一代头孢对能产生青霉素酶的金黄色葡萄球菌和肺炎球菌等革兰阳性菌以及肺炎杆菌、脑膜炎球菌、淋球菌和大肠埃希菌等革兰阴性菌具有强抗菌活性,在临床上主要用于如呼吸道感染这类的耐药金黄色葡萄球菌感染。第一代 Cephalosporin 类抗生素对 β-内酰胺酶不稳定,对革兰阴性菌作用较弱,并有一定肾毒性。

20 世纪 70 年代,第二代 Cephalosporin 类抗生素相继上市。这类药物对革兰阳性菌的作用与第一代相比差别不大或稍弱,但对革兰阴性菌如肠杆菌、吲哚阳性变形杆菌、流感嗜血杆菌和柠檬酸杆菌的抗菌活性相较于第一代明显增强,部分品种对脆弱拟杆菌这类厌氧菌也有显著抗菌活性,但对铜绿假单胞菌无效。第二代药物的肾毒性较第一代小,对 β-内酰胺酶的稳定性也稍有增强,主要有头孢呋辛(Cefuroxime)、头孢尼西(Cefonicid)、头孢替安(Cefotiam)等,临床上主要用于治疗克雷伯菌、肠杆菌、大肠埃希菌、尿路感染和其他器官的非铜绿假单胞菌感染。

1981年开始,第三代Cephalosporin类抗生素进入人们视野。第三代兼备第一代和第二代的优点,同时也对包括青霉素酶和头孢菌素酶的β-内酰胺酶有极高的稳定性,且基本无肾毒性。虽然该类药物的大部分品种对革兰阳性菌的抗菌活性稍逊于第一代和第二代,但对吲哚阳性变形杆菌、柠檬酸杆菌、沙雷菌、肠杆菌等革兰阴性菌有效,特别是对铜绿假单胞菌和厌氧菌作用明显增强,头孢哌酮和头孢他啶对铜绿假单胞菌有显著的活性。第三代头孢菌素中,头孢哌酮(Cefoperazone)、头孢他啶(Ceftazidine)、头孢曲松(Ceftriaxone)和头孢噻肟(Cefotaxime)的注射品种应用最多,主要用于中重度尿路感染、脑膜炎、肺炎和败血症等的治疗。头孢克肟(Cefixime)属于口服品种里对金黄色葡萄球菌活性非常低的一种,而头孢泊肟酯(Cefpodoximeproxetil)则有较强作用。

20世纪90年代,第四代Cephalosporin类抗生素上市。第四代拥有第三代的优点,同时又增强了对革兰阳性菌的活性,尤其是对耐药金黄色葡萄球菌和肺炎链球菌有比较强的活性。相比于第三代,第四代抗菌谱较宽,对多种革兰阴性菌和阳性菌都有较强的活性,有部分品种对一般头孢菌素不敏感的粪链球菌有较好杀菌活性。除此以外,第四代头孢类抗生素对铜绿假单胞菌的抗菌活性相当于头孢他啶(Ceftazidine),特别是对耐第三代头孢菌素的革兰阴性菌有活性,且对β-内酰胺酶有更高的稳定性。第四代头孢的代表药物有头孢吡肟(Cefepime)、头孢唑兰(Cefzopran)、头孢匹罗(Cefpirome)和头孢噻利(Cefoselis),多用于治疗严重的多重细菌感染。

Cephalosporin类抗生素的研究如今仍在继续。近年来,针对第三代和第四代头孢对革兰阳性菌、厌氧菌和铜绿假单胞菌抗菌活性低的特点展开新的研究,其目的在于提高药物的抗菌活性,并探索与抗菌机制不同的药物(例如喹诺酮类抗生素)进行嫁接的可能性,达到拓展抗菌谱,改善药动学特性和增强活性的特点。最近Ceftobiprole进入多个国家的市场,该药物被认为是第一个对耐甲氧西林金黄色葡萄球菌(MRSA)有效的第五代Cephalosporin类抗生素。

Cephalosporin类抗生素相比于青霉素等其他抗生素有以下特点:①抗菌谱广;②毒副作用和不良反应低,所引起的过敏反应低于青霉素,约为青霉素的1/4,尤其是过敏性休克的病例少于青霉素,故使用起来较为安全;③对酸及β-内酰胺酶较稳定;④与细胞膜上不同青霉素蛋白结合,与青霉素作用机制类似,因此细菌在头孢菌素类和青霉素类之间会产生部分交叉耐药性。

(三)Cephalosporin类抗生素的构效关系和作用机制

Cephalosporin类抗生素化学结构的基本骨架是头孢烯,该结构是双环系统,由四元β-内酰胺环和含双键的六元二氢噻嗪环稠合而成。β-内酰胺类抗生素的抗菌活性与结构中β-内酰胺环反应性直接相关,反应性越高,抗菌活性越强。单独的β-内酰胺环较为稳定,但抗菌活性也较低。Cephalosporin类抗生素结构中,桥头氮原子的键近乎平面结构,但C-3位的双键会竞争性抑制N原子上孤对电子与羰基的共振,故仍能保持β-内酰胺环的高度反应性并显示较高的抗菌活性。除β-内酰胺环外,结构中C-7位氨基差向异构化以及双键的存在和位置都有重要意义。双键饱和或移位会导致活性丧失,C-7位氨基的差向异构化也会使其失去抗菌性。

Cephalosporin类抗生素的构效关系经总结有以下几个规律:①C-7酰胺侧链引入环烯基、呋喃、噻吩、苯基或其他杂环,可以增强抗菌活性或者扩大抗菌谱;②C-7芳核侧链α-碳引入—NH、—OH、—COOH、—SO₃Na等水溶性基团并改变C-3上取代基,可以减少毒副作用,改进生物利用度,对某些革兰阴性菌尤其是铜绿假单胞菌作用增强;③C-7有同向(Syn)肟型或较大的取代基侧链对β-内酰胺酶有较强稳定性,相反具有对向(Anti)构型的异构体稳定性则较弱;④C-3的乙酰氧甲基被氯原子、甲基或含氮杂环取代可以增强抗菌活性;⑤C-3~C-4之间的双键移位所生成的△²-头孢菌素几乎没有抗菌活性。氢化噻嗪环的硫原子若被氧或亚甲基取代则可构成另一类β-内酰胺类抗生素而活性无降低。

Cephalosporin类抗生素的作用机制与Penicillin相似,主要是破坏细菌的细胞壁。这类药物会在细菌繁殖期杀死细菌,与Penicillin连接蛋白位点(羧肽酶、转肽酶、肽链内切酶)结合,进而抑制革兰氏阳性菌和阴性菌细胞壁肽聚糖的生物合成,最终产生细胞壁缺陷或无细胞壁的细菌,从而杀菌。Cephalosporin 类抗生素对革兰阴性菌例如大肠埃希菌、克雷伯菌、沙门杆菌、各类肠杆菌、吲哚阳性变形杆菌、奇异变形杆菌、流感杆菌、枸橼酸杆菌等效果明显,对多种革兰阳性球菌尤其是耐 Penicillin 金黄色葡萄球菌所致感染有良好效果。

四、海洋镇痛药物

(一) TTX 的发现

河豚是一种美味却剧毒的鱼类。日本人喜食河豚,因此常有事故发生。1909 年,日本的田原良纯首次报道,在河豚卵巢里分离得到一种毒素,并命名为河豚毒素(tetradotoxin,TTX)。TTX 在水中和有机溶剂中都不溶,因此分离纯化难度较大。直至 1952 年才得到纯的结晶。1964 年 TTX 的结构被确证。TTX 含有特殊结构,为氨基全氢化喹唑啉生物碱。该结构含有一个胍基和一个咪啶环,并

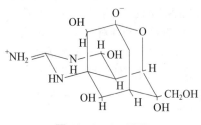

图 14-2-9 TTX

稠合于含有多个羟基的桥连多环系统中(图 14-2-9)。TTX 分子中的碳多为不对称碳,且含有多个氮、氧原子,其中 C-5-O 与 TTX 的活性有密切的关系。

(二) TTX 的毒性

TTX 是一种毒性极强的神经毒素,对神经膜表面电压门控钠离子通道有专一性阻断作用。TTX 和钠离子通道结合得十分紧密,解离平衡常数 $K_d = 10^{-10}$ nmol/L,数值非常低,因为 TTX 的环系统含有的 5 个羟基,稳定了其与钠通道的结合。TTX 是模拟水合钠离子进入肽段组成的离子通道口,首先和谷氨酸侧链亲和,再根据其他部分肽段构象改变而亲和。TTX 依靠静电作用会与通道结合得更加紧密,阻断通道内水合钠离子的运动,从而导致神经膜动作电位消失。

TTX 对人的致死量是 0.3~0.5 mg/50 kg,毒性极强,但因河豚味道鲜美,故中毒死亡事故屡见不鲜。人在食用河豚后 20 分钟至 3 小时内便会出现症状。中毒有两个阶段,第一阶段是嘴唇和舌头的轻微麻木,紧接着是脸和手足麻木,然后会出现头痛、恶心、腹泻等症状;到了第二阶段则麻痹加剧,呼吸和说话困难,血压降低,并神经受损,心律不齐等。中毒之人在完全麻痹时可能还存有意识,死亡前有时还有较为短暂的清醒。一般中毒后 4~8 小时内死亡,有少数情况在 20 分钟至 8 小时。

(三) TTX 的临床研究

TTX 虽然毒性猛烈,但具有极高的药用价值,其具有明显的镇痛作用,对肌肉、关节、神经疼痛和晚期癌症患者均有明显作用。目前的临床试验研究表明,低剂量的 TTX 有很好的生物学耐受性。

Shi 研究组的研究表明,低剂量 TTX 可以减轻严重的癌症疼痛。动物实验研究的结果说明 TTX 对毒品成瘾性的治疗具有潜力。

Nieto 等研究了 TTX 对紫杉醇引起的小鼠神经疼痛的作用,最后证明,低剂量 TTX 可以抑制紫杉醇所引起的小鼠神经疼痛。

第三节 发 展 趋 势

从几千年前,人们便已经认识到海洋生物的药用价值,并在漫长的历史过程中进行了多种多样的探索,积累了许多宝贵的经验,并为后人留下了许多有价值的相关典籍。从第一个海洋天然产物在 20 世纪 50 年代被发现以来,国际现代海洋药物的研究十分迅猛。近年来,国际上接连不断地批

准了 5 个海洋药物,包括齐考诺肽、甲磺酸艾日布林、曲贝替定、阿特塞曲斯和 Ω-3-脂肪酸乙酯,表明海洋药物的发展进入了一个全新的阶段。

虽然海洋药物方面的研究进展迅速,也有了许多可喜的成绩,但也不难看出,海洋药物的发展也有许多的限制,特别是有关于药源的问题,一直被认为是海洋药物发展的瓶颈因素。

一、海洋药物药源问题解决途径

围绕着药源问题,各国以及各学科领域的科学家都进行了多次探讨以及各种尝试。药学、生物学、分子生物学、化学等学科及其相关技术都逐渐融入进来,为解决问题贡献出了自己的一份力量。近年来,探讨的药源问题的解决途径包括通过化学全合成获得目标化合物,利用海水养殖大量获得药源生物,利用发酵工程进行大规模发酵,利用基因工程克隆并表达药源基因,或利用细胞工程培养药源生物的细胞等。这些方法已经取得了一些成果,例如几十年前便有一家制药公司养殖柳珊瑚 *Plexaura homomalla*,并通过这种方式获得大量前列腺素。目前人们对一些海洋生物进行实验,海绵、海藻、海鞘、草苔虫等生物的人工养殖效果较好,但这种方法并非对所有海洋药源生物都可行。例如海洋无脊椎动物较难进行人工养殖,且相比于自然资源,养殖的生物所含的活性化合物较低且不稳定。除此以外,还需考虑养殖的成本问题,有些海洋生物所含有的活性化合物价值低于养殖该种生物的成本,则这种方法就不适合。由于这些原因,人工养殖并未获得明显令人满意的成果,尚需进一步研究。另外,虽然实验室可以培养一些海洋生物细胞,但还不可以大规模培养来获得活性化合物,有待细胞工程技术的进一步发展来解决这个问题。对于基因工程,目前虽然仅限于肽类以及蛋白质功能基因的克隆和表达,但未来的应用前景广阔。现举一例说明人们对于药源问题的研究。

Halichondrin 是一类聚醚大环内酯类化合物,从软海绵 *Halichondria okadai* 和 *Lissodendoryx* sp. 等中提取分离出来,又称软海绵素。这类化合物结构复杂且新颖,具有强细胞毒活性,在抗肿瘤方面有巨大潜力,其中 Halichondrin B 和 Isohomohalichondrin B 更是已经进入临床前研究阶段。但因自然资源有限,使得化合物无法大量供给。下面,我们就以 Halichondrin 为例,介绍一下解决海洋药源问题的几种途径。

(一)从自然资源中获取

Lissodendoryx sp. 是一种较为稀少的深海海绵,仅存在于新西兰。经过系统的调查研究后,研究人员发现该海绵生活的海域范围不足 5 km^2,平均生物量和丰度为 (69 ± 21) g/m^2,而分布密度则是 (1.1 ± 0.1) 个海绵体/m^2。研究人员调查发现该种海绵的资源总量仅有 (289 ± 90) t,而要获得足够量的 Halichondrin 进行临床研究则至少需要 15 t 海绵,可见通过自然采集获得活性化合物对这种药源生物来说并不可取。

(二)化学合成

化学合成是一条可选的途径,但 Halichondrin 的结构式复杂,通过化学合成得到该化合物不是容易的工作。进行 Halichondrin 的全合成共需要 100 多步反应,尽管其初始化合物很廉价,但进行大批量合成的总体成本很高。此外,虽然化学合成看上去是一种实施性较高的方法,但并非所有化合物都适用。因为许多化合物都有立体构型,而所需要的可能仅为一种构型,因此化合物的立体构型需要控制,或化合物的骨架结构很复杂,或者这两者都有。而 Halichondrin 的结构骨架均具备以上两种特点。通过大量研究表明,Halichondrin 的右半边分子结构起主要作用,该二醇结构(C-38 位前)和母化合物 Halichondrin B 有同一数量级的细胞毒活性和相同活性模式,因此合成研究集中在这部分分子中(C-1~C-38)(图 14-3-1)。后来的研究发现了 C-14~C-38 片段的新合成策略,自此,大批量合成与母化合物相类似的分子片段也成了一种选择。

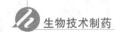

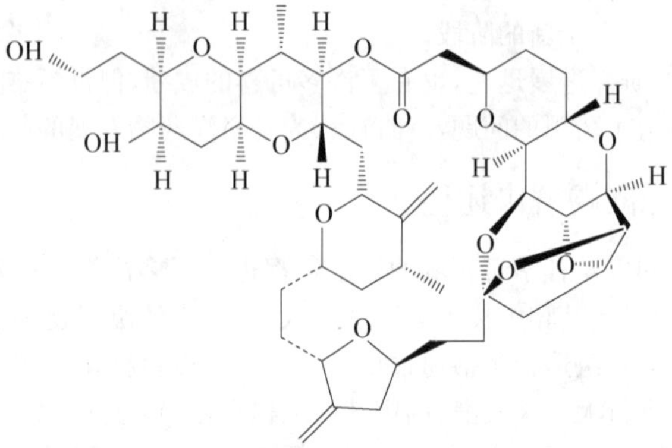

生物技术制药

图 14-3-1　Halichondrin B 的右半边二醇结构

（三）海水养殖

由于海绵 *Lissodendoryx* sp. 仅存在于新西兰海域，因此新西兰科学家以及美国国家癌症研究所（NCI）一直在进行该种海绵的养殖实验。早期发现小规模养殖可以快速生长。在此之后，科学家们从各方面的因素着手做了 18 个月的实验，包括地点、季节、位置和深度对海绵的生长和 Halichondrin 产率的影响，并发现夏天养殖死亡率较高；海绵存活的临界温度为 18 ℃，高于 18 ℃则海绵不能存活。该项研究的另一项成果是关于 Halichondrin 的产率，科学家们确定养殖海绵的 Halichondrin 每千克产率为野生海绵的 30%～60%，虽然总含量低于野生海绵，但仍然非常可观。

实验中对 Halichondrin 的需求量不是毫克级而是克级，甚至千克级。因此若要通过养殖来获得该化合物，需求量大这一点必须考虑到。1997 年启动了一项养殖计划，该计划模拟了商业的生产条件。进行了一系列培养方式的尝试，例如网袋、笼箱、浮筏和圆盘养殖，养殖条件相同，水深均为 10 m。最后实验的结果是在浮筏和圆盘上培养的海绵生长得不太好，主要问题是生物污浊。若从时间上看，刚开始笼箱中的海绵长势最好，但最后发现是网袋的综合效果最佳。网袋养殖的方式可以进行机械化操作，并且易于构建大规模养殖系统。

这些研究不仅探索出了海绵养殖的有效方式，更深一步的价值在于对海绵代谢产物进行商业生产的可能性进行了检验，并证实通过养殖来获得药源生物资源是可行的。

（四）组织细胞培养

进行海绵细胞培养是可能的一种途径，目前仍然在探索之中，如何构建可长期培养的海绵细胞系是解决问题的关键。但是，也有人指出这样能够长期培养的所谓"海绵细胞"实际上是很可能是海洋真菌，并非真正的海绵细胞。在海洋动物细胞的培养中，细胞系的建立仍是一种极具挑战性的课题，虽已有研究积累了一些关于原代和传代培养方面的经验，但到目前为止仍无已成功建立相应细胞系的相关报道。

（五）基因克隆和表达

若要克隆并表达所需的功能基因，首先需要确定所需活性化合物的功能基因簇。而要达到这一目的，需要确定产生该活性化合物的生物。在关于海绵 *Lissodendoryx* sp. 的研究中，尽管有人认为产生 Halichondrin 的可能是海绵当中的共生微生物，但初步细胞分离发现，Halichondrin 的产生与海绵细胞中相关基因簇有关。

二、海洋药物研究的新技术和新资源

海洋生物占地球生物 80%以上。大量的海洋藻类、深海生物、浮游生物以及数不胜数的海洋微生物,均是研制海洋药物的可用资源,除此以外,海洋还是新种属微生物及其抗菌物质的生存繁衍地。因此我们可以预想到,在这一巨大的资源宝藏中,还隐藏着许许多多的惊喜等着我们去发现。开辟新的资源领域,并坚持不懈地探求新技术和新方法,是针对未来海洋药物研究的一条可行策略。运用现有的生命科学技术,将蛋白质组学、海洋生物基因组学、生物组合化学等学科结合起来,并发现具有真正开发应用价值的海洋药用资源,研究治疗疑难杂症的新药物,最终造福全人类。这必将是未来海洋药物的研究方向。

(一)海洋药物研究的新资源

虽然目前几乎所有种类的海洋生物在海洋药物研究中都被涉及,但研究较为充分,进入临床或临床前研究的海洋药物多出自于海洋无脊椎动物,尤其是海绵、海兔、珊瑚、海鞘、苔藓虫等几类。因为已被研究得较为充分,所以从中寻找新的生物种类或发现新的活性先导化合物已日益困难。那些还未被人类所触及的海洋药物资源在以后的研究中将会逐渐成为研究的热点。在新的海洋药物生物资源中,如微生物资源及极端环境生物资源(如深海生物资源)则是人们较多关注的领域。现以深海生物资源为例,介绍一下有关药用生物新资源的发现和开发。

1. 深潜技术以及深海生物资源探测 远古时期,海岸边生活的人类会利用简陋的工具捕获鱼虾之类的海洋生物,用于果腹。随着人类文明发展,出现了各种各样便利的工具。船舶及渔具的发展大大提高了人类捕获海洋生物的成功率,而用途也在逐渐发展,海洋生物的药用价值也逐渐被发现。近几十年来,出现了可靠的潜水水下呼吸器。各种潜水设备的发展使得潜水的深度达到几十米。除此以外,深海探测和深海采集技术和设备的发展使得人们的目光越来越集中于海洋资源的开发,甚至开发海洋极端生物资源也已成为可能。目前的深潜器可进入深海几千米,甚至万米深渊区。

深海环境中,水深增加的同时压力也在增加,且水温下降至 $0\sim4$ ℃。随着深海探测技术的发展,以往人们所认为的几百米深的深海环境就不可能存在生命的观点被打破。1977 年,东太平洋某处发现深海热泉,同时在热泉口发现一种特殊的具有复杂生态系统的生物类群,而人类此前对这类生物一无所知。在潜水器技术发展以后,美国、墨西哥和法国的联合科研小组在加拉帕戈斯裂谷(Galapagas raft)以及处于北纬 21°的东太平洋海隆顶部利用载人潜水器(Alvin)进行考察,最终也发现了海底热泉生物群落。1984 年,美国制订了一项海底火山考察计划(VENTS Program),研究 400 ℃的海底火山喷发物,发现几乎所有的热泉周围都存在生命。不仅如此,2001 年科学家们在全球海屋脊中最深和最遥远的 Gakkel 屋脊中也发现存在深海热泉和热泉生物。该屋脊处于北冰洋之下,从格陵兰岛北部一直延伸到西伯利亚,共有 1 770 m 长。这些研究说明深海热泉生物广泛存在于地球之上,而深海环境与之前人类自己的想象不同,值得更深入和更系统的调查研究,而深海中生活着的各类生物,更是极好的研究对象。

2. 深海生物资源特性 深海环境极为特殊,因此深海中的生物在漫长的时间中演化出一系列特殊的功能来适应这种特殊的环境。深海海底栖动物种类多种多样:深海鱼类有深海鳗、宽咽鱼和其他多种鱼类;无脊椎动物有多毛类、棘皮动物和各种甲壳动物等;还有很多土生的深海动物种类,如深海海参纲和玻璃海绵纲的动物;深海中还存在有许多“活化石”生物种类,如柄海百合和腕足动物。除此以外,因为阳光最多只能穿透至水下大约 200 m,所以深海环境无比黑暗,但深海中有着可以发光的深海荧光生物,也有很多没有眼睛但有着发达的感官和摄食能力的深海动物。深海底栖动物另一个独特之处是土著种比例很高,有的类别中大约 2/3 都是深海特有种类。例如,浅水有孔虫具有钙质外壳,但在深海中钙质外壳被含蛋白质成分的沉淀颗粒组成的外壳取代;浅水区的海绵,不管是软体的还是钙质的,到了深水中,基本都被玻璃海绵取代,这种海绵具有硅质骨针。近十几年里,仅仅在海底热泉口发现的生物群落中就已发现了上百个新物种。而据科学家估计,深海底部可能有约 100 万个尚未被人类所了解的物种。

深海中有着特殊的生态系统。例如在深海热泉生态系统中,与陆地不同,微生物是生产者。这

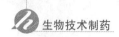

些微生物通过化能自养的方式进行生产,将热泉喷发物中含有的无机物转变为有机物。许多种类的热泉生物依靠它们体内共生微生物产生有机物提供的物质和能量进行繁衍生息,并形成了独特的热泉生态系统。

3. 深海生物资源开发前景　深海生物群落改变了人们一直以来认为深海环境无生命的想法。深海环境特殊,包括无光、有毒、低温、高温(热泉)、高压等,在此环境中形成的各种类生物也和陆地生物及普通的海洋生物完全不同,形成与极端环境相适应的特殊生存机制,因此含有独特的生理功能和生物活性物质。这些生物活性物质中多为结构和功能特殊的代谢产物,使得海洋新药的开发有着令人十分欣喜的前景,而深海生物也必将成为未来对海洋药物研究开发具有巨大潜力的新资源领域。

在深海生物资源当中,最具开发价值的资源领域之一是深海微生物。对深海微生物的研究有许多着眼点,例如极端微生物中的特征蛋白结构和功能,极端环境中海洋微生物的代谢途径和特性,还有关于深海中极端海洋微生物菌种资源库的构建等。研究深海微生物具有极大的科学意义,不仅与发现海洋药物有关,还与国防、化工等多个学科领域的发展有着密切联系。

深海就像巨大的未经人开发的宝藏,除了丰富的生物资源以外,深海中还蕴藏着巨大的基因资源,不但在多个领域有潜在的重大应用价值,还是最具商业开发前景的深海资源之一。目前,一些沿海的发达国家已经开始相关方面的研究,如日本,通过 JAMSTEC 计划,专门从事此类研究,调查深海大洋中脊的地质情况以及海底热泉生物,利用特殊设备,采集深海生物样本,并模拟深海中相似的温压条件,在陆地上进行培养,并以此为基础进行了大量的研究,现已取得丰硕成果。但是尽管深海基因资源极具商业开发前景,在商业开发过程中所需要的大多数技术仍处于尝试阶段,系统的技术集成还有待进一步的发展。

(二)海洋药物研究的新技术

发现海洋药物和药物先导化合物并非易事,它们依赖于多靶点的高效筛选系统。以现有的研究水平,因筛选和评价模型有诸多限制,还不能系统深入地对许多化合物进行药理活性评价。因此,在未来的海洋药物发展中所急需的便是高效的系统筛选技术。除此以外,基因工程、发酵工程以及组合生物合成技术等的运用也会大幅度拓展海洋药物研究领域。另外,如海洋化学生态学这样的新研究思路与模式的运用也为海洋药物先导化合物的发展提供了新途径。

1. 高效生物活性筛选技术　如今药理学、分子生物学和自动化技术已有了飞速发展,其理论成熟,技术完善,因此现已成功对大量微量物质进行生物活性筛选,且能够很短时间内在多个药物靶点上进行。药物筛选有两种,第一种是普筛,即随机筛选,从完全未知的化合物群中寻找,找到所需的先导化合物;第二种是定向筛选,即通过已知的先导化合物来定向设计新的化合物,以此筛选出效果更好的化合物。药物活性筛选系统最初是整体动物和组织器官模型,后来随着科学技术的不断发展逐渐转向分子和细胞水平。不仅仅是这样,随着分子生物学技术快速发展,科学家们分离纯化了很多与疾病相关的功能蛋白质,因此以这些酶或者受体为靶点的高通量筛选技术也逐渐兴起。高通量药物筛选平台由几大部分组成,包括化合物库、靶体作用物的高通量筛选、靶体和化合物反应的测试方法、靶体的选择以及数据信息处理系统。高通量筛选系统用样量少,筛选量大,可以加快新药开发的速度,但该种方法不能对药物在体内发挥作用的实质进行完全的揭示,所含有的生物学功能信息比较片面。目前,科学家们创建了生物筛选技术并将之完善,弥补了高通量筛选技术所带来的这一缺陷。这种新产生的生物系统筛选技术将基因、蛋白质、细胞、信号转导通路和代谢产物等作为整体进行研究,在多个层面把握追踪目标的生物学信息,较为全面。生物系统筛选技术以代谢物组学和蛋白质组学为基础,借助基因数据库、质谱、核磁共振、高精端识别等技术,对化合物或者药物的生物学作用机制进行全面的揭示。

目前药物筛选的方向越来越多,随着这些筛选模型和方法的不断进步,有着新的作用类型的药物也在不断出现。在海洋这一巨大的药用资源宝库中,生物系统筛选技术发挥了重大作用,并且在以后的研究中仍会起到重要作用。在海洋药学发展的这些年里,世界各国科学家经过长期的努力,分离得到 2 万余种海洋天然产物,这些成果就是未来海洋药物研究的化合物宝库。许多海洋天然产物都具有多样的生物活性,但大多数是最初根据有限的活性筛选模型发现的,这些发现局限性较大,并不能代表海洋天然产物生物活性的完整图像,报道中没有活性的海洋天然产物,准确地说应是活性尚未被发现。几十年来,人们的目光多集中于抗癌药物,这方面的药物筛选和发现较多,相对而言其他疾病防治药物筛选很少,并且新靶标筛选模型也不多,使得大量化合物所含有的各种生物活性尚未被发现。因此若采用新靶点和新模型在此筛选已经分离获得的化合物,或许可以发现新的生物活性。生物系统筛选技术在这方面具有重要的意义。

海洋天然产物具有各种结构类型,对已发现的海洋天然产物进行结构修饰可以拓宽化合物的结构与活性谱。对海洋天然产物的各种结构进行化学改造,例如改变立体构型或构象,增加或减少官能团等,或许可以改变毒副作用,更有甚者,可以改变生物活性,从而发现新的药物先导化合物。

2. 基因工程技术 基因工程技术是一种非常重要的技术,在海洋药用生物的功能基因开发利用中有着极其重要的作用。基因工程技术以基因组学为代表,现已进入生物整体基因组分析的时代。近年来,如美国、加拿大、澳大利亚、日本等发达国家以及欧洲的一些国家都加大了投资力度,研究海洋生物的基因组。例如,利用功能表达克隆技术、生物信息学技术、大规模测序技术、蛋白质组学技术、宏基因组技术和差异显示技术等与功能基因组有关的研究技术,并构建 cDNA 文库或基因组文库,便可对海洋药源生物进行克隆,从中获得活性物质相关功能基因或相关基因簇。之后,再利用基因改造、基因转移和基因表达等基因工程相关技术来获得大量的海洋生物药用活性物质。这些海洋生物药用活性物质中基因工程技术使用有难有易。与分子质量适当的直链肽相关的基因能够直接进行基因工程操作,因而易于进行重组表达。目前由基因工程技术克隆所得到的几乎都是初级代谢产物,但可以想到,基因工程技术在不断发展,因而日后通过这一技术表达次级代谢产物完全可能成功。

海洋是一个特殊的环境,因而在这一特殊环境中孕育的生命也具有其特殊之处,使得海洋生物的基因也具有特异性。因此,海洋药用基因资源也是开发海洋药物的巨大宝库。最近对百慕大群岛海域进行的一次调查结果显示,马尾藻海(因海面漂浮大量马尾藻而得名)中有 1 800 多种新的海洋微生物,而发现的基因就有 121 万余个,其中有至少 7 万个全新基因。基因或者基因簇通过编码调控可以表达海洋生物活性代谢产物,因此对这些基因密码的破译表示着这些化合物可以通过基因工程技术来获得。目前的研究已经成功克隆并表达了一些海洋生物的相关功能基因,但仍有诸多限制,仅仅限于分子质量适中的酶和直链肽等蛋白质类物质。海洋生物基因组学的研究对海洋药物研究开发将具有无法估量的推动作用,而其中尤以海洋药用基因资源的研究为主要方面。

在目前的研究中,利用基因工程技术研究开发的海洋活性物质、疫苗、药物和诊断试剂已取得了丰硕的成果。运用已克隆的基因进行重组表达,在肽类和蛋白质研究方面已获得成功,如各种毒素(芋螺毒素、海葵毒素、海蛇毒素等)、胰岛素、凝集素、鲨凝集素、降钙素、血蓝蛋白、金属硫蛋白、别藻蓝蛋白、超氧化物歧化酶、鲨鱼软骨血管新生抑制因子、细胞色素 C 等。

复 习 题

【A 型题】

1. 海绵属于:　　　　　　　　　　　　　　　　　　　　　　　　　　　(　　)

A. 动物　　　　　B. 植物　　　　　C. 微生物

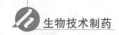

2. 下列为抗菌药物的先导化合物的是：　　　　　　　　　　　　　　　　　　（　　）

    A．Ara‐A　　　　　　B．Ara‐C　　　　　　C．ET‐743　　　　　D．头孢菌素 C

3. Ara‐C 属于哪一类化合物？　　　　　　　　　　　　　　　　　　　　　　（　　）

    A．青霉素类　　　　　B．大环内酯类　　　　C．核苷类　　　　　D．肽类

4. 下列对耐甲氧西林金黄色葡萄球菌有效的药物是：　　　　　　　　　　　　（　　）

    A．Cefadroxil　　　　B．Cefonicid　　　　　C．Ceftobiprole　　　D．Cefuroxime

5. TTX 是哪一类药物？　　　　　　　　　　　　　　　　　　　　　　　　　（　　）

    A．镇痛药物　　　　　B．抗病毒药物　　　　C．抗癌药物　　　　D．抗炎药物

6. 海洋药物发展的瓶颈问题是：　　　　　　　　　　　　　　　　　　　　　（　　）

    A．化学结构复杂　　　　　　　　　　　　B．药源问题

    C．样品采集问题　　　　　　　　　　　　D．天然产物含量微小

7. 海绵的海水养殖中效果最好的方法是：　　　　　　　　　　　　　　　　　（　　）

    A．网袋养殖　　　　　B．笼箱养殖　　　　　C．圆盘养殖　　　　D．浮筏养殖

8. 深海热泉生态系统中的初级生产者为：　　　　　　　　　　　　　　　　　（　　）

    A．玻璃海绵　　　　　B．海藻　　　　　　　C．微生物　　　　　D．柄海百合

9. 深海环境特点不包括：　　　　　　　　　　　　　　　　　　　　　　　　（　　）

    A．光照　　　　　　　B．高压　　　　　　　C．缺氧　　　　　　D．低温

【简答题】

1. 分类并举例说明 Cephalothin 类药物的代表药物。

2. 简要说明获取 Halichondrin 的可能途径。

参考答案

第一章

【A型题】

D

【填空题】

1. 基因工程　细胞工程　酶工程　发酵工程
2. 传统生物技术阶段　近代生物技术阶段　现代生物技术阶段
3. 治疗药物　预防药物　诊断药物

【名词解释】

1. 生物技术是以现代生命科学理论为基础,应用生命科学研究成果,结合化学、物理学、数学和信息学等学科的科学原理,采用先进的科学技术手段,按照预先设计,在不同水平上定向地改造生物遗传性状或加工生物原料,为人类提供有用的新产品(或达到某种目的)的综合性的科学技术体系。
2. 生物技术药物是指应用DNA重组技术、单克隆抗体技术或其他生物新技术,借助某些动物、植物、微生物生产的医药产品。与直接从生物体、生物组织及其他成分中提取的生物制品不同。
3. 生物技术制药是指利用基因工程、细胞工程、酶工程、发酵工程等现代生物技术研究、开发和生产用于临床预防、治疗和诊断的药物。

【简答题】

1. 生物技术制药的特点为:①高技术;②高投入;③长周期;④高风险;⑤高收益。
2. 生物技术药物可以根据来源进行分类,也可根据生化特性、作用类型及用途分类。

    (1) 根据其来源分类:①动物来源;②植物来源;③微生物来源;④海洋生物。

    (2) 根据生化特性分类:①核酸及其降解物和衍生物类药物:如阿糖胞苷、辅酶A、三磷酸腺苷、齐多夫定等。②氨基酸类药物:可分为个别氨基酸制剂如蛋氨酸、谷氨酸等和复方氨基酸制剂如水解蛋白注射液、复方氨基酸注射液、要素膳等。③多肽类药物:如胰岛素、降钙素、胸腺肽、催产素等。④蛋白质类药物:分为单纯蛋白质类与结合蛋白质类。单纯蛋白质类药物有人血清蛋白、生长激素、神经生长因子、促红细胞生成素、肿瘤坏死因子等。结合蛋白质类药物主要包括糖蛋白、胆蛋白、色蛋白等,促黄体激素、卵泡刺激素、人绒毛膜促性腺激素(HCG)、干扰素等均为糖蛋白。⑤多糖类药物:如肝素、胎盘脂多糖、壳多糖(几丁质)等。⑥脂类药物:包括许多非水溶性的、能溶于有机溶剂的小分子生理活性物质,如磷脂类(脑磷脂、卵磷脂等)、多价不饱和脂肪酸和前列腺素、胆酸类(去氧胆酸)、固醇类(胆固醇、β-谷固醇等)和卟啉类(胆红素、原卟啉等)。

    (3) 根据作用类型分类:①细胞因子类药物:如白细胞介素、干扰素、生长因子、肿瘤坏死因子等。②激素类药物:如人胰岛素、人生长激素等。③酶与辅酶类药物:如胰蛋白酶、胃蛋白酶、凝血酶、尿激酶、辅酶Ⅰ(NAD)等。④单克隆抗体药物:如阿伦珠单抗、曲妥珠单抗、利妥昔单抗等。⑤疫苗:如甲肝疫苗、狂犬病疫苗、流感疫苗、卡介苗等。⑥反义核酸药物:如福米韦生等。⑦RNA干扰(RNAi)药物。⑧基因治疗药物:如重组人p53腺病毒注射液等。

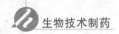

（4）根据用途分类

1）作为治疗药物：①用于肿瘤治疗的药物：白介素－2、集落细胞刺激因子等。②用于内分泌疾病治疗的药物：胰岛素、生长素。③用于心血管系统疾病治疗的药物：血管舒缓素、弹性蛋白酶等。④用于血液和造血系统疾病治疗的药物：尿激酶、凝血酶、凝血因子Ⅷ和Ⅸ、组织纤溶酶原激活剂、促红细胞生成素等。⑤用于抗病毒的药物：如干扰素等。

2）作为预防药物：主要的预防药物有菌苗、疫苗、类毒素等，其中最主要的是疫苗。目前用于人类疾病预防的疫苗有 20 多种，如乙肝疫苗、甲肝疫苗、伤寒疫苗、卡介苗等。

3）作为诊断药物：常见的诊断试剂包括以下几种。①免疫诊断试剂：如乙肝表面抗原血凝制剂、乙脑抗原和链球菌溶血素、流感病毒诊断血清、甲胎蛋白诊断血清等。②酶联免疫诊断试剂：如乙型肝炎病毒表面抗原诊断试剂盒、艾滋病诊断试剂盒等。③器官功能诊断药物：如磷酸组胺、促甲状腺素释放激素、促性腺激素释放激素等。④放射性核素诊断药物：如^{131}I 血清白蛋白等。⑤诊断用单克隆抗体：如结核菌素纯蛋白衍生物、卡介苗纯蛋白衍生物。⑥诊断用 DNA 芯片：如用于遗传病和癌症诊断的基因芯片等。

3. 生物技术药物的特性包括：①分子量大、结构复杂；②成分复杂、稳定性差；③药理活性高、作用机制明确；④使用安全、毒性低；⑤药理作用多效性和网络性效应；⑥具有种属特异性、产生免疫原性；⑦体内半衰期短；⑧受体效应。

第二章

【填空题】

1. 上游　下游

2. 克隆载体　表达载体

3. 大肠埃希菌　酿酒酵母　哺乳动物细胞

4. 目的基因　载体　工具酶　宿主细胞

5. 合成天然基因　修饰改造基因　设计新性基因　制备探针引物接头

6. 反转录法　反转录-聚合链反应法　化学合成法

【名词解释】

1. 基因表达是指结构基因在生物体中的转录、翻译以及所有加工过程。

2. 载体是指运载外源基因 DNA 有效进入宿主细胞内进行复制、扩增或转录表达的工具。

3. 质粒的分裂不稳定性是指工程菌分离时出现一定比例不含质粒的子代菌的现象。

4. 质粒的结构不稳定性是 DNA 从质粒上丢失或碱基重排、缺失所导致的工程菌性能的改变。

【简答题】

1. 目的基因的克隆、构建 DNA 重组体、构建工程菌、目的基因的表达、外源基因表达产物的分离提纯、产品的检验等。

2. 遗传背景清晰安全，已经建立许多适合它们的克隆体和 DNA 导入方法，许多外源基因已经成功表达，可以进行大规模发酵。

3. （1）第一类为原核细胞：大肠埃希菌、枯草芽孢杆菌、链霉素。

（2）第二类为真核细胞：酵母、丝状真菌。

4. ①不能合成太长的基因。目前 DNA 合成仪所合成的寡核苷酸片段程度不超过 60 bp，因此，此方法只使用克隆小分子肽的基因。②人工合成基因时，遗传密码子的简并性为选择密码子带来很大的困难，当以氨基酸顺序推测核苷酸序列时，不一定与天然基因完全一致，容易产生中性突变。③费用较高。

5. 外源基因的剂量、外源基因的表达效率、表达产物的稳定性。

6. 选择合适的宿主菌、选择合适的载体、选择压力、分阶段控制培养、控制培养条件、固定化。

7. 细胞破碎、固液分离、浓缩与初步纯化、高度纯化直至得到纯品、成品加工。

8. ①物理法：均浆法、珠磨法和超声法。②化学法：渗透冲击和增溶法。③生物法：酶溶法。

9. 原材料、发酵过程、纯化过程、目标产品、产品保存。

第三章

【A 型题】

1. A　2. B　3. C　4. D　5. C　6. D　7. D　8. D　9. C　10. D

【X 型题】

1. ABC　2. ABC　3. ABC　4. ABC　5. ABCD

【填空题】

1. 人组织纤溶酶原激活剂(tPA)

2. 高投入　高风险　高收益

3. 贴壁细胞　悬浮细胞　兼性贴壁细胞

4. 原代细胞　二倍体细胞系　转化细胞系　融合细胞系　基因重组的工程细胞系

5. 磷酸钙共沉淀法　电穿孔法　脂质体介导法　病毒介导法

【名词解释】

1. 细胞培养是指在无菌条件下,从机体取出组织或细胞,模拟体内生存环境,在无菌、适当温度、酸碱度和一定营养条件下,使细胞或组织在培养器皿中生长繁殖并维持结构和功能的一种技术。

2. 当细胞在基质表面分裂增殖,逐渐汇合成片时,即每个细胞与其周围的细胞相互接触时,细胞将停止增殖。此时若能保持充足的营养,细胞仍可存活相当一段时间,但细胞密度不再增加,这种现象称接触抑制。

【简答题】

1. ①缺点:培养条件要求高,成本贵,产量低等。②优点:产品多为胞外分泌物,收集纯化方便;存在较完善的翻译后修饰,特别是糖基化修饰,产品与天然产物基本一致,更适合临床使用。

2. 目前生物制药领域生产用的动物细胞有 5 种,即原代细胞、二倍体细胞系、转化细胞系、融合细胞系和基因工程细胞系。

3. ①转化细胞系具有无限的生命力;②转化细胞系倍增时间常常较短;③转化细胞对培养条件和生长因子的要求较低。

4. 常用的转染方法主要有 4 种:磷酸钙共沉淀法、电穿孔法、脂质体介导法和病毒介导法。

5. 将溶解的 DNA 加在 $CaCl_2$ 溶液内,再逐滴加入 Na_2HPO_4 溶液中,当 Na_2HPO_4 和 $CaCl_2$ 形成磷酸钙沉淀时,DNA 被包裹在沉淀中,形成 DNA-磷酸钙共沉淀物,当该沉淀物和细胞表面接触时,通过细胞吞噬作用而将外源 DNA 导入。

6. ①营养物质和产物会因杂菌消耗损失,造成产率下降;②杂菌产生的某些代谢产物,或染菌后培养基某些理化性质的改变,使产物的提取变得困难,造成收率下降或使产品质量下降;③污染的杂菌大量繁殖,会改变培养基的 pH,从而抑制细胞生长,抑制产物的生物合成,或分解产物而造成产率下降。

第四章

【填空题】

1. 氧化还原酶　转移酶　水解酶　裂合酶　异构酶　合成酶

2. 装柱　上柱　洗脱

3. 非催化活性基团的修饰　催化活性基团的修饰　酶蛋白主链的修饰　肽链伸展后的修饰

【名词解释】

1. 抗体酶是指通过一系列化学与生物技术方法制备出的具有催化活性的抗体分子,其本质为免疫球蛋白,但在可变区被赋予了酶的属性,故又被称为催化抗体。

2. 亲和层析是将配体共价结合到基质上,用基质填充成柱层析,利用配体和对应的生物大分子的生物亲和作用,分离酶和杂质的分离纯化技术。

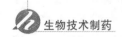

3. 酶非水相催化的概念是指酶在非水介质中进行的催化作用。

【简答题】

1. (1) 低浓度盐提取：酶蛋白表面可在低浓度的中性盐中吸附某种离子,增强酶颗粒表面同性电荷使相互间排斥加强,同时增大与水分子间作用,酶蛋白的溶解度随盐浓度升高而增加(盐溶),达到抽提目的。在酶蛋白的提取过程中低浓度 NaCl 溶液(0.05~0.2 mol/L)因对酶的稳定性好、溶解度大而最为常用。

(2) 稀酸、稀碱提取：大多数酶是蛋白质,因而属于两性电解质,根据在等电点(pI)时溶解度最小,远离 pI 时溶解度增加的原理。采用稀酸提取 pI 在碱性范围内的酶蛋白,采用稀碱提取 pI 在酸性范围内的酶蛋白,操作时要注意 pH 不能过高,一面影响酶的活性。

(3) 低温有机溶剂提取：酶蛋白具有较多非极性基团或与脂质结合比较牢固可以用乙醇、丙酮、丁醇等有机溶剂中在低温下搅拌提取。

2. 酶作为生物催化剂,具有底物专一性强、催化效率高和反应条件温和等优点,但作为蛋白质在粗放的工业条件下,表现出稳定性差、抗酸碱和有机溶剂能力差、抗原性强、分子量大、来源有限、成本高、作为药物在体内半衰期较短等缺点,为此常需要对酶进行适当的体外化学修饰。

3. 有机介质中的酶反应除了具有在水中反应的特点外,还具有下列优点。

(1) 增加疏水性底物或(及)产物的溶解度。

(2) 提高酶的热稳定性、pH 的适应性增大。

(3) 催化水中不能进行的反应,如脂肪酶的酯化、转酯及氨解等。

(4) 热力学平衡向合成方向移动,如酯合成、肽合成等。

(5) 防止由水介质引起的不良反应,测定某些水介质中不能测定的参数,避免微生物的污染。

(6) 可以控制底物专一性。

(7) 固定化酶方法简单。

(8) 酶和产物易于回收,易从低沸点的溶剂中分离纯化产物等。

4. 易错 PCR,是在 PCR 扩增目的基因时,通过使用保真度低的 Taq DNA 聚合酶或通过调整反应条件,如提高镁离子浓度、加入锰离子、改变体系中四种 dNTP 浓度,引起碱基以某一频率随机错配而引入突变,构建突变库,然后筛选出需要的突变体。

第五章

【填空题】

1. 自然选育　诱变育种　杂交育种　细胞工程育种　基因工程育种

2. 碳源　氮源　无机盐　生长因子　前体

3. 分批发酵　补料分批发酵　连续发酵　半连续发酵

4. 连续灭菌　分批灭菌　实罐灭菌　空罐灭菌　过滤除菌　静电除菌　热杀菌　辐射杀菌

5. 合成培养基　天然培养基　半合成培养基　液体培养基　固体培养基　半固体培养基　孢子培养基　种子培养基　发酵培养基

6. 机械消泡　消泡剂消泡

【简答题】

1. 引起温度变化的因素：在发酵的过程中,发酵温度的变化是由发酵热引起的。发酵热包括搅拌热、生物热、显热、辐射热和蒸发热。其中搅拌热和生物热是产热因素,显热、辐射热和蒸发热是散热因素,即发酵热＝搅拌热＋生物热－辐射热－显热－蒸发热。其中的生物热是由微生物在生长繁殖的过程中产生的热能。并且在发酵进行的不同阶段,生物热的大小还会发生显著的变化,进而导致发酵热的变化,最终引起发酵温度的变化。

影响溶氧的因素：①微生物的种类及生长阶段；②培养基的组成；③培养条件的影响；④二氧化碳浓度的影响。

pH 变化的因素:①基质的代谢:糖的代谢;氮的代谢;生理酸碱性的物质被利用后,pH 就会上升或下降。②产物形成。③菌体自溶,pH 会上升。

2. 溶解氧异常升高的原因包括:污染烈性的噬菌体,会导致产生菌尚未裂解,呼吸就已经受到抑制,溶解氧有可能会急速上升,直到菌体破裂后,就完全失去呼吸能力,溶解氧直线上升;或耗氧出现改变,比如菌体代谢异常,耗氧能力下降,导致溶解氧上升。供氧条件不变,可能引起溶解氧明显降低的原因包括:污染了好气型杂菌,导致大量溶解氧被消耗掉;菌体代谢发生异常,引起需氧要求增加,导致溶解氧下降;设备或工艺控制发生故障或变化,比如搅拌速度变慢或闷罐、消泡剂过多、停止搅拌等。发酵液的溶解氧浓度是由供氧及需氧共同决定的。如果供氧大于需氧时,溶解氧浓度会上升;反之就会下降。就供氧来说,发酵设备要满足供氧要求,就只能通过调节通气速率或搅拌转速来控制供氧;需氧量主要受菌体浓度的影响,可以通过控制基质浓度达到控制菌体浓度的目的。

3. 发酵工程是指在生物反应器中,通过现代工程技术,利用微生物(细胞)的生长和代谢活动生产工业原料与工业产品并提供服务的一种技术系统。

4. 种子制备的一般步骤为:砂土孢子/冷冻干燥孢子→斜面培养活化→摇瓶液体培养/茄瓶固体培养→一级种子罐(→二级种子罐⋯⋯)→发酵罐。

5. 前体指在药物的生物合成过程中能被菌体直接用于药物合成而自身结构基本不改变的物质。培养基中加入前体能明显提升产品的产量;且在一定条件下能控制菌体合成代谢产物的流向。

6. 发酵工程制药的发酵设备是发酵罐。
应满足的条件为:①具有适宜的径高比,其高度与直径比一般为 1.7~4 倍,罐身较高,则氧的利用率较高;②发酵罐内尽量减少死角,避免藏垢积污,这样灭菌能彻底,避免染菌;③能承受一定压力,发酵罐的通风搅拌装置能使液气充分混合,实现传热传质作用,从而保证发酵过程中所需的溶解氧;④具有足够的冷却面积;⑤搅拌器的轴封应足够严密,从而尽量减少泄漏。

7. 为保持优良菌种的活力及性能,要对微生物菌种进行妥善保藏。
常用的菌种保藏方法有传代培养保藏法、砂土管保藏法、液体石蜡封存法、液氮超低温保藏法、低温冻结保藏法、真空冷冻干燥保藏法、麸皮(谷粒)保藏法等。

8. 优良的菌种应符合:①非病源菌,不产毒素或有害生物活性物质;②容易培养,费用低;③生长迅速,不易污染;④遗传性状稳定;⑤发酵过程容易控制;⑥目标产品产量高,副产品产量低且容易分离。

9. 发酵系统中通常营养丰富,易受到杂菌污染。若发酵过程污染杂菌,杂菌会同生产菌竞争消耗营养物质,也可能分泌一些抑制生产菌生长的物质,导致生产能力下降;另外,杂菌的代谢产物会增加产物种类使产物的分离困难,可能会严重改变培养基性质抑制目标产物生物的合成和菌体生长,甚至引起产物分解;若污染了噬菌体,会造成微生物细胞的破坏,严重可造成失效生产。总之,染菌会给发酵带来诸多负面影响,轻则造成产品收率降低或质量下降,重则导致产物及原料全部损失。因而一定要进行灭菌操作。
常用的灭菌方法有:过滤介质除菌、辐射灭菌、加热灭菌(包括干热灭菌、湿热灭菌和火焰灭菌)、化学物质灭菌。

10. 微生物制药发酵工艺过程包括菌种的选育、培养与保藏,培养基的分类、选择与配制,种子的制备,培养基、发酵罐和辅助设备的灭菌,种子接种到发酵罐中并控制最适条件生长繁殖合成产物,发酵产物的提取、分离和精制,发酵过程中产生的废水、废物的处理或回收等。

11. 若氮源过多,则菌体生长旺盛,pH 偏高,不利于代谢产物的积累;若氮源不足,菌体繁殖量少,影响产品产量。若碳源过多,pH 偏低;若碳源不足,易引起菌体自溶和衰老。

12. 发酵液的产物提取工作要分为发酵液的预处理,固液分离及细胞破碎,提取和精制三个主要步骤。

13. (1) 物理参数:①操作温度;②发酵罐压;③搅拌转速;④搅拌功率;⑤空气流量;⑥黏度。
(2) 化学参数:①pH(酸碱度);②基质浓度;③溶解氧浓度;④氧化还原电位;⑤产物的浓度;⑥废气中氧的浓度(分压);⑦废气中 CO_2 的含量。
(3) 生物学参数:①菌体浓度;②菌丝形态。

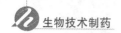

14. 泡沫可以增加气液的接触面积,增加氧的传递速率。但泡沫过多就会带来不利的影响,比如使发酵罐的装料系数减小等,甚至严重时会造成"逃液",导致染菌的机会增加或产物的损失。

第六章

【简答题】

1. 单克隆抗体技术是基于动物细胞融合技术得以实现的。骨髓瘤是一种恶性肿瘤,其细胞可以在体外进行培养并无限增殖,但不能产生抗体,其遗传表现型有 HGPRT＋- TK＋、HGPRT＋- TK－及 HGPRT⁻- TK＋等;而免疫淋巴细胞可以产生抗体,却不能在体外长期培养及无限增殖,遗传表现型为 HGPRT＋- TK＋。将上述两种各具功能的细胞进行融合形成的杂交瘤细胞,继承了两个亲代细胞的特性,既具有骨髓瘤细胞无限增殖的特性,又具有免疫淋巴细胞合成和分泌特异性抗体的能力。
单克隆抗体的制备过程大致分为抗原的制备、动物的免疫、抗体产生细胞与骨髓瘤细胞融合形成杂交瘤细胞、杂交瘤细胞的选择性培养、筛选能产生某种特异性抗体的阳性克隆、杂交瘤细胞的克隆化、采用体外培养或动物腹腔接种培养大量制备单克隆抗体以及单抗的纯化和鉴定。

2. 经过 HAT 筛选后的阳性克隆不能保证一个孔内只有一个克隆,可能会有数个甚至更多的克隆,包括抗体分泌细胞、抗体非分泌细胞、所需要的抗体(特异性抗体)分泌细胞和其他无关抗体的分泌细胞,要想将这些细胞彼此分开就需要克隆化。对于检测抗体阳性的杂交克隆应尽快进行克隆化,否则抗体分泌细胞会被抗体非分泌细胞抑制。即使克隆化过的杂交瘤细胞也需要定期的再克隆,以防止杂交瘤细胞的突变或染色体丢失,从而丧失产生抗体的能力。
最常用克隆化的方法是有限稀释法和软琼脂平板法。

3. 细胞融合失败的主要原因有污染、融合后杂交瘤不生长、杂交瘤细胞不分泌抗体或停止分泌抗体、杂交瘤细胞难以克隆化。

4. 嵌合抗体是用人抗体的 C 区替代鼠的 C 区,使鼠源性单抗的免疫原性明显减弱,并可延长其在体内的半衰期及改善药物的动力学,属第一代人源化抗体。嵌合抗体是应用重组 DNA 技术从小鼠杂交瘤细胞基因组中分离和鉴别出抗体基因的功能性可变区,与人免疫球蛋白恒定基因拼接后,构建成人-鼠嵌合的重链、轻链基因,再导入哺乳动物细胞中表达。
重构抗体亦叫"改型抗体",因其主要涉及 CDR 的"移植",又可称为"CDR 移植抗体"。它是利用基因工程技术,将人抗体可变区(V)中互补性决定簇的氨基酸序列改换成鼠源单抗 CDR 序列,此种抗体既具有鼠单抗的特异性又保持了人抗体的功能。Ig 分子中参与构成抗原结合部位的区域是 H 和 L 链 V 区中的互补性决定区(CDR 区),而不是整个可变区。H 和 L 链各有三个 CDR,其他部分称为框架区(FR 区)。如果用鼠源性单克隆抗体的 CDR 序列替换人 Ig 分子中的 CDR 序列,则可使人的 Ig 分子具有鼠源性单克隆抗体的抗原结合特性。重构抗体分子中鼠源部分只占很小比例,其仅有 9% 的序列来源于亲本鼠单抗,与嵌合抗体比较具有更低的免疫原性。重构抗体属第二代人源化抗体。

5. Fab 片段抗体由重链可变区(VH 区)及第一恒定区(CH1 区)与整个轻链以二硫键形式连接而成,主要发挥抗体的抗原结合功能。
scFv(single-chain Fv,单链抗体)是由 VH 和 VL 通过一条连接肽(linker)首尾连接在一起,通过正确的折叠,VH 和 VL 以非共价键形式结合形成具有抗原结合能力的 Fv,大小约为完整单抗的 1/6。

6. 双特异性抗体是由两个不同的抗原结合位点组成,即同一抗体的两个抗原结合部位分别针对两个不同的抗原,在结构上是双价的,但与抗原结合的功能是单价的,其中的一个抗原结合位点可与靶细胞表面抗原结合,另一个与效应物(如效应细胞、药物等)结合,从而将效应物直接导向靶细胞。
制备双功能抗体的经典途径是化学交联法和杂交瘤细胞系融合法。

7. 抗体融合蛋白是指将抗体分子片段与功能性的蛋白融合,从而获得具有多种生物学功能的融合蛋白。可将抗体融合蛋白分为两大类:一类是将抗体 Fv 段与其他生物活性蛋白融合,利用 Fv 段的特异性识别功能将功能性蛋白靶向到特定部位,主要包括免疫靶向、免疫桥连和嵌合受体;另一类是含 Fc 段的抗体融合蛋白。

8. 纳米抗体的相对分子质量为 15 kDa,为普通抗体的十几分之一,这使它比普通的抗体分子更容易接近靶目标表面的裂缝或者被隐藏的抗原表位,所以它可以识别很多普通抗体所不能识别的抗原。

研究发现,VHH 的 CDR1 和 CDR3 比人抗体 VH 的长,这在一定程度上弥补了由轻链缺失而造成的对抗原亲和力的不足,而 CDR3 形成的凸形结构可以更好地和抗原表位的凹形结构相结合,从而提高了 Nb 抗原特异性与亲和力。由于 Nb 是单域抗体,没有普通抗体中的连接肽,并且其在内部形成二硫键,所以 Nb 分子结构比较稳定。在苛刻的条件中,如胃液和内脏中仍保持抗原结合活性,这为口服治疗胃肠道疾病提供了新思路。传统抗体的轻、重链相互作用区的大量疏水残基在 Nb 中被亲水残基所取代,所以 Nb 具有很好的水溶性,能有效地穿过血脑屏障,这有利于 Nb 进入一些致密组织发挥作用。Nb 没有传统抗体的 Fc 段,从而可以有效地避免 Fc 段引起的补体效应。研究发现 Nb 的 VHH 与人 VH 基因高度同源,因此可对 VHH 进行简单的改造使其人源化。此外,由于 Nb 的分子质量小、结构简单,所以很容易在微生物中大量表达,建立抗体库或者筛选。

9. 噬菌体抗体库技术的基本原理是以噬菌体为载体,将抗体基因与噬菌体编码外壳蛋白Ⅲ(cpⅢ)或Ⅷ(cpⅧ)的基因相连,在噬菌体表面以抗体-外壳蛋白融合蛋白的形式表达;经辅助病毒感染宿主菌后,借助 cpⅢ 的信号肽穿膜作用,进入宿主外周基质,在正确折叠后被包装于噬菌体尾部,随后携带表达载体的宿主菌会释放出表面带有抗体片段的噬菌体颗粒。此抗体可以特异性识别抗原,又能够感染宿主菌进行再扩增。

其主要过程包括:克隆出抗体全套可变区基因,与有关载体连接,导入受体菌系统,利用受体菌蛋白合成分泌等条件,将这些基因表达在噬菌体的表面,进行筛选与扩增,建立抗体库。

10. 核糖体展示技术的主要流程包括:模板的构建、体外转录和翻译以及亲和筛选与筛选效率的确定。

核糖体展示技术完全在体外进行,具有建库简单、库容量大、筛选方法简单、无须选择压力且不受转化效率限制等优点,还可以通过引入突变和重组技术来提高靶蛋白的亲和力,因此它是构建大型文库和获取分子的有力工具。在 mRNA 展示中产生的抗体片段文库与人的天然免疫系统及构建的基因工程抗体文库相比发生了显著的进化,亲和力得到提高。

第七章

【填空题】

1. 蛋白质　多肽　多糖　核酸　免疫佐剂
2. 细菌性活疫苗　病毒性活疫苗　卡介苗　天花疫苗　狂犬病疫苗
3. 多联疫苗　多价疫苗
4. 基因疫苗　基因免疫　核酸免疫
5. 理化检定　安全检定　效力检定

【名词解释】

1. 疫苗(vaccine)是利用病原微生物(如细菌、病毒等)的全部、部分(如多糖、蛋白)或其代谢物(如毒素),经过人工减毒、灭活或利用基因工程等方法制成的用于预防传染病的免疫制剂。
2. 疫苗学即是一门关于疫苗理论、疫苗技术、疫苗研制流程、疫苗应用、疫苗市场及疫苗管理与法规的学科。
3. 亚单位疫苗(subunitvaccine)是除去病原体中无免疫保护作用的有害成分,保留其有效的免疫原成分制成的疫苗。
4. 治疗性疫苗(therapeuticvaccine)即是指在已感染病原微生物或已患有某些疾病的机体中,通过诱导特异性的免疫应答,达到治疗或防止疾病恶化的天然、人工合成或用基因重组技术表达的产品或制品。
5. 佐剂(adjuvant)也称免疫佐剂,又称非特异性免疫增生剂。本身不具抗原性,但同抗原一起或预先注射到机体内能增强机体对该抗原的特异性免疫应答或改变免疫反应类型,发挥其辅佐作用。

【简答题】

1. 疫苗的作用原理是当机体通过注射或口服等途径接种疫苗后,疫苗中的抗原分子就会发挥免疫原性

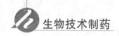

作用,刺激机体免疫系统产生高效价特异性的免疫保护物质,如特异性抗体、免疫细胞及细胞因子等,当机体再次接触到相同病原菌抗原时,机体的免疫系统便会依循其免疫记忆,迅速制造出更多的保护物质来阻断病原菌的入侵,从而使机体获得针对病原体特异性的免疫力,使其免受侵害而得到保护。

2. 灭活疫苗具有以下特点:

(1) 灭活疫苗常需多次接种:1剂不能产生具有保护作用的免疫,仅仅是"初始化"免疫系统。必须接种第2剂或第3剂后才能产生保护性免疫。这样所引起的免疫反应通常是体液免疫,很少甚至不引起细胞免疫。体液免疫产生的抗体有中和、清除病原微生物及其毒素的作用,对细胞外感染的病原微生物有较好的保护效果。但是灭活疫苗对病毒、细胞内寄生的细菌和寄生虫的保护效果较差或无效。

(2) 接种灭活疫苗产生的抗体滴度随着时间而下降:一些灭活疫苗需定期加强接种。灭活疫苗通常不受循环抗体影响,即使血液中有抗体存在也可以接种(如在婴儿期或使用含有抗体的血液制品后),它在体内不能复制,可以用于免疫缺陷者。

(3) 制备灭活疫苗需要大量抗原:这给难以培养或尚不能培养的病原体带来了困难,如乙型、丙型和戊型肝炎病毒及麻风杆菌等;对一些危险性大的病原体如人类免疫缺陷病毒按传统方法制备灭活疫苗在应用中还存在较大风险。

3. 核酸疫苗以核酸形式存在,这种核酸既是载体又能在真核细胞中表达抗原。核酸疫苗的这一特性,使之与传统疫苗及基因工程疫苗等不同而被认为是一类特殊的疫苗,具有如下优点。

(1) 增强免疫保护效力和免疫持久性:接种后蛋白质在宿主细胞内表达,直接与组织相容性复合物MHC I 或 II 类分子结合,同时引起细胞和体液免疫,对慢性病毒感染性疾病等依赖细胞免疫清除病原的疾病的预防更加有效。免疫具有持久性,一次接种可获得长期免疫力,无须反复多次加强免疫。

(2) 加大交叉免疫防护:用针对编码病毒保守区的核酸序列作为目的基因,可通过对基因表达载体所携带的靶基因进行改造,从而选择抗原决定簇。其变异可能性小,可对多型别病毒株产生交叉免疫防护,所以核酸疫苗特别适用于流感病毒、HIV、HCV 等多基因型、易变异病毒的免疫防护。

(3) 可精细设计、便于操作、制备简便:核酸疫苗作为一种重组质粒,易在工程菌内大量扩增,提纯方法简单,易于质控,且稳定性好,不需低温保存,储存运输方便,此外,可将编码不同抗原基因的多种重组质粒联合应用,制备多价核酸疫苗,可大大降低疫苗成本以及多次接种带来的应激反应。

(4) 可用于免疫治疗:核酸疫苗诱导机体产生的 CTL,不仅可预防病原体的感染,还可对已感染病原体的靶细胞产生免疫攻击,发挥免疫治疗作用。在抗肿瘤方面,如能找到逆转细胞在恶变转化过程中的相关蛋白,可将编码此蛋白的基因作为靶基因研制成抗肿瘤的核酸疫苗,该基因疫苗接种后,可诱发机体产生 CTL 免疫应答,对细胞的恶变进行免疫监视,对癌变的细胞产生免疫应答,从而为癌症的预防和免疫治疗提供强有力的新式武器。此外,在遗传疾病、心血管疾病等领域,核酸疫苗的免疫治疗作用均有其独特效用。

虽然核酸疫苗具有传统疫苗所没有的优越性,但是目前还存在较多的不足,因此,目前国际上核酸疫苗还处于研究阶段,尚无核酸疫苗上市。具体不足如下:

(1) 核酸疫苗的安全性尚不确定:核酸仍有可能整合到宿主细胞的基因组内,造成插入突变,使宿主细胞抑癌基因失活或癌基因活化,使宿主细胞转化成癌细胞。如果疫苗基因整合到生殖细胞,则影响更为深远。这也许是核酸疫苗的诸多安全性问题中最值得深入研究的地方。而且,质粒长期过高水平地表达外源抗原,可能导致机体对该抗原的免疫耐受或麻醉。在成年动物,尚未见到因 DNA 疫苗接种而诱发免疫耐受的例子。但新生动物的免疫系统尚未成熟,可能将外源抗原认为自己成分而形成耐受。

(2) 免疫效果有待提高:持续低水平表达的抗原可能会被血中的中和抗体清除,不能引起足够的免疫应答,从而使疫苗的预防作用得不到充分的体现。实验动物越大,核酸疫苗的免疫效果越差。在小鼠试验中,检测到抗体反应高,而到其他大型的动物效果就不是很明显。

(3) 可能有抗核酸免疫反应:质粒核酸可能诱发机体产生抗双链核酸的自身免疫反应,引起自身免疫性疾病(如系统性红斑狼疮等)。还有核酸疫苗中含原核基因组中常见的 CpG 基序,易形成有害的抗原决定簇。

（4）免疫效力受影响因素多：影响核酸疫苗诱发机体免疫应答的因素很多,目前已知的主要有载体设计、核酸疫苗的导入方法、佐剂及辅助因子会对其免疫效果有影响。另外,年龄和性别因素、肌注剂量和体积、预先注射蔗糖溶液等都会对肌注质粒 DNA 表达有影响。

4. 免疫佐剂的生物作用机制包括以下内容。

（1）抗原物质混合佐剂注入机体后,改变了抗原的物理性状,可使抗原物质缓慢地释放,延缓抗原的降解和排除,从而延长抗原在体内的滞留时间和作用时间,避免频繁注射从而更有效地刺激免疫系统。

（2）佐剂吸附了抗原后,增加了抗原的表面积,使抗原易于被巨噬细胞吞噬,提高单核-巨噬细胞对抗原的募集、处理和递呈能力。

（3）激活模式识别受体（PRR）,促进固有免疫应答启动,激活炎性体（inflammasome）。

（4）佐剂可促进淋巴细胞之间的接触,增强辅助 T 细胞的作用,可刺激致敏淋巴细胞的分裂和浆细胞产生抗体,提高机体初次和再次免疫应答的抗体滴度。可改变抗体的产生类型以及促进迟发型变态反应的发生。

5. 狂犬病疫苗接种方法如下。

（1）不分年龄、性别均应立即处理局部伤口（用清水或肥皂水反复冲洗后再用碘酊或乙醇消毒数次）,并及时按暴露后免疫程序注射本疫苗。

（2）按标示量加入灭菌注射用水,完全复溶后注射。使用前将疫苗振摇成均匀液体。

（3）于上臂三角肌肌内注射,幼儿可在大腿前外侧区肌内注射。

（4）暴露后免疫程序一般咬伤者于 0 天（第 1 天,当天）、3 天（第 4 天,以下类推）、7 天、14 天、28 天各注射本疫苗 1 剂,共 5 针,儿童用量相同。对有下列情形之一的,建议首剂狂犬病疫苗剂量加倍给予：①注射疫苗前 1 个月内注射过免疫球蛋白或抗血清者；②先天性或获得性免疫缺陷患者；③接受免疫抑制剂（包括抗疟疾药物）治疗的患者；④老年人及患慢性病者；⑤于暴露后 48 小时或更长时间后才注射狂犬病疫苗的人员。

（5）暴露前免疫程序于 0 天、7 天、28 天接种,共接种 3 针。

第八章

【名词解释】

1. 反义技术是一种新的药物开发方法,是根据核酸杂交原理设计针对特定靶序列的反义核苷酸,通过阻抑从 DNA 至 mRNA 的转录过程或从 mRNA 到蛋白质的翻译过程,而阻断细胞中的蛋白质合成。

2. RNA 干扰（RNAi）是指在进化过程中高度保守的、由双链 RNA（dsRNA）诱发的、同源 mRNA 高效特异性降解的现象。

3. 基因治疗是指将外源正常基因导入靶细胞,以纠正或补偿因基因缺陷和异常引起的疾病,以达到治疗目的。就是将外源基因通过基因转移技术将其插入患者的适当的受体细胞中,使外源基因制造的产物能治疗某种疾病。

4. 同源重组法是将外源基因定位导入受体细胞的染色体上,在该座位因有同源序列,通过单一或双交换,新基因片段替换有缺陷的片段,达到修正缺陷基因的目的。

5. 在某些病毒或细菌中的某基因可产生一种酶,它可将原本无细胞毒或低毒的药物前体转化为细胞毒物质,将细胞本身杀死,此种基因称为"自杀基因"。

【简答题】

1. RNA 干扰（RNAi）的特点：①从 RNAi 的基因沉默机制来看,RNAi 属于转录后沉默；②RNAi 的特异性很高,只是与之序列相应的单个内源基因的 mRNA 被降解；③RNAi 抑制基因表达具有很高的效率,即相对很少量的 dsRNA 分子（数量远远少于内源 mRNA 的数量）就能完全抑制相应基因的表达,沉默是以催化放大的方式进行的,任何导致正常机体 dsRNA 形成的情况都会引起不需要的相应基因沉寂；④RNAi 抑制基因表达的效应可以穿过细胞界限,在不同细胞间长距离传递和维持信号甚至传播至整个有机体;⑤dsRNA 不得短于 21 个碱基,并且长链 dsRNA 也在细胞内被 Dicer 酶切割为 21 bp 左右的 siRNA,并由 siRNA 来介导 mRNA 切割。而且大于 30 bp 的 dsRNA 不能在哺乳动物中诱导特异的 RNA 干扰,而是细胞非特异性和全面的基因表达受抑和凋亡。⑥ATP 依赖性:在去除 ATP 的样品中 RNA 干扰现象降低或消失显示 RNA 干扰是一个 ATP 依赖的过程。可能是 Dicer 和 RISC 的酶切反应必须由 ATP 提供能量;⑦RNAi 发生于除原核生物以外的所有真核生物细胞内。

2. 基因治疗的主要策略有基因矫正、基因置换、基因增补、基因失活、自杀基因、免疫治疗、耐药治疗等。

3. 基因转移是将外源基因导入细胞内,其方法较多,常用有下列几类:①化学法;②物理法:包括电穿孔法、直接显微注射法和脂质体法;③同源重组法;④病毒介导基因转移;⑤非病毒类基因载体。

【论述题】

1. 病毒基因、人工转入基因、转座子等外源性基因随机整合到宿主细胞基因组内,并利用宿主细胞进行转录时,常产生一些 dsRNA。宿主细胞对这些 dsRNA 迅即产生反应,其胞质中的核酸内切酶 Dicer 将 dsRNA 切割成多个具有特定长度和结构的小片段 RNA(21~23 bp),即 siRNA。siRNA 在细胞内 RNA 解旋酶的作用下解链成正义链和反义链,继之由反义 siRNA 再与体内一些酶(包括内切酶、外切酶、解旋酶等)结合形成 RNA 诱导的沉默复合物(RISC)。RISC 与外源性基因表达的 mRNA 的同源区进行特异性结合,RISC 具有核酸酶的功能,在结合部位切割 mRNA,切割位点即是与 siRNA 中反义链互补结合的两端。被切割后的断裂 mRNA 随即降解,从而诱发宿主细胞针对这些 mRNA 的降解反应。siRNA 不仅能引导 RISC 切割同源单链 mRNA,而且可作为引物与靶 RNA 结合并在 RNA 聚合酶(RdRP)作用下合成更多新的 dsRNA,新合成的 dsRNA 再由 Dicer 切割产生大量的次级 siRNA,从而使 RNAi 的作用进一步放大,最终将靶 mRNA 完全降解。

2. 学者们针对非病毒类基因给药载体如何进一步提高转染效率,提出了现阶段设计和构建的核心策略和主要研究方向:①选取细胞特异性转录因子驱动外源基因的入核;②优化外源基因的细胞核内分布,靶向至转录活性区域;③细胞核蛋白和质粒通过物理简单复合方法以促进外源基因入核;④将小分子配体接到 DNA 分子上,以提高外源 DNA 分子入核;⑤采用聚合物纳米粒包载外源基因片段,将其转运到核特定区域;⑥通过改变核孔复合物结构,增加目的基因片段的入核效率。

第九章

【填空题】

1. 分离纯化法　化学合成法　基因工程法　化学合成法
2. 盐析法　色谱法　电泳法　膜分离法
3. 艾塞那肽　利拉鲁肽　普兰林泰
4. 注射途径　口服　鼻腔

【简答题】

1. 多肽药物具有特定的优势和临床应用价值,目前已经成为药物开发的重要方向。与一般有机小分子药物相比,多肽药物具有生物活性强、用药剂量小、毒副作用低、疗效显著等突出特点,但其半衰期一般较短,不稳定,在体内容易被快速降解。多肽药物临床试验通过率往往高于化学小分子药物,且药物从临床试验到批准上市所需时间相对较短。与蛋白类大分子药物相比,多肽药物免疫原性相对较小(除外多肽疫苗),用药剂量少,单位活性更高,易于合成、改造和优化,产品纯度高,质量可控,能迅速确定药用价值。多肽药物的合成成本也一般低于蛋白类药物。

2. 多肽药物的稳定性是影响其疗效的重要因素。导致多肽不稳定的原因主要包括:①蛋白水解酶的破坏:体内存在大量的蛋白水解酶,尤其是胃肠道,当多肽分子进入体内后容易被酶解成小分子肽或氨基酸。②物理变化:包括变性、吸附、聚集或沉淀等,都会使多肽活性受到影响。③化学变化:包括氧化、水解、消旋、β-消除、脱酰胺反应、糖基修饰、形成错误的二硫键等,导致多肽结构改变和活性丧失。④受体介导的清除:较大分子量的多肽可通过受体介导的方式被特异性清除。⑤给药途径:不同的给药途径会影响到多肽药物的体内分布、代谢过程、生物利用度和药理作用等。

3. 提高多肽药物的稳定性,延长多肽药物的半衰期。其方法包括以下内容。

(1) 化学修饰法:主要通过改变多肽分子的主链结构或侧链基团的方式进行,包括侧链修饰、骨架修饰、组合修饰、聚乙二醇(PEG)修饰、糖基化修饰和环化等。目前可用作多肽修饰剂的物质有很多,如右旋糖苷、肝素、聚氨基酸及 PEG 等,其中研究最多的是 PEG 修饰。PEG 是一种水溶性高分子化合物,具有毒性小、无抗原性、溶解性和生物相容性好等特点。PEG 与多肽结合后能够提高多肽的热稳定性,抵抗蛋白酶的降解,延长体内半衰期。糖基化修饰可影响多肽的空间结构、药代动力学特征、生物活性、溶解性、对蛋白酶的稳定性和凝聚性等,从而延长多肽的半衰期,同时也可与 PEG 联合修饰多肽,减少免疫原性等。环化则通过限制和稳定多肽的空间构象,增强多肽对蛋白酶的稳定性。

(2) 基因工程法:通过基因工程技术进行定点突变或以融合蛋白表达的形式增加多肽的稳定性、生物活性,延长其半衰期。①定点突变,即替换引起多肽不稳定或影响活性的残基,或引入能增加多肽稳定性的残基,来提高多肽的稳定性。②基因融合,即通过将多肽基因与分子量大、半衰期长的分子进行融合表达,融合蛋白仍具有多肽分子的生物活性,其稳定性更好、半衰期更长。常用于融合的分子是人血清白蛋白。

(3) 制剂方式:改变或优化多肽药物的制剂形式,可增加多肽药物的稳定性。①冻干法,由于多肽发生一些化学反应需要水的参与,因此冻干可提高多肽的稳定性。②缓控释制剂,通过缓释或控释技术对多肽分子进行修饰,从而延缓药物的扩散或释放速度,稳定血药浓度,延长作用时间,从而达到增强疗效的目的。

4. (1) 口服给药:在所有给药途径中,口服给药一直是最常用、最受欢迎的给药方式。但多肽药物由于其自身特点,直接口服基本无效。其原因主要包括:①多肽分子量大,脂溶性差,难以通过生物膜屏障,导致胃肠道对多肽药物的低吸收性;②胃肠道中大量蛋白酶可对多肽分子进行快速的降解作用;③吸收后易被肝脏消除;④多肽分子本身的不稳定性。其中,前两个是实现多肽药物口服给药的两大障碍。目前主要通过化学修饰、加入吸收促进剂、蛋白酶抑制剂、应用微粒给药系统、定位释药系统等途径来实现多肽药物的口服给药。

(2) 鼻腔给药:是多肽药物给药的理想途径之一,其优点在于:①鼻黏膜部位细微绒毛较多,有较大的吸收表面积,同时毛细血管丰富利于药物的迅速吸收;②药物吸收后直接进入体循环,无肝脏首过效应;③操作方便,便于患者自我给药。主要剂型包括滴鼻剂和鼻喷雾剂,喷雾给药比滴鼻给药的生物利用度高 2~3 倍。多肽药物直接进行鼻腔给药一般不易吸收,可使用吸收促进剂、酶抑制剂、化学修饰或应用微粒给药系统等促进黏膜对药物的吸收。

(3) 肺部给药:人体肺部的吸收表面积巨大(约140 m²),血流量达到 5 L/min。因而肺部给药具有鼻腔给药的优点,同时由于肺泡壁比毛细血管壁薄、通透性更好,更利于多肽药物的吸收。选择合适的给药装置将药物送至肺泡组织是肺部给药的关键,多肽药物肺部给药系统主要有干粉吸入剂和定量型气雾剂。干粉吸入剂携带方便,操作简单,且干燥粉末可增加多肽药物的稳定性。定量型气雾剂的研究已经逐渐臻于成熟,尤其是有关胰岛素肺部吸入制剂的研究已经取得一定成果。目前多肽药物进行肺部给药的前景良好,但是尚存在作用时间短、生理活性低、有免疫原性和剂量准确性差等问题。

(4) 经皮肤或黏膜给药:该方法具有诸多优点,比如释药速度恒定可控、避免胃肠道对药物的影响和肝脏首过效应、延长药物的作用时间、提高药物生物利用度、使用方便等。但皮肤角质层是大多数药物尤其是大分子的多肽药物的天然屏障,其穿透性低成为多肽药物透皮吸收的主要障碍,尤其是对大分子的多肽药物。目前应用较多的是离子导入技术,即借助电流控制离子化药物释放速度和释放时间,促进药物进入皮肤。将离子导入技术与电穿孔、超声导入技术及化学渗透剂相结合,可使药物更好地透皮吸收。

第十章

【简答题】

1. 抗体药物偶联物,Mylotarg;小分子抗体,Lucentis;双特异性抗体,Catumaxomab。

2. 免疫检验点抗体是通过激活正向刺激因子或抑制负向刺激因子来激活患者自身免疫系统中的 T 细胞

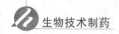

从而消灭肿瘤细胞的治疗方法。

目前临床研究最为透彻的免疫检验点分子有：PD-1/PD-L1 和 CTLA-4。

3. CD3×双功能抗体则能够分别结合 T 细胞表面 CD3 分子和癌细胞表面抗原,从而拉近细胞毒性 T 细胞与癌细胞的距离,引导 T 细胞直接杀伤癌细胞,不再受 T 细胞受体识别抗原的 MHC 分子的限制。这类抗体属于能招募 T 细胞的双特异性抗体。以 CD3-EpCAM 双特异性抗体 Catumaxomab 为例,Catumaxomab 优点是可以特异性地靶向 CD3 和 EpCAM 抗原,由于 CD3 抗原表达于成熟 T 细胞表面,因此 Catumaxomab 可以使 EpCAM 阳性肿瘤细胞、T 细胞近距离接触,实现针对肿瘤细胞的免疫反应,并且 Catumaxomab 具有抗体 Fc 段,可以激活 NK 细胞表面的 Fcγ 受体,产生 ADCC 或 CDC 效应,最终致使肿瘤细胞死亡。

4. 抗体药物偶联物由"抗体(antibody)""接头(linker)"和"效应分子(drug)"三个主要组件构成。ADC 药物要到达设计目标并发挥药效需经过以下四个步骤。

(1) ADC 渗透到肿瘤组织与靶抗原结合,该过程受抗体分子大小、对抗原的亲和力等影响。

(2) 偶联物被靶向的细胞吞噬,研究表明仅有少部分 ADC 被细胞吞噬并发挥作用。

(3) 溶酶体裂解 ADC。

(4) 效应分子释放,诱导细胞凋亡。

5. 稳定性、渗透性、抗体对抗原适当的亲和力、吞噬率、效应分子的释放、效应分子的扩散。

6. 目前最常用的 ADC 效应分子包括两类,微管蛋白抑制剂(auristatins)和美登素衍生物(maytansine)。

7. 接头至少要符合两个标准：①在体内足够稳定,不会在血液循环中脱落,避免因效应分子脱落产生毒性;②在靶点有效地释放效应分子。接头从性能上可以分为两大类：可裂解性接头和稳定性接头,可裂解性接头又包括化学裂解性接头和酶催化接头两种。

第十一章

1. 细胞因子是一类能在细胞间传递信息、具有免疫调节和效应功能(血细胞生成、细胞生长以及损伤组织修复)的蛋白质或小分子多肽。细胞因子可被分为白细胞介素、干扰素、肿瘤坏死因子超家族、集落刺激因子、趋化因子、生长因子等。细胞因子的生物学活性有：①抗细菌作用;②抗病毒作用;③调节特异性的免疫反应;④诱导凋亡;⑤刺激造血。

2. 特异性免疫应答中免疫细胞的激活、生长、分化和发挥效应都受到细胞因子的精细调节。①在免疫应答识别和激活阶段,有多种细胞因子可刺激免疫活性细胞的增殖。IL-2 和 IL-15 刺激 T 淋巴细胞的增生;IL-6 和 IL-3 刺激 B 淋巴细胞增生;IL-15 刺激自然杀伤细胞增生;IL-5 刺激嗜酸性粒细胞增生。②在免疫应答识别和激活阶段,也有多种细胞因子刺激免疫活性细胞的分化。IL-12 促进未致敏的 CD4+T 淋巴细胞分化成 Th1 细胞,IL-4 促进未致敏的 CD4+T 淋巴细胞分化成 Th2 细胞。B 细胞在分化过程中发生的类别转换,也是在细胞因子的作用下实现的,如 IL-4 刺激 B 细胞产生 IgE;TGF-β 刺激 B 细胞产生 IgA。③在免疫应答的效应阶段,多种细胞因子刺激免疫细胞对抗原性物质进行清除。IFN-γ 激活单核-巨噬细胞杀灭微生物。IFN-γ 激活 CTL,刺激有核细胞表达 MHC I 类分子,从而使感染胞内寄生物的细胞受到强力的杀伤。IL-2 刺激 CTL 的增殖与分化并杀灭微生物,尤其是胞内寄生物。IL-5 刺激嗜酸性粒细胞分化成杀伤蠕虫的效应细胞。④有些细胞因子如 TGFβ 在一定条件下也可表现免疫抑制活性。它除可抑制巨噬细胞的激活外,还可抑制 CTL 的成熟。IL-10 是巨噬细胞的抑制因子。

3. 重组干扰素 α 是第一个商品化的重组细胞因子,它用于治疗病毒感染性疾病如乙型肝炎的机制是：①IFN-α 通过作用于病毒感染细胞和其邻近的未感染细胞,使其产生抗病毒蛋白酶而进入抗病毒状态。②IFN-α 刺激病毒感染的细胞表达 MHC I 类分子,提高其抗原递呈能力,使其更容易被杀伤性 T 淋巴细胞(CTL)识别并杀伤。③IFN-α 激活自然杀伤细胞,使其在病毒感染早期有效地杀伤病毒感染细胞。

第十二章

【A 型题】

1. A　**2.** C　**3.** C　**4.** B　**5.** B　**6.** D　**7.** A　**8.** C　**9.** C　**10.** D　**11.** C　**12.** A　**13.** C
14. B

【名词解释】

1. 1 型糖尿病多发于儿童和青少年,也可发生于各年龄阶段,它是由胰岛 B 细胞分泌胰岛素绝对不足引起的,发病较急,容易发生酮症酸中毒。该类患者必须依靠胰岛素治疗维持生命,所以又名为胰岛素依赖型糖尿病(insulin-dependent diabetes mellitus,IDDM)。

2. 2 型糖尿病患者患病原因主要是胰岛素敏感性下降,胰岛素效果较差,因此是一种胰岛素相对不足。所以,2 型糖尿病又名为非胰岛素依赖型糖尿病(non-insulin-dependent diabetes mellitus,NIDDM)。

【简答题】

1. (1) AB 链合法:以人工合成的人胰岛素 A 链和 B 链基因分别与半乳糖苷酶基因连接,形成融合基因,再分别在大肠埃希菌中表达 A 链和 B 链。产物经分离纯化后,在适宜的氧化条件下共同保温,经过重折叠和化学氧化作用,促进二硫键形成,得到完整的人胰岛素。

(2) 反转录酶法:通过将合成的胰岛素原 cDNA 克隆到大肠埃希菌,进而使其得到表达,经工具酶切除胰岛素原上的 C 肽后,得到人胰岛素。

(3) 酿酒酵母菌制备法:首先,前肽序列指导微小胰岛素原的分泌。在分泌过程中,微小胰岛素原形成二硫键后在正确的酶切位点上切除前体肽链。分泌至细胞外的就是具有正确构象的微小胰岛素原。最后,经过外部一系列修饰,微小胰岛素原最终成为人胰岛素。

2. 甘精胰岛素属长效人胰岛素类似物,是利用甘氨酸替代胰岛素 A 链第 21 位的门冬氨酸,同时在 B 链的第 30 位氨基酸后的羧基末端增加两个精氨酸修饰得到。此种修饰可使胰岛素的等电点由 5.4 上升至中性,使其在酸性条件下可溶,在生理的近中性条件下结晶。在进入体内后,因酸性溶液被中和因而形成细微沉积物,进而持续释放少量甘精胰岛素,从而延长其起效时间,减少患者用药次数。

3. 该方法是先化学合成人生长激素的 DNA 片段,然后利用分子克隆技术扩增、克隆,得到完整的 hGH 基因,然后用分泌型载体将 hGH 基因直接转录入高表达、高分泌启动子和信号序列后面,然后转入大肠埃希菌中,培养,发酵。在 hGH 分泌过程中信号肽被切除,成为成熟的 rhGH。因为 rhGH 在细胞周质表达,所以利于消除临床应用上的抗原性,又有利于提取纯化。产物 rhGH 的蛋白质结构与天然 hGH 完全一致,并且生物学作用也完全一致,是目前临床中最为理想的产品。

4. (1) 纯度高:DNA 重组技术生产的 rFSH 制剂活性成分可高于 99%。且由于 rFSH 纯度高,因此较少引起局部和全身变态反应等,安全性较好。

(2) 比活性高:第三代 u - FSH 的比活达到 9 000 U/mg,而 Gonal-F 和 Puregon 的比活均可达到 13 000 U/mg,提高生物利用率。

(3) 可供利用性和一致性好:u - FSH 的生产需要每日从绝经后妇女收集尿液,尿液的尿量大小和收集次数均受限制,而 rFSH 可以克服以上的问题。

(4) 增加患者的舒适度:多数尿源促性腺激素制剂需肌内注射。重组促性腺激素制剂纯度极高,可选择皮下注射。皮下注射对患者有明显益处,患者可选择自身注射。

(5) 增加有效性:近年研究表明,重组 FSH 比尿源 FSH 对增加临床妊娠率疗效更好。对 IVF 患者,应用重组 FSH 治疗比尿源 FSH 更易达到临床妊娠,因而在应用辅助生殖技术治疗的患者,为刺激卵巢,建议使用重组 FSH 而不是尿源 FSH。

第十三章

【A 型题】

1. D　**2.** D　**3.** D　**4.** C　**5.** A　**6.** B　**7.** B　**8.** D　**9.** C　**10.** C　**11.** A

【名词解释】

1. 血液代用品(blood substitute)是指能够运载氧气(O_2)、维持血液渗透压和酸碱平衡及扩充血容量的人工制剂。

2. PFC是一种具有携氧功能的高分子有机化合物,是一类直链或环状碳氢化物的氟取代物,它的所有氢原子部分或全部被氟原子取代,是红细胞类代用品的一种。

3. 共轭血红蛋白(conjugated hemoglobin)是指将聚乙二醇(PEG)、聚氧乙烯、葡聚糖(DX)、右旋糖酐等可溶性惰性大分子聚合物与 Hb 共价偶联,以增加分子量,延长半衰期,减少解聚,降低肾毒性。

4. 微囊化血红蛋白(encapsulated hemoglobin)即人工红细胞(artificial red blood cell, ARBC),是模拟天然红细胞膜和红细胞内的生理环境,用仿生高分子材料将血红蛋白包裹起来制备而成。

5. 血友病(Hemophilia)是临床上常见的一类出血性疾病,是由于先天性遗传缺陷导致凝血功能障碍的出血性疾病。

6. 治疗用酶是用于治疗疾病的酶类药物。

【简答题】

1. 微囊型血红蛋白代用品主要分为两类,分别为脂质体血红蛋白微囊和可降解聚合物型血红蛋白微囊。前者一般是将血红蛋白包裹在单层或双层的卵磷脂和胆固醇中,从而降低其抗原性,提高其浓度,降低肾毒性,并且不影响氧气的传输和释放。然而,由于磷脂材料微囊难以收集和纯化,能被网状内皮系统摄取并扰乱内皮系统功能,微囊内葡萄糖、高铁血红蛋白还原物不能与微囊外进行物质交换等问题,限制了 LEH 的生产和大规模应用。后者采用仿生原理将血红蛋白及红细胞系统的各种酶类包裹于具有良好生物相容性的可生物降解聚合物中,该类聚合物表面呈多孔性,允许小分子在微囊内外穿梭,故反应原料可以进入,反应产物可以释放,解决了微囊内产物蓄积导致的反馈抑制,是一种更加理想的血液代用品。目前研究的微囊化材料主要有聚乳酸(PLA)、聚乳酸乙醇酸(PLGA)等。

2. ①在机体的生理条件下,具有较高的稳定性和活力;②对底物有较高的亲和力并不受产物和体液中正常成分的限制;③在机体内具有较长的半衰期,可以缓慢地被分解或排出体外;④在生理条件下,酶促反应不可逆;⑤制剂要求高纯度,不含毒性,免疫原性低或不含免疫原性;⑥无须外源辅助因子。

3. 糜蛋白酶既能增加注射部位的药物扩散作用,又能增加膜的渗透作用,因而使抗生素有更强的组织穿透性,从而提高其血药浓度,使其药效增强。

第十四章

【A 型题】

1. A   2. B   3. C   4. C   5. A   6. B   7. A   8. C   9. A

【简答题】

1. (1) 第一代 Cephalosporin 类抗生素:头孢氨苄(Cephalexin)、头孢羟氨苄(Cefadroxil)、头孢噻吩(Cephalothin)、头孢拉啶(Cefradin)和头孢唑啉(Cefazolin)。

(2) 第二代 Cephalosporin 类抗生素:主要有头孢呋辛(Cefuroxime)、头孢尼西(Cefonicid)、头孢替安(Cefotiam)等。

(3) 第三代 Cephalosporin 类抗生素:头孢哌酮(Cefoperazone)、头孢他啶(Ceftazidine)、头孢曲松(Ceftriaxone)和头孢噻肟(Cefotaxime)的注射品种应用最多,主要用于中重度尿路感染、脑膜炎、肺炎和败血症等的治疗。头孢克肟(Cefixime)、头孢泊肟酯(Cefpodoximeproxetil)。

(4) 第四代 Cephalosporin 类抗生素:代表药物有头孢吡肟(Cefepime)、头孢唑兰(Cefzopran)、头孢匹罗(Cefpirome)和头孢噻利(Cefoselis),多用于治疗严重的多重细菌感染。

2. ①从自然资源中获取;②化学合成;③海水养殖;④组织细胞培养;⑤基因克隆和表达。

参 考 文 献

［1］冯美卿.生物技术制药[M].北京:中国医药科技出版社,2016.

［2］夏焕章,熊宗贵.生物技术制药[M].2版.北京:高等教育出版社,2006.

［3］贺小贤,张雯.生物工艺原理[M].3版.西安:化学工业出版社,2015.

［4］王凤山.生物技术制药[M].2版.北京:人民卫生出版社,2007.

［5］姚文兵.生物技术制药概论[M].北京:中国医药科技出版社,2003.

［6］姚文斌.生物技术制药概论[M].2版.北京:中国医药科技出版社,2010.

［7］张景涛.药学分子生物学[M].5版.北京:人民卫生出版社,2017.

［8］郭葆玉.生物技术药物[M].北京:人民卫生出版社,2009.

［9］郭葆玉.基因工程药物[M].上海:第二军医大学出版社,2000.

［10］张闻,郑多.医学生物学[M].北京:中国医学科技出版社,2016.

［11］夏焕章.生物技术制药[M].3版.北京:高等教育出版社,2016.

［12］吴梧桐.生物制药工艺学[M].北京:中国医药出版社,2013.

［13］郭葆玉.生物技术药物[M].北京:清华大学出版社,2011.

［14］姚文兵.生物技术制药概论[M].北京:中国医药科技出版社,2010.

［15］王凤山.生物技术制药[M].2版.北京:人民卫生出版社,2011.

［16］李志勇.细胞工程[M].2版.北京:科学出版社,2003.

［17］郭勇.酶工程[M].4版.北京:科学出版社,2016.

［18］杜翠红,方俊,刘越.酶工程[M].武汉:华中科技大学出版社,2014.

［19］王旻.生物技术制药[M].北京:化学工业出版社,2003.

［20］韦革宏,杨祥.发酵工程[M].北京:科学出版社,2008.

［21］姚文兵.生物技术制药概论[M].3版.北京:中国医药科技出版社,2015.

［22］王凤山,邹全明.生物技术制药[M].3版.北京:人民卫生出版社,2016.

［23］张志平.微生物药物学[M].北京:化学工业出版社,2003.

［24］魏洪普.通用发酵罐设计与强度分析[D].石家庄:河北科技大学,2014.

［25］毕开顺.药学导论[M].4版.北京:人民卫生出版社,2016.

［26］国家药典委员会.中国药典(三部)[M].北京:中国医药科技出版社,2015.

［27］谭树华.药学分子生物学[M].北京:中国医药科技出版社,2017.

［28］张景海.药学分子生物学[M].5版.北京:人民卫生出版社,2016.

［29］吴春福.药学概论[M].4版.北京:中国医药科技出版社,2015.

［30］张景海.药学分子生物学[M].4版.北京:人民卫生出版社,2011.7

［31］袁敏,沈南,唐元家.B细胞分化成熟的microRNA研究进展[J].现代免疫学,2009,29(2):157.

［32］刘强,郑秀峰.miRNA研究进展[J].重庆医学,2009,38(15):1970.

［33］课程教材研究所生物课程教材研究开发中心.生物[M].2版.北京:人民教育出版社,2007:130.

［34］左从林.基因治疗的安全性研究[D].第六次全国中西医结合实验医学学术讨论会会议论文集,2003,

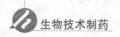

1:62.

［35］ 杨孔宾.基因治疗的安全性评价［J］.国外医学遗传学分册,2001,24(4):228.

［36］ Saurabh (Rob) Aggarwal. What's fueling the biotech engine — 2012 to 2013 ［J］. Nat Biotechnol, 2014,32(1):32 - 39.

［37］ 国家药典委员会.中华人民共和国药典(2015 年版)［M］.北京:中国医药科技出版社,2015.

［38］ 普洛特金.疫苗学［M］.北京:人民卫生出版社,2011.

［39］ 须建.生物药品［M］.北京:人民卫生出版社,2009.

［40］ G. 沃尔什.国外药学专著译丛:生物制药学［M］.北京:化学工业出版社,2006.

［41］ Saurabh (Rob) Aggarwal. What's fueling the biotech engine—2012 to 2013 ［J］. Nat Biotechnol, 2014,32(1):32 - 39

［42］ A. 罗宾逊,MJ. 赫德森,MP. 克拉尼奇.疫苗关键技术详解［M］.北京:化学工业出版社,2006.

［43］ 吴梧桐.酶类药物学［M］.北京:中国医药科技出版社.2010.

［44］ Wilson NJ, Boniface K, Chan JR, et al. 2007. Development, cytokine profile and function of human interleukin 17-producing helper T cells ［J］. Nat Immunol, 2007,8(9):950 - 957.

［45］ Cavalcanti YV, Brelaz MC, Neves JK, et al. Role of TNF-Alpha, IFN-Gamma, and IL - 10 in the Development of Pulmonary Tuberculosis ［J］. Pulm Med, 2012:745483.

［46］ George J. Weiner. Building better monoclonal antibody-based therapeutics ［J］. Nat Rev Cancer, 2015,15:361 - 370.

［47］ 袁建琴,高斌战.动物细胞与微生物发酵工程制药［M］.北京:中国农业科学技术出版社,2010.

［48］ Fan L, Kadura I, Krebs L E, et al. Improving the efficiency of CHO cell line generation using glutamine synthetase gene knockout cells ［J］. Biotechnol Bioeng, 2012,109(4):1007 - 1015.

［49］ Zolot RS, Basu S, Million RP. Antibody-drug conjugate ［J］. Nat Rev Drug Discov, 2013,12:259 - 260.

［50］ 王长云,邵长伦.海洋药物学［M］.北京:科学出版社,2017.

［51］ 张书军,焦炳华.世界海洋药物现状与发展趋势［J］.中国海洋药物,2012(02):58 - 60.

［52］ 丁安伟.海洋药物的研究现状及发展趋势［J］.南京中医药大学学报,1999(03):4

［53］ 金刚,程文,代建国,等.海洋节肢动物细胞及组织培养研究进展［J］.海洋科学,2007(11):91 - 96.

［54］ 李向辉.细胞组织培养［J］.生物学通报,1984(04):32 - 33.